软件设计师 5 天修炼

施　游　张　华　邹月平　编著

薛大龙　主审

中国水利水电出版社
www.waterpub.com.cn

· 北京 ·

内 容 提 要

软件设计师考试是计算机技术与软件专业技术资格考试系列中的一个重要考试，是计算机专业技术人员获得工程师职称的一个重要途径。但软件设计师考试涉及的知识点极广，几乎涵盖了本科计算机专业课程的全部内容，考核难度比其他中级考试更大。

本书以作者多年从事计算机技术与软件专业技术资格考试教育培训和试题研究的心得体会为基础，建立了一个5天的复习架构，通过深度剖析考试大纲并综合历年的考试情况，将软件设计师考试涉及的各知识点高度概括、整理，以知识图谱的形式将整个考试分解为一个个相互联系的知识点逐一讲解。读者可以通过学习知识图谱快速提高复习效率和做题准确度，做到复习有的放矢、考试得心应手。本书最后还给出了一套模拟试题并作了详细点评。

本书可作为参加软件设计师考试考生的自学用书，也可作为计算机技术与软件专业技术资格考试培训班的教材。

图书在版编目（CIP）数据

软件设计师5天修炼 / 施游，张华，邹月平编著. --
北京 : 中国水利水电出版社，2021.1（2022.7 重印）
ISBN 978-7-5170-9035-9

Ⅰ. ①软… Ⅱ. ①施… ②张… ③邹… Ⅲ. ①软件设计一资格考试一自学参考资料 Ⅳ. ①TP311.5

中国版本图书馆CIP数据核字(2020)第218052号

责任编辑：周春元　　加工编辑：王开云　　封面设计：李　佳

书　名	软件设计师 5 天修炼 RUANJIAN SHEJISHI 5 TIAN XIULIAN
作　者	施　游　张　华　邹月平　编著 薛大龙　主审
出版发行	中国水利水电出版社 （北京市海淀区玉渊潭南路 1 号 D 座　100038） 网址：www.waterpub.com.cn E-mail：mchannel@263.net（万水） sales@mwr.gov.cn 电话：（010）68545888（营销中心）、82562819（万水）
经　售	北京科水图书销售有限公司 电话：（010）68545874、63202643 全国各地新华书店和相关出版物销售网点
排　版	北京万水电子信息有限公司
印　刷	三河市德贤弘印务有限公司
规　格	184mm×240mm　16 开本　23.5 印张　544 千字
版　次	2021 年 1 月第 1 版　2022 年 7 月第 3 次印刷
印　数	6001—9000 册
定　价	68.00 元

编委会

前　言

计算机技术与软件专业技术资格考试（简称“软考”）是国家水平评价类职业资格考试。软考分为初级、中级、高级 3 个层次，分为计算机软件、计算机网络、信息系统、信息服务、计算机应用技术 5 个专业类别。软件设计师考试属于计算机软件类的中级考试。

软件设计师考试已经成为 IT 技术人员提高薪水和职称提升的必要条件，在企业和政府的信息化过程中，需要大量的、拥有软件设计师资质的专业人才。依据《关于印发<计算机技术与软件专业技术资格（水平）考试暂行规定>和<计算机技术与软件专业技术资格（水平）考试实施办法>的通知》（国人部发〔2003〕39 号）文件规定，通过软件设计师考试的考生可以聘任工程师职务。并且，随着大城市积分落户制度的实施，通过软考中级以上考试也是获得积分的重要手段。以 2020 年广州积分落户政策为例，通过软考中、高级考试，可以最高加 60 分。又因为近些年，国家大力清理一批职业资格考试，所以，越来越多的考生选择报考现存的职业资格考试——软考。

跟我们交流过的“准软件设计师”都反映出一个心声：“考试面涉及太广，通过考试不容易”。在这些“准软件设计师”当中，有的基础扎实，有的薄弱；有的是计算机专业科班出身，有的是学其他专业转行的。为什么都会有这个感觉呢？有的认为工作很忙，没有工夫来学习；有的认为年纪大了，理论性的知识多年不用，重新拾起不容易；有的认为理论扎实，但是经验欠缺。据此，考生最希望能得到老师给出的考试重点。但软考作为严肃的国家级考试，不可能会在考前出现所谓的重点。因此，在这里，编者给各位读者一个真诚的建议：与其等待所谓的重点，不如静下心来，看一看书，将工作的心得体会结合考试来理一理，或许就会有柳暗花明的感觉。考试能不能过关，主要还在于个人的努力。

为了帮助“准软件设计师”们，我们花费了 1 年多的时间来归纳和提炼历年软件设计师考试的考点和重点，并整理成书，取名为“软件设计师 5 天修炼”，希望读者们能在较短的时间里有所飞跃。这里“5 天”的意思，不是指 5 天就能看完这本书，而是老师们的面授课程只有 5 天的时间。当然，读者要真正掌握本书的知识点，还需反复阅读本书，并辅以做大量的历年真题。真诚地希望“准软件设计师”们能抛弃一切杂念，静下心来，认真备考，相信您一定会有意外的收获。

考虑到书本是静态的，而考试考点的变化是动态的，所以，我们在后续的过程中，将利用“攻克要塞”微信公众号来动态更新本书中的内容，建立书中知识点与考点的动态联系。当然，我们也会每一年增补一些必要的考点到本书中来。

此外，要感谢中国水利水电出版社万水分社的周春元副总经理，他的辛勤劳动和真诚约稿，也是我们更新此书的动力之一。攻克要塞的各位同事、助手帮助做了大量的资料整理工作，甚至参与了部分编写工作，在此也一并表示感谢。

我们会随时关注“攻克要塞”公众号的读者要求并及时回复各类问题以及发布各类考试相关信息。

攻克要塞软考研发团队

2020 年 8 月于长沙

目　录

考前必知

◎冲关前的准备

不管基础如何、学历如何，5天的关键学习并不需要准备太多的东西，不过还是在此罗列出来，以做一些必要的简单准备。

（1）本书。

（2）至少30张草稿纸与一支笔，用于理清软件设计师（简称“软设”）考试中的逻辑知识点和计算类知识点。

（3）处理好自己的工作和生活，以使这5天能静下心来学习。

（4）**对于完全没有编程基础的考生，还需要另外学习C语言、Java语言知识。**

通过5天的学习，我们可以复习掌握软件设计师考试的大部分关键知识与考试重点，这也是攻克要塞软考团队老师们线上和线下培训课程的主体内容。但由于软设考试相对软考其他类别的考试难度较大，涉及知识点较多，要通过考试，5天的复习时间，对于一部分基础知识掌握不牢的学员是不够的，还需要后期花费更多的精力去反复学习本书的内容。

学习之余，还需要练习5～6套历年试题，适度地做题能更高效地掌握所学的知识，也能真正地了解各类知识点的考查形式与难度。

◎考试形式解读

软件设计师考试有两场，分为上午考试和下午考试，两场考试都过关才能算通过该考试。

上午考试的内容是计算机与软件工程知识，考试时间为150分钟，笔试，选择题，而且全部是单项选择题，其中含5分的英文题。上午考试总共75道题，共计75分，按60%计，45分算过关。

下午考试的内容是软件设计，考试时间为150分钟，笔试，问答题。一般为6道大题，第五题和第六题选作一道。每道大题15分，每个大题中有若干个小问题，总计75分，按60%计，45分算过关。

◎答题注意事项

上午考试答题时要注意以下事项：

（1）记得带2B铅笔和一块比较好用的橡皮。上午考试答题采用填涂答题卡的形式，由机器阅卷，所以需要使用2B铅笔；带好用的橡皮是为了修改选项时擦得比较干净。

（2）注意把握考试时间，虽然上午考试时间有150分钟，但是题量还是比较大的，一共75道题，做一道题还不到2分钟，因为还要留出10分钟左右来填涂答题卡和检查核对。

（3）做题先易后难。上午考试一般前面的试题会容易一点，大多是知识点性质的题目，但也会有一些计算题，有些题还会有一定的难度，个别试题还会出现新概念题（即在教材中找不到答案，平时工作也可能很少接触）。考试时建议先将容易做的和自己会的做完，其他的先跳过去，在后续的时间中再集中精力做难题。

下午考试答题采用的是专用答题纸，既有问答题，也有填空题。下午考试答题要注意以下事项：

（1）先易后难。先大致浏览一下6道考题，应先将自己最熟悉和最有把握的题完成，再重点攻关难题。

（2）下午题考题内容如下：

第1题　数据流图题，涉及系统开发和运行知识，考点常为外部实体、数据存储、数据流图的平衡等。

第2题　数据库题，涉及E-R图设计知识，考点常为关系连线、表字段设计等。

第3题　面向对象技术题，涉及UML图、设计模式等知识。

第4题　数据结构与算法题，涉及算法语句填空、算法时间和空间复杂度计算等。

第5题和第6题，属于面向对象技术、Java & C++程序设计题，主要是程序填空。**建议选择Java程序设计题，相对而言简单一些**。

（3）下午题能不能顺利通过，在于平时把本书看了几遍，历年试题做了几套。

◎制订复习计划

5天的关键学习对于每个考生来说都是一个挑战，这么多的知识点要在短短的5天时间内全部掌握，是很不容易的，也是非常紧张的，但也是值得的。学习完这5天，相信您会感到非常充实，考试也会胜券在握。先看看这5天的内容是如何安排的吧（5天修炼学习计划表）。

5 天修炼学习计划表

时间		学习内容
第 1 天　打好基础	第 1 学时	计算机科学基础
	第 2～3 学时	计算机硬件基础知识
	第 4～9 学时	数据结构与算法知识
第 2 天　夯实基础	第 1 学时	操作系统知识
	第 2～4 学时	程序设计语言和语言处理程序知识
	第 5～8 学时	数据库知识
	第 9 学时	计算机网络
第 3 天　深入学习	第 1 学时	多媒体基础
	第 2～5 学时	软件工程与系统开发基础
	第 6～9 学时	面向对象
第 4 天　扩展实践	第 1 学时	信息安全
	第 2 学时	信息化基础
	第 3 学时	知识产权相关法规
	第 4 学时	标准化
	第 5～9 学时	经典案例分析
第 5 天　模拟测试	第 1～2 学时	软件设计师上午试卷
	第 3～4 学时	软件设计师下午试卷
	第 5～6 学时	软件设计师上午试卷解析与参考答案
	第 7～8 学时	软件设计师下午试卷解析与参考答案

从笔者这几年的考试培训经验来看，不怕您基础不牢，怕的就是您不进入计划学习的状态。闲话不多说了，开始第 1 天的学习吧。

第1天

打好基础

第1章　计算机科学基础

计算机科学基础主要讲解软件设计师考试所涉及的基础数学知识。本章节的内容包含数制及转换、计算机内数据的表示、算术运算和逻辑运算、编码基础等。本章节知识，在软件设计师考试中，考查的分值为1～3分，属于零星考点。但该章节知识是其他知识学习的基础，更应该重视。

本章考点知识结构图如图1-0-1所示。

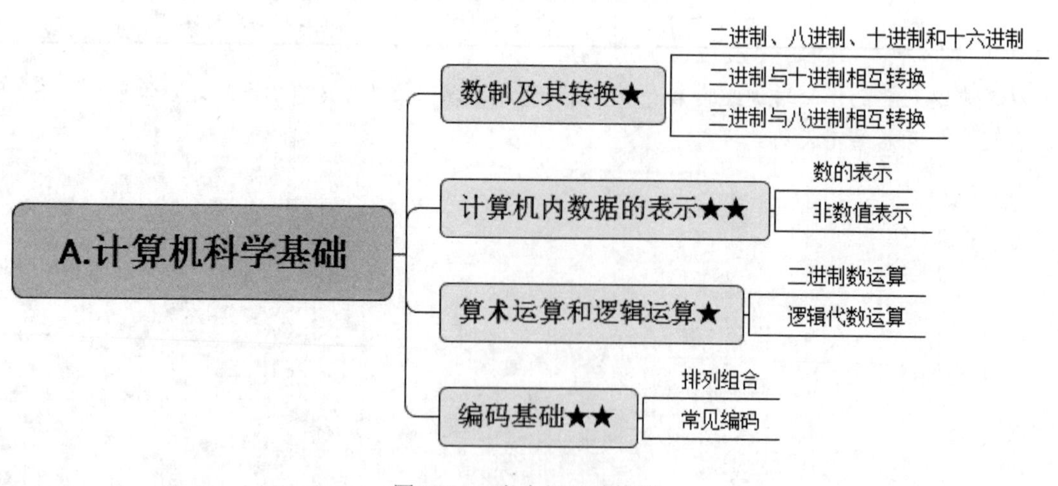

图1-0-1　考点知识结构图

注：★代表知识点的重要性，★越多代表知识越重要。

1.1 数制及其转换

数制部分的考点有二进制、八进制、十进制和十六进制的表达方式及各种进制间的转换。该节知识比较简单，是学习其他知识的前提，但一般不会直接出题考查。

1.1.1 二进制、八进制、十进制和十六进制

进制（又称进位制）是一种计数方式，即用有限的数字符号代表所有数值。

1. 十进制

十进制在日常生活中最常用到。

十进制表示形式：在数字后加 D 或者不加字母，例如：128D 或 128。

十进制的特点：

（1）包含 10 个基本数字：0、1、2、3、4、5、6、7、8、9。

（2）逢 10 进 1。

（3）每个数字所在位置不同，代表的值不同。例如，$8157=8000+100+50+7=8\times10^3+1\times10^2+5\times10^1+7\times10^0$。

2. 二进制

二进制由数学家莱布尼茨发明。在 20 世纪 30 年代，冯•诺依曼提出采用二进制作为数字计算机的数制基础。理论上最大化系统的表达效率是 e 进制，但 e 并非整数，所以三进制为整数最优进制，但由于二进制简化了电子元件的制造，所以现代计算机系统设计采用了二进制。

二进制表示形式：在数字后加 B 或者加 2 脚注，例如：1011B 或者$(1011)_2$。

二进制的特点：

（1）有 2 个基本数字：0、1。

（2）逢 2 进 1。

（3）每个数字所在的位不同，则值不同。例如，$110101=1\times2^5+1\times2^4+0\times2^3+1\times2^2+0\times2^1+1\times2^0$。

3. 八进制

八进制表示形式：在数字后面加 Q 或者加 8 脚注，例如：163Q 或者$(163)_8$。

八进制的特点：

（1）有 8 个基本数字：0、1、2、3、4、5、6、7。

（2）逢 8 进 1。

（3）每个数字所在的位不同，则值不同。例如，$163=1\times8^2+6\times8^1+3\times8^0$。

4. 十六进制

十六进制表示形式：在数字后面加 H 或者加 16 脚注，例如：A804H 或者$(A804)_{16}$。

十六进制的特点：

（1）有 16 个基本数字：0、1、2、3、4、5、6、7、8、9、A、B、C、D、E、F。

（2）逢 16 进 1。

（3）每个数字所在的位不同，则值不同。例如，$A804=10\times16^3+8\times16^2+0\times16^1+4\times16^0$。

1.1.2 二进制与十进制相互转换

进制转换需要用到的两个定义：

数位：表示数所在的位置。

权位数（权）：每个数位代表的数叫作权位数。

1. 二进制转为十进制

二进制转为十进制，将二进制数按权展开相加。

转换公式如下：

$$D = D_{n-1}\times 2^{n-1} + D_{n-2}\times 2^{n-2} + \cdots + D_1\times 2^1 + D_0\times 2^0 + D_{-1}\times 2^{-1} + \cdots + D_{-m}\times 2^{-m}$$

【例 1】

$(110101.01)_2=1\times2^5+1\times2^4+0\times2^3+1\times2^2+0\times2^1+1\times2^0+0\times2^{-1}+1\times2^{-2}=32+16+4+1+0.25=(53.25)_{10}$

2. 十进制转为二进制

（1）十进制整数转换为二进制。

第 1 步：将十进制数反复除以 2，直到商为 0。

第 2 步：第 1 次相除后得到的余数为最低位 K_1，第 2 次相除后得到的余数为最低位 K_2，……，最后相除得到的余数为最高位 K_n。

第 3 步：最终转化结果的形式为 $K_nK_{n-1}\cdots K_2K_1$。

【例 2】 $(53)_{10}$ 转换为二进制，具体方法和过程表示如下：

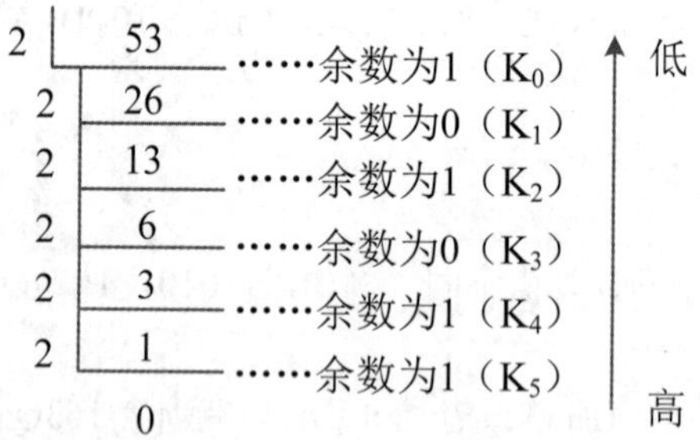

除数	被除数/商	余数	
2	53	……余数为1（K_0）	低 ↑
2	26	……余数为0（K_1）	
2	13	……余数为1（K_2）	
2	6	……余数为0（K_3）	
2	3	……余数为1（K_4）	
2	1	……余数为1（K_5）	高
	0		

因此，$(53)_{10}=K_5K_4K_3K_2K_1K_0=(110101)_2$。

（2）十进制小数转换为二进制。

第 1 步：将十进制小数乘以 2，取乘积的整数部分，得到二进制小数的最高位 K_{-1}。

第 2 步：取乘积的整数部分乘 2，取乘积的整数部分，得到二进制小数的下一位 K_{-m}。

重复第 2 步，直到乘积小数部分为 0 或者二进制小数位达到具体要求的精度。

所得 $0.K_{-1}K_{-2}\cdots K_{-m}$ 即为转换结果。

【例 3】 乘积小数部分为 0 的情况。将$(0.125)_{10}$ 转换为二进制，可以用如下方法：

$0.125\times2=0.25$ ……整数部分为0（K_{-1}） 高

$0.25\times2=0.5$ ……整数部分为0（K_{-2}）

$0.5\times2=1.0$ ……整数部分为1（K_{-3}） ↓ 低

因此，$(0.125)_{10}=0.K_{-1}K_{-2}K_{-3}=(0.001)_2$。

【例 4】乘积小数部分不为 0，指定精度的情况。将$(0.5773)_{10}$转换为二进制，保留小数点后 5 位。

高

$0.5773\times2=1.1546$ ……整数部分为1（K_{-1}）

$0.1546\times2=0.3092$ ……整数部分为0（K_{-2}）

$0.3092\times2=0.6184$ ……整数部分为0（K_{-3}）

$0.6184\times2=1.2368$ ……整数部分为1（K_{-4}）

$0.2368\times2=0.4736$ ……整数部分为0（K_{-5}） ↓ 低

因此，$(0.5773)_{10}=0.K_{-1}K_{-2}K_{-3}K_{-4}K_{-5}=(0.10010)_2$。

1.1.3 二进制与八进制相互转换

二进制与八进制相互转换、二进制与十六进制相互转换相对比较简单，而且相似，所以本书只讲二进制与八进制的相互转换。

（1）二进制转八进制："三位并为一位"。

1）整数部分从右至左为一组，最后一组如不足三位，则左侧补 0。

2）小数部分从左至右为一组，最后一组如不足三位，则右侧补 0。

3）按组转换为八进制。

【例 1】将$(10\ 111\ 011.001\ 01)_2$转换为八进制，方法如下：

$$\frac{010}{2}\,\frac{111}{7}\,\frac{011}{3}\cdot\frac{001}{1}\,\frac{010}{2}$$

因此，$(10\ 111\ 011.001\ 01)_2=(273.12)_8$。

（2）八进制转二进制："一位变三位"将八进制数每一位换算为三位二进制数。

【例 2】将$(273.12)_8$转换为二进制，方法如下：

$$\frac{2}{010}\,\frac{7}{111}\,\frac{3}{011}\cdot\frac{1}{001}\,\frac{2}{010}$$

因此，$(273.12)_8=(10\ 111\ 011.001\ 01)_2$。

1.2 计算机内数据的表示

计算机中的数据信息分成数值数据和非数值数据（也称符号数据）两大类。数值数据包括定点数、浮点数、无符号数等。非数值数据包含文本数据、图形和图像、音频、视频和动画等。

该节知识主要考查各种码制的表示范围，偶尔考查各类非数值表示的特性。

1.2.1 数的表示

计算机中数的表示形式可以分为定点数与浮点数两类。

1. 定点数

“定点”是指机器数中小数点位置是固定的。定点数可分为定点整数和定点小数。

- 定点整数：机器数的小数点位置固定在机器数的最低位之后。
- 定点小数：机器数的小数点位置固定在符号位之后、有效数值部分的最高位之前。

定点数主要表示方式有：原码、反码、补码、移码。

（1）原码。原码是用真实的二进制值表示数值的编码。原码的最高位是符号位，0 表示正数，1 表示负数。8 位原码的表示范围是（-127～-0, +0～127）共 256 个。

n 位机器字长，各种码制表示的带符号数范围，见表 1-2-1。此表考查频度较高。

表 1-2-1 n 位机器字长，各种码制表示的带一位符号位的数值范围

码制	定点整数	定点小数
原码	$-(2^{n-1}-1)\sim 2^{n-1}-1$	$-(1-2^{-(n-1)})\sim 1-2^{-(n-1)}$
反码	$-(2^{n-1}-1)\sim 2^{n-1}-1$	$-(1-2^{-(n-1)})\sim 1-2^{-(n-1)}$
补码	$-2^{n-1}\sim 2^{n-1}-1$	$-1\sim 1-2^{-(n-1)}$
移码	$-2^{n-1}\sim 2^{n-1}-1$	$-1\sim 1-2^{-(n-1)}$

【例 1】定点整数表示（其中符号位占 1 位）。

X_1=+1001，则$[X_1]_{原}$=01001。

X_2=-1001，则$[X_2]_{原}$=11001。

【例 2】定点小数表示。

X_1=+0.1001，则$[X_1]_{原}$=01001。

X_2=-0.1001，则$[X_2]_{原}$=11001。

注意：用带符号位的原码表示的数在加减运算时可能会出现问题，具体问题细节会在［例 3］中进行分析。

【例 3】原码表示在加减运算中的问题。

算式$(1)_{10}-(1)_{10}=(1)_{10}+(-1)_{10}=(0)_{10}$，用原码表示的运算过程为$(00000001)_{原}+(10000001)_{原}$

$=(10000010)_{原}=(-2)$，显然，这是不正确的。因此，计算机通常不使用原码来表示数据。

（2）反码。反码最高位是符号位，0 表示正数，1 表示负数。反码表示的数和原码是一一对应的。

【例 4】 定点整数。

$X_1=+1001$，则$[X_1]_{反}=01001$。

$X_2=-1001$，则$[X_2]_{反}=10110$。

【例 5】 定点小数。

$X_1=+0.1001$，则$[X_1]_{反}=01001$。

$X_2=-0.1001$，则$[X_2]_{反}=10110$。

注意：带符号位的负数在运算上也会出现问题，具体问题细节会在［例 6］中进行分析。

【例 6】 反码表示在加减运算中的问题。

$(1)_{10}-(1)_{10}=(1)_{10}+(-1)_{10}=(0)_{10}$ 可以转化为$(00000001)_{反}+(11111110)_{反}=(11111111)_{反}=(-0)$，则结果是$-0$，也就是 0，这样，反码中还是有两个 0：$+0(00000000)_{反}$与$-0(11111111)_{反}$。

（3）补码。上面反码的问题出现在(+0)和(−0)上，在现实计算中 0 是不区分正负的。因此，计算机中引入了补码概念。在 8 位补码中，−128 代替了原来的−0，因而有了实际意义，这样 8 位补码的表示范围就为（−128～0～127）共 256 个。而要注意的是，8 位的原码和反码不能表示−128。

正数的补码与原码一样，负数的补码是对其原码（除符号位外）按各位取反，并在末位补加 1 而得到的。而正数不变，因此正数的原码、反码和补码都是一样的。

【例 7】 定点整数。

$X_1=+1001$，则$[X_1]_{补}=01001$。

$X_2=-1001$，则$[X_2]_{补}=10111$。

【例 8】 定点小数。

$X_1=+0.1001$，则$[X_1]_{补}=01001$。

$X_2=-0.1001$，则$[X_2]_{补}=10111$。

【例 9】 补码表示，在加减运算中未出现问题。

$(1)_{10}-(1)_{10}=(1)_{10}+(-1)_{10}=(0)_{10}$

$(00000001)_{补}+(11111111)_{补}=(00000000)_{补}=(0)$

$(1)_{10}-(2)_{10}=(1)_{10}+(-2)_{10}=(-1)_{10}$

$(00000001)_{补}+(11111110)_{补}=(11111111)_{补}=(-1)$

可以看到，这两类运算结果都是正确的。

（4）移码。移码（又叫增码），是符号位取反的补码，一般用于浮点数的阶码表示，因此只用于整数。目的是保证浮点数的机器零为全零。

【例 10】 移码表示。

$X=+1001$，则$[X]_{补}=01001$，$[X]_{移}=11001$。

$X=-1001$，则$[X]_{补}=10111$，$[X]_{移}=00111$。

2. 浮点数

定点数的表示范围有限，而采用浮点数可以表示更大的范围。浮点数就是小数点不固定的数。如十进制 268 可以表示成 $10^3\times0.268$、$10^2\times2.68$ 等形式。二进制 101 可以表示成 1.01×2^2、0.101×2^3 等形式。

（1）浮点数的表示。

浮点数的数学表示为：$N=2^E\times F$，其中 E 是阶码（指数），F 是尾数。

浮点数的表示格式如下：

阶符	阶码	数符	尾数

- 阶符：指数符号。
- 阶码：就是指数，**决定数值表示范围**；形式为定点整数，**常用移码表示**。
- 数符：尾数符号。
- 尾数：纯小数，**决定数值的精度**；形式为定点纯小数，**常用补码、原码表示**。

当阶符占 1 位，阶码（移码表示）占 R-1 位；数符占 1 位，尾数（补码表示）占 M-1 位，则该浮点数表示的范围为：

$$[-1\times2^{(2^{R-1}-1)},\ (1-2^{-(M-1)})\times2^{(2^{R-1}-1)}]$$

为了让浮点数的表示范围尽可能大并且表示效率尽可能高，需要对尾数进行规格化。规格化就是规定 0.5≤尾数绝对值≤1。

补码表示的尾数，正数规格化表示为：0.1***……*。

负数规格化表示为：1.0***……*；其中，*代表二进制的 0 或 1。

（2）浮点数的运算。两个浮点数加（减）法的过程见表 1-2-2。

表 1-2-2　浮点数加（减）法过程

具体步骤	解释
对阶	阶码小数的尾数右移，让两个相加的数阶码相同，即对齐小数点位置。对阶遵循“小阶向大阶看齐”的原则，得到结果精度更高
尾数计算	尾数相加（减）
规格化处理	不满足规格化的尾数进行规格化处理。当尾数发生溢出可能（尾数绝对值大于 1）时，应该调整阶码
舍入处理	在对阶、向右规格化处理时，尾数最低位会丢失，因此会导致误差。为了减少误差，就要进行舍入处理
溢出处理	（1）尾数相加不是真正溢出，因为可以做向右的规格化处理。 （2）阶码溢出，才是真正溢出。 •阶码下溢：运算结果为 0。 •阶码上溢（阶码向右规格化时发生）：溢出标志会置 1

1.2.2 非数值表示

计算机非数值数据包含文本数据、图形和图像、音频、视频和动画等。

1. 字符编码

字符包括字母、数字、通用符号等。计算机常用的编码有美国国家标准信息交换码（American Standard Code for Information Interchange，ASCII）。ASCII码用来表示英文大小写字母、数字0～9、标点符号、以及特殊控制字符。ASCII码分为标准ASCII码与扩展ASCII码。标准ASCII码是7位编码，存储时占8位，最高位是0，可以表示128个字符。扩展ASCII码是8位编码，刚好1个字节，最高位可以为0和1，可以表示256个字符。

2. 汉字编码

对汉字进行输入编码，这样可以直接用键盘输入汉字。常见的汉字编码有拼音码、五笔字型码、GB2312-80、Big-5、utf8等。

3. 多媒体编码

常见的音频编码有：WAV、MIDI、PCM、MP3、RA等。

常见的视频编码有：MPEG、H.26X系列等。

常见的图形、图像编码有：BMP、TIFF、GIF、PDF等。

1.3 算术运算和逻辑运算

本部分主要知识点有二进制数运算与逻辑代数运算。

1.3.1 二进制数运算

1. 原码加法

- 计算规则：0+0=0，1+0=0+1=1，1+1=10。
- 进位规则：逢2进1。

【例1】100.01+111.11=?

$$\begin{array}{r} 100.01 \\ +\ 111.11 \\ \hline 1\ 100.00 \end{array}$$

所以100.01+111.11=1100.00。

2. 原码减法

- 计算规则：0−0=0，1−0=1，1−1=0，10−1=1。
- 借位规则：借1当2。

【例2】1100.00-111.11=?

$$\begin{array}{r} 1100.00 \\ -\quad 111.11 \\ \hline 100.01 \end{array}$$

所以，1100.00−111.11=100.01。

3. 原码乘法

- 计算规则：0×0=0，1×0=0×1=0，1×1=1。

【例3】10.101×101=？

$$\begin{array}{r} 10.101 \\ \times\quad 101 \\ \hline 10\,101 \\ 000\,00 \\ +1010\,1 \\ \hline 1101.001 \end{array}$$

所以，10.101×101=1101.001。

4. 补码运算

反码和补码可以解决负数符号位参加运算的问题。

- 加法规则：$[N_1+N_2]_{补}=[N_1]_{补}+[N_2]_{补}$。
- 减法规则：$[N_1-N_2]_{补}=[N_1]_{补}-[N_2]_{补}$。

【例4】若 $N_1=-0.1100$，$N_2=-0.0010$，求$[N_1+N_2]_{补}$和$[N_1-N_2]_{补}$。

$[N_1+N_2]_{补}=[N_1]_{补}+[N_2]_{补}=1.0100+1.1110$

$$\begin{array}{r} 1.0100 \\ +\quad 1.1110 \\ \hline \text{丢弃}\ 1\,1.0010 \end{array}$$

符号位产生的进位丢弃，即$[N_1+N_2]_{补}=1.0010$，$[N_1+N_2]_{原}=1.1110$

所以，$N_1+N_2=-0.1110$。

$[N_1-N_2]_{补}=[N_1]_{补}+[-N_2]_{补}=1.0100+0.0010$

$$\begin{array}{r} 1.0100 \\ +\ 0.0010 \\ \hline 1.0110 \end{array}$$

所以，$[N_1-N_2]_{原}=1.1010$，$N_1-N_2=-0.1010$。

5. 反码运算

- 加法规则：$[N_1+N_2]_{反}=[N_1]_{反}+[N_2]_{反}$。
- 减法规则：$[N_1-N_2]_{反}=[N_1]_{反}+[-N_2]_{反}$。

运算时，符号位和数值一样参加运算，如果符号位产生了进位，则进位应加到和数的最低位，称之为“循环进位”。

【例5】若 N_1=0.1100，N_2=0.0010，求$[N_1+N_2]_反$和$[N_1-N_2]_反$。

$[N_1+N_2]_反=[N_1]_反+[N_2]_反$=0.1100+0.0010=0.1110

即$[N_1+N_2]_反$=0.1110，N_1+N_2=0.1110

$[N_1-N_2]_反=[N_1]_反+[-N_2]_反$=0.1100+1.1101

$$\begin{array}{r} 0.1100 \\ +\quad 1.1101 \\ \hline \boxed{1}0.1001 \\ +\quad \rightarrow 1 \\ \hline 0.1010 \end{array}$$

符号位产生了进位，需要进行“循环进位”，即结果还需要加上进位。

所以，$[N_1-N_2]_反$=0.1010，N_1-N_2=0.1010。

1.3.2 逻辑代数运算

逻辑代数是一种分析和设计数字电路的工具。

1. 基本逻辑运算

逻辑代数中常见的基本逻辑运算见表 1-3-1。

表 1-3-1 常见的逻辑运算

运算类别	运算符号	运算法则
或	+或∨	0+0=0，1+0=1，0+1=1，1+1=1
与	•或∧	0•0=0，1•0=0，0•1=0，1•1=1
非	$\bar{A}$	$\bar{0}=1$，$\bar{1}=0$
异或	⊕ 或 xor	0⊕0=0，1⊕0=1，0⊕1=1，1⊕1=0（同为0异为1）

2. 移位运算

移位运算包含算术移位、逻辑移位、循环移位。在没有溢出的情况下，一个数将其左移 n 位，相当于该数乘以 2^n；将其右移 n 位，相当于该数除以 2^n。

（1）算术移位。算术移位分为算术左移和算术右移。

- 算术左移：操作数的各位依次向左移 1 位，最低位补零。运算符号为“<<”。
- 算术右移：操作数的各位依次向右移 1 位，最高位（符号位）不变。运算符号为“>>”。

（2）逻辑移位。逻辑移位分为逻辑左移和逻辑右移。

- 逻辑左移：操作与算术左移相同，操作数的各位依次向左移 1 位，最低位补零。
- 逻辑右移：操作数的各位依次向右移 1 位，最高位补零。

【例 1】移位运算示例见表 1-3-2。

表 1-3-2 移位运算示例

移动方式	移动前	移动后
算术左移 2 位	1100 1101（最高位符号位为 1）	0011 0100 空位补两个 0
算术右移 2 位		1111 0011 空位补两个 1
逻辑左移 2 位		0011 0100 空位补两个 0
逻辑右移 2 位		0011 0011 空位补两个 0

1.4 编码基础

本部分主要知识点有排列组合、编码基础，其中海明码、循环冗余码、霍夫曼编码考查较多，而排列组合是数学基础知识。

1.4.1 排列组合

1. 计数原理

（1）加法原理。完成一件事有 M 种不同方案，其中，第 1 类方案有 m_1 种不同方法；第 2 类方案有 m_2 种不同方法；……；第 n 类方案有 m_n 种不同方法。那么完成这件事的方案数 $M=m_1+m_2+\cdots+m_n$。

（2）乘法原理。完成一件事有 n 个步骤，完成第 1 步有 m_1 种不同方法；完成第 2 步有 m_2 种不同方法；……；完成第 n 步有 m_n 种不同方法。那么完成这件事的方案数 $M=m_1\times m_2\times\cdots\times m_n$。

2. 排列

从 n 个不同元素中取出 m（m≤n）个元素排成一列，称为“n 个不同元素的一个 m 排列”。这种排列总数记为 A_n^m。

排列公式：$A_n^m=\dfrac{n!}{(n-m)!}$（m≤n，n、m∈N）

3. 组合

从 n 个不同的元素中任取 m（m≤n）个元素（不考虑顺序），称为 n 个不同元素取出 m 个元素的一个排列数，用符号 C_n^m 表示。

组合公式：$C_n^m=\dfrac{A_n^m}{A_n^n}=\dfrac{n!}{m!(n-m)!}$

1.4.2 常见编码

1. 检错与纠错基本概念

通信链路不是理想的传输链路，因此数据传输过程中是有可能会产生**比特差错**的，即比特 1 可能会变成 0，0 也可能变成 1。

1 帧包含 m 个数据位（即报文）和 r 个冗余位（校验位）。假设帧的总长度为 n，则有 n=m+r。包含数据位和校验位的 n 位单元通常称为 n 位**码字**（Code Word）。

海明码距（码距）是两个码字中不相同的二进制位的个数；**两个码字的码距**是一个编码系统中任意两个合法编码（码字）之间不同的二进制数的位数；**编码系统的码距**是整个编码系统中任意两个码字的码距的最小值。**误码率**是传输错误的比特占所传输比特总数的比率。

【例 1】图 1-4-1 给出了一个编码系统，用两个比特位表示 4 个不同的信息。任意两个码字之间不同的比特位数为 1 或者 2，最小值为 1，故该编码系统的码距为 1。

	二进制码字	
	a2	a1
0	0	0
1	0	1
2	1	0
3	1	1

图 1-4-1　码距为 1 的编码系统

即使码字中的任何一位或者多位出错了，结果中的码字也仍然是合法码字。例如，如果传送信息 10，出错了变为了 11，但由于 11 还是属于合法码字，所以接收方仍然认为 11 是正确的信息。

然而，如果用 3 个二进位来编 4 个码字，那么码字间的最小距离可以增加到 2，如图 1-4-2 所示。

	二进制码字		
	a3	a2	a1
0	0	0	0
1	0	1	1
2	1	0	1
3	1	1	0

图 1-4-2　改进后码距为 2 的编码系统

这里任意两个码字相互间最少有两个比特位的差异。因此，如果任何信息中的一个比特位出错，那么将成为一个不用的码字，接收方能检查出来。例如信息是 000，因出错成为了 100、010 或 001，而 100、010 或 001 都不是合法码字，这样接收方就能发现出错了。

海明研究发现，**检测 d 个错误**，则编码系统**码距≥d+1**；**纠正 d 个错误**，则编码系统**码距>2d**。

2. 海明码

海明码是一种多重奇偶检错码，具有检错和纠错的功能。海明码的全部码字由原来的信息和附加的奇偶校验位组成。奇偶校验位和信息位赋值在传输码字的特定位置上。这种组合编码方式能找出发生错误的位置，无论是原有信息位，还是附加校验位。

设海明码校验位为 k，信息位为 m，则它们之间的关系应满足 $m+k+1\leqslant 2^k$。

下面以原始信息 101101 为例，讲解海明码的推导与校验的过程。

（1）确定海明码校验位长。m 是信息位长，则 m=6。根据关系式 $m+k+1\leqslant 2^k$，得到 $7+k\leqslant 2^k$。解不等式得到最小 k 为 4，即校验位为 4。信息位加校验的总长度为 10 位。

（2）推导海明码。

1）填写原始信息。理论上来说，海明码校验位可以放在任何位置，但通常**校验位被从左至右安排在 1（2^0）、2（2^1）、4（2^2）、8（2^3）、…的位置上**。原始信息则从左至右填入剩下的位置。如图 1-4-3 所示，校验位处于 B1、B2、B4、B8 位，剩下位为信息位，信息位依从左至右的顺序先行填写完毕。

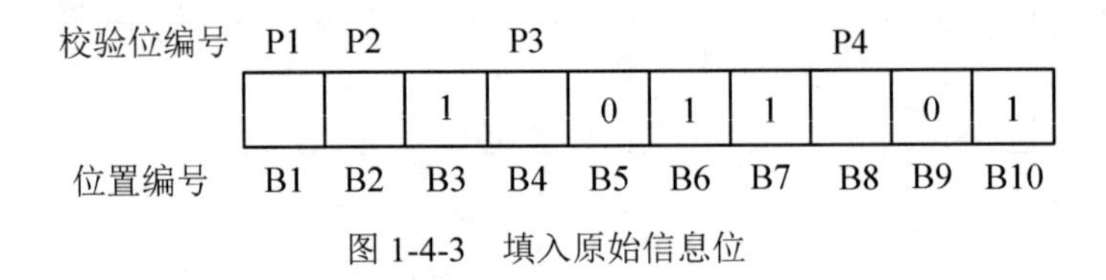

图 1-4-3 填入原始信息位

2）计算校验位。依据公式得到校验位：

$$
\begin{aligned}
&P1=B3\oplus B5\oplus B7\oplus B9=1\oplus 0\oplus 1\oplus 0=0\\
&P2=B3\oplus B6\oplus B7\oplus B10=1\oplus 1\oplus 1\oplus 1=0\\
&P3=B5\oplus B6\oplus B7=0\oplus 1\oplus 1=0\\
&P4=B9\oplus B10=0\oplus 1=1
\end{aligned}
\tag{1-4-1}
$$

这个公式常用，但是直接死记硬背比较困难，只能换个方式进行理解记忆。

把除去 1、2、4、8（校验位位置值编号）之外的 3、5、6、7、9、10 值转换为二进制位，见表 1-4-1。

表 1-4-1 二进制与十进制转换表

信息位	信息位编号的十进制	信息位编号的二进制			
		第 4 位	第 3 位	第 2 位	第 1 位
B3	3	0	0	1	1
B5	5	0	1	0	1
B6	6	0	1	1	0
B7	7	0	1	1	1
B9	9	1	0	0	1
B10	10	1	0	1	0

满足条件“二进制位第 1 位为 1”的所有 Bi 进行“异或”操作，结果填入 P1。即 $P1=B3\oplus B5\oplus B7\oplus B9=1\oplus 0\oplus 1\oplus 0=0$。

满足条件“二进制位第2位为1”的所有Bi进行“异或”操作，结果填入P2。即 $P2=B3\oplus B6\oplus B7\oplus B10=1\oplus 1\oplus 1\oplus 1=0$。

依此类推，满足条件“二进制位第3位为1”的所有Bi进行“异或”操作，结果填入P3；满足条件“二进制位第4位为1”的所有Bi进行“异或”操作，结果填入P4。

填入校验位后得到图1-4-4。

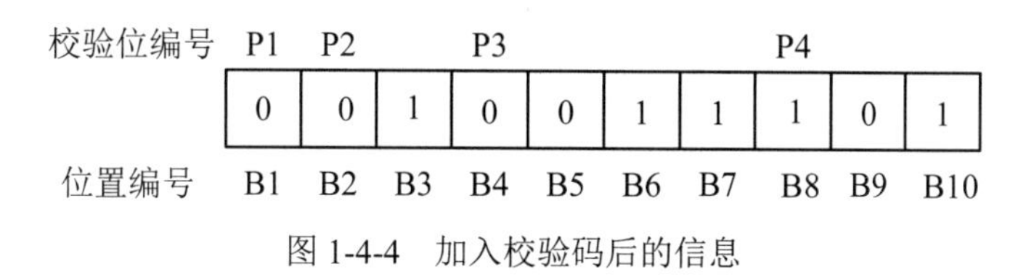

图1-4-4 加入校验码后的信息

（3）校验。将所有信息位位置编号1～10的值转换为二进制位，见表1-4-2。

表1-4-2 二进制与十进制转换表

信息位	信息位编号的十进制	信息位编号的二进制			
		第4位	第3位	第2位	第1位
B1	1	0	0	0	1
B2	2	0	0	1	0
B3	3	0	0	1	1
B4	4	0	1	0	0
B5	5	0	1	0	1
B6	6	0	1	1	0
B7	7	0	1	1	1
B8	8	1	0	0	0
B9	9	1	0	0	1
B10	10	1	0	1	0

将所有信息编号的二进制的第1位为1的Bi进行“异或”操作，得到X1；

将所有信息编号的二进制的第2位为1的Bi进行“异或”操作，得到X2；

将所有信息编号的二进制的第3位为1的Bi进行“异或”操作，得到X4；

将所有信息编号的二进制的第4位为1的Bi进行“异或”操作，得到X8。

上述过程对应公式描述如下：

$$\begin{aligned} X1&=B1\oplus B3\oplus B5\oplus B7\oplus B9 \\ X2&=B2\oplus B3\oplus B6\oplus B7\oplus B10 \\ X4&=B4\oplus B5\oplus B6\oplus B7 \\ X8&=B8\oplus B9\oplus B10 \end{aligned} \qquad (1\text{-}4\text{-}2)$$

得到一个形式为 X8X4X2X1 的二进制，转换为十进制时，结果为 0，未发生比特差错；结果非 0（假设为 Y），则错误发生在第 Y 位。

假设起始端发送加了上述校验码信息之后，目的端收到的信息为 0010111101，如图 1-4-5 所示。

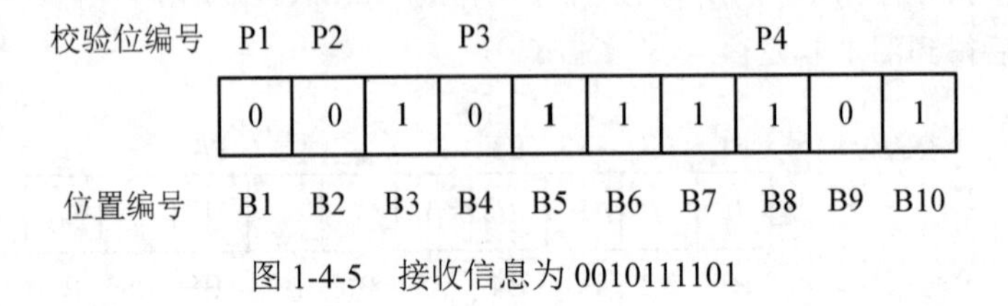

图 1-4-5 接收信息为 0010111101

依据式（1-4-2），得到

$$X1=B1\oplus B3\oplus B5\oplus B7\oplus B9=0\oplus 1\oplus 1\oplus 1\oplus 0=1$$

$$X2=B2\oplus B3\oplus B6\oplus B7\oplus B10=0\oplus 1\oplus 1\oplus 1\oplus 1=0$$

$$X4=B4\oplus B5\oplus B6\oplus B7=0\oplus 1\oplus 1\oplus 1=1$$

$$X8=B8\oplus B9\oplus B10=1\oplus 0\oplus 1=0$$

则将 X8X4X2X1=0101 的二进制转换为十进制为 5。结果非 0，则错误发生在第 5 位。

3. 循环冗余码

由于有线线路错误率非常低，则使用错误检测和重传机制比使用纠错方式更为有效。无线线路相比有线线路，噪声更多、容易出错，所以广泛采用纠错码。

循环冗余校验码（Cyclical Redundancy Check，CRC），又称为多项式编码（Polynomial Code），广泛应用于数据链路层的错误检测。

CRC 把二进制位串看成系数为 0 或 1 的多项式。一个 k 位的二进制数字串看成是一个 k-1 次多项式的系数列表，该多项式有 k 项，从 x^{k-1} 到 x^0。该多项式属于 k-1 阶多项式，形式为 $A_1x^{k-1}+A_2x^{k-2}+\cdots+A_{n-2}x^1+A_{n-1}x^0$。例如，1101 有 4 位，可以代表一个 3 阶多项式，系数分别为 1、1、0、1，多项式的形式为 x^3+x^2+1。

使用 CRC 编码，需要先商定一个**生成多项式 G(x)**。生成多项式的特点是：最高位和最低位必须是 1。假设原始信息有 m 位，则对应多项式 M(x)。生成校验码思想就是在原始信息位后追加若干校验位，使得追加的信息能被 G(x)整除。接收方接收到带校验位的信息，然后用 G(x)整除。余数为 0，则没有错误；反之则发生错误。

（1）生成 CRC 校验码。这里用一个例子讲述 CRC 校验码生成的过程。假设原始信息串为 10110，CRC 的生成多项式为 $G(x)=x^4+x+1$，求 CRC 校验码。

1）原始信息后“添 0”。假设生成多项式 G(x)的阶为 r，则在原始信息位后添加 r 个 0，新生成的信息串共 m+r 位，对应多项式设定为 $x^rM(x)$。

$G(x)=x^4+x+1$ 的阶为 4，即 10011，则在原始信息 10110 后添加 4 个 0，新信息串为 10110 0000。

2）使用生成多项式除。利用模 2 除法，用对应的 G(x)位去除串 $x^rM(x)$对应的位串，得到长度为 r 位的余数。除法过程如图 1-4-6 所示。

```
10011 ) 101100000
        10011
        ---------
          1010000
          10011
        ---------
          11100
          10011
        ---------
           1111
```

图 1-4-6　CRC 计算过程

得到余数 1111。余数不足 r，则余数左边用若干个 0 补齐。如求得余数为 11，r=4，则补两个 0 得到 0011。**这个余数就是原始信息的校验码**。

3)将余数添加到原始信息后。上例中，原始信息为 10110，添加余数 1111 后，结果为 10110 1111。

（2）CRC 校验。CRC 校验过程与生成过程类似，接收方接收了带校验和的数据后，用多项式 G(x)来除。余数为 0，则表示信息无错；否则要求发送方进行重传。

注意：收发信息双方需使用相同的生成多项式。

（3）常见的 CRC 生成多项式。CRC–16=$x^{16}+x^{15}+x^2+1$。该多项式用于 FR、X.25、HDLC、PPP 中，用于校验除帧标志位外的全帧。

CRC–32=$x^{32}+x^{26}+x^{23}+x^{22}+x^{16}+x^{12}+x^{11}+x^{10}+x^8+x^7+x^5+x^4+x^2+x+1$。该多项式用于校验以太网（802.3）帧（不含前导和帧起始符）、令牌总线（802.4）帧（不含前导和帧起始符）、令牌环（802.5）帧（从帧控制字段到 LLC 层数据）、FDDI 帧（从帧控制字段到 INFO）和 ATM 全帧与 PPP 除帧标志位外的全帧。

4. 哈夫曼编码

本节知识点也属于数据结构部分的知识点。霍夫曼树（Huffman Tree）又称哈夫曼树、最优二叉树，表示**带权路径最短**的树。**哈夫曼编码的特点是使得文件字符编码总长度最短**。

（1）基本定义。

路径和路径长度：一棵树中，从一个节点向下可达到的叶子节点之间的通路，称为**路径**。路径中分支的数量称为**路径长度**。若规定根节点的层数为 1，则从根节点到第 L 层节点的路径长度为 L-1。图 1-4-7 中，根节点到节点 a 是一条路径，路径长度为 2。

节点的权及带权路径长度：树中节点的数值，称为节点的**权**。带权路径长度=从根节点到该节点之间的路径长度×该节点的权。图 1-4-7 中，节点 a 的权为 9，节点 a 的带权路径长度为 9×2。

树的带权路径长度：所有叶子节点的带权路径长度之和，记为 WPL。图 1-4-7 中，WPL=9×2+6×2+4×2+1×2=40。

9
6
4
1
a
b
c
d

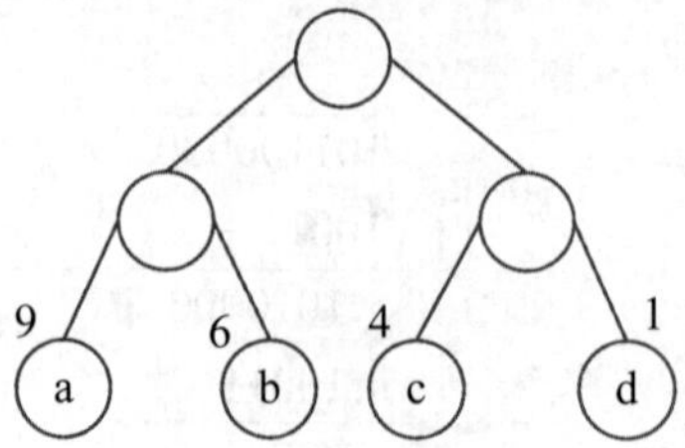

图 1-4-7 基本概念示例

（2）哈夫曼树构造算法。假设 n 个权值为 w1、w2、…、wn，准备构造的哈夫曼树有 n 个叶子节点。具体构造的规则为：

第 1 步：将 w1、w2、…、wn 看成是有 n 棵树（树仅有一个节点）的森林。

第 2 步：在森林中选出两个**根节点的权值最小**的树合并，作为一棵新树的子树，且新树的根节点权值为其子树根节点权值之和。

第 3 步：从森林中删除选取的两棵树，并将新树加入森林。

第 4 步：重复 2、3 步，直到森林中只剩一棵树为止，该树即为所求得的哈夫曼树。

（3）哈夫曼编码。从根节点开始，为到每个叶子节点路径上的左分支赋值 0，右分支赋值 1，并从根到叶子的路径方向形成该叶子节点的编码。

【例 2】已知 4 种字符 a、b、c、d，出现的频率为 1、5、6、3，则构造哈夫曼树如图 1-4-8 所示，构建哈夫曼编码如图 1-4-9 所示。

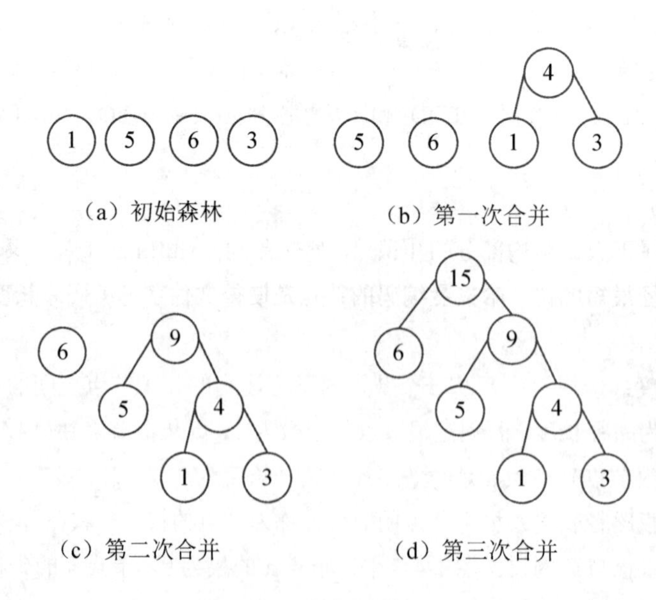

1
5
6
3
（a）初始森林
4
5
6
1
3
（b）第一次合并
6
9
5
4
1
3
（c）第二次合并
15
6
9
5
4
1
3
（d）第三次合并

图 1-4-8 哈夫曼树构造

哈夫曼树构造完毕后，接下来进行哈夫曼编码。

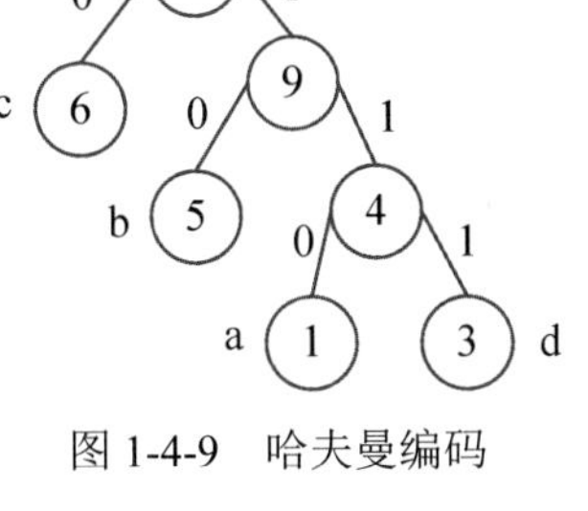

图 1-4-9 哈夫曼编码

该例子中，c 编码为 0；b 编码为 10；a 编码为 110；d 编码为 111。

第 2 章 计算机硬件基础知识

计算机硬件基础主要讲解软件设计师考试所涉及的计算机硬件知识。本章节的内容包含体系结构、系统总线、指令系统、CPU 结构、存储系统、输入与输出技术、系统可靠性分析等基本概念知识。本章节知识，在软件设计师考试中，考查的分值为 4～6 分，属于重要考点。

本章考点知识结构图如图 2-0-1 所示。

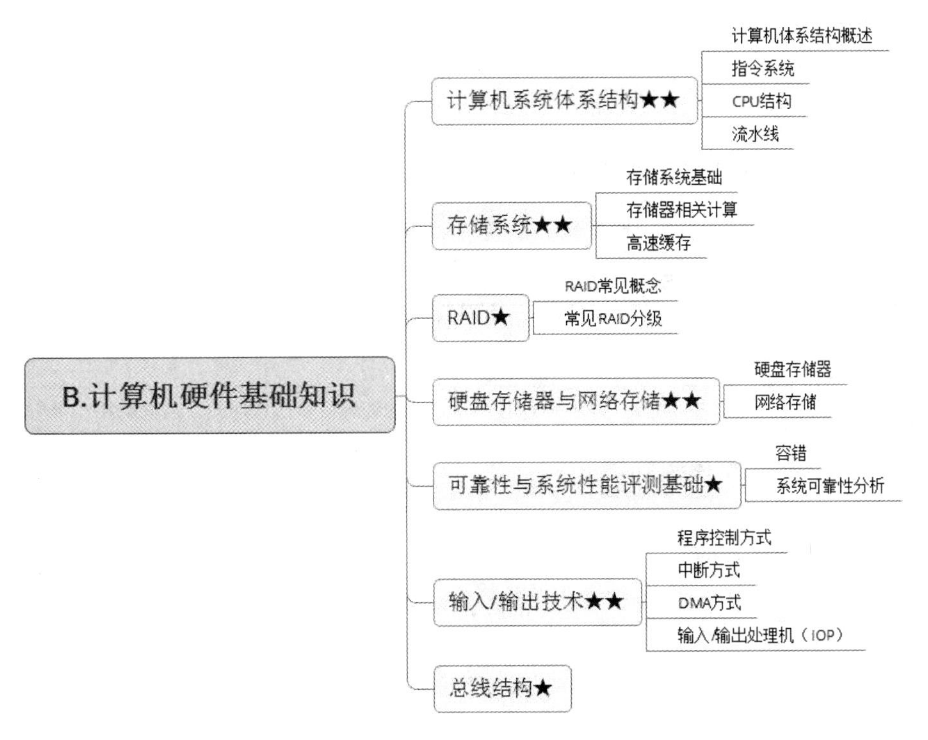

图 2-0-1 考点知识结构图

第 1 天

2.1 计算机系统体系结构

计算机体系结构是程序员所看到的计算机的属性，即计算机的逻辑结构和功能特征，包括各软硬件之间的关系，设计思想与体系结构。

本节考点特别多，涉及计算机体系结构的分类、指令系统中的 RISC 和 CISC 的特性比较、CPU 各组成结构的特点与功能、总线与流水线的相关计算等。

2.1.1 计算机体系结构概述

完整的计算机系统由软件、硬件等组成。简化的计算机系统的层次结构如图 2-1-1 所示。

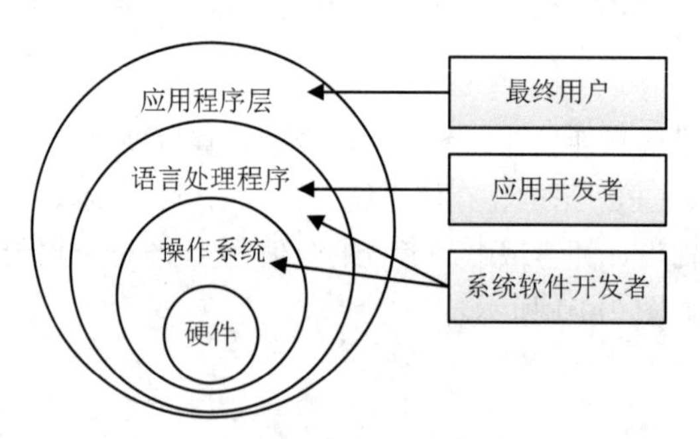

图 2-1-1　计算机系统层次结构

1．计算机体系结构分类

计算机体系结构的分类方式见表 2-1-1。

表 2-1-1　计算机体系结构的分类

分类方式	子类别	特点
宏观方式 按处理机数量分	单处理系统	利用一个处理单元与外设连接起来，实现计算、存储、输入输出、通信等功能
	并行处理与多处理系统	连接两个以上的处理机，协调通信，共同解决一个更大的问题
	分布式处理系统	物理上远距离的、多个松耦合的计算机系统。此时，内部总线传输速度远高于计算系统间的通信速度
微观方式 按并行程度分	Flynn 分类法	根据指令流、数据流的多少进行分类。具体分为单指令流单数据流（SISD）、单指令流多数据流（SIMD）、多指令流多单数据流（MISD）、多指令流单多数据流（MIMD）
	冯泽云分类法	以计算机系统在单位时间内所能够处理的最大二进制位数分类。它将系统分为字串位串（字宽=1，位宽=1）、字并位串（字宽>1，位宽=1）、字串位并（字宽=1，位宽>1）、字并位并（字宽>1，位宽>1）4 种

续表

分类方式	子类别	特点
微观方式 按并行程度分	Handle 分类法	基于硬件并行程度的计算方法。具体分为处理机级、每个处理机中的算逻单元级、每个算逻单元中的门电路
	Kuck 分类法	根据指令流、执行流的多少进行分类

2. 计算机硬件组成

计算机硬件系统遵循冯•诺依曼所设计的体系结构，即由运算器、控制器、存储器、输入/输出设备 5 大部件组成，具体如图 2-1-2 所示。

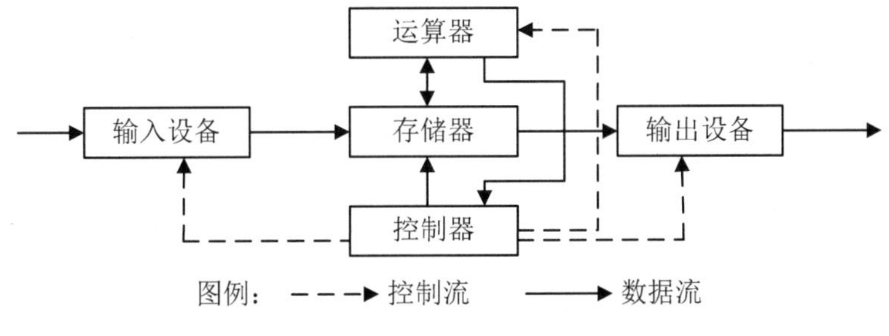

图 2-1-2 计算机硬件组成

运算器、控制器、寄存器组和内部总线等就构成了 CPU。**CPU 和内存构成主机，其他部件统称外设。**

（1）控制器。控制器是计算机的指挥与管理中心，协调计算机各部件有序地工作。控制器控制 CPU 工作、确保程序正确执行、处理异常事件。功能上包括指令控制、时序控制、总线控制和中断控制等。

控制器由程序计数器（PC）、指令寄存器（IR）、地址寄存器（AR）、数据寄存器（DR）、指令译码器等硬件组成。各部分特点见表 2-1-2。

表 2-1-2 控制器组成及特点

组成部分	特点
程序计数器（PC）	所有 CPU 共用的一个特殊寄存器，指向下一条指令的地址。CPU 根据 PC 的内容去主存处取得指令，由于程序中的指令是按顺序执行的，所以 PC 必须有自动增加的功能
指令寄存器（IR）	保存当前正在执行指令的代码，指令寄存器的位数取决于指令字长
地址寄存器（AR）	存放 CPU 当前访问的内存单元地址
数据寄存器（DR）	暂存从内存储器中读/写的指令或数据
指令译码器	对获取指令进行译码，产生该指令操作所需的一系列微操作信号，用以控制计算机各部件完成该指令

（2）运算器。运算器接收控制器命令，完成加工和处理数据的任务。运算器由算术逻辑单元（ALU）、通用寄存器、数据暂存器、程序状态字寄存器（Program Status Word，PSW）等组成。

1）算术逻辑单元（ALU）用于进行各种算术逻辑运算（如与、或、非等）、算术运算（如加、减、乘、除等）。

2）通用寄存器用来存放操作数、中间结果和各种地址信息的一系列存储单元。常见的通用寄存器见表2-1-3。

表2-1-3　常见的通用寄存器

寄存器分类	子类	作用与解释
数据寄存器	AX（Accumulator Register）	累加寄存器，算术运算的主要寄存器
	BX（Base Register）	基址寄存器
	CX（Count Register）	计数寄存器，串操作、循环控制的计数器
	DX（Data Register）	数据寄存器
地址指针寄存器	SI（Source Index Register）	源变址寄存器
	DI（Destination Index Register）	目的变址寄存器
	SP（Stack Pointer Register）	堆栈寄存器
	BP（Base Pointer Register）	基址指针寄存器
段寄存器	CS（Code Segment）	代码段寄存器
	DS（Data Segment）	数据段寄存器
	SS（Stack Segment）	堆栈段寄存器
	ES（Extra Segment）	附加段寄存器
累加寄存器	AC（Accumulator）又称为累加器，是当运算器的逻辑单元执行算术运算或者逻辑运算时，为ALU提供的一个工作区；能进行加、减、读出、移位、循环移位和求补等操作，能暂存运算结果	例如，执行减法时，被减数暂时放入AC，然后取出内存存储的减数，同AC内容相减，并将结果存入AC。运算结果是放入AC的，所以运算器至少要有一个AC
数据暂存器	数据暂存器	用来暂存从主存储器读出的数据，这类数据不能存放在通用寄存器中，否则会破坏其原有的内容
程序状态字寄存器	PSW	体现当前指令执行结果的各种状态信息如进位、溢出、结果正负、结果是否为零等；存放控制信息，如允许中断、跟踪标志等

（3）存储器。存储器用于存放程序和数据，程序和数据均是二进制形式。

（4）输入/输出设备。输入/输出设备是从计算机外部接收与反馈结果的设备。例如鼠标、键盘、打印机、显示器。

（5）总线。除了上述部件外，计算机系统还要有总线（Bus）。依据传输信号不同，总线分为数据总线、地址总线、控制总线。

2.1.2　指令系统

指令是计算机可以识别、执行的操作命令。每条指令则是计算机各部件共同完成的一组操作。计算机程序由多条有序的指令序列组成。

微操作：执行指令时，每个部件完成的基本操作。

指令系统：计算机系统中可执行的指令集合。

1. 指令格式

计算机中的一条指令就是机器语言的一个语句，由一组二进制代码来表示。一条指令由两部分构成：操作码和操作数，如图 2-1-3 所示。

操作码（Operation Code）	操作数（Operand）

图 2-1-3　计算机指令结构

（1）操作码。操作码表示指令的操作性质及功能；操作码位数取决于指令系统的指令数量、种类；指令系统中定义操作码可分为定长编码和变长编码两种，见表 2-1-4。

表 2-1-4　指令中的操作码

编码方式	编码特点	备注
定长编码	每个操作码的长度固定	码长≥$\log_2 N$（N 为操作码的种类数） 如 256 个操作码，码长应该至少 8 位
变长编码	依据使用频度选择不同长度的编码	先将操作码分类，然后按类编码。 平均码长为：将每个码长乘以频度，再累加其和

（2）操作数。即操作码的操作对象。

指令长度是指一条指令的二进制代码的位数。指令长度=操作码长度+操作数的长度。

2. 寻址方式

寻址方式（编址方式）即指令按照哪种方式寻找或访问到所需的操作数。常用寻址方式见表 2-1-5。

表 2-1-5　常用寻址方式

寻址方式	说明	示例
立即寻址	直接给出操作数	ADD AX，1000H。1000H 即为立即数，立即数只能用于源操作数
直接寻址	直接给出操作数地址或所在寄存器号（寄存器寻址）	ADD AX，[1000H]。该指令中[1000H]为源操作数的偏移地址
寄存器寻址	操作数存放在某一寄存器中，指令给出存放操作数的寄存器名	MOV AX，BX。源操作数放在寄存器 BX 中

续表

寻址方式	说明	示例
变址寻址	操作数在内存中，操作数地址等于变址寄存器的内容加上偏移量	ADD AX，[DI+1000H]。DI+1000H 所得的数值，为源操作数所在的地址
寄存器间接寻址	操作数存放在内存的数据段中，操作数所在存储地址在某个寄存器中	ADD AX，[SI]。寄存器 SI 中存放的内容，是源操作数的地址

3. 指令分类

指令按功能分类见表 2-1-6。

表 2-1-6 指令功能分类表

指令类别	指令名称		特点与解释
数据传送类	传送指令		实现数据传送
	数据交换指令		双向数据传送
	出/入栈指令		堆栈操作
	输入/ 输出指令		主机与外设之间的数据传送
程序控制类	转移指令		分为无条件转移和条件转移
	循环控制指令		实现程序的循环设计
	子程序调用和返回指令		实现主程序对子程序的调用
	程序自中断指令		设置断点或实现系统调用，实质上属于子程序调用
处理器控制类	包含开/关中断、空操作、置位或清零等指令		直接控制 CPU 实现特定功能。该类指令一般没有操作数地址字段，属于无操作数指令
数据处理类指令	算术运算	加、减、乘、除、带进位的加减	两操作数的四则运算
		加 1、减 1、求补、比较	略
		向量运算	向量或矩阵运算
	逻辑运算指令	与、或、非、异或	逻辑乘（与）、逻辑加（或）、逻辑非（求反）、异或（按位加）
	移位指令	算术移位	算术左/右移
		逻辑移位	逻辑左/右移
		环移	循环移位
		半字交换	一个字数据的高半字与低半字互换

4. CISC 和 RISC 指令集

为了增强计算机功能、简化汇编语言设计、提高高级语言的执行效率，计算机设计的厂商选择向指令系统中添加更多、更复杂的指令。这种机器称为复杂指令集计算机（Complex Instruction Set Computer，CISC）；但后来发现复杂、庞大的指令系统中只有少量的指令常用，所以人们又提出了精简指令集计算机（Reduced Instruction Set Computer，RISC）的概念。

（1）采用 CISC 技术的程序的各条指令是顺序串行执行的，并且每条指令中的各个操作也是顺序串行执行的。顺序执行的优势是实现简单，但计算机各部件利用率低，执行速度较慢。

（2）RISC 技术精简了指令系统，而且采用了优化编译、硬布线逻辑和微程序结合、超标量和超流水线结构、重叠寄存器窗口等核心技术。

CISC 和 RISC 两种方式各有特色，具体对比见表 2-1-7。

表 2-1-7 CISC 和 RISC 的特性比较

特性	CISC	RISC
指令数目	多	少
指令长度	可变长的指令	格式整齐，绝大部分使用等长的指令
控制器复杂性	复杂，CISC 普遍采用微程序控制器	因为指令格式整齐，指令在执行时间和效率上相对一致，因此控制器可以设计得比较简单。RISC 采用组合逻辑控制器
寻址方式	较丰富的寻址方式提供用户编程的灵活性	使用尽可能少的寻址方式以简化实现逻辑，提高效率
编程的便利性	相对容易，因为其可用的指令多，编程方式灵活	实现与 CISC 相同功能的程序代码一般编程量更大，源程序更长

RISC 采用了 3 种流水线结构：

（1）**超流水线技术**：该技术通过增加流水线级数、细化流水、提高主频等方式，可以在相同时间内执行更多的机器指令。其实质就是“时间换取空间”。

（2）**超标量**（Superscalar）**技术**：采用该技术的 CPU 中有一条以上的流水线。其实质就是“空间换取时间”。

（3）**超长指令字**（Very Long Instruction Word，VLIW）：一种超长指令组合，VLIW 连接了多条指令，增加运算速度。常用的提高并行计算性能的技术有超长指令字（VLIW）（指令级并行）、多内核（芯片级并行）、超线程（Hyper-Threading）（线程级并行）。

2.1.3 CPU 结构

中央处理单元（Central Processing Unit，CPU）也称为微处理器（Microprocessor）。CPU 是计算机中最核心的部件，主要由运算器、控制器、寄存器组和内部总线等构成。

1. CPU 指令的执行过程

CPU 中指令的一般执行过程分为以下 3 个步骤：

（1）取指令。根据程序计数器（PC）指向的指令地址，从主存储器中读取指令，送入主存数据缓存。再送往 CPU 内的指令寄存器（IR）中，同时改变程序计数器的内容，使其指向下一条指令地址或者紧跟当前指令的立即数或地址码。

（2）取操作数。如果无操作数指令，则直接进入第（3）步；如果需取操作数，则根据寻址方式计算地址，然后根据地址去取操作数；如果是双操作数指令，则需要两个取数周期来取操作数。

（3）执行操作。根据操作码完成相应的操作，并根据目的操作数的寻址方式来保存结果。

和指令操作紧密相关的是指令执行的周期，在指令执行过程中要清楚各个周期中机器所完成的工作。各周期见表 2-1-8。

表 2-1-8　指令执行过程中的各个周期

周期种类	所完成工作描述
取指周期	地址由 PC 给出，取出指令后，PC 内容自动递增。当出现转移情况时，指令地址在执行周期被修改。取操作数周期期间要解决的是计算操作数地址并取出操作数
执行周期	执行周期的主要任务是完成由指令操作码规定的动作，包括传送结果及记录状态信息。执行过程中要保留状态信息，尤其是条件码要保存在 PSW 中。若程序出现转移，则在执行周期内还要决定转移地址的问题
指令周期	一条指令从取出到执行完成所需要的时间

指令周期、机器周期、时钟周期的关系如下：

（1）**指令周期**：完成一条指令所需的时间，包括取指令、分析指令和执行指令所需的全部时间。

（2）**机器周期**：又称为 CPU 工作周期或基本周期。指令周期划分为几个不同的阶段，每个阶段所需的时间就是机器周期。一般来说机器周期与取指时间或访存时间是一致的。

（3）**时钟周期**：时钟频率的倒数，也可称为节拍脉冲，是处理操作的**最基本单位**。

一个指令周期由若干个机器周期组成，每个机器周期又由若干个时钟周期组成。一个机器周期内包含的时钟周期个数取决于该机器周期内完成的动作所需的时间。一个指令周期包含的机器周期个数也与指令所要求的动作有关，如单操作数指令只需要一个取操作数周期，而双操作数指令需要两个取操作数周期。

总线周期：指 CPU 从存储器或 I/O 端口存取一字节所需的时间。

2. CPU 的主要性能指标

（1）主频。**主频**又称时钟频率，单位为 MHz 或 GHz，表示 CPU 的运算和处理数据的速度。主频不能完全代表 CPU 整体运算能力，但人们已经习惯用于衡量 CPU 的运算速度。

（2）字长。**字长**是 CPU 在单位时间内能一次处理的二进制数的位数。通常能一次处理 16bit 数据的 CPU 就叫 16 位的 CPU。字长越长，计算机数据运算精度越高。

（3）缓存。**缓存**是位于 CPU 与内存之间的高速存储器，容量比内存小，速度却比内存快，甚至接近 CPU 的工作速度。缓存用于解决 CPU 运行速度与内存读写速度之间不匹配的问题。缓存容量的大小是 CPU 性能的重要指标之一。缓存的结构和大小对 CPU 速度的影响非常大。

通常，CPU 有三级缓存：一级缓存、二级缓存和三级缓存。

一级缓存（L1 Cache）是 CPU 的第一层高速缓存，L1 Cache 分为数据缓存和指令缓存。受制于 CPU 的面积，L1 通常很小。

二级缓存（L2 Cache）是 CPU 的第二层高速缓存，L2 Cache 分为内部和外部两种。内部二级缓存运行速度与主频接近，而外部二级缓存运行速度只有主频的 50%。理论上 L2 Cache 越大越好，但综合考虑成本与性能等因素，实际上 CPU 的 L2 高速缓存不大。

三级缓存（L3 Cache）的作用是进一步降低内存延迟，提升大数据量计算时处理器的性能。因此在数值计算领域的服务器 CPU 上增加 L3 缓存可以在性能方面获得显著的效果。

2.1.4 流水线

执行指令的方式可以分为顺序、重叠、流水方式。

（1）顺序方式：各机器指令之间顺序串行执行，执行完一条指令才能取下一条指令。这种方式控制简单，但是利用率低。

（2）重叠方式：执行第 N 条指令的时候，可以开始执行第 N+1 条指令。这种方式复杂性不高、处理速度较快；但容易发生冲突。重叠方式如图 2-1-4 所示。任何时候，分析指令和执行指令，可以有相邻两条指令在执行。

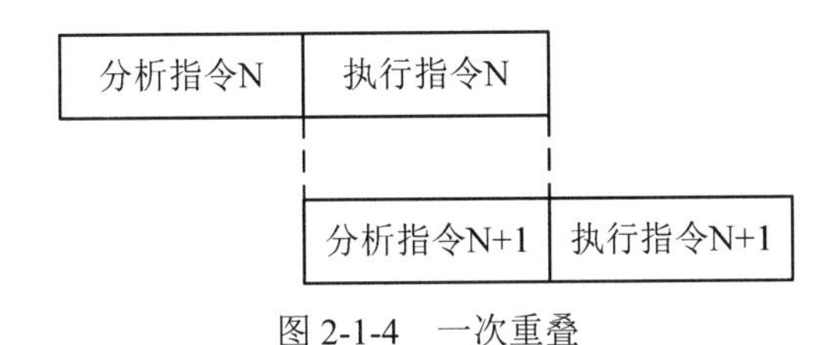

图 2-1-4　一次重叠

（3）流水方式：流水方式是扩展的“重叠”，重叠把指令分为两个子过程，而流水可以分为多个过程。

1. 流水线

流水线（Pipeline）技术将指令分解为多个小步骤，并让若干条不同指令的各个操作步骤重叠，从而实现这若干条指令的并行处理，达到程序加速运行的目的。

实际中，计算机指令往往可以分解成取指令、译码、执行等多个小步骤。在 CPU 内部，取指令、译码和执行都是由不同的部件来完成的。在理想的运行状态下，尽管单条指令的执行时间没有减少，但是由多个不同部件同时工作，同一时间执行指令的不同步骤，从而使总执行时间极大地减少，甚至可以少到等于这个过程中最慢的那个步骤的处理时间。**如果各个步骤的处理时间相同，则指令分解成多少个步骤，处理速度就能提高到标准执行速度的多少倍。**

假设执行一条指令需要执行以下 3 个步骤：

（1）取指令：从内存中读取出指令。

（2）译码：翻译指令，指出具体要执行的动作。

（3）执行：将指令交给运算器运行出结果。

这 3 个步骤在 CPU 内部对应地需要 3 个执行部件，假设每个部件执行的时间均为 T。

（1）不采用流水线的指令处理。则执行一条指令需要依次执行这 3 个步骤，总的执行时间为 3T。依此类推，要顺序执行 N 条指令，所需要的总时间就是 3T×N。可以看到，3 个部件在 3T 时间内总是只有一个部件在运行，其余 3 个部件处于闲置状态，显然这不是一种好的方法。

（2）采用流水线的指令处理。如图 2-1-5 所示，采用流水线执行方式，在第 1 个 T 时间内，第 1 条指令在取指令，其余两个部件空闲。在第 2 个 T 时间内，第 1 条指令完成取指令，直接交给第 2 个部件进行分析，同时取指令部件可以去取第 2 条指令。此时同时有两条指令在运行，只有执行部件空闲。在第 3 个 T 时间内，第 1 条指令可以直接进入执行部件执行，第 2 条指令直接进入分析部件分析，取指令部件可以去取第 3 条指令。此时 3 个部件都在工作，同时有 3 条指令在运行。

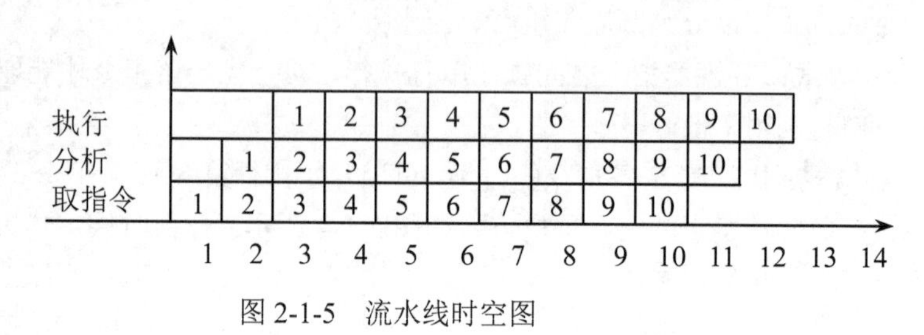

图 2-1-5　流水线时空图

依此类推可得，第 1 条指令执行总时间是 3T，之后每隔一个 T 时间就完成一条指令，执行 n 条指令的总时间是 3T+(n-1)×T。

不难得出，线性流水线中，执行时间最长的那段是整个流水线的瓶颈。一般来说，一条指令的开始到下一条指令的最晚开始时间称为计算机流水线周期。所以执行的总时间主要取决于**流水操作步骤中最长时间的那段操作**。

据此得出：设流水线由 N 段组成，每段所需时间分别为 Δt_i（1≤i≤N），完成 M 个任务的实际时间为 $\sum_{i=1}^{n}\Delta t_i+(M-1)\Delta t_j$，其中，$\Delta t_j$ 为时间最长的那一段的执行时间。

【例 1】若指令流水线把一条指令分为取指、分析和执行 3 部分，且 3 部分的时间分别是 $t_{取指}=2ns$，$t_{分析}=2ns$，$t_{执行}=1ns$，则 100 条指令全部执行完毕需多长时间？

从题中可以看出，3 个操作中，执行时间最长的操作时间是 T=2ns，因此总时间为(2+2+1)+(100-1)×2=5+198=203ns。

2. 流水线的性能指标

流水线处理指令的性能高低由吞吐率、加速比、效率 3 个参数决定。

（1）吞吐率。吞吐率指的是计算机的流水线在单位时间内可以处理的任务或执行指令的个数。

［例 1］中执行 100 条指令的吞吐率可以表示为 $TP=\frac{N}{T}=\frac{100}{203\times10^{-9}}$，其中，N 表示指令的条数，T 表示执行完 N 条指令的时间。

（2）加速比。加速比=采用串行模式的工作速度/采用流水线模式的工作速度。加速比数值越大，说明流水线的工作安排方式越好。

［例 1］中，若串行执行 100 条指令的时间是 T1=5×100=500ns，采用流水线工作方式的时间 T2=203ns，则加速比 R=T1/T2=500/203=2.463。

（3）效率。效率是指流水线中各个部件的利用率。由于流水线在开始工作时存在建立时间，在结束时存在排空时间，并且各个部件不可能一直工作，总有某个部件在某一个时间处于闲置状态。流水线工作效率公式如下：

流水线的工作效率=流水线各段处于工作时间的时空区/流水线中各段总的时空区

2.2 存储系统

本节常考的考点有存储器按照数据存取方式分类、主存储器构成与内存地址编址、高速缓存等。其中，主存储器构成与内存地址编址、高速缓存常考公式计算。

存储器就是存储数据的设备。主存储器由存储体、寻址系统、存储器数据寄存器、读写系统及控制线路等组成。存储器的主要功能是存储程序和数据，并能在计算机运行过程中高速、自动地完成程序或数据的存取。

存储系统中，常见定义见表 2-2-1。

表 2-2-1 计算机信息单位

名称	解释
位（bit）	计算机数据的最小单位，包含 1 位二进制数字（1 或 0）
字节（byte，简称 B）	一个字节有 8 位
字	由一个或者多个字节组成。字的位数叫作字长，不同型号机器有不同的字长。字是计算机进行数据处理和运算的单位
字编址	对存储单元按字编址
字节编址	对存储单元按字节编址
寻址	由地址寻找数据，从对应地址的存储单元中访存数据

存储层次是计算机体系结构下的存储系统层次结构，如图 2-2-1 所示。存储系统层次结构中，每一层相对于下一层都更高速、更低延迟，价格也更贵。

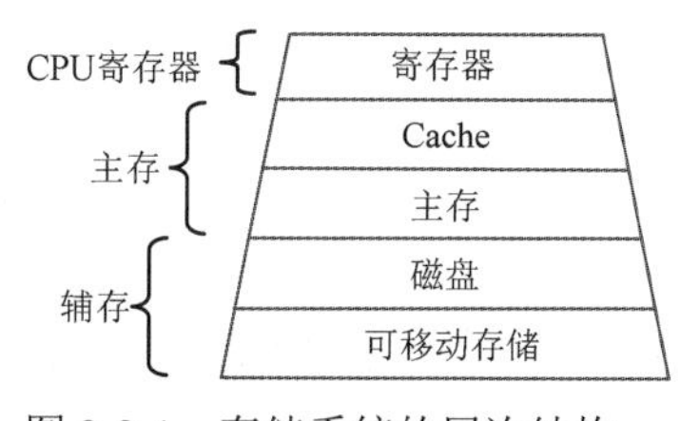

图 2-2-1 存储系统的层次结构

2.2.1 存储系统基础

1. 按存储应用分类

存储器按存储应用分类如图 2-2-2 所示。

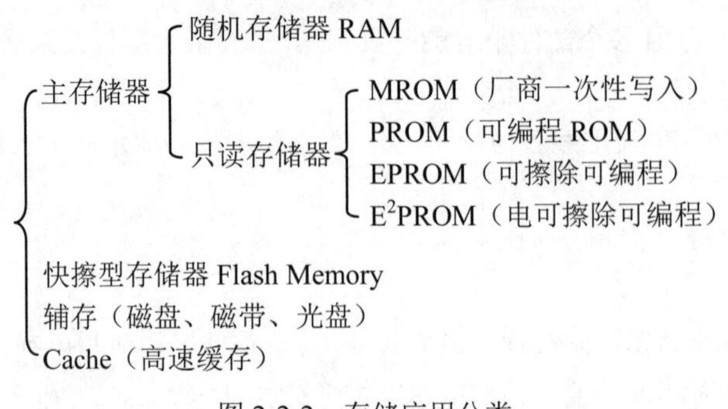

图 2-2-2　存储应用分类

2. 按数据的存取方式分类

存储器按照数据的存取方式可以分为以下几类。

（1）随机存取存储器（Random Access Memory，RAM）。随机存取是指 CPU 可以对存储器中的数据随机存取，与信息所处的物理位置无关。RAM 具有读写方便、灵活的特点，但断电后信息全部丢失，因此常用于主存和高速缓存中。主存储使用的是 RAM，是一种随机存储器。

RAM 又可分为 DRAM 和 SRAM 两种。其中 DRAM 的信息会随时间的延长而逐渐消失，因此需要定时对其刷新来维持信息不丢失；SRAM 在不断电的情况下，信息能够一直保持而不丢失，因此无需刷新。系统主存主要由 DRAM 组成。

（2）只读存储器（Read-Only Memory，ROM）。ROM 中的信息是固定在存储器内的，只可读出，不能修改，其读取的速度通常比 RAM 要慢一些。

除了 ROM 之外，只读存储器还有以下几种：

- 可编程 ROM（Programmable Read-Only Memory，PROM），只能写入一次，写后不能修改。
- 可擦除 PROM（Erasable Programmable Read-Only Memory，EPROM）：紫外线照射 15～20 分钟可擦去所有信息，可写入多次。
- 电可擦除 EPROM（Electrically Erasable Programmable Read-Only Memory，E^2PROM）：可写入，但速度慢。

（3）顺序存取存储器（Sequential Access Memory，SAM）。SAM 只能按某种顺序存取，存取时间的长短与信息在存储体上的物理位置相关，所以只能用平均存取时间作为存取速度的指标。磁带机就是 SAM 的一种。

（4）直接存取存储器（Direct Access Memory，DAM）。DAM 采用直接存取方式对信息进行存取，当需要存取信息时，直接指向整个存储器中的某个范围（如某个磁道）；然后在这个范围内顺序检索，找到目的地后再进行读写操作。DAM 的存取时间与信息所在的物理位置有关，相对 SAM 来说，DAM 的存取时间更短。

（5）相联存储器（Content Addressable Memory，CAM）。CAM 是一种基于数据内容进行访问的存储设备。当写入数据时，CAM 能够自动选择一个未使用的空单元进行存储；当读出数据时，并不直接使用存储单元的地址，而是使用该数据或该数据的一部分内容来检索地址。CAM 能同时对所有存储单元中的数据进行比较，并标记符合条件的数据以供读取。因为比较是并行进行的，所以 CAM 的速度非常快。

2.2.2 存储器相关计算

1. 基础概念

（1）存储容量：存储器存放数据总位数。存储容量=存储单元数×单元的位数。芯片通常用 bit 作为单位。用 W×B 来表示，W 是存储单元（word 字），B 表示每个字由多少位（bit）构成。

（2）存取时间：从 CPU 给出有效的存储器地址启动一次存储器读/写操作，到完成操作的总时间。

（3）存取周期：指连续两次启动存储器所需的最小时间间隔。通常，存取时间<存取周期。

2. 主存储器构成与内存地址编址

存储器由一片或者多片存储芯片构成。如果用规格为 w×b 的 X 芯片，组成 W×B 的 C 存储器，则需要 $\frac{W}{w}\times\frac{B}{b}$ 个 X 芯片。

编址也就是给“内存单元”编号，通常用十六进制数字表示，按照从小到大的顺序连续编排成为内存的地址。每个内存单元的大小通常是 8bit，也就是 1 个字节。内存容量与地址之间有如下关系：

$$内存容量=最高地址-最低地址+1$$

【例 1】若某系统的内存按双字节编址，地址从 B5000H 到 DCFFFH 共有多大容量？若用存储容量为 16K×8bit 的存储芯片构成该内存，至少需要多少片芯片？

这种题考查考生对内存地址表示的理解，属于套用公式的计算型题目。

用 DCFFF–B5000+1 就可以得出具体的容量大小，再除以 1024 转为 K 单位，又因为系统是双字节，所以总容量为 160K×16bit。而存储芯片的容量是 16K×8bit，所以只要 160×16/(16×8)=20 片才能实现。

3. 存储层次的性能参数（主存—辅存层次）

假定主存存取时间为 $T_{主存}$，辅存存取时间为 $T_{辅存}$。

（1）**主存命中率** H：所需信息在**主存**中找到的概率。失效率 F=1-H。

$$H=\frac{N_{主存}}{N_{主存}+N_{辅存}}$$

式中，$N_{主存}$ 为访问主存的次数；$N_{辅存}$ 为访问辅存的次数。

（2）平均存取时间 L：

$$L=T_{主存}\times H+T_{辅存}\times(1-H)$$

（3）访问效率 E：

$$E=\frac{T_{主存}}{T_{主存}+T_{辅存}}$$

注意：相关计算方法适用于高速缓存—主存；寄存器—高速缓存等层次。

【例 2】若主存读写时间为 30ns，高速缓存的读写时间为 3ns，平均读写时间为 3.27ns，求高速缓存的命中率 h。

根据命中率公式类推得到方程：3.27=30×(1–h)+3×h，解得 h=0.99，所以高速缓存的命中率为 99%。

2.2.3 高速缓存

高速缓冲存储器（Cache）技术就是利用程序访问的**局部性原理**，把程序中正在使用的部分（活跃块）存放在一个小容量的高速 Cache 中，使 CPU 的访存操作大多针对 Cache 进行，从而解决高速 CPU 和低速主存之间速度不匹配的问题，使程序的执行速度大大提高。

局部性原理就是 CPU 在一段较短的时间内，对连续地址的一段很小的主存空间频繁地进行访问，而对此范围以外地址的访问甚少。

1. Cache 读/写

（1）Cache 读操作。CPU 发出读请求，产生访问主存地址，如果 Cache **命中**（数据在 Cache 中），则通过地址映射将主存地址转换为 Cache 地址，访问 Cache。如果 Cache 命中失败，且 Cache 未满，则将把数据装入 Cache，同时把数据直接送给 CPU。如果 Cache 命中失败，且 Cache 已满，则用替换策略替换旧数据并送回内存，再装入新数据。

（2）Cache 写操作。为保障 Cache 与主存内容保持一致的问题，常采用的方法有：

1）写直达：CPU 向 Cache 写入的同时也向主存写入数据，始终保持它们数据的一致性。

2）写回法：CPU 暂时只向 Cache 写入，并标记，直至该数据从 Cache 替换出时，才写入主存。

3）直接写入主存：若被修改的单元不在 Cache 中，直接写内存。

常用的替换 Cache 内数据的策略算法有：

1）FIFO（先进先出）：替换 Cache 中驻留时间最长的数据块。

2）LRU（近期最少使用）：替换 Cache 中近期最少使用的数据块。

2. Cache 的性能指标

Cache 命中率 H：所需信息在 **Cache** 中找到的概率。公式与主存命中率公式类似。

$$H = \frac{N_{Cache}}{N_{主存} + N_{Cache}}$$

式中，$N_{主存}$ 为访问主存的次数；N_{Cache} 为访问辅存的次数。

Cache 等效加权平均访问时间= $Ht_{Cache} + (1-H)t_{主存}$，t_{Cache} 和 $t_{主存}$ 分别表示 Cache 的存取时间、主存的访问时间。

3. Cache—主存的地址映射

CPU 访存时，得到的是主存地址，但它是从 Cache 中读/写数据。因此，需要将主存地址和 Cache 地址对应起来，这种对应方式称为 **Cache 地址映像**。Cache 地址映像种类与名称如图 2-2-3 所示。

（1）直接映像。在直接映像方式中，主存的块只能存放在 Cache 的相同块中。这种方式，地址变换简单，但是灵活性和空间利用率较差。例如：当主存不同区的第 1 块不能同时调入 Cache 的第 1 块时，即使 Cache 的其他块空闲也不能被利用。

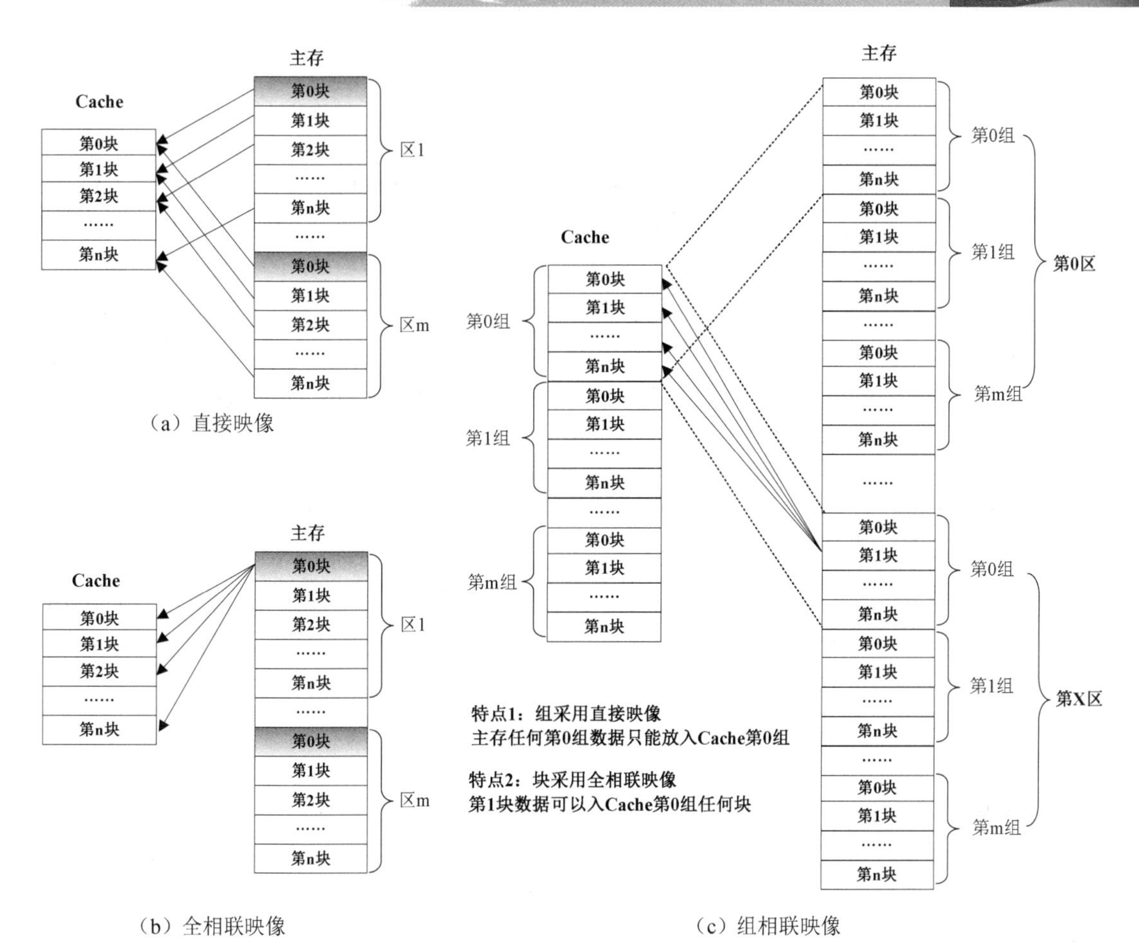

图 2-2-3　3 种 Cache 地址映像

（2）全相联映像。在全相联映像方式中，主存任何一块数据可以调入 Cache 的任一块中。这种方式灵活，但地址转换比较复杂。

（3）组相联映像。结合了直接映像和全相联映像两种方式。在全相联映像方式中，Cache 和主存均进行了分组；组号采用直接映像方式而块使用相联映像方式。

根据映像特点可以知道，冲突次数排序为：**全相联映像<组相联映像<直接映像**。

2.3　RAID

本节考点为 RAID 各级别的特点、所需硬盘数量、硬盘利用率等。

独立磁盘冗余阵列（Redundant Array of Independent Disk，RAID）是由美国加利福尼亚大学伯克利分校于 1987 年提出的，利用一个磁盘阵列控制器和一组磁盘组成一个可靠的、高速的、大容量的逻辑硬盘。

2.3.1 RAID 常见概念

RAID 常见概念如下：

（1）条带。条带（Strip）就是将连续数据分成若干个大小相同的数据块，将每块数据分别存入阵列中不同磁盘相同位置上的方法。条带是一种将多个磁盘合并为一个卷的方法。通常数据条带化由硬件完成。

（2）条带长度。条带长度是一个条带横跨过的扇区或块的个数或者字节容量。条带长度=条带深度×条带经过的所有磁盘数。

（3）条带深度。条带深度又称为条带大小。一个条带在单块磁盘上所占的区域，称为一个 Segment。条带深度（Stripe Length）就是一个 Segment 所包含数据块或者扇区的个数或者字节容量。

RAID 条带大小值一般为 2KB、4KB、8KB、16KB 等。调整条带大小的影响如下：

- 减少条带大小：该情况下，文件被分割更小，更多个，数据块可能分散存储到更多硬盘上，这种情况导致传输性能增加，但磁盘定位性能减少。
- 增加条带大小：与减少条带大小相反，这种情况导致传输性能降低，磁盘定位性能增加。

（4）条带宽度。条带宽度是指可以同时读、写条带数量，等于 RAID 中的物理硬盘数量。

2.3.2 常见 RAID 分级

RAID 分为很多级别，常见的 RAID 如下。

1. RAID0

无容错设计的条带磁盘阵列（Striped Disk Array without Fault Tolerance）。数据并不是保存在一个硬盘上，而是分成数据块保存在不同的驱动器上。因为将数据分布在不同的驱动器上，所以数据吞吐率大大提高。如果是 n 块硬盘，则读取相同数据时间减少为 1/n。由于不具备冗余技术，如果一块盘坏了，则阵列数据全部丢失。实现 RAID0 至少需要 2 块硬盘。

2. RAID1

磁盘镜像，可并行读数据，由于在不同的两块磁盘写入相同数据，写入数据比 RAID0 慢一些。安全性最好，但空间利用率为 50%，利用率最低。实现 RAID1 至少需要 2 块硬盘。

3. RAID2

RAID2 使用了海明码校验和纠错。将数据条块化分布于不同硬盘上，现在几乎不再使用。实现 RAID2 至少需要 2 块硬盘。

4. RAID3

RAID3 使用单独的一块校验盘进行奇偶校验。磁盘利用率=(n-1)/n，其中 n 为 RAID 中的磁盘总数。实现 RAID3 至少需要 3 块硬盘。

5. RAID5

RAID5 具有独立的数据磁盘和分布校验块的磁盘阵列，无专门的校验盘，常用于 I/O 较频繁的事务处理上。RAID5 可以为系统提供数据安全保障，虽然可靠性比 RAID1 低，但是磁盘空间利用率要比 RAID1 高。RAID5 具有与 RAID0 近似的数据读取速度，只是多了一个奇偶校验信息，写入数据的速度比对单个磁盘进行写入操作的速度稍慢。磁盘利用率=(n-1)/n，其中 n 为 RAID 中的磁盘总数。实现 RAID5 至少需要 3 块硬盘。

RAID5 将数据分别存储在 RAID 各硬盘中，因此硬盘越多，并发数越大。

6. RAID6

RAID6 具有独立的数据硬盘与两个独立的分布校验方案，即存储两套奇偶校验码。因此安全性更高，但构造更复杂。磁盘利用率=(n-2)/n，其中 n 为 RAID 中的磁盘总数。实现 RAID6 至少需要 4 块硬盘。

7. RAID10

RAID10 是高可靠性与高性能的组合。RAID10 是建立在 RAID0 和 RAID1 基础上的，即为一个条带结构加一个镜像结构，这样既利用了 RAID0 极高的读写效率，又利用了 RAID1 的高可靠性。磁盘利用率为 50%。实现 RAID10 至少需要 4 块硬盘。

2.4 硬盘存储器与网络存储

本节知识点考查硬盘存储与 DAS、NAS、SAN、OSD 的基本定义。

2.4.1 硬盘存储器

硬盘是由一个或多个铝制或者玻璃制的碟片组成的存储器。可以分为机械硬盘、固态硬盘。

1. 机械硬盘

机械硬盘即传统普通硬盘，由盘片、磁头、接口、缓存、传动部件、主轴马达等组成。具体如图 2-4-1 所示。

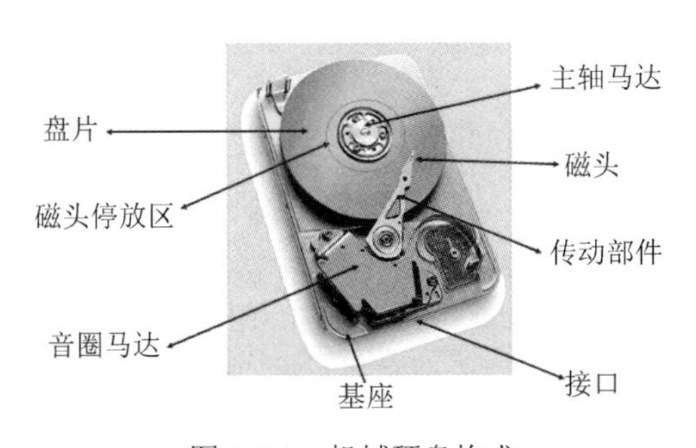

图 2-4-1 机械硬盘构成

（1）硬盘的物理参数。硬盘的主要物理参数有盘片、磁道、柱面、扇区等。具体如图 2-4-2 所示。

- 盘片：硬盘由很多盘片组成，每个盘片有两个面，每面都有一个读写磁头。
- 磁道（Head）：每个盘面都被划分为数目相等的磁道，且外缘从“0”开始编号。

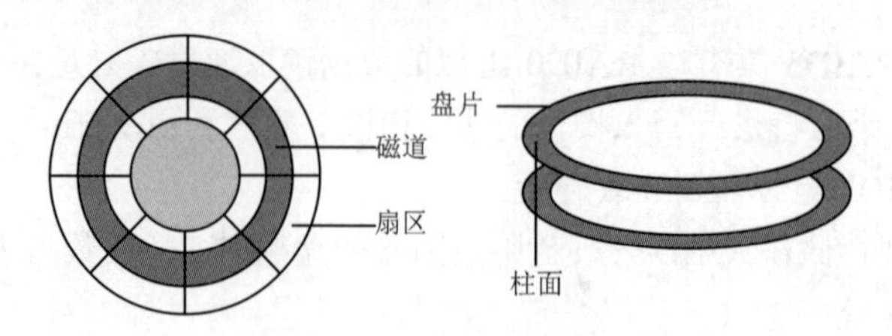

图 2-4-2　硬盘的物理参数

- 柱面（Cylinder）：相同编号的磁道形成一个圆柱，称为柱面。磁盘的柱面数与单个盘面上的磁道数是相等的。
- 扇区（Sector）：每个盘片上的每个磁道又被划分为若干个扇区。

（2）硬盘其他参数。

- 硬盘容量：指硬盘能存储数据的数据量大小。硬盘容量=柱面数×磁道数×扇区数×每个扇区的字节数。
- 硬盘转速：硬盘主轴电机的转动速度，单位 RPM，即每分钟盘片转动次数（Revolutions per Minute，RPM）。RPM 越大，访问时间越短，内部传输率越快，硬盘整体性能越好。若磁盘的转速提高一倍，则旋转等待时间减半。
- 硬盘缓存：硬盘与外部总线交换数据的暂时存储数据的场所。
- 平均访问时间：硬盘磁头找到目标位置，并读取数据的平均时间。平均访问时间=平均寻道时间+平均等待时间。
- 平均等待时间：数据所在的扇区转到磁头下方的平均时间。一般认定，平均等待时间=1/2×磁盘旋转 1 周的时间。
- 平均寻道时间：硬盘磁头从一个磁道移动到另一个磁道所需要的平均时间。
- SMART 技术：自监测、分析及报告技术（Self-Monitoring Analysis and Reporting Technology，SMART）。该技术监测磁头、磁盘、马达、电路等，并依据历史记录及预设的安全值，自动预警。

【例 1】某磁盘有 100 个磁道，磁头从一个磁道移至另一个磁道需要 6ms。文件在磁盘上非连续存放，逻辑上相邻数据块的平均距离为 10 个磁道，每块的旋转延迟时间及传输时间分别为 100ms 和 20ms，则读取一个 100 块的文件需要________ms。

A．12060　　　B．12600　　　C．18000　　　D．186000

【试题分析】总时间=文件数×读取一个文件所需的时间=文件数×(寻道时间+旋转延迟时间+传输时间)=100×(6ms×10+100ms+20ms)=18000ms。

参考答案：C

2．常见硬盘种类

（1）SATA。早期的硬盘使用 PATA 硬盘，PATA 叫作并行 ATA 硬盘（Parallel ATA）。该方式下会产生高噪声，为解决该问题需要采用高电压，从而导致生产成本上升。由于数据是并行传输的，受并行技术限制，总体传输率最快只能达到 133Mb/s。

SATA 硬盘（Serial ATA），又被称为串口硬盘。SATA 采用差分信号系统，能有效滤除噪声，因此不需要使用高电压传输去抑制噪声，只需使用低电压操作即可。目前SATA 3.0的传输速率可达600Mb/s。

（2）SAS。串行连接 SCSI 接口（Serial Attached SCSI，SAS），即串行连接 SCSI，是新一代的 SCSI 技术，和现在流行的 SATA 相同，都是采用串行技术以获得更高的传输速度，并通过缩短连结线改善内部空间。

SAS 的接口技术可以向下兼容 SATA。具体来说，二者的兼容性主要体现在物理层和协议层的兼容。目前 SAS 的传输速率可达 12Gb/s。

（3）固态硬盘。固态硬盘（Solid State Drives，SSD）是用固态电子存储芯片组成的硬盘，由控制单元和存储单元（FLASH、DRAM）组成。

固态硬盘与传统机械硬盘相比，优点是快速读写、质量轻、能耗低、体积小；缺点是价格较为昂贵、容量较低、一旦硬件损坏数据较难恢复等。

目前，存储系统（尤其是 SAN 架构）中，为了均衡价格、速度、稳定性，构建存储池采用的硬盘往往是 SSD、SAS 等多种硬盘混合形式。这样可以达到数据分级存储的目的，需要高速率存取的数据存放在 SSD 盘中，大容量数据往往存储在机械硬盘中。

2.4.2 网络存储

1. 直连式存储（Direct-Attached Storage，DAS）

DAS 是指存储设备直接连接到服务器上，存储设备只与一台独立的主机连接。

2. 网络附属存储（Network Attached Storage，NAS）

NAS 采用独立的服务器，是单独为网络数据存储而开发的一种文件服务器来连接所有的存储设备。数据存储至此不再是服务器的附属设备，而成为网络的一个组成部分。

3. 存储区域网络及其协议（Storage Area Network and SAN Protocols，SAN）

SAN 是一种专用的存储网络，用于将多个计算机系统连接到存储设备和子系统。SAN 可以被看作是专门用于存储传输的后端网络，而前端的数据网络负责正常的 TCP/IP 传输。SAN 光纤通道为数据访问提供了高速的访问能力，它被用来代替系统和存储之间的 SCSI I/O 连接。

SAN 可以分为FC SAN 和 IP SAN。FC SAN 的网络介质为光纤通道，而 IP SAN 使用标准的以太网。

在 SAN 中，传输的指令是 SCSI 读写指令，而不是 IP 数据包。iSCSI 是一种在 TCP/IP 上进行数据块传输的标准，该标准可在 IP 网络上运行 SCSI 协议，使其能够在以太网上进行数据存取和备份操作。为了与 FC SAN 区分开来，这种技术被称为 IP SAN。

4. 面向对象的存储（Object-Based Storage Devices，OSD）

OSD 综合了 SAN 和 NAS 的优点，其存储和管理的是对象，而不是数据块。对象可以看作文件和块的结合。块可以快速、直接访问共享数据，而文件属性可以描述存储数据的相关信息。

2.5 可靠性与系统性能评测基础

本部分主要知识点有容错、系统可靠性分析等。目前考查较多的知识点为串联系统、并联系统的可靠性计算。

2.5.1 容错

容错就是当系统发生故障时也能提供服务。容错相关联的定义如下。

- 可用性：任何给定的时候都能及时工作。
- 可靠性：系统无故障运行的概率。
- 安全性：系统偶然出现故障能正常工作不造成任何灾难。
- 可维护性：发生故障的系统被恢复的难易程度。
- 故障：造成错误的原因。故障按发生周期可以分为暂时故障、间歇故障、持久故障；按性质可以分为崩溃性故障、遗漏性故障、延时和响应故障、随机故障。

提高系统可靠性的方法有 2 种：

（1）非容错方法（避错）：以预防为主，是保障可靠性的主要方法。

（2）容错方法：在有故障发生时，仍然能保障系统正常工作。

实现容错计算的 4 个方面：

（1）不希望事件（失效、故障、差错）检测。

（2）损坏估价：评定系统的破坏程度，可以作为相关决策的依据。

（3）不希望事件的恢复：把错误系统状态恢复到正确状态。

（4）不希望事件处理和继续服务：确保已经恢复的不希望事件效应不会立即再现。

2.5.2 系统可靠性分析

可靠性是计算机系统的重要性能指标。常见的可靠性概念如下：

（1）平均无故障时间（Mean Time to Failure，MTTF）。MTTF 指系统无故障运行的平均时间，取所有从系统开始正常运行到发生故障之间的时间段的平均值。

（2）平均修复时间（Mean Time to Repair，MTTR）。MTTR 指系统从发生故障到维修结束之间的时间段的平均值。

（3）平均失效间隔（Mean Time Between Failure，MTBF）。MTBF 指系统两次故障发生时间之间的时间段的平均值。

三者的关系如图 2-5-1 所示。

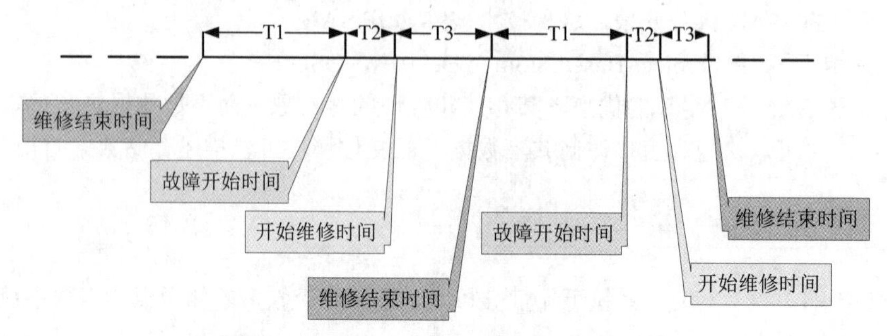

图 2-5-1　MTTF、MTBF 和 MTTR 关系图

平均无故障时间：

$$MTTF=\sum T1/N$$

平均修复时间：

$$MTTR=\sum(T2+T3)/N$$

平均失效间隔：

$$MTBF=\sum(T2+T3+T1)/N$$

三者之间的关系：

$$MTBF=MTTF+MTTR \tag{2-5-1}$$

（4）失效率。单位时间内失效元件和元件总数的比率，用 λ 表示。

$$MTBF=1/\lambda \tag{2-5-2}$$

系统可靠性是系统在给定时间间隔内正常运行的概率，度量公式为：

$$可靠性\ R=MTTF/(1+MTTF) \tag{2-5-3}$$

系统可维护性是指一个系统在特定的时间间隔内可以正常进行维护活动的概率，可维护性计算公式为：

$$可维护性=1/(1+MTTR) \tag{2-5-4}$$

系统可以分为串联系统、并联系统和模冗余系统。

（1）串联系统：由 n 个子系统串联而成，一个子系统失效，则整个系统失效。具体结构如图 2-5-2（a）所示。

（2）并联系统：由 n 个子系统并联而成，n 个系统互为冗余，只要有一个系统正常，则整个系统正常。具体结构如图 2-5-2（b）所示。

（3）模冗余系统：由 n 个系统和一个表决器组成，通常表决器是视为永远不会坏的，超过 n+1 个系统多数相同结果的输出作为系统输出。具体结构如图 2-5-2（c）所示。

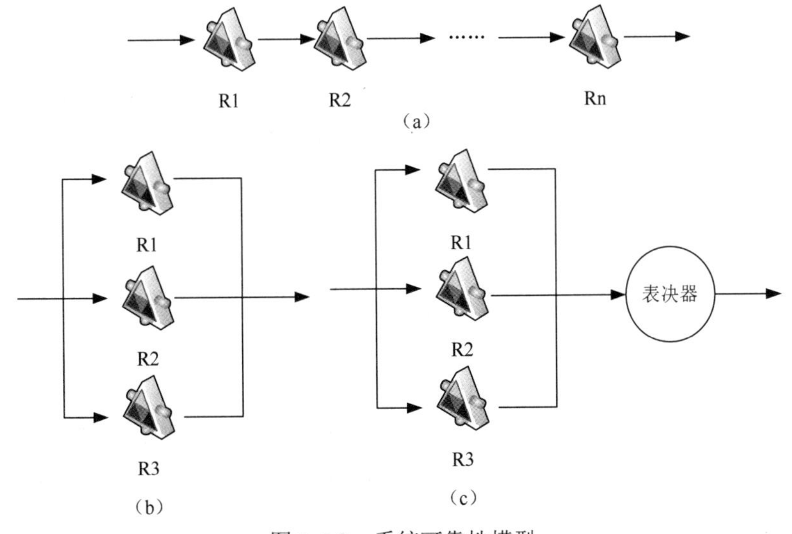

图 2-5-2　系统可靠性模型

系统可靠性和失效率见表 2-5-1。

表 2-5-1　可靠性和失效率计算

	可靠性	失效率
串联系统	$\prod_{i=1}^{n} R_i$	$\sum_{i=1}^{n} \lambda_i$
并联系统	$R = 1 - \prod_{i=1}^{n}(1 - R_i)$	$\frac{1}{\frac{1}{\lambda}\sum_{j=1}^{n}\frac{1}{j}}$
模冗余系统	$R = \sum_{i=n+1}^{m} C_m^i \times R^i \times (1-R)^{m-i}$，$C_m^i$ 表示从 m 个元素取 i 个组合	

2.6　输入/输出技术

输入/输出设备（I/O 设备）：计算机系统中除了处理机和主存储器以及人之外的部分。输入/输出系统包括负责输入/输出的设备、接口、软件等。

对于工作速度、工作方式和工作性质不同的外围设备，输入/输出系统有程序控制、中断、DMA、IOP 等工作方式。

2.6.1　程序控制方式

程序控制方式下，I/O 完全在 CPU 控制下完成。这种方式实现简单，但是降低了 CPU 的效率，处理器与外设实现并行困难。

程序控制方式可以细分为两类：

（1）无条件传送：假定外设已准备好，随时无条件接收 CPU 的 I/O 指令。

（2）程序查询：又称条件传送，通过 CPU 执行程序查询外设的状态，判断外设是否准备好接收或者向 CPU 输入数据。

2.6.2　中断方式

为解决程序控制方式 CPU 效率较低的问题，I/O 控制引入了“中断”机制。这种方式下，CPU 无需定期查询输入/输出系统状态，转而处理其他事务。当 I/O 系统完成后，发出中断通知 CPU，CPU **保存正在执行的程序现场**（可用**程序计数器**，记住执行情况），然后转入 I/O 中断服务程序完成数据交换；在处理完毕后，CPU 将自动返回原来的程序继续执行（**恢复现场**）。

中断响应时间为收到中断请求，停止正在执行的指令，保存执行程序现场的时间。

在系统中有多个中断源时，常见的处理方法见表 2-6-1。

表 2-6-1　多中断源时的中断处理方式

处理方式	具体手段
多中断信号线法	给每个中断源设置一条专用的中断请求线，提交中断请求
中断软件查询法	CPU 收到中断信号，转入中断服务程序，轮询每个中断源，来确认具体的中断源
雏菊链法	属于硬件查询法，解决了软件查询中断比较费时的问题。雏菊链法中，所有的 I/O 模块共享一根中断请求线
总线仲裁法	一个 I/O 设备先获得总线控制权，才能发出中断请求。然后，由总线仲裁机制决定谁能发出中断信号
中断向量表法	中断向量即中断源的识别标志，是中断服务程序的入口地址或跳转到中断服务程序的入口地址。 中断向量表用来保存各个中断源的中断服务程序的入口地址，当外设发出中断后，由中断控制器确定其中断号

2.6.3　DMA 方式

中断方式下，外设每到一个数据，就会中断通知 CPU。如果数据比较频繁，则 CPU 会被中断频繁打断。因此，引入了 DMA 机制。

DMA 在需要时代替 CPU 作为总线主设备，**不受 CPU 干预，自主控制 I/O 设备与系统主存之间的直接数据传输**。DMA 占用是系统总线，而 CPU 不会在整个指令执行期间（即指令周期内）都会使用总线，CPU 是在**一个总线周期**结束时响应 DMA 请求的。

直接内存存取（Direct Memory Access，DMA）方式主要用来连接高速外围设备（磁盘存储器，磁带存储器等）。

DMA 方式下，外设先将一块数据放入内存（无需 CPU 干涉，由 DMA 完成），然后产生一次中断，操作系统直接将内存中的这块数据调拨给对应的任务。这样减少了频繁的外设中断开销，也减少了读取外设 I/O 的时间。

DMA 传输过程如下：

（1）进行 DMA 时，DMAC（DMA 控制器）接替 CPU 控制总线。

（2）DMAC 输送地址信号和控制信号，实现外设与内存的数据交换。

（3）数据交换完毕，CPU 重新接管系统总线。

DMAC 获取系统总线的控制权可以采用的方式有：

（1）CPU 暂停：CPU 交出控制权直到 DMA 操作结束。

（2）周期窃取：CPU 空闲时暂时放弃总线时，插入一个 DMA 周期。

（3）共享：CPU 不使用系统总线时，则由 DMAC 传输。

2.6.4　输入/输出处理机（IOP）

程序控制、中断、DMA 方式适合外设较少的计算机系统中，而输入/输出处理机（IOP）又称 I/O 通道机，可以处理更多，更大规模的外设。

采用中断、DMA、IOP 方式，CPU 与外设可并行工作。输入/输出处理机（IOP）的数据方式有 3 种：

（1）选择传送：连接多台快速 I/O，但一次只能使用一台。

（2）字节多路：连接多台慢速 I/O 设备，交叉方式传递数据。

（3）数据多路通道：综合选择传送、字节多路的优点。

2.7 总线结构

本节的知识主要有常用总线的分类、总线相关定义与计算、内部总线、外部总线、系统总线的定义等。

总线（Bus）：计算机各种功能部件之间传送信息的公共通信干线。

1. 总线分类

依据计算机所传输信息的种类，总线可以分为数据总线（Data Bus，DB）、地址总线（Address Bus，AB）和控制总线（Control Bus，CB），见表 2-7-1。

表 2-7-1　总线分类

名称	用途
数据总线	双向传输数据。DB 宽度决定每次 CPU 和计算机其他设备的交换位数
地址总线	只单向传送 CPU 发出的地址信息，指明与 CPU 交换信息的内存单元。AB 宽度决定 CPU 最大寻址能力。 例如，若计算机中地址总线的宽度为 24 位，则最多允许直接访问主存储器 2^{24} 的物理空间
控制总线	传送控制信号、时序信号和状态信息等。每一根线功能确定，传输信息方向固定，所以 CB 每一根线单向传输信息，整体是双向传递信息

2. 总线相关定义与计算

总线的常用单位如下：

（1）**总线频率**：总线实际工作频率，也就是一秒钟传输数据的次数；是总线工作速度的一个重要参数，工作频率越高，速度越快。

（2）**总线周期**：指 CPU 从存储器或 I/O 端口存取一字节所需的时间。

（3）**总线带宽**：总线数据传输的速度。

（4）**总线宽度**：总线一次传输的二进制位的位数。

考试涉及的计算公式为：

$$总线带宽=总线宽度\times总线频率 \tag{2-7-1}$$

【例 1】总线宽度为 32 位，时钟频率为 200MHz，若总线上每 5 个时钟周期传送一个 32 位的字，则该总线的带宽应该为多少 MB/s？（务必注意所求的量的单位是 MB/s 还是 Mb/s）

总线频率=时钟频率/5=200MHz/5=40MHz；总线带宽=总线宽度×总线频率=32bit×40MHz/8bit=160MB/s。

$$总线带宽=时钟频率\times每个总线周期传送的字节数/每个总线周期包含的时钟周期数 \tag{2-7-2}$$

【例2】某系统总线的一个总线周期可以传送32位数据，一个总线周期包含6个时钟周期。若总线的时钟频率为66MHz，则总线的带宽（即传输速度）应该是多少MB/s？

总线带宽=66MHz×(32bit/8bit)/6=44MB/s

3．内部总线

内部总线是在CPU内部，寄存器之间和算术逻辑部件（ALU）与控制部件之间传输数据所用的总线。又称为片内总线（芯片内部的总线）。

常见的内部总线有I^2C、SPI、SCI总线。

4．系统总线

系统总线连接计算机各功能部件而构成一个完整的计算机系统，又称内总线、板级总线。系统总线是计算机各插件板与系统板之间的总线，用于插件板一级的互联。

常见的系统总线见表2-7-2。

表2-7-2 常见的系统总线

总线名	特性
ISA	又称AT总线，早期工业总线标准
EISA	32位数据总线，8MHz。速率可达32Mb/s。在ISA总线的基础上使用双层插座，在原来ISA总线的98条信号线上又增加了98条信号线
PCI	32/64位数据总线，33/66MHz。速率可达133Mb/s，64位PCI可达266Mb/s可同时支持多组外围设备
PCI-Express	每台设备各自均有专用连接，无需请求整个总线带宽。双向、全双工，支持热插拔。PCI-Express有X1、X4、X8、X16模式，其中X1速率为250Mb/s，X16速率=16×X1速率

5．外部总线

外部总线是计算机和外部设备之间的总线。常见的外部总线见表2-7-3。

表2-7-3 常见的外部总线

总线名	特性
RS-232-C	串行物理接口标准。采用非归零码，25条信号线，一般用于短距离（15m以内）的通信
IEEE-488	并行总线接口标准。按位并行、字节串行双向异步方式传输信号，连接方式为总线方式。总线最多连接15台设备。最大传输距离20米，最大传输速度为1Mb/s
USB	串行总线，支持热插拔。有4条信号线，两条传送数据，另两条传送+5V、500mA的电源。USB1.0速率可达12Mb/s，USB2.0速率可达480Mb/s，USB3.0速率可达5Gb/s
IEEE-1394	串行接口，支持热插拔，支持同步和异步数据传输。速度可达400Mb/s、800Mb/s、1600Mb/s，甚至3.2Gb/s，也是使用雏菊链式连接，每个端口可支持63个设备
SATA	Serial ATA缩写，主要用于主板和大量存储设备（如硬盘及光盘驱动器）之间的数据传输。可对传输指令、数据进行检查纠错，提高了数据传输的可靠性

第 3 章　数据结构与算法知识

数据结构知识章节的内容包含线性表、队列和栈、树、图、哈希表、查找、排序、算法描述和分析等知识。本章节知识在软件设计师考试中，考查的分值为 6～8 分，下午案例常常考查到，属于重要考点。

本章考点知识结构图如图 3-0-1 所示。

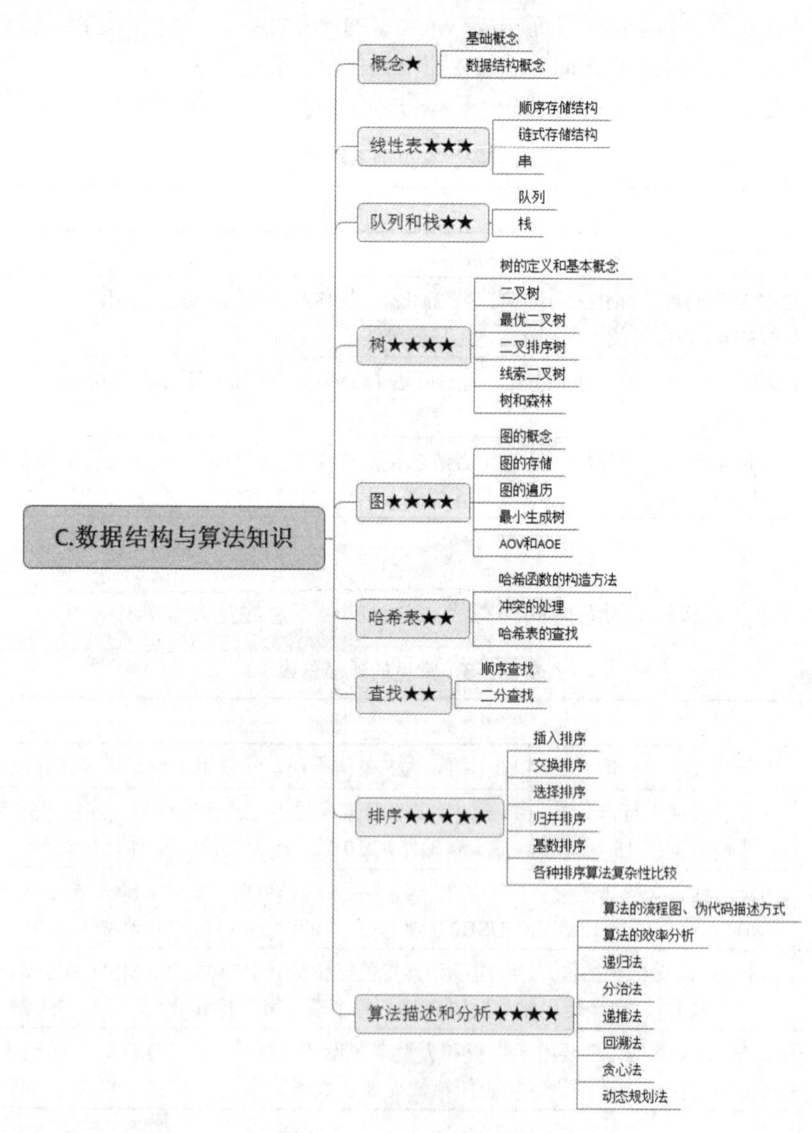

图 3-0-1　考点知识结构图

攻克要塞软考团队友情提醒：本章知识内容繁多，只能就重要考点知识进行阐述，不可能讲解更多的各类数据结构代码。所以建议读者在有更多复习时间的前提下，系统地学习数据结构知识。

3.1 概念

本节包含数据结构相关的基本概念知识。

3.1.1 基础概念

数据（Data）是信息的载体，是指能被计算机加工、处理及表示的信息，其内容包括文字、图像、多媒体等。由此可见，数据是多种多样的一个宽泛的概念。

数据元素（Data Element）是数据的基本单位。一般而言，数据元素是数据结构中不必再划分的最小单位。

数据元素类（Data Element Class）：具有相同性质数据元素的集合。

结构（Structure）：数据元素类中数据元素间的关系，这些关系是以具体的问题为背景的。例如，酒店订房时客房分配问题的房间排队关系，医院挂号时的顺序关系等。

算法（Algorithm）：解决特定问题的有限运算系列。算法的特点是：算法每一步具有明确的定义；算法必须在有限步数内完成。

3.1.2 数据结构概念

数据结构（Data Structure）是相互之间存在一种或多种特定关系的数据元素的集合。简单地说，就是带“结构”的数据元素类。

“结构”就是指数据元素之间存在的关系，可以分为逻辑结构和物理结构。

1. 逻辑结构

逻辑结构是对现实生活中的信息进行分解和抽象，剔除数据元素的具体内容得到的结构。它依赖于具体场景进行一定程度的抽象。

【例 1】我国的某个特定地址，如云南省楚雄彝族自治州姚安县光禄古镇南关 121 号，一般可采取五级分层抽象出具体的数据项：①省（自治区/直辖市）：云南省；②地（市/州）：楚雄彝族自治州；③县（区）：姚安县；④乡（镇/街道）：光禄古镇；⑤详细地址（村、小区、路+房间单元号）：南关 121 号。

这类地址数据进行抽象封装时，具有如下特征：

地址={Province：16 位汉字；City：32 位汉字；County:32 位汉字；Town：32 位汉字；Detail：64 位汉字}

通过对地址进行抽象，去掉了具体的内容。

一般而言，从数据的关系角度上看，常见的**逻辑结构**有 4 种，见表 3-1-1。

表 3-1-1　常见的数据逻辑结构

数据逻辑结构名称	特点
集合	结构中的数据元素除了属于同一个集合的关系外，没有其他关系
线性结构	结构中的数据元素存在一对一的关系，一般以序列的形式出现
树形结构	结构的数据元素间存在一对多的关系，如病毒谱，生物进化树
图结构或网状结构	结构中的数据元素存在多对多的关系

2. 物理结构

物理结构是逻辑结构在计算机内实现时的具体存储结构。一个逻辑结构有不同的物理存储实现方式。进行算法设计时，考虑的是数据的逻辑结构；在算法实现时，由于每种编程语言对数据定义和实现的方式不一，必须依赖于指定的存储结构（即物理结构）。

在 C 语言中，本小节［例 1］中的地址形式可定义为：

Struct Address={char Province [32];char City [64];char County [64]; char Town [64]; char Detail [128]}

在具体的物理存储实现时，由 C 语言编译器编译并指定相应的存储空间。

数据类型（Data Type）是指程序设计语言所允许的变量类型。不同的程序语言的数据类型不同。比如 C 语言中字符串是通过字符数组或字符串指针来实现，而 Java 语言则通过 String 直接进行定义。

物理结构从数据存储的角度分为线性存储结构和链式存储结构。

（1）线性存储结构中，数据元素在存储器中的相对位置和在逻辑结构中是一致的。比如学号“002”挨着“001”，在存储器中 002 占用的存储单元也紧紧挨着 001 占用的存储单元。程序语言中，具体实现通常使用数组来实现。

（2）链式存储结构不要求所有元素在存储时的依序性，但是为了表示数据元素之间的关系，则必须添加指针，用来存放后继（或前趋）数据元素的地址。就像我们玩老鹰捉小鸡时，每个“小鸡”必须用手（指针）拉着前面一个人的衣背一样。手拉手跳舞时，左右手分别指向前趋和后继的数据元素（人）。在程序语言中，具体的实现通常采用指针方式来实现。

数据运算（Data Operation）：数据运算定义在数据的逻辑结构上，常见的数据的运算有查找、插入、删除、排序等。数据的运算和数据的属性和问题场景有关，比如字符串的数据运算有创建字符串、求字符串长度、取子串、联结字符串等，故而要具体问题具体分析。

抽象数据类型（Abstract Data Type，ADT）是指一个数据结构以及定义在该结构上的一组操作的总称。ADT 相当于一个黑盒（Black Box），可以看作是一个集聚基本功能的集成电路芯片。我们不关注它在什么程序语言、工具上实现，只关心芯片的操作特性，即如何通过这些操作特性去实现的具体算法任务。

3.2 线性表

线性表（Linear List）：有限多个相同类型的数据元素类（集合）。线性表是最简单、最基本的数据结构。通俗地讲，线性表就是所有的节点按“一个连着一个”的方式组成的一个整体。

扑克牌的排列（2，3，4，5，6，7，8，9，10，J，Q，K，A）中，每一张牌可看成一个数据元素；公寓楼房间的排列（101，102，103，201，…，1801，1802，1803）中，每一个房间号码可看成一个数据元素；某班学生学号（1，2，3，…，28，29，30），每一个学号可看成一个数据元素。

线性表主要的存储结构有顺序存储结构和链式存储结构。线性表的基本运算主要有创建线性表、求线性表长度、取第 i 个节点、插入数据元素、删除数据元素、按值查找数据元素。在实际的算法实现中，这些基本运算一般会放入程序头部进行说明，供程序员进行调用。

3.2.1 顺序存储结构

顺序存储结构常采用数组方式实现。一维数组形式的顺序存储结构具体如图 3-2-1 所示。顺序表使用一个**连续存储空间**相继存放线性表的各个节点。

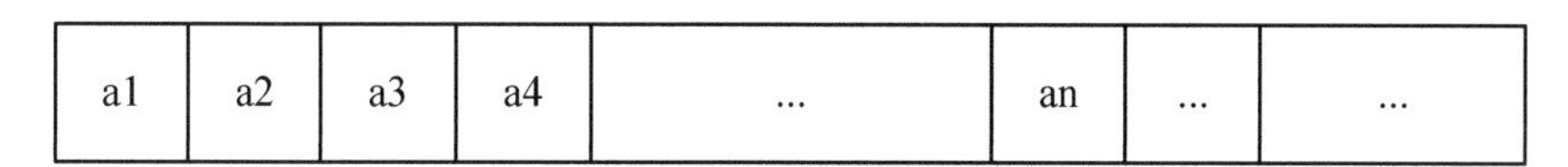

图 3-2-1 数组形式的顺序存储结构

1. 数组

数组是一种把相同类型的若干元素，有序地组织起来的集合。集合名就是数组名。组成数组的各个元素称为数组元素。通过数组元素的位置序号（下标），可获得某数组元素的地址，进而得到该数组元素的值。

数组在数据结构中常常用来实现向量和矩阵。

数据结构中，数组的运算通常有两个：

（1）给定数组的下标，存取相应的数据元素。

（2）给定数组的下标，修改对应的数据元素的值。

数组的运算通常不涉及插入和删除运算。

一维数组即数组中每个元素都只有一个下标的数组。两个一维数组组成二维数组，n 个一维数组组成 n 维数组。

假定 a 是数组的首地址，L 是数组元素的长度，**行优先存储**（先存储第一行，然后存储第二行，……，直至最后一行），则数组某元素的地址对应关系见表 3-2-1。

表 3-2-1　数组某元素的地址对应关系

数组类型	数组表示形式	某元素对应的存储地址
一维数组	a[n]	元素 a[i]的存储地址：a+i×L
二维数组	a[m][n]（m 行 n 列）	元素 a[i][j]的存储地址：a+(i×n+j)×L

攻克要塞软考团队友情提醒：一维数组是线性结构，多维数组是非线性结构。

2. 稀疏矩阵

稀疏矩阵即矩阵中 0 元素个数远远多于非 0 元素，并且非 0 元素分布没有规律。稀疏矩阵可以采用三元组数组和十字链表两种存储方式，两种方式均只存储非 0 元素。

- 三元组数组：非 0 元素用三元组（行号、列号、值）表示，并全部存储在数组中。这也完成了稀疏矩阵的压缩。图 3-2-2 给出了一个稀疏矩阵用三元组数组表示的例子。

$$\begin{bmatrix} 0 & 0 & 8 & 0 & 9 & 0 \\ 1 & 0 & 0 & 0 & 0 & 0 \\ 0 & 0 & 0 & 0 & 0 & 0 \\ 0 & 0 & 5 & 0 & 0 & 0 \\ 0 & 3 & 0 & 0 & 2 & 0 \\ 0 & 0 & 0 & 0 & 0 & 1 \end{bmatrix} \text{三元组（行，列，值）表示} \rightarrow \begin{matrix} (1 & 3 & 8) \\ (1 & 5 & 9) \\ (2 & 1 & 1) \\ (4 & 3 & 5) \\ (5 & 2 & 3) \\ (5 & 5 & 2) \\ (6 & 6 & 1) \end{matrix}$$

图 3-2-2　稀疏矩阵用三元组数组表示示例

- 十字链表：非 0 元素均为十字链表的一个节点，节点有 5 个域（行号、列号、值、行和列的后继指针）。

常见的特殊稀疏矩阵有上三角、下三角和三对角矩阵。具体特点见表 3-2-2。

表 3-2-2　特殊稀疏矩阵

矩阵名	图示	特点
上三角矩阵 （当 i>j 时，矩阵元素 a_{ij}=0）	$\begin{pmatrix} a_{11} & a_{12} & a_{13} & a_{14} & a_{15} \\ 0 & a_{22} & a_{23} & a_{24} & a_{25} \\ 0 & 0 & a_{33} & a_{34} & a_{35} \\ 0 & 0 & 0 & a_{44} & a_{45} \\ 0 & 0 & 0 & 0 & a_{55} \end{pmatrix}$	矩阵元素 a_{ij} 对应一维数组下标： (2n-i+2) ×(i-1)/2+j-i+1 化简为 (2n-i) ×(i-1)/2+j

续表

矩阵名	图示	特点
下三角矩阵 （当 $i<j$ 时，矩阵元素 $a_{ij}=0$）	$\begin{pmatrix} a_{11} & 0 & 0 & 0 & 0 \\ a_{21} & a_{22} & 0 & 0 & 0 \\ a_{31} & a_{32} & a_{33} & 0 & 0 \\ a_{41} & a_{42} & a_{43} & a_{44} & 0 \\ a_{51} & a_{52} & a_{53} & a_{54} & a_{55} \end{pmatrix}$	矩阵元素 a_{ij} 对应一维数组下标： (i-1)×i/2+j
三对角矩阵	$\begin{pmatrix} a_{11} & a_{12} & 0 & 0 & 0 \\ a_{21} & a_{22} & a_{23} & 0 & 0 \\ 0 & a_{32} & a_{33} & a_{34} & 0 \\ 0 & 0 & a_{43} & a_{44} & a_{45} \\ 0 & 0 & 0 & a_{54} & a_{55} \end{pmatrix}$	矩阵元素 a_{ij} 对应一维数组下标： (i-1)×3-1+j-i+2 化简后为 2×i+j-2

3. 顺序表的查找、插入和删除

顺序表的特点是：逻辑相邻的数据元素，物理结构必相邻。

（1）顺序表的查找。顺序表的查找需要比较元素大小。若顺序表有 N 个元素，每个元素被找到的概率都是 1/N；针对不特定的数据元素，查找第 M 个元素需要比较 M 次。故而比较次数的平均次数为：(1+…+N)/N=(N+1)/2，这也是顺序表的平均查找长度。

（2）顺序表的插入。若顺序表有 N 个元素，在顺序表的任何位置插入数据的概率相等，总的插入位置有 N+1 种可能，当插入在第 M 个元素前时，需要往后移动 N-M+1 个元素。插入一个元素，需移动的次数平均数为：[N+(N-1)+…+1]/(N+1) = N /2，这就是顺序表的插入平均移动长度。

（3）顺序表的删除。在顺序表的任何数据元素位置删除数据元素的概率相等，被删除的概率都是 1/N，针对不特定的数据元素，删除第 M 个元素后，需要移动后面（N-M）元素往前一位。删除一个元素，比较次数的平均数为：[(N-1)+(N-2)+…+1]/N=(N-1)/2，也就是顺序表的平均删除长度。

3.2.2　链式存储结构

链式存储结构又称为**线性链表**，也称链表。链表形式具体如图 3-2-3 所示。链表则是**动态分配**节点，通过**链接指针**，将各个节点按逻辑顺序连接起来。

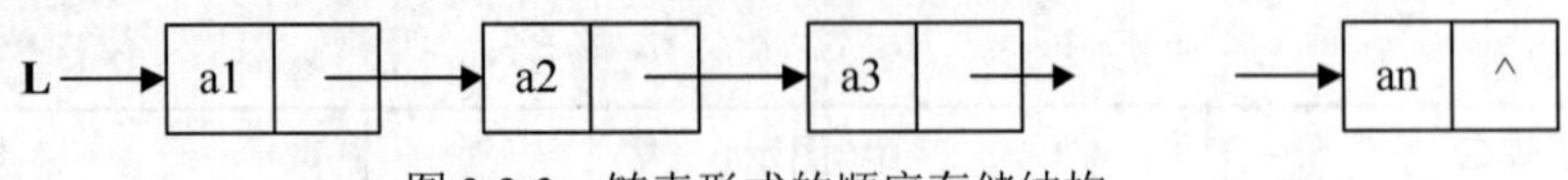

图 3-2-3　链表形式的顺序存储结构

很多情况下，为了运算操作的方便，会在第一个节点前增加一个附属节点，称为头节点，把头指针指向这个节点。图 3-2-4 给出了带头节点的链表和空表示例。头节点一般不放置数据，某些情况下可以存储链表长度或最大限制长度 MAXSIZE 等。若无特别说明，本章中链表均指带有头节点的链表。

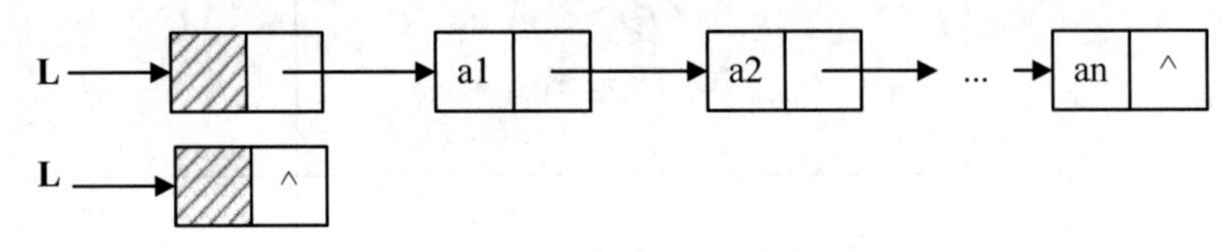

图 3-2-4　带头节点的链表

1. 单链表

单链表是链式存储的线性表。

（1）单链表的定义。组成单链表的每个节点结构如图 3-2-5 所示。

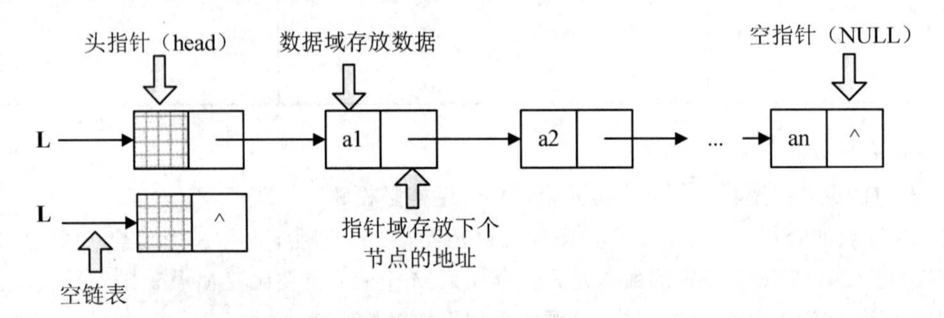

图 3-2-5　单链表的结构

- 信息域：包含自身的数据。
- 指针域：下一条数据的位置。
- 最后一个节点：指针为空（NULL）。
- 指针 head（头指针）：指向第一个节点。

单链表节点伪代码描述如下：

```
Typedef struct lnode{
Elemtype data;        // 节点数据域，datatype 是指数据类型
     Struct Lnode *next; //节点指针域
}lnode,*Linklist;
```

（2）单链表查找。单链表的查找分为按序号查找和按值查找。

- 按序号查找第 i 个节点时，从头指针开始，依次沿着链域扫描，每经过一个节点，计数器+1，直到找到第 i 个节点为止。

- 按值查找，与顺序表相似，依节点顺序与节点值进行对比，直到相等为止。

单链表按值查找伪代码如下：

```
//当第 i 个元素存在时，并赋值给 elem，返回 ok；否则返回 error
int   GetElem(LinkList head,int i,LNode &elem )
{
//head 为单链表的头指针
      int j=1;                              //j 为计数器
      LinkList item;
      item=head->next;                      //初始化，item 指向链表的第一个节点
      while(item&&j<i)                      //向链表后查，直到 item 指向第 i 个元素或者 item 为空
      {
            item=item->next;
            j++;
      }
      if(item==NULL||j>i) return ERROR      //第 i 个元素不存在
      elem.data=item->data;                 //第 i 个元素存在
      return OK;
}
```

（3）单链表节点插入。单链表的节点插入如图 3-2-6 所示。图中的①②步骤次序不能颠倒，否则插入会丢失信息。

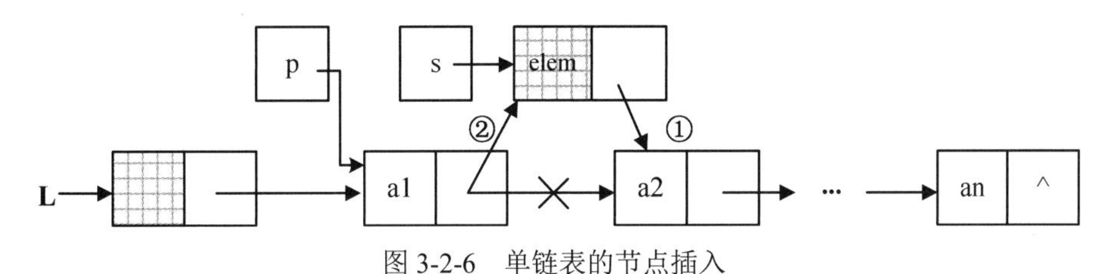

图 3-2-6　单链表的节点插入

单链表的节点插入伪代码如下：

```
//在链表中的第 i 个位置之前插入元素 elem
int   ListInsert_L(LinkList &head,int i,LNode elem)
{
      LinkList p,s;
      int j=0;
      p=head;
      while(p&&(j<i-1))                         //查询第 i-1 个节点，找到插入点的前趋 p
      {
            p=p->next;
            ++j;
      }
      if(!p||j>i-1)return ERROR;                //第 i-1 个节点不存在
      s=(LinkList)malloc(sizeof(LNode));        //生成新节点 s
      s->data=elem.data;
      s->next=p->next;                          //将要插入的节点 x 的指针指向 p 的后继节点
      p->next= s;                               //将 p 的指针指向 x
      return OK;
}
```

（4）单链表节点删除。单链表的节点删除如图 3-2-7 所示。

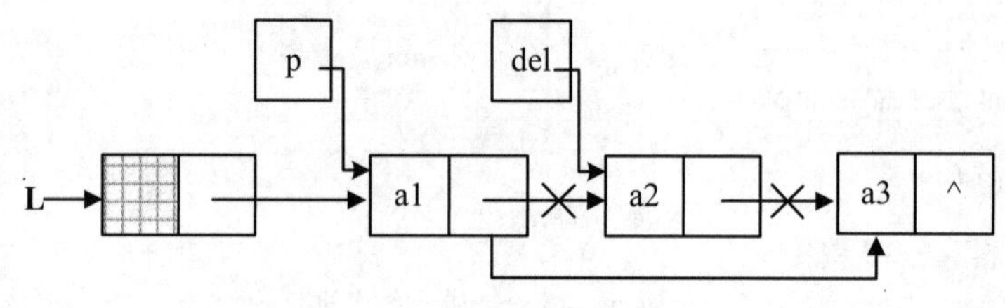

图 3-2-7　单链表的节点删除

单链表的节点删除伪代码如下：

```
//删除链表中的第 i 个元素
int DeleteElem(LinkList &head,int i)
{
    LinkList p,del;
    int j=0;
    p=head;
    while((p->next)&&(j<i-1))                //寻找第 i 个节点，并令 p 指向该节点的前趋
    {
        p=p->next;
        ++j;
    }
    if(!(p->next)||(j>i-1))return ERROR;     //删除失败
    del=p->next;p->next=del->next;           //删除节点
    delete del;                              //释放节点所占内存
    return OK;
}
```

2．单环形链表

环形链表是另一种形式的链式存储结构。环形链表最常见的一种形式是单环形链表，具体图形如图 3-2-8 所示。该链表的特点是单环形链表的最后一个节点的指针域指向头节点，整个链表变成一个“环形”。

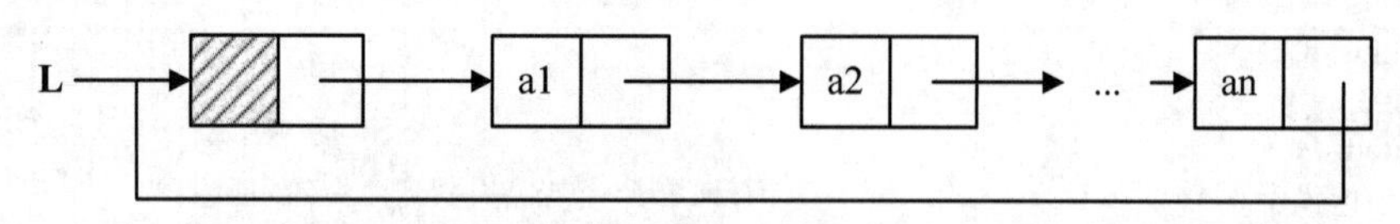

图 3-2-8　单环形链表

单环形链表的头指针仍然指向链表的头部，判断遍历单环形链表是否结束，可以设置“末尾节点指针是否等于头指针”来判断。

3．双向链表

在单链表中，除尾节点外，任何一个节点都能很方便地通过它的指针域找到下一个节点。但是，要找该节点的前面一个节点，则要从头开始遍历链表，这种查找方式效率较低。如果在单链的节点里再加上一个指向前一个节点的指针，使每个节点包括两个指针，一个指向前一个节点，叫作前趋指针，一般用 llink 来表示。一个指向后一个节点，叫作后继指针，一般用 rlink 表示。这样的链表叫作双向链表。

双向链表好比一群人手拉手，左手相当于 llink，拉的是前一个人（前趋节点），右手相当于 rlink，拉的是后一个人（后继节点）。双向链表如图 3-2-9 所示。

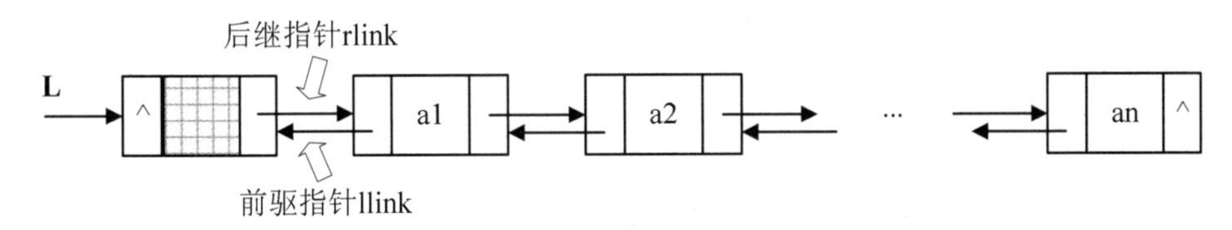

图 3-2-9 双向链表

（1）双向链表的节点插入。双向链表在查找方面和单链表相似。但是在删除和插入操作时，需要修改节点两个方向上的指针。比如，要在节点 a、b 中插入 c，只需把节点 a 的后继指针指向 c，把 c 节点的前趋指针指向节点 a，把 c 节点的后继指针指向 b 即可，还需要把 b 的前趋指针指向 c。例如，小红和小蓝手拉手，这时中间插进小黄，只需把小红的右手释放，不拉小蓝，去拉住小黄的左手；同时小蓝左手释放，不拉小红，去拉小黄的右手，这样就完成了小黄的手拉手插入。双向链表节点插入过程如图 3-2-10 所示。

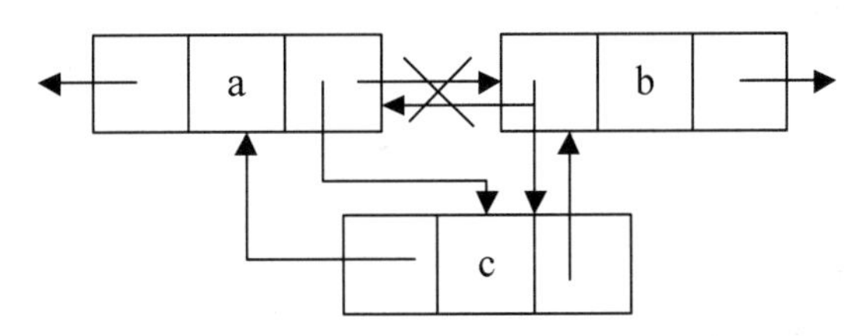

图 3-2-10 双向链表节点插入过程

（2）双向链表的节点删除。在 e、f、g 节点间删除 f 节点，只需要将 e 节点的后继指针指向 g 节点，g 节点的前趋指针指向 e 节点便可。双向链表节点删除过程如图 3-2-11 所示。

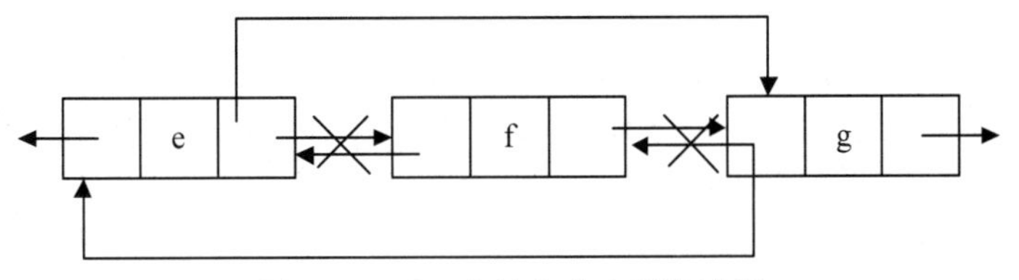

图 3-2-11 双向链表节点删除过程

4. *双环形链表*

双环形链表则还需要将头节点的前向指针指向最后一个节点，尾节点的后向指针指向头节点。这就好比一群人手拉手，领头人左手拉着末尾人；末尾人的右手拉着领头人。双环形链表如图 3-2-12 所示。

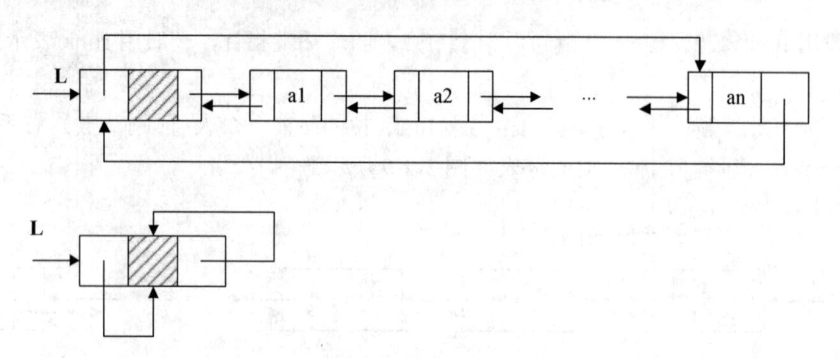

图 3-2-12 双环形链表

3.2.3 串

字符串是指以字符为元素的特殊线性表。它是一类重要的、常用的非数值处理对象。可以把它看成以字符为节点的线性表。

1. 串的定义

串是字符构成的有限序列。字符串中所包含字符的个数称为**字符串长度**。字符串长度为 0 的串称为**空串**。

字符串可以进行顺序存储、链式存储。

2. 模式匹配

模式匹配是字符串的一种基本运算。即给定一个子字符串 T，要求在某个字符串 S 中找出与该子串相同的所有子串。

（1）简单模式匹配算法。模式匹配可以采用简单算法（又称蛮力算法）。其做法是：对主串 t 的每一个字符作子串开头，与要匹配的字符串 p 进行匹配。对主串作整体大循环，每一个字符开头作字符串 p 长度的匹配小循环，直到匹配成功或者全部遍历完为止。

简单模式匹配算法的实现代码如下：

```
int simple-match(char * t,char * p)
{
    int n=strlen(t) ,m =strlen(p),i,j,k;
    for(j=0 ; j<n-m ; j++){ / *主串作整体大循环 * /
        for(i=0;i<m &&t[j+i]==p[i];i++);/ * 从 t[j]开始的子串与要匹配的字符串 p 进行一一比较 * /
        if(i==m)return 1; / * 匹配成功 * /
    }
    return 0; / * 匹配失败 * /
}
```

（2）KMP 算法。KMP 算法是一种改进的字符串匹配算法，由 D.E.Knuth、J.H.Morris 和 V.R.Pratt 提出，简称 KMP 算法。KMP 算法的思想是利用匹配失败后的信息，尽量减少模式串与主串的匹配次数以达到快速匹配的目的。

简单模式匹配算法中，一旦出现图 3-2-13 的情形，发生不匹配的问题就要进行回溯。这种方式实现比较简单，但是效率不高。

主串 t_0 t_1 …… t_{i-j} t_{i-j+1} …… t_{i-1} t_i

‖ *匹配* …… *匹配*‖ ≭ *不匹配*

模式串 p_0 p_1 …… p_{j-1} p_j

主串 t_0 t_1 …… t_{i-j} t_{i-j+1} …… t_{i-1} t_i

回溯，重新匹配 ↕

模式串 p_0 p_1 …… p_{j-1} p_j

图 3-2-13　简单模式匹配算法

KMP 算法是对正文字符串进行比较时，不回溯“主串”i 值的算法；也就是说，当“主串”第 i 个字符与“模式串”第 j 个字符不匹配时，重新匹配时，i 值不变，只回退“模式串”的 j 值。

而 j 具体回退多少，则由 next[j]函数来决定，KMP 对该函数定义如下所示。

$$next[j]=\begin{cases}0 & \text{当 } j=1 \text{ 时}\\ \max\{k \mid 1<k<j \text{且} 'p_1 \ldots p_{k-1}'='p_{j-k+1} \ldots p_{j-1}'\} \\ 1 & \text{其他情况}\end{cases}$$

由函数定义推导出模式串的 next 值，如下所示。

j（从 1 开始）	1 2 3 4 5 6
模式串	a b a a b c
next[j]	0 1 1 2 2 3

可以看出，next[j]=k 的含义是代表 j 之前的字符串中，有最大长度为 k 的相同前缀后缀。匹配失配时，从模式串的 k 位置，重新开始新一轮匹配。具体过程如图 3-2-14 所示。

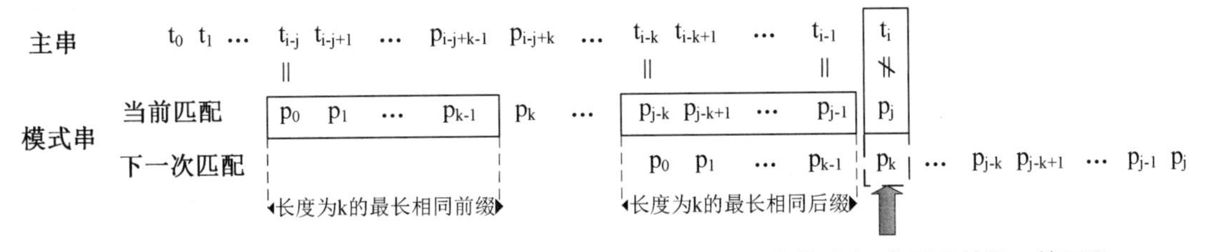

图 3-2-14　失配后利用 next[j]性质重新匹配

当模式串“abaabc”在“c”位置出现不匹配主串时，寻找“c”前的字符串最大相同前后缀过程见表 3-2-3。

表 3-2-3　找“c”前的字符串最大相同前后缀过程

“c”之前的模式串子串	前缀	后缀	相同前缀后缀及最大长度
abaab	a，ab，aba，abaa	b，ab，aab，baab	相同前后缀是“ab”最大长度为 2

3.3 队列和栈

线性表主要运算包括插入、删除和查找等。如果对线性表的插入和删除运算发生的位置进行限定，就产生了两种特殊的线性表：先进先出的队列（Query）和先进后出的堆栈（Stack）。

3.3.1 队列

队列无处不在，公交车站排队上车的人群，食堂里排队打饭的学生，其特点都是前面的先上车和先打到饭菜，这就是**先到先得**。数据结构中的队列，则是先进先出的线性表。在插入数据时，只能从尾巴上插入（排队）；删除数据时，只能从队头（出队）出来。

1. 队列的定义

队列是只能在一头插入、另外一头删除数据元素的线性表。具体队列如图3-3-1所示。空队列是没有数据元素的。也就是说，队列是运算受限的线性表。插入数据的一端，称为队尾；删除数据的一端，称为队头。队列的插入和删除运算又称为入队和出队。

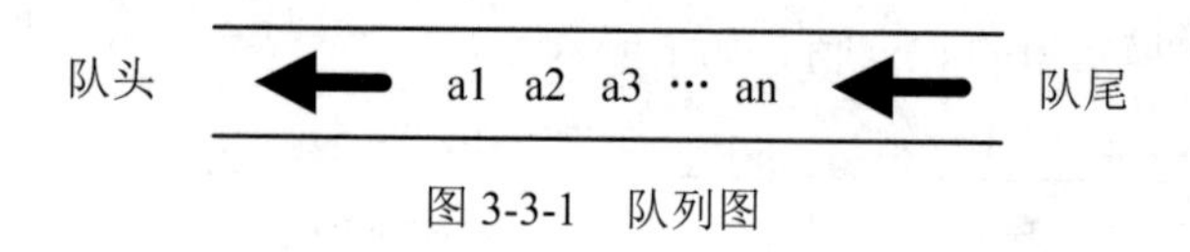

图3-3-1 队列图

2. 队列的存储

队列的存储方式可以分为顺序存储和链式存储。由于队列需要定位队头和队尾，一般在进行队列操作时，需要设置两个标志（值或指针）来记忆队列的存储结构。

（1）队列的顺序存储。队列的顺序存储一般采取数组的这类数据结构，也就是划定一块连续的区域用于顺序队列元素的存储。具体存储方式如图3-3-2所示。

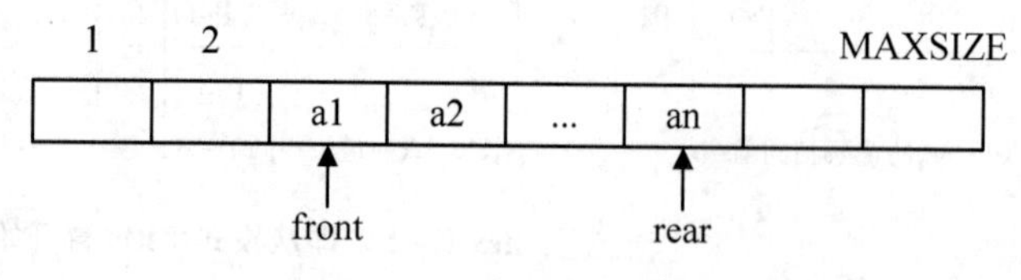

图3-3-2 队列的顺序存储

图中头指针（head）或头标记值指向（标记）队列的队头，尾指针（rear）指向（标记）队列的队尾。每当删除队头，头指针后移（或头标记值+1），每当插入元素，队尾的尾指针（rear）后移（或尾标记值+1）。

当执行若干次入队列操作后，head指针（或标记值）会超出队列的长度，这种情况叫“假溢出”，因为，此时队头的前面这块连续区域是“空闲”的。

为了解决这一问题，可以采取循环队列来解决。具体存储方式如图3-3-3所示。

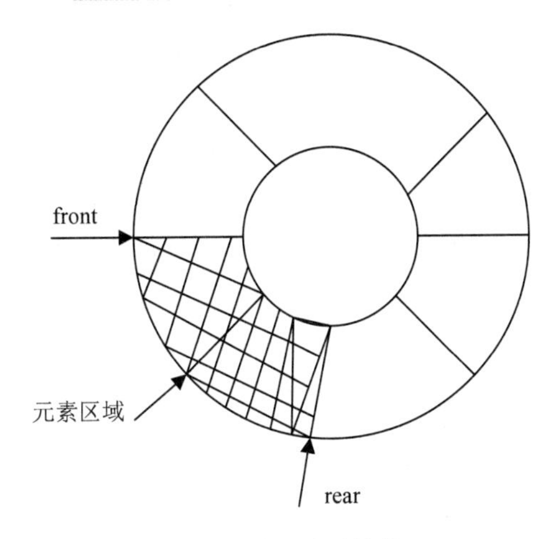

图 3-3-3 循环队列结构

循环队列会把数组的 Queue[1]当作 Queue[MAXSIZE]的下一个存储位置。

- 入队操作：rear= rear+1 mod MAXSIZE，Queue[rear]=x。这里 mod 是求余操作，MAXSIZE 是队列最大长度。例如，队列元素数目最大为 10，当 rear 指针为 10 时，加 1 等于 11，11 mod 10=1，这样 rear 指针回到了数组的头部。因此，实现了**数组的循环存储功能**。
- 出队操作：front= front +1 Mod MAXSIZE。

这种结构还存在一个问题，当队列为空和满的时候，均有 rear=head，这样就无法判断循环队列是满还是空。为了解决这个问题，可以有两种方法：

方法 1：规定当队列中只剩下一个空闲节点时，就认为队列满。即 head=rear，为队空；head=rear-1，为队满。

方法 2：设置一个标志标明是最后一次操作时入队还是出队，来联合区分队列满还是队列空。

（2）队列的链式存储。链式队列适用于不知道队列规模或需要动态增减队列大小的场合。

链式队列采用的数据结构为单链表，链式队列采用了 front 指针和 rear 指针表示队头和队尾。front 始终指向队头，rear 始终指向队尾。相对顺序队列来说，不需要较为复杂的 mod 计算，但是占用空间较大。具体存储方式如图 3-3-4 所示。

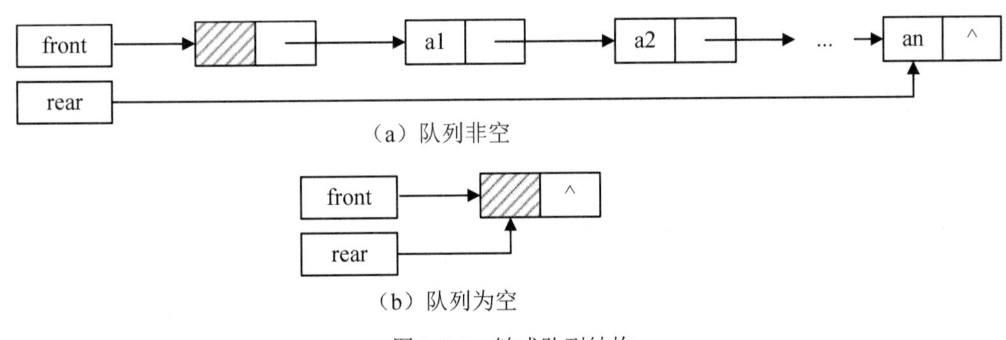

（a）队列非空

（b）队列为空

图 3-3-4 链式队列结构

3.3.2 栈

栈（Stack）的例子在平时生活中也经常见到，往箱子里装东西，先装进去的东西后拿出来。往课桌上堆书，先放的书后拿出……这就是栈的**先进后出**特点。和队列不同的是，插入和删除都是在队列的一端进行。我们称插入和删除操作的这一端叫栈顶，另外一端叫栈底。栈的具体结构如图 3-3-5 所示。

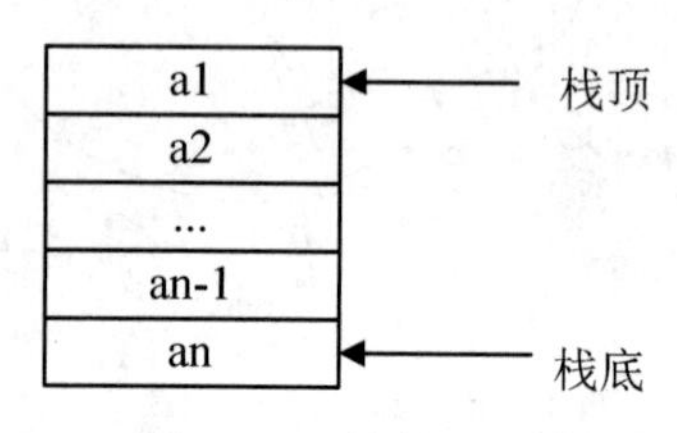

图 3-3-5　栈的具体结构

栈的存储也分为顺序存储（顺序栈）和链式存储（链栈）2 种方式。

（1）顺序存储。顺序栈中，利用数组存放栈数据，存放顺序自底到顶。设置 top 指针指向栈顶元素，bottom 指针指向栈底元素。通常，约定 top=−1 或者 0，表示空栈；元素入栈，top 值加 1；元素出栈，top 值减 1。

顺序栈往往会因为堆栈太小而发生数据溢出，如果预先为栈设置更多的空间，又可能会浪费太多存储空间。

（2）链式存储。链栈可以动态为堆栈分配空间。链栈的插入和删除元素操作都在链表头进行。链栈示意图如图 3-3-6 所示。

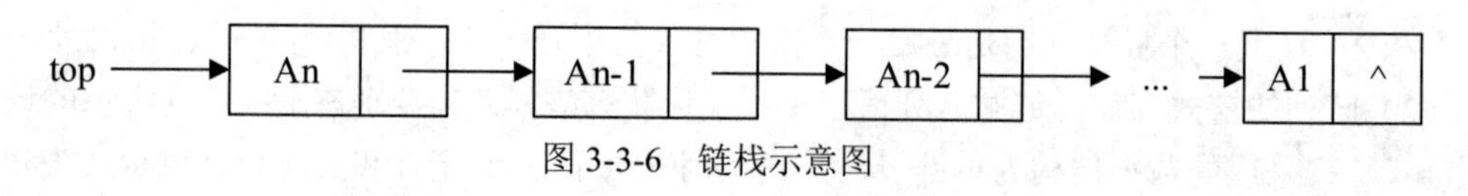

图 3-3-6　链栈示意图

3.4 树

生活中处处充满了树的应用例子。家族内部成员间的关系、公司部门设置等。最直接形象的例子就是**大自然环境中的一棵树**。而数据结构中的树的概念，正是来自于现实中“树”的抽象。

3.4.1 树的定义和基本概念

树的定义：由 n 个节点构成的有限集合（n>0），当中有一个节点被称为根（root），其余节点分为互不相交的子集合 $T_1,T_2,\cdots,T_m$（m>0）；而这些子集合本身又是一个树，称为根节点的子树。由此可看出，树的定义其实是个递归定义。具体树的形式如图 3-4-1 所示。

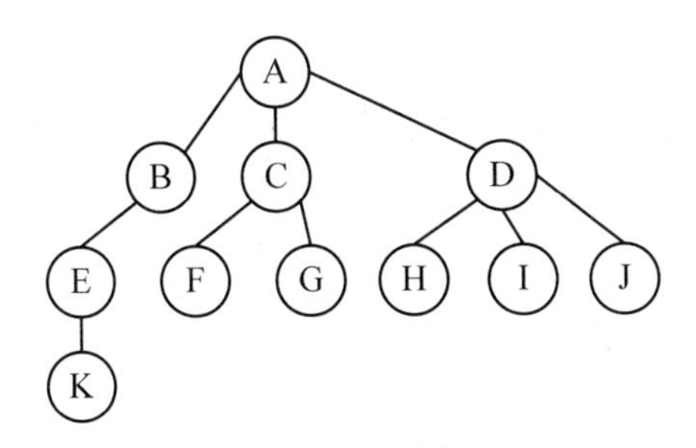

图 3-4-1 树

树的定义强调了一点，树是没有空树概念的，这点要注意。当然后面行文中的二叉树的“空树”概念指的是只有一个节点的树，请务必分清，不要弄混淆了。

表 3-4-1 给出了树的一些重要定义。

表 3-4-1 树的定义

一类概念	二类概念	解释
度	节点的度	一个节点的子树数目
	树的度	树中各节点度的最大数值
节点	叶子节点	度为 0 的节点
	分支节点	除叶子节点之外的节点
	内部节点	除根节点之外的分支节点
	孩子、双亲	节点的子树的根称为该节点的孩子，该节点称为孩子的双亲
	兄弟节点	同一节点的孩子们
层	根	根节点为第 1 层（有些资料默认为 0 层），根的孩子节点为第 1 层。树中最大的层次数称为树的深度、高度。例如生活中的四世同堂、五世同堂，放在树中就是深度为 4，深度为 5
	其他节点	为其父节点层次加 1
有序/无序树	有序树	树节点的子树按从左到右是有序的，即不能互换
	无序树	树节点的子树按从左到右是无序的，即能互换
森林	/	m（m>0）棵互不相交的树的集合，与现实不同的是，数据结构中的森林是“独木即可成林”。这点要区分清楚

例如，图 3-4-2 给了一棵树。可知的一些信息：1 是根节点，度数为 3，处于 1 层。1 的子节点是 2、3、4 或者说 2、3、4 的父节点是 1。5、6、7、8、10、11 是叶子节点，度数为 0。

树的遍历：按照某种顺序逐个获得树中全部节点的信息。

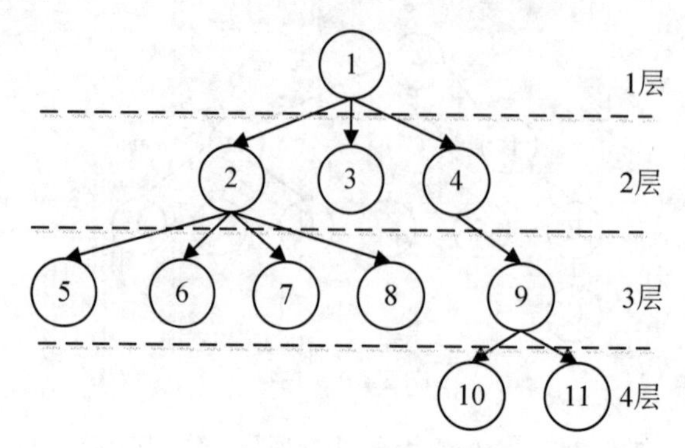

图 3-4-2　树的例子

常见的遍历方法有 3 种：

（1）前序遍历：“根左右”，即先访问根节点，然后再从左到右按前序遍历各棵子树。

（2）后序遍历：“左右根”，即从左到右遍历根节点的各棵子树，最后访问根节点。

（3）层次遍历：首先访问第 1 层的根节点，然后从左到右访问第 2 层上的节点，……。

按上述遍历的定义，图 3-4-2 所给出的树的 3 种遍历结果如下：

（1）前序遍历：1，2，5，6，7，8，3，4，9，10，11。

（2）后序遍历：5，6，7，8，2，3，10，11，9，4，1。

（3）层次遍历：1，2，3，4，5，6，7，8，9，10，11。

3.4.2　二叉树

二叉树就是树每一个节点至多只有两个子树（两个分叉）的树。没有子树的树叫作空树。节点叫作**根**，左边的子树叫作**左子树**，右边的子树叫作**右子树**。可以看到，二叉树中任意一个节点，存在 0 子树、单子树和双子树的情况。

假设全为男性，节点是父亲，0 子树说明膝下无子（如图 3-4-3 的 G 节点），单子树说明只有独生子（如图 3-4-3 的 D 节点），双子树则说明有兄弟两个（如图 3-4-3 的 B 节点）。

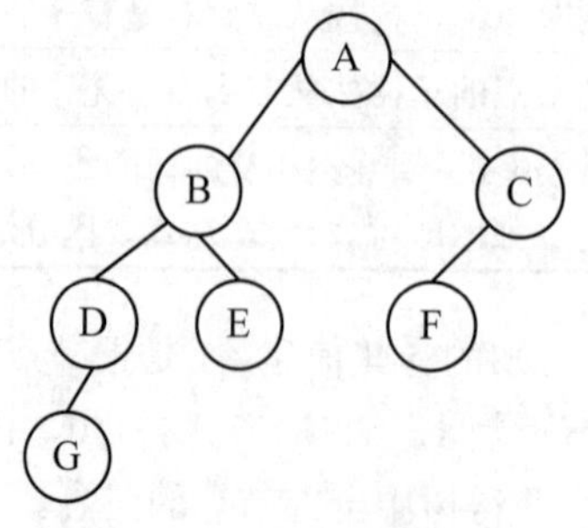

图 3-4-3　二叉树示例

1. 二叉树的性质

二叉树的一些重要特性见表 3-4-2。本节省略了所有证明过程。

表 3-4-2　二叉树的一些重要特性

序号	相关解释
性质 1	二叉树第 i 层顶多有 2^{i-1} 个节点，其中 i≥1
性质 2	深度为 K 的二叉树至多有 2^k-1 个节点，其中 k≥1
性质 3	对于任何一棵二叉树，如果其叶子节点数为 n0，度为 2 的节点数为 n2，则有 n0＝n2+1

2. 满二叉树、完全二叉树

满二叉树就是节点数为 2^k-1（k 表示深度）的二叉树，从图 3-4-4 可以看出，满二叉树最深的一层都没有子节点（孩子），往上的每一层的节点均有左右两个孩子（子树）。

完全二叉树是满二叉树的子集，在完全二叉树中最深一层的子节点往上的一层靠右边的节点没有孩子（子树）。

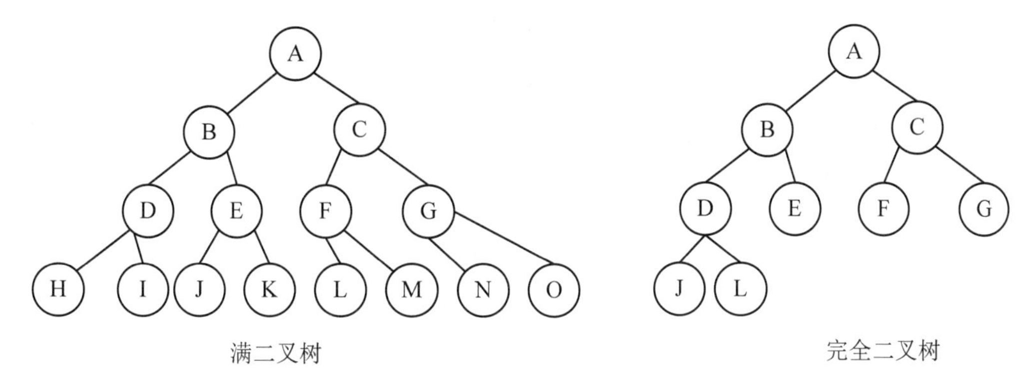

图 3-4-4　满二叉树和完全二叉树

完全二叉树的性质：n 个节点的完全二叉树，其深度为$\lfloor \log_2 n \rfloor$+1。

攻克要塞软考团队友情提醒：$\lfloor m \rfloor$表示不大于 m 的最大整数；$\lceil m \rceil$表示不小于 m 的最小整数。

3. 二叉树的存储

二叉树的存储可以分为顺序存储和二叉树的链表存储。

（1）二叉树的顺序存储。考虑二叉树的存储时，很显然既要存储各节点的数值，又要能体现出它作为节点与兄弟间、父子间的关系。有一种做法是，按照分层关系，按照完全二叉树的做法，从根节点进行编号，直到编制到最深层的最右边的节点为止，以数组方式进行存储，数组的标号就是节点编号。这种做法叫作二叉树的顺序存储。

这种做法的好处是能很方便地求出各节点与其他节点间的关系。但是出现了一个新的问题：如果不是完全二叉树会怎么样？我们可以看到会有空间被浪费掉。因此，只有完全二叉树或者接近完全二叉树的树的存储采用顺序存储时，才不至于浪费较多的存储空间。

（2）二叉树的链表存储。每个二叉树的节点，拥有左子树和右子树，那么可以采取双向链式表的做法，记录节点以及左右子树节点的位置。我们用 Lchild、Rchild 指针分别指向左子树、右子树节点。得到的节点结构描述图如图 3-4-5 所示。

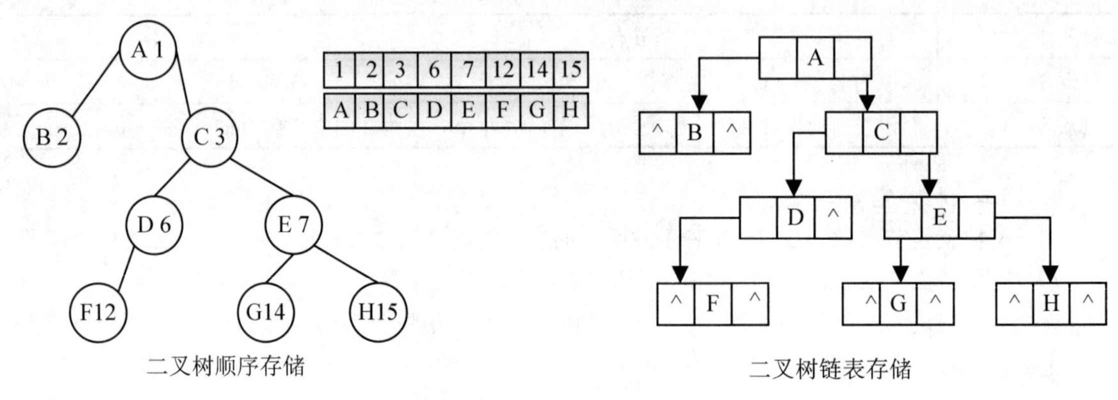

图 3-4-5　二叉树的顺序存储和链表存储

可以看到，每个节点都有两个分叉，因此这种存储数据结构称为二叉链表。不难看出，从根节点出发，都能达到任意一个节点。我们习惯上把根指针当作二叉树的名称，如根指针为 T 时，我们叫二叉树为二叉树 T。

4. 二叉树的遍历

二叉树的遍历就是按照一定的次序，对树中的所有节点进行一次且只有一次的不重复访问。二叉树的遍历是树的运算中极为重要的基础运算，相对于链表来说要复杂很多，需要不能遗漏和不能重复地访问树的节点。

假设当前节点设为根节点(D)，遍历树会出现以下 6 种访问顺序：左根右(LDR)，左右根(LRD)，根左右（DLR），根右左（DRL），右根左（RDL），右左根（RLD）。

生活中，顺序一般是先左后右，故而只考虑左在前的 3 种情形。根据访问根的顺序，分别把根左右（DLR）叫作先根序遍历，即根节点最先；左根右（LDR）叫作中根序遍历，即根节点在中间；左右根（LRD）叫作后根序遍历，即根节点最后。分别简称为先序、中序、后序遍历。

如果二叉树 T 为空则空操作；如果二叉树 T 非空，则操作如下：

（1）先根序遍历二叉树 T。先访问 T 的根节点；先序遍历 T 的左子树；先序遍历 T 的右子树。

（2）中根序遍历二叉树 T。中序遍历 T 的左子树；访问 T 的根节点；按中序遍历 T 的右子树。

（3）后根序遍历二叉树。后序遍历 T 的左子树；后序遍历 T 的右子树；访问 T 的根节点。

可见，二叉树遍历采用的是递归算法。

图 3-4-6 给出了一棵二叉树的先序、中序、后序遍历结果。

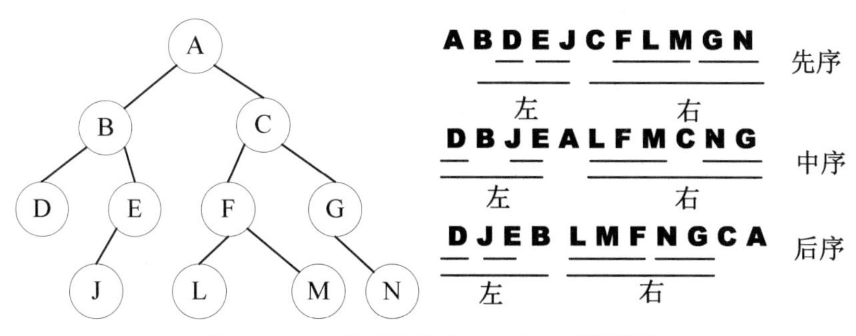

图 3-4-6 二叉树的先序、中序、后序遍历

3.4.3 最优二叉树

我们给每个节点赋予一定的权值，然后把这些节点用来构造一棵二叉树，如果该树带权路径长度达到最小，就称这样的树为最优二叉树，又叫哈夫曼树。

哈夫曼树具体知识已经在本书第 1 章的“常见编码”部分详细介绍过了。

3.4.4 二叉排序树

二叉排序树（Binary Sort Tree），又称为二叉查找树（Binary Search Tree）或者二叉搜索树。

二叉排序树是具有以下特性的二叉树：

（1）要么为空树，要么具有以下（2）、（3）点的性质。

（2）若**左子树**不空，则左子树的所有的节点值均小于根节点。

（3）若**右子树**不空，则右子树的所有的节点值均大于根节点。

可以看出，这是一个递归定义，对二叉排序树进行中序遍历，就一定能得到一个递增序列。故而，二叉排序树经常用于查找算法。

3.4.5 线索二叉树

二叉树的遍历是将树的节点排列成线性化的结构。但这种方式，无法直接找到某一节点的遍历序列中的前驱和后继节点。某一节点的前驱和后继节点，只能重新遍历一次得到。

而二叉树有很多空指针域，可以存放“线索”信息，因此带有线索的二叉树称为线索二叉树。

线索二叉树的节点增加了两个标志域 ltag 和 rtag，具体结构如图 3-4-7 所示。

lchild	ltag	data	rtag	rchild

图 3-4-7 线索二叉树的节点图示

（1）标志域 ltag。

$$\text{ltag}=\begin{cases}0\text{，表示 lchild 指针指向节点的左孩子}\\1\text{，lchild 指针指向节点的前驱}\end{cases}$$

（2）标志域 rtag。

$$rtag=\begin{cases}0，表示 rchild 指针指向节点的右孩子\\1，rchild 指针指向节点的后继\end{cases}$$

改造后的线索二叉树的节点存储结构如下：

```
//线索二叉树节点类型
typedef struct BTnode{
char data;
struct node *lchild, *rchild;
int ltag, rtag;
}BTNODE;
```

3.4.6 树和森林

1. 树和森林的存储

树或森林有多种存储方式，常见的方式有双亲表示法、孩子链表示法、孩子兄弟表示法 3 种。

（1）双亲表示法。双亲表示法是使用一组连续的空间存储树的节点。该方法构建一个表，该表不但存储节点的位置、名称，还存储父节点（双亲节点）的位置；若该节点是根节点，则父节点位置用 0 表示。

双亲表示法特别容易找到任一节点的祖先节点，但是找节点的孩子就比较麻烦，很有可能需要遍历整个表。

图 3-4-8 给出了一棵树，表 3-4-3 为该树的双亲表示。

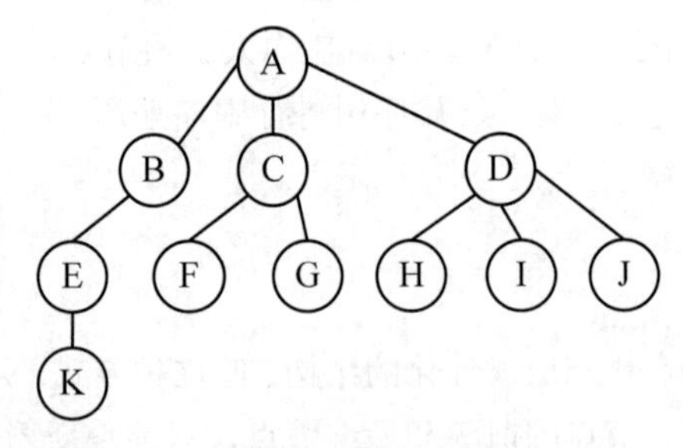

图 3-4-8 树

表 3-4-3 树的双亲表示

节点存储位置	节点名称	父节点存储位置
1	A	0
2	B	1
3	C	1
4	D	1
5	E	2

续表

节点存储位置	节点名称	父节点存储位置
6	F	3
7	G	3
8	H	4
9	I	4
10	J	4
11	K	5

（2）孩子链表示法。孩子链表示法使用链表表示。该方法给每个节点建立链表，以存储该节点所有孩子节点；然后将每个链表的头指针又放在同一个线性表中。图 3-4-9 是图 3-4-8 中树的节点 A～F 的孩子链表示。

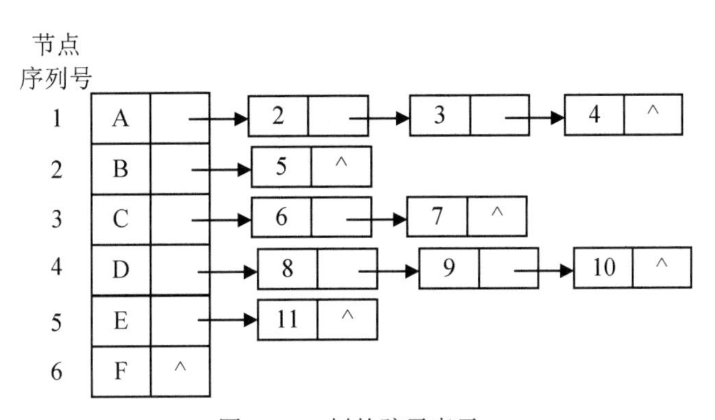

图 3-4-9　树的孩子表示

孩子链表示法的优、缺点刚好与双亲表示法相反。

（3）孩子兄弟表示法。孩子兄弟表示法是以链表形式表示的，每个节点具有左右两个指针域，左指针指向该节点的第一个孩子，右指针指向该节点下一个兄弟节点。孩子兄弟表示法的由来就是如此。该表示法为树、森林、二叉树的转换提供了基础。

2. 树与二叉排序树的相互转换

二叉树与树可以进行相互转换。

（1）树转二叉树。转换步骤见表 3-4-4。具体树转二叉树的例子如图 3-4-10 所示。

表 3-4-4　树转二叉树步骤

步骤名	解释
加线	树中的兄弟节点之间加上一条线。
去线	对于每个节点，只保留它与左相邻兄弟节点的连线，去掉与其他连线

续表

步骤名	解释
转向	以根节点为轴心，调整整个树。每个节点调整规则： （1）节点的第一个孩子变成该节点的左孩子； （2）该节点的其他孩子，则成为节点左孩子的右孩子们

攻克要塞软考团队友情提醒： 转换规则理解口诀“兄弟相连，长兄为父，孩子靠左”。

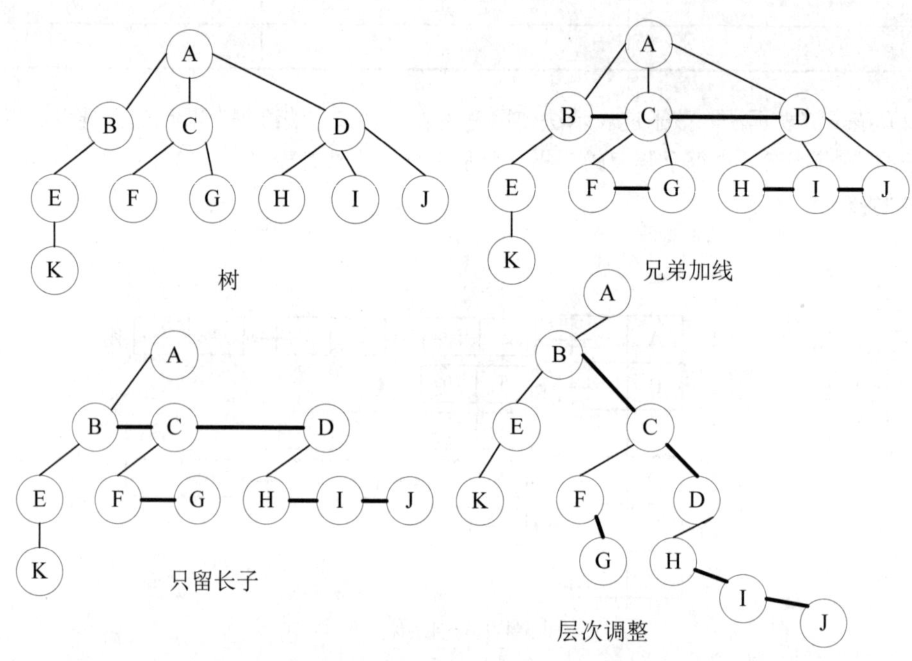

图 3-4-10　树转二叉树示例

（2）二叉树转树。转换步骤见表 3-4-5。具体二叉树转树的例子如图 3-4-11 所示。

表 3-4-5　二叉树转树的步骤

步骤名	解释
加线	若某节点存在左孩子，则将以下节点变为该节点的多个右孩子： （1）该节点左孩子的右孩子节点。 （2）该节点左孩子的右孩子的右孩子。 …… （n）该节点左孩子的右孩子的右孩子……的右孩子
去线	删除原二叉树中所有节点与其右孩子节点的连线
调整布局	调整布局

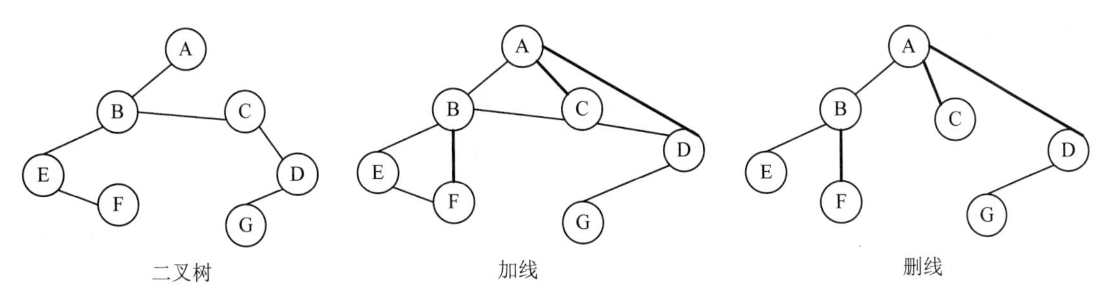

图 3-4-11 二叉树转树示例

3.5 图

图是由顶点集合和顶点间的关系集合共同组成的一种数据结构。图反映的是数据元素间多对多的关系，故而图的概念是广义的，树、线性表都是图的特例。图的数学表达为：Graph=(V,E)。

（1）V={x|x∈某个数据对象}是顶点（Vertex）的可数非空集合；在图中的数据元素通常称为顶点 V。

（2）E={(x,y)|x,y∈V}是顶点之间关系的可数集合，又称为边（Edge）集合。

攻克要塞软考团队友情提醒：∈为数学符号，表示属于的意思。例：x∈y 表示 x 属于 y 的意思。

3.5.1 图的概念

图 3-5-1 中各分图都是图的表示。

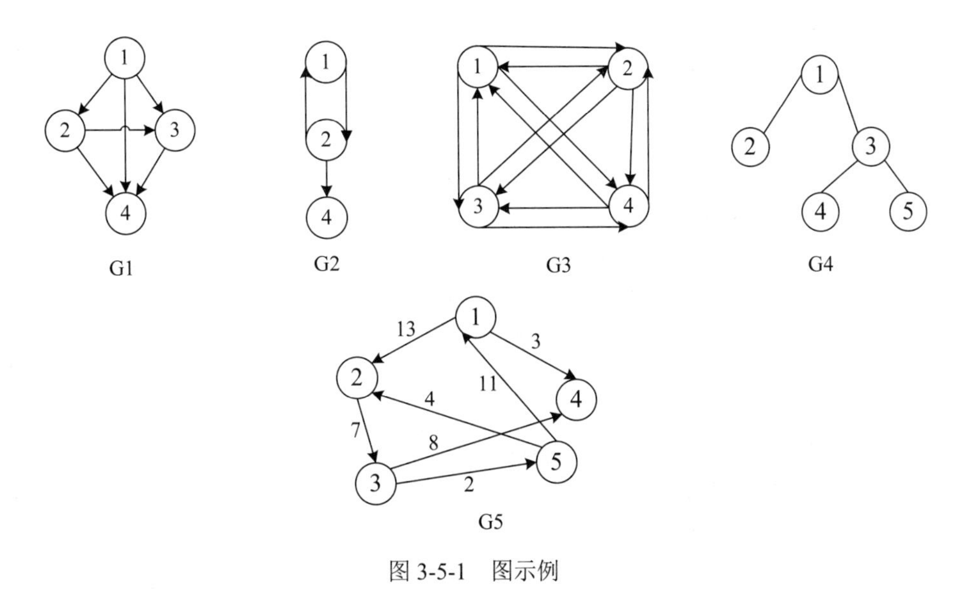

图 3-5-1 图示例

表 3-5-1 给出了图的重要定义。

表 3-5-1　图的定义

概念	解释
无向边和有向边	在城市的道路交通中，有单行道和双行道。单行道只能沿着 A 点到 B 点，在图中就是有向边，这时候路径 A→B 和 B→A 是不同的。而双行道就是无向边，A→B 和 B→A 意义是相同的，只表示 AB 间有连接
无向图	图中任意两顶点间均为无向边。图 3-5-1 中 G4 可以看成无向图。无向完全图：有 n 个顶点的无向图最多有 n(n-1)/2 条边
有向图	图中任意两顶点间均为有向边。图 3-5-1 中 G1、G2、G3、G5 可以看成有向图。有向完全图：有 n 个顶点的有向图最多有 n(n-1)条边
邻接	两点间通过一条边相连接，称此二者的关系为邻接。比如地铁运营图上相邻的两个站点（无中间站点）的关系
关联	一个顶点所有边和该顶点的关系。比如北京大兴机场与北京大兴机场到全球航线间的关系
度（Degree）	进出某个顶点的边的数目，记为 TD(v)。其中进入该顶点的边数称为入度，记为 ID(v)。从该顶点出去的边数，记为 OD(v)。比如某个枢纽汽车站，到站的路线数就是该汽车站的入度，出站的线路数就是该汽车站的出度
权（Weight）	与图的边相关的数字叫作权，通常用来表示图中顶点间的距离或者耗费。我们称带权的图为网，比如路网、航空网、电网、……。 图 3-5-1 中的 G5 给出了带权的有向图
路径	从顶点 A 到顶点 B，依次遍历顶点序列之间的边所形成的轨迹。两点间的路径可以有好多条。没有重复顶点的路径称为简单路径。路径的长度是路径上的边或弧的数目
环	环是指路径包含相同的顶点两次或两次以上
连通图	无向图 G 的每个顶点都能通过某条路径到达其他顶点，那么我们称 G 为连通图。如果该条件在有向图中同样成立，则称该图是强连通
关节点	某些顶点对图的连通性有重要意义。如果移除该顶点将使得图或某分支失去连通性，我们称该顶点为关节点。在现实中，关节点就是交通枢纽
连通图的生成树	一个连通图的生成树就是能使得该图连通性保持不变，没有环路的子图。如果该连通图有 N 个顶点，那么该子图有且只有 N-1 条边
哈密尔顿	哈密尔顿回路：通过连通图中所有节点一次且仅一次的回路。 哈密尔顿图：具有哈密尔顿回路的图称为哈密尔顿图。 一个图是哈密尔顿图的必要条件（不是充分条件）是图的连通性和图中不存在度数为 1 的顶点
欧拉图	欧拉回路：通过连通图（有向图或无向图）中每条边一次且仅一次遍历图中所有顶点的回路。 欧拉图：存在欧拉回路的图。 如果无向连通图 G 是欧拉图，当且仅当 G 的所有节点度数为偶数

3.5.2 图的存储

图有两种主要的存储结构，分别是邻接矩阵表示法和邻接表表示法。

图 3-5-2 给出一个有向图和一个无向图，后文中将分别使用两类表示法进行表示。

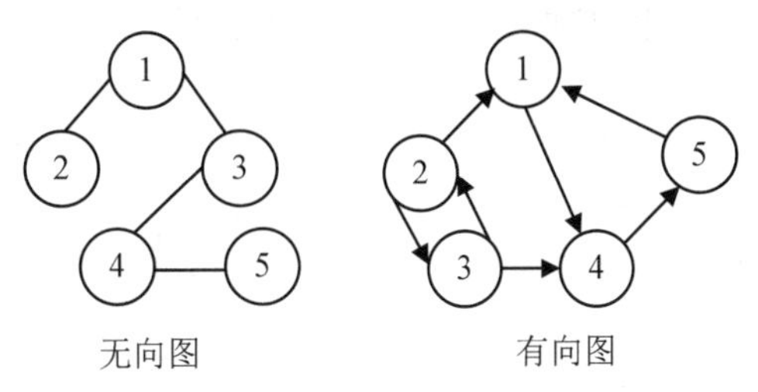

图 3-5-2 图例

（1）邻接矩阵表示法。n 个顶点的图可以用 n×n 的邻接矩阵来表示。如果节点 i 到 j 存在边，则矩阵元素 A[i,j]的值置 1；否则置 0。图 3-5-2 中的无向图和有向图对应的邻接矩阵如图 3-5-3 所示。

$$\begin{bmatrix} 0 & 1 & 1 & 0 & 0 \\ 1 & 0 & 0 & 0 & 0 \\ 1 & 0 & 0 & 1 & 0 \\ 0 & 0 & 1 & 0 & 1 \\ 0 & 0 & 0 & 1 & 0 \end{bmatrix}$$

图 3-5-2 无向图的邻接矩阵表示

$$\begin{bmatrix} 0 & 0 & 0 & 1 & 0 \\ 1 & 0 & 1 & 0 & 0 \\ 0 & 1 & 0 & 1 & 0 \\ 0 & 0 & 0 & 0 & 1 \\ 1 & 0 & 0 & 0 & 0 \end{bmatrix}$$

图 3-5-2 有向图的邻接矩阵表示

图 3-5-3 图 3-5-2 中两个图对应的邻接矩阵

如果表示带权网络，则不能采用 0-1 这种方阵表示法。这里可以将具体的权值作为方阵的值。没有邻接关系的顶点间的权值，可以用无穷大表示。以图 3-5-1 的 G5 为例，其邻接矩阵如图 3-5-4 所示。

$$\begin{bmatrix} 0 & 13 & \infty & 3 & \infty \\ \infty & 0 & 7 & \infty & \infty \\ \infty & \infty & 0 & 8 & 2 \\ \infty & \infty & \infty & 0 & \infty \\ 11 & 4 & \infty & \infty & 0 \end{bmatrix} \text{（有向）}$$

图 3-5-4 带权图的邻接矩阵表示

由图 3-5-4 可以看出，图的邻接矩阵存储属于一种线性存储。

（2）邻接表表示法。邻接表是链式存储结构，如树的孩子链存储一样，邻接表的每一个顶点都生成一个链表，也就是说 n 个顶点要生成 n 个链表。

顶点 i 的邻接信息放到链表 i 中，链表 i 的节点数表示顶点 i 连接的边数。链表的每个顶点应该包括顶点号、边的信息（如权值）以及指向下一个顶点的指针。顶点的数据结构为（顶点号，顶点信息、指向下一个顶点的指针）。

如果把这些链表的表头指针（即某顶点编号）放在一起，组成数组，就形成了邻接表。

图 3-5-2 中的无向图和有向图对应的邻接表如图 3-5-5 所示。

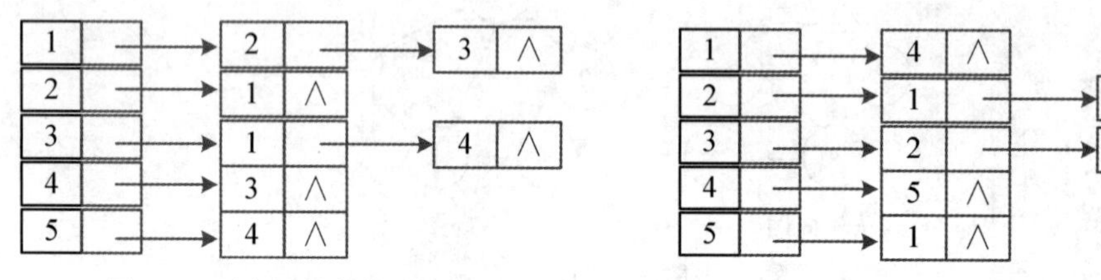

图 3-5-5 图 3-5-2 中无向图和有向图的邻接表表示

3.5.3 图的遍历

图的遍历是指从图中的任意一个顶点出发，对图中的所有顶点访问一次且只访问一次。图的遍历分为深度优先搜索和广度优先搜索两种方式，对无向图和有向图都适用。

1. 深度优先搜索

深度优先搜索（Depth First Search）遍历类似树的先根序遍历，而广度优先搜索（Breadth First Search）遍历类似于树的按层次遍历。

深度优先搜索的算法可以描述为：

（1）访问 V 顶点，设置 V 顶点的访问标志为访问过。

（2）依次搜索 V 顶点的所有邻接顶点。

（3）如果邻接顶点没有被访问过，继续从邻接顶点深度优先搜索；如果被访问过，跳到下一个（V 顶点）的邻接顶点。

深度优先搜索的实例如图 3-5-6 所示。

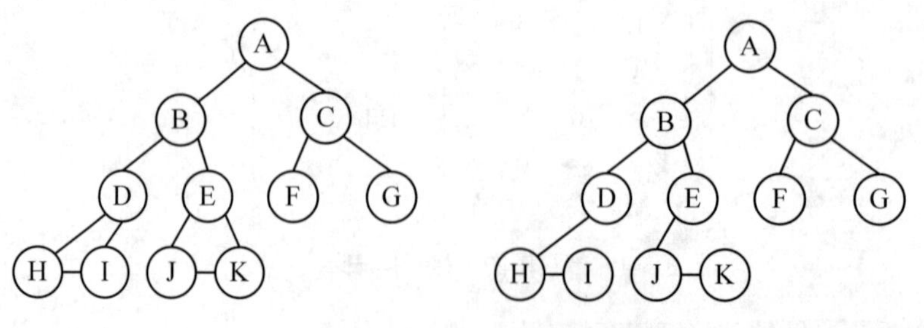

图 3-5-6 深度优先搜索的实例

2. 广度优先搜索

广度优先搜索算法则先访问图中顶点 V；然后依次访问 V 的所有未曾访问过的邻接点；分别从这些邻接点出发依次访问它们的邻接点；“先被访问的顶点的邻接点”应优先于“后被访问的顶点的邻接点”被访问，直至所有已被访问的顶点的邻接点都被访问到。

若此时图中还有顶点未被访问到，则另选图中一个未曾被访问的顶点作起始顶点，不断重复上述过程，直至图中所有顶点都被访问到为止。

广度优先搜索遍历体现为“深度越小越优先访问”。广度优先搜索的实例如图 3-5-7 所示。

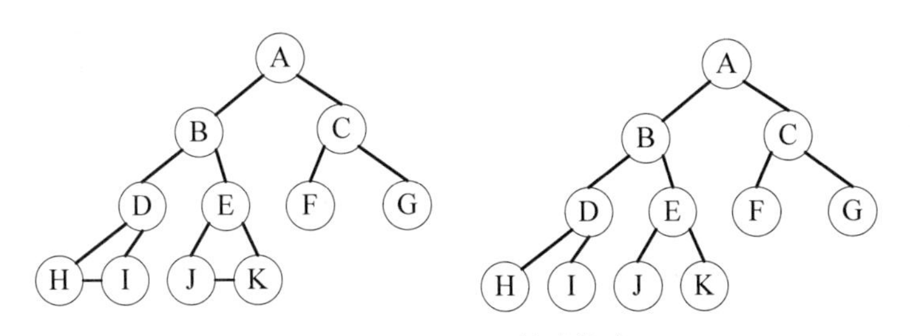

图 3-5-7　广度优先搜索的实例

如果以图中 G6 的 B 点为起点，其搜索次序则变为：B、D、E、A、H、I、J、K、C、F、G。可以看出，搜索次序和起点的选择是有关的，起点不同，搜索次序是不一样的。

两个搜索算法的时间复杂度在使用邻接矩阵的场合下均为 **$O(n^2)$**，在使用邻接表的场合下为 **$O(n+e)$**，e 为查找所有顶点所有连接点的次数；n 为对每个顶点的访问操作次数。

3.5.4　最小生成树

如果连通图的子图是一棵包含该图所有顶点的树，则该子图称为连通图的**生成树**。生成树往往不唯一。

普里姆（Prim）算法和克鲁斯卡尔（Kruskal）算法是求连通带权无向图的最小生成树的常用算法。两种算法都采用贪心策略。

1. 普里姆算法

设一个带权连通无向图为 G=(V,E)，其中顶点集合 V 有 n 个顶点。

（1）设置一个顶点集合 U 和边集合 T，U 的初始状态为空。

（2）选定一条最小权值的边，并将顶点加入到顶点集合 U 中。

（3）重复下面的步骤，直到集合 U=V 为止：

1）选择一条最小权值的边(i,j)，且满足 $i \in U$，$j \in V-U$。

2）把顶点 j 加到顶点集合 U 中，把边(i,j)加到边集合 T 中。

此时，T 为图 G 的最小生成树。

图 3-5-8 给出了普里姆算法求生成树的过程。

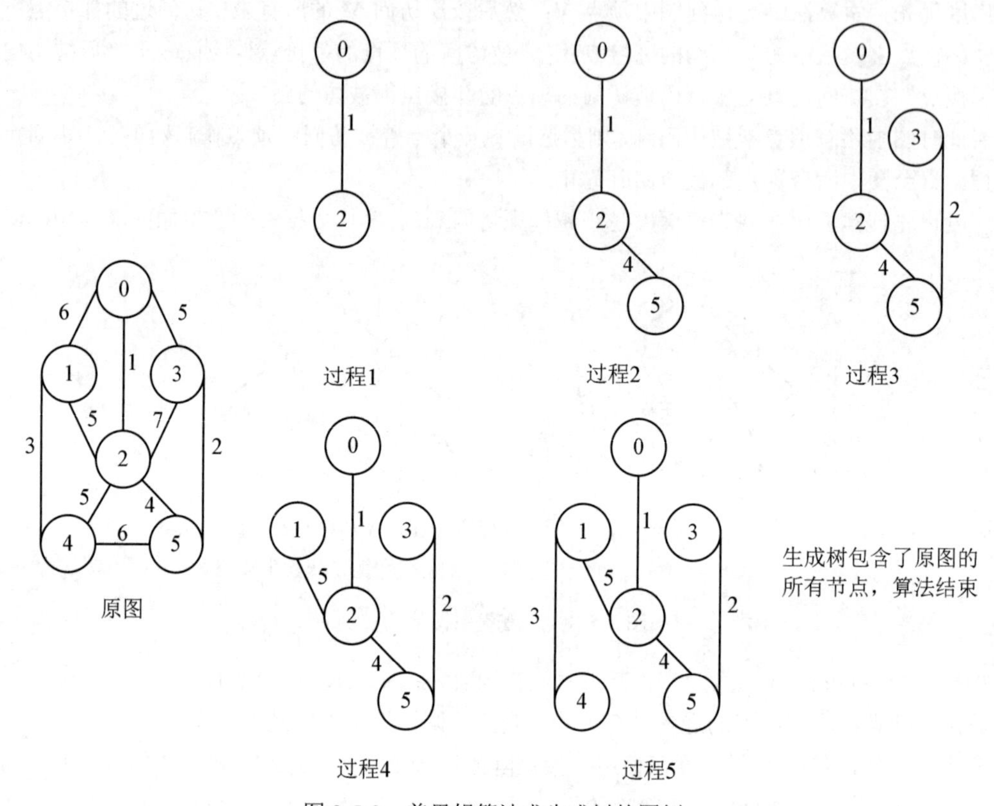

图 3-5-8　普里姆算法求生成树的图例

普里姆算法的时间复杂度为 **O(n^2)，只和顶点相关**，适合于稠密图。

2. 克鲁斯卡尔算法

设初始状态只有 n 个顶点且无边的森林 T，选择最小代价的边加入 T，直到所有顶点在同一连通分量上，这就生成了最小生成树。这里加入边应避免环的出现。

图 3-5-9 给出了克鲁斯卡尔算法求生成树的过程。

克鲁斯卡尔算法的时间复杂度为 **O($e\log_2 e$)，只和边相关**，较适合于稀疏图。

3.5.5　AOV 和 AOE

大型工程的若干项目实施具有先后关系，某些项目完成，其他项目才能开始。项目实施的先后关系可以用有向图来表示。

工程的项目称为活动。如果有向图顶点表示活动，有向边表示活动之间的先后关系，这种图就称为以顶点表示活动的网（Activity on Vertex Network，AOV 网）。AOV 图例如图 3-5-10 所示。

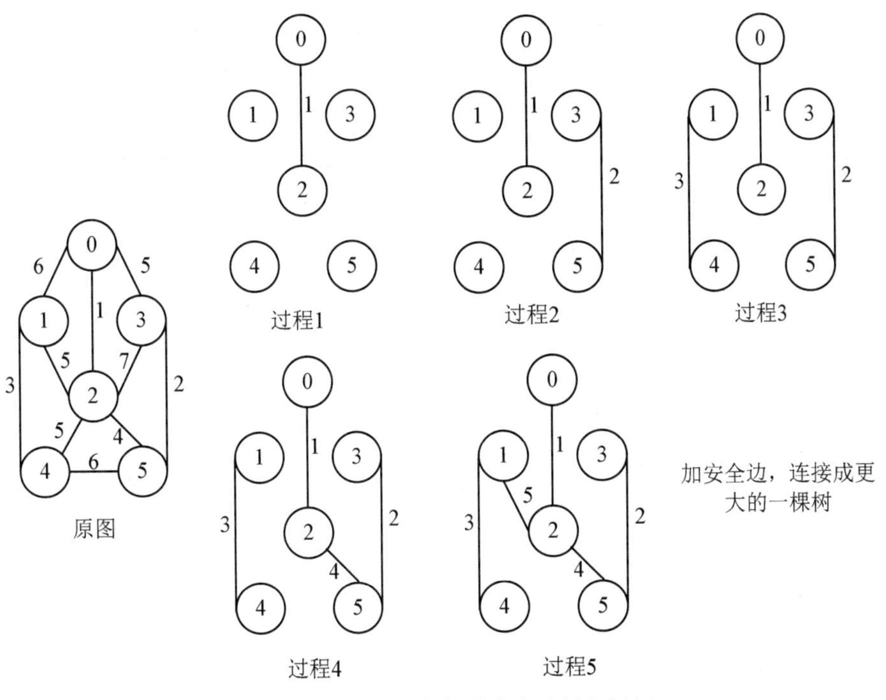

图 3-5-9　克鲁斯卡尔算法求生成树的图例

如果有向图有向边表示活动，边的权值表示活动持续时间，这种图就称为以边表示活动的网（Activity on Edge Network，AOE 网）。AOE 图例如图 3-5-11 所示。

图 3-5-10　AOV 图例

图 3-5-11　AOE 图例

3.6 哈希表

在进行数据元素的查找时，我们希望能够按图索骥，根据特征值来直接找到对应的数据元素。这样的结构，称为**哈希表**（Hash Table），亦称为**散列表**。

在数据结构中，哈希表的定义为根据数据元素的关键码值（Key Value）直接进行数据元素访问的数据结构。通过把关键码值映射到表中一个位置来访问记录，以加快查找的速度。这个映射函数叫作散列函数，存放记录的数组叫作散列表。

给定表 M，存在函数 H(key)，对任意给定的关键字值 key，代入函数后若能得到包含该关键字的记录在表中的地址，则称表 M 为哈希（Hash）表，函数 H(key)为哈希（Hash）函数。

但在实际生活应用中未必有这么理想，比如一个公司生肖为“龙”的员工就可能有多个，员工 A 和员工 B 间，存在属相（A）=属相（B）=“龙”的情形。很显然，关键字和存储地址不是一一对应的。比如汉字的拼音，不同汉字出现同一音节的情况非常多。即 K1≠K2，而 H(K1)=H(K2)，这样的情况称为冲突。因为冲突不可避免，采取的措施可以是：①采取合适的哈希函数减少冲突；②妥善处理冲突。

3.6.1 哈希函数的构造方法

常见的哈希函数构造方法见表 3-6-1。

表 3-6-1 常见的哈希函数构造方法

函数名	解释	示例
直接定址法	将关键字或者关键字的某个线性函数值作为散列地址	H(K)=2×K+9，数据元素 3 的存储地址显然就是 15
模数留余法	关键字 K 除以不大于表长 L 的数字 M 所得的余数，作为存储地址，即 K mod M（M<L）	46 小时在时钟上的位置应该是 46 mod 12=10，即 46 小时在时钟上的位置是在 10 处
平方取中法	取关键字的平方后的中间几位作为散列地址	关键字 2366 的平方是 5597956，取结果的中间 5 位，构造对应的数据元素存储地址是 59795
折叠法	当关键字位数较多时，将关键字分成段，然后进行叠加	18 位身份证号：572320192108081211，拆成 3 段，每段六位，3 段相加得到对应数据元素的存储地址：572320+192108+81211=845639
数值分析法	分析关键字规律，构造出相应的函数	散列对象为同一个县里的人，身份证的前六位就可以舍去，然后在按折叠法构造数据元素（人）的存储地址

3.6.2 冲突的处理

当关键码比较多时，很可能出现散列函数值相同的情况，这就发生了冲突。冲突是不可避免的，当发生冲突时，可以采取下面的一些做法来处理冲突。

1. 开放定址

开放定址又分为线性探测法和二次探测法两种。

（1）线性探测法：H(K)算出的地址已经被数据元素占用了，那么依次用 Hi(K)=(H(K)+delta) mod m 来给当前元素定址，delta 依次序取值 1、2、…、m-1 进行计算，若算出的地址为空，则停止向下探索；否则，直到满足的地址均被占用时为止。

该方法一次探测下一个地址，知道有空的地址后插入数据元素，若整个空间都找不到空余的地址，则产生溢出。线性探测容易产生“聚集”现象，会极大降低查找效率。

【例 1】设记录关键码为（3，9，15），取 m=10，p=6，散列函数 h=key%p，则采用线性探测法处理冲突的结果如图 3-6-1 所示。

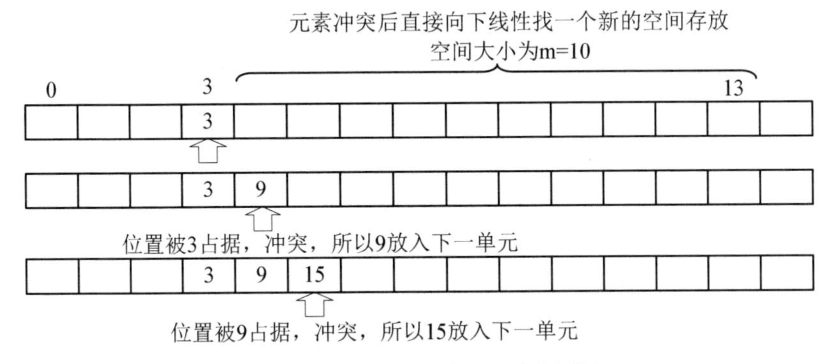

图 3-6-1　线性探测法处理冲突图例

（2）二次探测法：地址增量 delta 序列为 1，-1，2^2，-2^2，…，K^2，$-K^2$（K≤m/2）。二次探测可有效避免“聚集”现象。

2. 再散列法

再散列法是当出现冲突时，利用其他散列函数来计算当前冲突关键码；若还是冲突，则依次使用新的不同散列函数 $H_1(K)$，$H_2(K)$，$H_3(K)$，…，$H_n(K)$，直到找到空位置安放当前数据元素为止。

3. 链表法

链表法（拉链法）：把所有冲突的数据元素存在一个链表里，通过链表进行查找冲突数据元素；例如散列表地址为 0～5，散列函数为 H(K)=k mod 5，用链表法处理冲突的图示如图 3-6-2 所示。

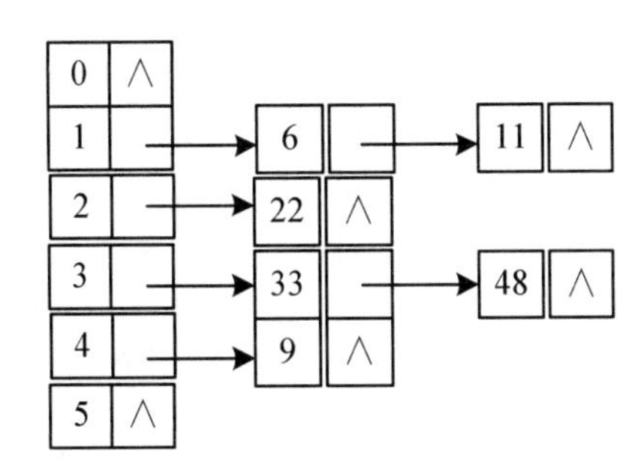

图 3-6-2　链表法处理冲突图示

3.6.3 哈希表的查找

哈希表的查找与构造过程都是差不多的，给定关键字其值为 K，通过哈希函数计算得到哈希地址。如果该地址为空，则查找失败；如果不为空，则进行关键字比较，比较的结果一致，则查找成功；如果关键字不一致，按照构造表的几种方法寻找下一个地址，直到找到关键字为 K 的数据元素，或者整个空间查找完毕，查找不到结果。

3.7 查找

查找是指在具有有限节点的表中，找出关键字为指定值 k 的节点的运算。查找可以分为顺序查找、二分查找、哈希表查找。

3.7.1 顺序查找

顺序查找是按照给定数据元素序列的原有顺序对序列进行遍历比较，直到找出给定目标或者查找失败（没有找到符合给定目标的数据元素）。

顺序查找的特点：

（1）查找的序列，可以是有序序列，也可以是无序序列。

（2）每次查找均从序列的第一个元素开始查找。

（3）需要逐一遍历整个待查数据元素序列，除非已经在某个位置找到符合目标的数据元素。

（4）若查找到最后一个元素还是不符合目标，则查找失败。

顺序查找的缺点：

（1）查找效率低，最差的情况下需要遍历整个待查序列。

（2）平均查找长度为$(n+1)/2$，时间复杂度为$O(n)$。

3.7.2 二分查找

二分查找也称折半查找（Binary Search），是有序数据元素序列查找的高效方法。前提是要求线性表必须采用顺序存储结构（不是链式存储结构），并且数据元素必须是有序排列的。

二分查找的特点：

（1）从表中间开始查找目标数据元素，如果找到，则查找成功。

（2）如果中间元素比目标元素小，则用二分查找法查找序列的后半部分。

（3）如果中间元素比目标元素大，则用二分查找法查找序列的前半部分。

二分查找的优点：比较次数少，查找速度快，平均性能好。

二分查找的缺点：要求待查序列为有序序列，且必须是顺序存储。

最大查找长度：$[\log_2(n+1)]$，时间复杂度：$O(\log(n))$。

【例 1】在（2、3、6、11、13、17、25）中用二分查找法查找元素 2。

[1]	2	3	6	11	13	17	25
第1次				▲			
[2]	2	3	6	11	13	17	25
第2次		▲					
[3]	2	3	6	11	13	17	25
第3次	▲						

3.8 排序

排序就是使一组任意排列的记录变成一组递增或递减有序的记录。排序可以分为内部排序和外部排序，外部排序是外存的文件排序；内部排序是内存的记录排序。

3.8.1 插入排序

插入排序就是在数据元素系列中寻找适合的位置，插入数据元素，使得整个系列满足规定的顺序。

常见的插入排序算法有：直接插入排序、折半插入排序、2 路插入排序、希尔排序等。插入排序这部分主要讲直接插入排序、希尔排序。

1. 直接插入排序

直接插入排序的工作方式如同我们打牌一样。开始时，拿牌的手为空；每拿一张牌，就可以从右到左将它与手中的每张牌进行比较，然后插入适合的位置。最后，拿在手上的牌总是按照既定顺序排好了的。

直接插入排序的步骤是：

（1）每一步均按照关键字大小将待排序元素插入已排序序列的适合位置上。

（2）将序列长度加一。

直接插入排序在空间上，需要安排一个比较数据元素（哨兵，目的是用来确定插入方向）的存储空间来做辅助空间，即直接插入排序空间复杂度为 O(1)。

对每一趟插入排序，需要完成比较和移动两个操作。具体的直接插入排序过程如图 3-8-1 所示。最好情况下，即系列有序，只需比较而无需移动元素；最坏情况下，系列为逆序。

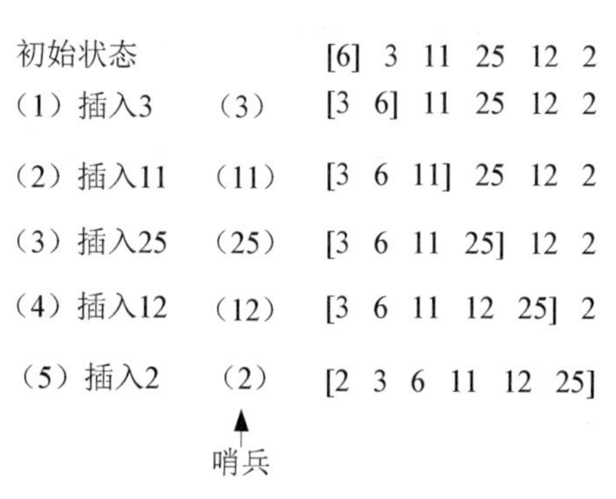

图 3-8-1 直接插入排序图例

2. 希尔排序

希尔排序是直接插入排序的一种改进，其本质是一种分组插入排序。希尔排序采取了分组排序的方式，化整为零。做法是把待排序的数据元素序列按一定间隔（增量）进行分组，然后对每个分组进行直接插入排序。随着间隔的减小，一直到 1，从而使整个序列变得有序。选用间隔（增量）的大小参考公式如下：

$$h_{start}=\left[\frac{N}{2}\right],\ h_k=\left[\frac{h_{k+1}}{2}\right]$$

式中，N 为待排序序列长度；h_{start} 为初始间隔长度；h_k 为第 k 次希尔排序间隔长度。

具体的希尔排序过程如图 3-8-2 所示。当增量值为 1 时，序列中的元素已经基本有序，再进行直接插入排序就很快了。

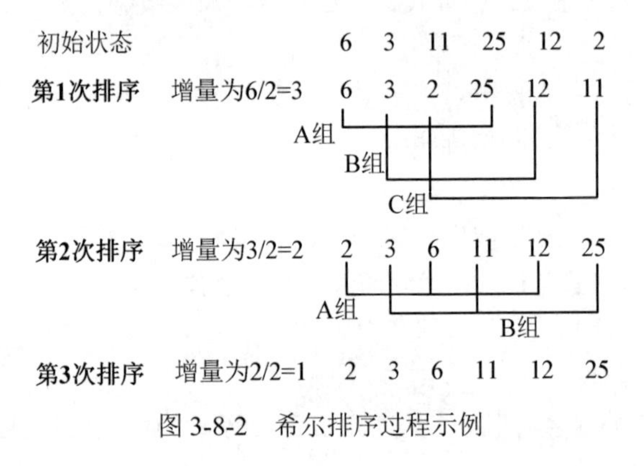

图 3-8-2 希尔排序过程示例

希尔排序适用于大多数数据元素有序的序列，由于排序期间，同一元素的顺序会经常移来移去。故希尔排序不是稳定的排序方法。

3.8.2 交换排序

交换排序的基本思想是：**两两比较待排序数据元素**，如果发现两个元素的次序相反则立刻进行交换，直到整个序列的元素没有反序现象。本节主要讲解冒泡排序和快速排序。

1. 冒泡排序

冒泡排序就是通过比较和交换相邻两个数据元素，将值较小的元素逐渐上浮到顶部（或者值大的元素下沉到底部）。这个过程较小值的元素就像水底下的气泡一样逐渐向上冒，而较大值的元素就像石头逐渐沉到底，故而称为冒泡算法。

一般而言，N 个数据元素要完成排序，需进行 N-1 趟排序，第 M 趟内的排序次数为(N-M)次。实际算法实现时，一般采取双重循环语句，外层控制排序趟数，内层控制每一趟的循环次数。冒泡排序每进行一趟排序，就会减少一次比较，这是因为每一趟冒泡排序至少会找出一个较大值。具体冒泡的过程如图 3-8-3 所示。

冒泡排序理想的情况，若序列是有序的，则一趟冒泡排序即可完成排序任务，最差的情况，需要进行 N-1 趟排序。每趟排序要进行 N-M 次比较（1≤M≤N-1），且每次比较都必须移动数据元素 3 次（赋值 3 次）来达到交换元素位置的目的。故冒泡排序其平均时间复杂度为 $O(n^2)$。

初始状态 6 3 11 25 12 2

第1次冒泡

6 3 11 25 12 2

3 6 11 25 12 2

3 6 11 25 12 2

3 6 11 25 12 2

3 6 11 12 25 2

比较5次，25沉底

3 6 11 12 2 25

第2次冒泡

3 6 11 12 2 25

3 6 11 12 2 25

3 6 11 12 2 25

3 6 11 12 2 25

比较4次，12沉底

3 6 11 2 12 25

第3次冒泡

3 6 11 2 12 25

3 6 11 2 12 25

3 6 11 2 12 25

比较3次，11沉底

3 6 2 11 12 25

第4次冒泡 3 2 6 11 12 25

比较2次，6沉底

第5次冒泡 2 3 6 11 12 25

比较1次，3沉底

图 3-8-3 冒泡排序过程示例

2. 快速排序

快速排序是对冒泡排序的一种改进。快速排序采取的是**分治法**，就是将原问题分解成若干个规模更小但结构与原问题相似的子问题。

快速排序可以分为两步：

第 1 步，在待排序的数据元素序列中任取一个数据元素，以该元素为基准，将元素序列分成两组，第 1 组都小于该数，第 2 组都大于该数。具体一次分组的过程如图 3-8-4 所示。

图 3-8-4 快速排序的一次分组图示

第 2 步，采用相同的方法对第 1、2 两组分别进行排序，直到元素序列有序为止。

比如，对一个年级的学生进行身高排序，可以先把他们分为 2 个班级，其中甲班的个子比乙班的个子矮。接下来把甲乙班再分为甲 A、甲 B、乙 A、乙 B 4 个小组，甲 A 的身高均小于甲 B，乙 A 的身高均矮于乙 B，……，如此往复分组，最后得到按身高排序的学生序列。

3.8.3 选择排序

常见的选择排序可以分为直接选择排序、堆排序。

1. 直接选择排序

选择排序最形象的语句就是“矬子里面拔将军”。例如，给某班级排身高，则先将最高个子（最矮个子）挑出来，作为已排序序列队头。然后在剩下的队列中继续挑最高（最矮）个子，然后放到已排序序列末尾。如此往复，直到全部人员均进入已排序序列为止。

直接选择排序的过程如下：

（1）从待排序数据元素中找出最小（或最大）的一个元素出列，放在已排序序列的起始位置。

（2）再从剩余未排序元素中继续找到最小（大）元素，然后放到已排序序列的末尾。

（3）以此类推，直到全部待排序的数据元素排完。

直接选择排序图示如图 3-8-5 所示。

初始状态	6	3	11	25	12	2 ▲
（1）最小值为2，与第1个交换	2]	3 ▲	11	25	12	6
（2）最小值为3，与第2个交换	2	3]	11	25	12	6 ▲
（3）最小值为6，与第3个交换	2	3	6]	25	12	11 ▲
（4）最小值为11，与第4个交换	2	3	6	11]	12	25
（5）最小值为12，无需交换，排序完成						

图 3-8-5 直接选择排序图示

2. 堆排序

n 个元素的序列$\{k_1,k_2,\cdots,k_n\}$如果称为堆，则须满足以下条件：

$$\begin{matrix} k_i \leqslant k_{2i} \\ k_i \leqslant k_{2i+1} \end{matrix} \text{ 或者 } \begin{matrix} k_i \geqslant k_{2i} \\ k_i \geqslant k_{2i+1} \end{matrix} \quad (1 \leqslant i \leqslant \lfloor n/2 \rfloor) \tag{3-8-1}$$

（1）**小根堆**：根节点（堆顶）的值为堆里所有节点的最小值。

（2）**大根堆**：根节点（堆顶）的值为堆里所有节点的最大值。

堆实质上是一种特殊的完全二叉树，该树的所有非终端节点的值均不大于（不小于）其左右孩子节点的值。

【例 1】以序列{42，13，24，91，23，16，05，88}为例，阐述堆的构造过程，并进行堆排序。

第 1 步：按层次遍历，构建一棵完全二叉树。

具体初始构造二叉树的结果如图 3-8-6 所示。构造二叉树的过程，结合堆的定义［**式（3-8-1）**］，可以判断某一序列是否为堆，这个知识点在考试中常被考到。

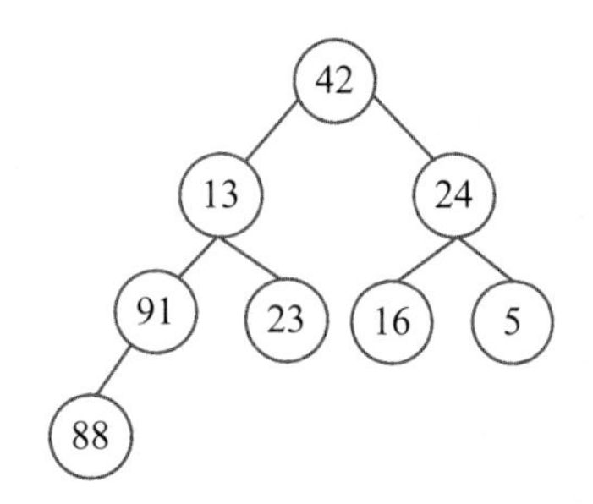

图 3-8-6　依据已知序列构造一个完全二叉树

第 2 步：从最后一个非叶子节点开始，从下至上进行调整。

具体堆构造的过程如图 3-8-7 所示。可见大顶堆的根节点是 91。

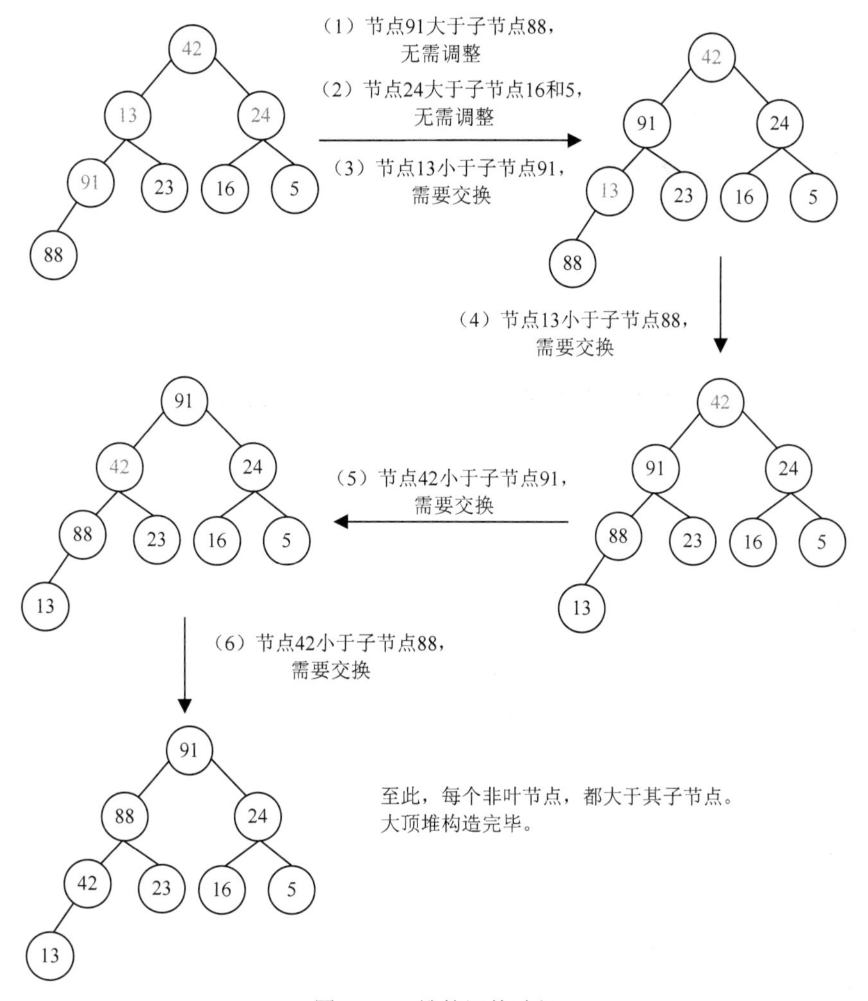

图 3-8-7　堆的调整过程

第 3 步：堆排序。堆排序的基本过程如下。

（1）交换堆顶节点和末尾节点，得到最大元素。

（2）调整剩下的节点，称为大顶堆。

（3）反复进行（1）、（2）步，直到整个序列有序。

堆排序的过程具体如图 3-8-8 所示。

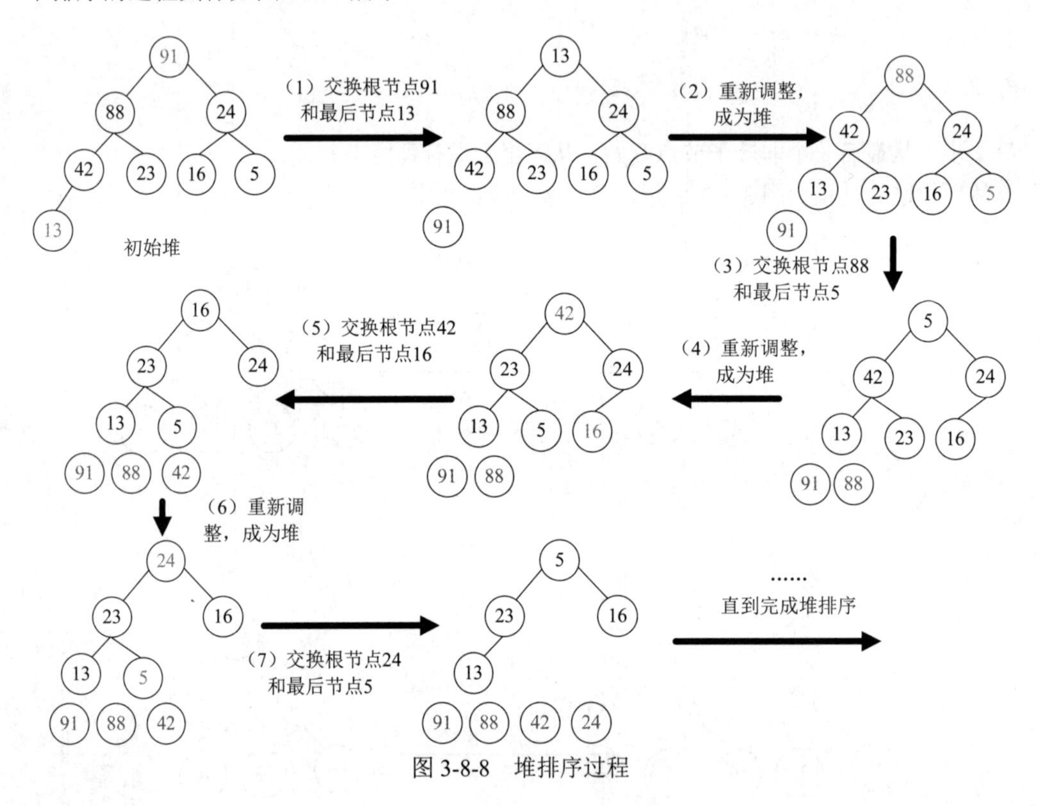

图 3-8-8　堆排序过程

3.8.4　归并排序

归并是将两个或两个以上的**有序序列合并**为一个有序序列。**二路合并**排序是将两个**有序序列合并**为一个有序序列。归并排序基于归并操作，是一种采用分治法（Divide and Conquer）的排序算法。

二路合并排序的合并过程如图 3-8-9 所示。

初始队列	56　67　59　51　73　25　99　31
第1次 两两分组排序	[56 67] [51 59] [25 73] [31 99]
第2次 四四分组排序	[51　56　59　67] [25　31　73　99]
第3次 全排序	[25　31　51　56　59　67　73　99]

图 3-8-9　二路合并排序

3.8.5 基数排序

基数排序好比玩扑克牌，扑克牌有“花色”（黑、红、梅、方）、“面值”（A、2、3、…、J、Q、K）两套关键字体系。整理扑克牌的时候，先按花色分类，再对同一花色的牌按值排序。图 3-8-10 给出了基数排序的实例。

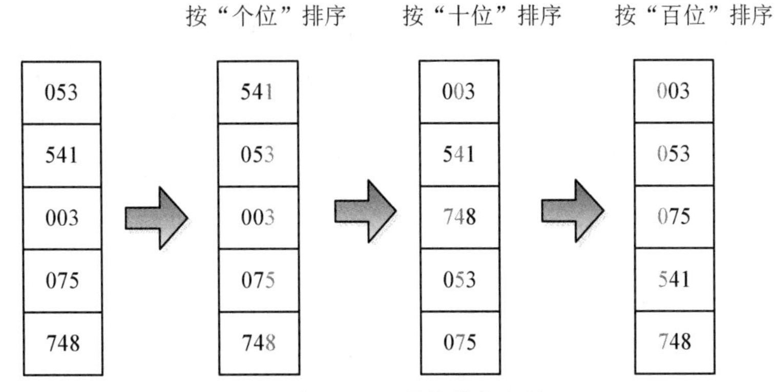

图 3-8-10 基数排序实例

由图 3-8-10 可以发现，无序的数字序列，经过“个位”“十位”“百位”排序后，就变成了有序序列了。

3.8.6 各种排序算法复杂性比较

在待排序的序列中，存在多个具有相同的值的记录，若经过排序，这些记录的相对次序保持不变，则这种排序是**稳定**的；否则是**不稳定**的。

常考的各种排序算法的性能见表 3-8-1。

表 3-8-1 各种排序算法的性能比较

类别	算法	时间复杂度		空间复杂度	稳定性
		平均	最坏		
插入排序	直接插入	$O(n^2)$	$O(n^2)$	O(1)	稳定
	希尔排序	$O(n^{1.3})$	$O(n^2)$	O(1)	不稳定
交换排序	冒泡排序	$O(n^2)$	$O(n^2)$	O(1)	稳定
	快速排序	$O(n\log_2 n)$	$O(n^2)$	$O(n\log_2 n)$	不稳定
选择排序	直接选择	$O(n^2)$	$O(n^2)$	O(1)	不稳定
	堆排序	$O(n\log_2 n)$	$O(n\log_2 n)$	O(1)	不稳定
归并排序		$O(n\log_2 n)$	$O(n\log_2 n)$	O(n)	不稳定

3.9 算法描述和分析

数据结构是数据元素的存储结构，而算法则是对数据进行操作的方法。例如，我们在看电影时，座位是按照空间顺序进行排列（“存储”）的，而我们拿着电影票，找几排几号的位置（电影座位数组），这个查找位置的方法就是一种算法。

数据结构和算法的关系互为依赖，数据结构为算法服务，算法作用在特定的数据结构上。

算法和数据结构一样，其实现分为逻辑实现和物理实现，逻辑实现可以通过伪代码、表、流程图等来表示。而物理实现，则需要结合具体程序设计语言的数据类型和语句来实现。

算法应具有有穷性、确定性（无二义性）、输入、输出、可行性等重要特征。

3.9.1 算法的流程图、伪代码描述方式

程序设计的核心在于设计算法。算法的表示通常有很多方法，常见的有：自然语言、流程图、伪代码、PAD 图等。其中，以特定的图形符号加上文字说明来表示算法的图，称为算法流程图。

算法流程图描述算法直观易懂，但使用效率低下，当遇到算法反复变动时，修改流程图是比较耗时的。

伪代码是介于自然语言与计算机语言之间的符号，伪代码也是自上而下地编写。每一行或者几行表示一个基本处理。伪代码的优点是格式紧凑、易懂、便于编写程序源代码。

3.9.2 算法的效率分析

算法的效率方析有时间效率和空间效率两种。时间效率也称为时间复杂度，空间效率也称为空间复杂度。随着计算机硬件技术的发展，存储容量已经不再是瓶颈资源，故空间复杂度不再作为算法关注的重点。

算法分析中，使用基本操作的次数来衡量时间复杂度。一般不使用时间单位（例如：秒、毫秒等）来衡量算法的快慢。

例如，某算法有伪代码语句：

```
BEGIN
I=5
    FOR I=5 TO I=<N
        SUM=SUM+1；
    END FOR
    I++;
END
```

可以看出，这个语段中代码执行的次数为 1+2×(n-5)次，其时间复杂度 T(n)=2N-9。

一般而言，我们不关心具体的次数精确计量，只取数量级作为描述，本段伪代码语句的时间复杂度就是 O(n)。

1. 时间复杂度

评价一个算法优劣，首先是正确，其次是效率。算法的正确性，一般可以通过形式化方法、数学归纳法、统计方法、反演等进行证明。算法的效率体现在时间效率和空间效率上，其本质是资源的占用。目前，计算机的存储容量已经不再是瓶颈资源，故空间效率在考试中一般不考。而时间效率，也就是算法的时间复杂度，成为了我们判断算法效率优劣的主要标尺。

常用的衡量算法时间效率的方法有两种：

（1）事后统计。编写并执行程序。很显然，这种方法依赖于计算机软硬件环境，容易被环境偏差掩盖。此外，编程需要一定的人力开销，不太实用。

（2）事前分析。分析算法中主要执行语句的频度。在算法中，执行算法的时间和执行语句的次数成正比。我们就把算法语句的执行次数称为时间频度，记为 T(n)。比如一段算法的执行最多的语句有一条，执行了 3n 次，而剩下的其他语句执行了 n+8 次，这个算法的时间频度 T(n)=4n+8。

n 称为问题的规模，当 n 不断变化时，时间频度 T(n)也会随之发生变化，算法的时间复杂度一般是用数量级来衡量（以 n 为单位，假使 n 趋向于无穷大）。比如，算法 T(n)=4n+8，则算法时间复杂度就是 O(n)。

求算法的时间复杂度的具体步骤如下：

（1）找出算法的基本语句，即算法中执行次数最多的语句，一般为最内层循环的循环体。

（2）计算基本语句的执行次数的数量级。

（3）用大 O 记号表示算法的时间性能。

2. 空间复杂度

同理，可定义算法的空间复杂度，算法的空间复杂度指的是该算法需要的辅助额外空间，这点要注意。比如 n 个数据元素的队列在排序时需要 2 个额外的数据单元空间，这个算法的空间复杂度就是 O(1)。为什么是 O(1)不是 O(2)，这是因为 1 和 2 都是同在一个数量级。

3.9.3 递归法

一言以蔽之，递归就是自己调用自己，也就是函数的定义中使用函数自身的方法，即**递归就是有去（递去，化为子问题）有回（归来，子问题必须返回子结果）**。递归的基本思想就是把规模大的问题转化为规模小的相似的子问题来解决。而解决问题的函数必须有明确的结束条件，否则就会导致无限递归的情况。

进行递归设计时，必须按下面的 3 条思路：

（1）明确递归终止条件。

（2）给出递归终止时的处理办法。

（3）提取重复的递归逻辑，缩小原问题规模。

【例 1】用斐波那契数列描述兔子的生长数目。

（1）第 1 个月初有一对刚诞生的兔子。

（2）第 2 个月之后（第 3 个月初）它们可以生育。

（3）每月每对可生育的兔子会诞生下一对新兔子。

（4）兔子永不死去。

求第N个月的兔子总数。

分析：假设在S月有兔子共x对，S+1月共有y对。在S+2月共有x+y对兔子。因为在S+2月的时候，前一月（S+1月）的x对兔子可以生育，但当月属于新诞生的兔子尚不能生育。新生育出的兔子对数=所有在S月就已存在的x对兔子。

假设第N个月的兔子总数为F(N)，则有F(N)=F(N-1)+F(N-2)，这就是重复的递归逻辑。递归的终止条件自然就是分解到第0月的兔子对数为0和第1月的兔子对数为1，且N必须大于0。

最后得到的递归函数就是：

$$\begin{cases} F(0)=0 \\ F(1)=1 \\ F(N)=F(N-1)+F(N-2)\text{，其中N大于等于2。} \end{cases}$$

F(0)和F(1)决定了F(2)的取值，F(2)再和F(1)确定F(3)的取值，……，直到F(N-1)和F(N-2)确定F(N)的取值。由于F(0)和F(1)的取值是唯一和明确的，自然F(N)的取值也就不难算出。

3.9.4 分治法

分治法的思路是：假定某个问题，如果规模较小则直接解决；否则分解为n个小规模的子问题，子问题与原问题形式相同，通过递归解决子问题，然后合并子问题的解得到原问题的解。

分治和递归常常同时使用在算法中。分治法在每一层递归上，分为3步：

（1）分解：将原问题分解为一系列小规模、独立、且与原问题形式相同的子问题。

（2）求解：小问题规模小则直接解决，否则，递归解每个子问题。

（3）合并：合并各子问题的解，得到原问题的解。

3.9.5 递推法

递推法就是抽象出递推关系，然后求解。递推的两种形式：

（1）从简单到一般。往往用于级数计算。

（2）从复杂问题递推到一个容易解决的简单问题。往往用于递归法。

3.9.6 回溯法

穷举法是穷举所有可能解，并一一检验确定符合要求的。

回溯法（又称试探法）可以系统搜索问题的任一解。回溯法的本质也是搜索，核心思想是“试探－判断－回退－继续试探”。回溯法的特点是“走不通退回再走”，该方法按选优的条件**向前搜索**，当探索到某一步时，发现原先选择非优化或者不达标，则退一步（**向后回溯**）进行重新选择。

我们将其形象地称为“**摸着石头过河**”，前面没石头就退回刚才的石头处，然后换个方向再试一试。

数据结构中树结构的深度优先搜索就非常适合使用回溯法解决。所以，解决适合回溯法的问题，往往先将解集合转换为树形表示。回溯法的基本步骤如下：

（1）针对问题，定义解集合。

（2）把解集合用树或者图表示。

（3）深度优先搜索树，**剪去不满足的子树：**

1）使用约束函数，除去不满足约束条件的路径。

2）使用限界函数，除去不能得到最优解的路径。

（4）继续搜索。回溯法的实现方法有两种：递归和迭代。

1）递归。递归的思路简单，容易设计算法，典型的以空间换时间，效率较低，其算法结构如下：

```
//N 叉树的递归回溯算法
void backtrack (int t)
{
    if (t>n)  输出(x);                  //当前为叶子节点，输出结果，x 是可行解
    else
    for（i=1;i<=k;i++）                 //遍历当前节点的所有子节点
    {
        x[t]=value(i);                  //记录当前子节点到 x
        if (约束函数(t)&&限界函数(t))
            backtrack(t+1);             //递归到下一层函数
    }
}
```

2）迭代。迭代算法相对要复杂一些，其算法结构如下：

```
//N 叉树的迭代回溯算法
void iterativeBacktrack ()
{
    int t=1;
    while (t>0)
    {
        if(ExistSubNode(t)) //当前节点存在子节点
        {
            for（i=1;i<=k;i++） //遍历当前节点的所有子节点
            {
                x[t]=value(i);//记录当前子节点到 x
                if (约束函数(t)&&限界函数(t))
                {
                    //solution 表示在节点 t 处得到了一个解
                  if (solution(t))  输出(x);//得到问题的一个可行解，输出
                  else t++;//没有得到解，继续向下搜索
                }
            }
        }
        else //不存在子节点，返回上一层，回溯
        {
            t--;
```

```
                做相应的回溯;
            }
        }
}
```

1. 哈密尔顿回路

本节我们使用一个例子来详细分析使用回溯法寻找哈密尔顿回路。

【例 1】一个无向连通图 G 点上的哈密尔顿（Hamiltion）回路是指从图 G 上的某个顶点出发，经过图上所有其他顶点一次且仅一次，最后回到该顶点的路径。一种求解无向图上的哈密尔顿回路算法的基本思想如下：

假设图 G 存在一个从顶点 V_0 出发的哈密尔顿回路 $V_0-V_1-V_2-V_3-\cdots-V_{n-1}-V_0$。算法从顶点 V_0 出发，访问该顶点的一个未被访问的邻接顶点 V_1，接着从顶点 V_1 出发，访问 V_1 一个未被访问的邻接顶点 V_2。

对顶点 V_i，重复进行以下操作：访问 V_i 的一个未被访问的邻接接点 V_{i+1}；若 V_i 的所有邻接顶点均已被访问，则返回到顶点 V_{i-1}，考虑 V_{i-1} 的下一个未被访问的邻接顶点，仍记为 V_i；直到找到一条哈密尔顿回路或者找不到哈密尔顿回路，算法结束。

【C 代码】

下面是算法的 C 语言实现。

（1）常量和变量说明。

n：图 G 中的顶点数；

c[][]：图 G 的邻接矩阵；

k：统计变量，当期已经访问的定点数为 k+1；

x[k]：第 k 个访问的顶点编号，从 0 开始；

visited[x[k]]：第 k 个顶点的访问标志，0 表示未访问，1 表示已访问。

（2）C 程序。

```
#include <stido.h>
#include <stidb.h>
#define MAX 100

void Hamilton(int n,int x[MAX] ,int c[MAX][MAX]){
    in t ;
    in t visited[MAX];
    int k;
    /*初始化 x 数组和 visited 数组*/
    for(i=0;i<n;i++){
        x[i]=0;
        visited [i]=0;
    }
    /*访问起始顶点*/
    k=0
    ___(1)___;
    x[0]=0;
```

```
        k=k+1;
        /*访问其他顶点*/
        while(k>=0){
            x[k]=x[k]+1;
        while(x[k] <n){
            if(____(2)____&&c[x[k-1]][x[k]]==1){        /*邻接顶点 x[k]未被访问过*/
                break;
            }else{
            x[k] = x[k] +1
            }
        }

        if(x[k] <n&& k==n-1 &&____(3)____{              /*找到一条哈密尔顿回路*/
            for(k=0;k<n;k++){
                printf("%d--",x[k];                     /*输出哈密尔顿回路*/
            }
            printf("%d--",x[0]);
            return;
            }else if (x[k]<n&&k<n-1){                    /*设置当期顶点的访问标志，继续下一个顶点*/
                ____(4)____;
                k=k+1;
            }else{                                       /*没有未被访问过的邻接顶点，回退到上一个顶点*/
                x[k]=0;
                visited[x[k]]=0;
                ____(5)____;
            }
        }
    }
```

【问题 1】

根据题干说明，填充 C 代码中的空（1）～（5）。

【问题 2】

根据题干说明和［C 代码］，算法采用的设计策略为____（6）____，该方法在遍历图的顶点时，采用的是____（7）____方法（深度优先或广度优先）。

【解题思路】

【问题 1】

- 空（1）的作用是初始化，设置起始点为已访问，因此填 visited[0] = 1。
- 语句“if (____（2）____&&c[x[k-1]] [x[k]]==1)”的作用是判断 x[k]是 x[k-1]的邻接顶点，并且 x[k]未被访问过。

  而语句“c[x[k-1]] [x[k]]==1”用于判断两个顶点是否是邻接顶点，所以空（2）填 visited[x[k]] == 0。
- 语句“if(x[k] <n && k==n-1 &&____（3）____”表示已经找到一条哈密尔顿回路，其中：

  1）语句“x[k] <n”表示顶点编号<n;

  2）语句“k==n-1”表示已经全部访问了 n 个顶点。

  1）和 2）成立说明所有点是连通的；依据哈密尔顿回路的定义，还需要证明当前访问点和起始点有边连接，才能说明是回路，才能说明是哈密尔顿回路。所以空（3）应填c[x[k]][0] == 1。

- 语句“（4）”表示当前顶点已经被访问，没有找到回路，需要继续向下探索，所以填visited[x[k]] = 1。
- 空（5）所在的整个else语句说明，所有节点访问完毕后，没有找到回路，需要进行回溯。空（5）表示返回上一个顶点，所以填k = k–1。

【问题2】

一直向后找顶点，找不到“走不通退回再找”，属于回溯算法。遍历图的顶点采用的是深度优先方法。

【参考答案】

【问题1】

（1）visited[0] = 1

（2）visited[x[k]] == 0

（3）c[x[k]][0] == 1

（4）visited[x[k]] = 1

（5）k = k–1

【问题2】

（6）回溯法　　　（7）深度优先

2. N皇后问题

N皇后问题的定义：即在N×N格的国际象棋上摆放N个皇后，使得她们之间不能互相攻击。具体规则为：任意两个皇后都不能处于同一行、同一列或同一斜线上。

如果N皇后问题采用穷举法解决，就需要把所有可能一个一个地列出来，算法复杂度将达到$O(N^N)$，故我们采取回溯法进行问题的求解。

以4皇后为例，其问题某个可行解的展开如图3-9-1所示。

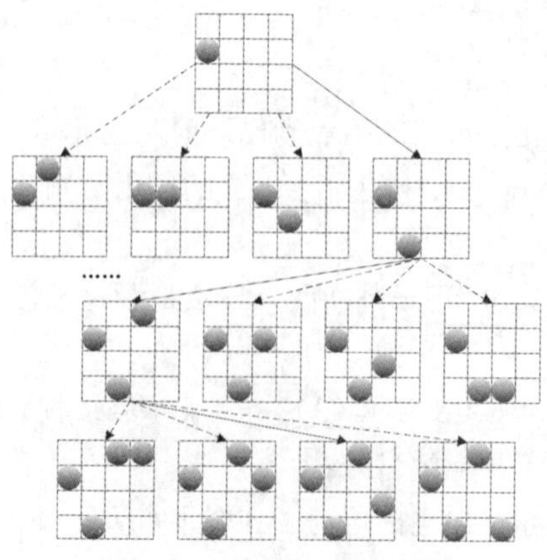

图3-9-1　4皇后问题示意图

【例 2】阅读下列说明和 C 代码，回答问题 1 至问题 3。

【说明】N 皇后问题是在 n 行 n 列的棋盘上放置 N 个皇后，使得皇后彼此之间不受攻击，其规则是任意两个皇后不在同一行、同一列和相同的对角线上。

拟采用以下思路解决 N 皇后问题：第 i 个皇后放在第 i 行。从第 1 个皇后开始，对每个皇后，从其对应行（第 i 个皇后对应第 i 行）的第 1 列开始尝试放置，若可以放置，确定该位置，考虑下一个皇后；若与之前的皇后冲突，则考虑下一列；若超出最后一列，则重新确定上一个皇后的位置。重复该过程，直到找到所有的放置方案。

【C 代码】

下面是算法的 C 语言实现。

（1）常量和变量说明。

pos：一维数组，pos[i]表示第 i 个皇后放置在第 i 行的具体位置；

count：统计放置方案数；

I,j,k：变量；

N：皇后数。

（2）C 程序如下。

```
#include <stdio.h>
#include <math.h>
#define N4
/*判断第 k 个皇后目前放置位置是否与前面的皇后冲突*/
int isplace(int pos[], int k) {
    int i;
    for(i=1; i<k; i++) {
        if(____(1)____ || fabs(i-k) == fabs(pos[i] - pos[k])) {
    return 0;
        }
    }
    return 1;
}

int main() {
    int i,j,count=1;
    int pos[N+1];
    //初始化位置
    for(i=1; i<=N; i++) {
        pos[i]=0;
    }
    ____(2)____;
    while(j>=1) {
        pos[j]= pos[j]+1;
        /*尝试摆放第 i 个皇后*/
        while(pos[j]<=N&&____(3)____) {
        pos[j]= pos[j]+1;
        }
```

```
            /*得到一个摆放方案*/
            if(pos[j]<=N&&j==N) {
                printf("方案%d: ",count++);
                for(i=1; i<=N; i++){
                printf("%d ",pos[i]);
                }
                printf("\n");
            }
            /*考虑下一个皇后*/
            if(pos[j]<=N&& ___(4)___ ) {
            j=j+1;
            } else{ /*返回考虑上一个皇后*/
            pos[j]=0;
            ___(5)___;
            }
        }
        return 1;
    }
```

【问题 1】

根据以上说明和 C 代码，填充 C 代码中的空（1）～（5）。

【问题 2】

根据以上说明和 C 代码，算法采用了___（6）___设计策略。

【问题 3】

上述 C 代码的输出为：___（7）___。

【解题思路】

【问题 1】在具体的考试时，看到算法题，即便是有经验的软件设计师们也会感到慌张，其实大可不必。解决思路如下：

首先，读题目。找准题目说明中关键的语句。比如本题的关键词句有“不在同一行、同一列和相同的对角线上”，这说明这是一个判断条件；“若超出最后一列”，说明这也是一个判断条件（限界条件）；“第 i 个皇后放在第 i 行”“从其对应行（第 i 个皇后对应第 i 行）的第 1 列开始尝试放置”说明这是一个初始设置。

其次，读代码。对比题目，对比关键语句，进行思考。

空（1）所处的 int isplace(int pos[], int k)函数，是一个判别函数，用于判断“第 k 个皇后目前放置位置是否与前面的皇后冲突”，即判断目标是“当前摆放的皇后与之前摆放的皇后不在同一行，同一列，同一对角线”。

而 fabs(i-k) == fabs(pos[i] - pos[k])判断皇后是否在同一对角线上，fabs()是C语言的绝对值函数。又因为皇后在摆放时，已经避开了同一行的问题，因此只需要判断是否不在同一列。显然，相同列的判断是 pos(i)==pos(k)。

空（2）和之前语句联合观察发现，j 变量还没有初始化，所以空（2）就是给 j 赋值，并且 j 就是第 1 个皇后。自然 j=1 填入空（2）。

空（3）进行判断，摆放皇后时发生冲突继续往前挪一列。程序已有一个限界条件“pos[j]<=N”，还少了一个判断条件“/*判断第 k 个皇后目前放置位置是否与前面的皇后冲突*/”，而这个判断用isplace()函数就可以完成。只有当其返回为0时，说明有冲突。故空（3）处填入! isplace(pos,j)。

空（4）的文字说明是“/*考虑下一个皇后*/”，“考虑下一个皇后”的条件是皇后不能越界，皇后数目不能超过N，故空（4）应该填入j<N。

空（5）之前，题目中“考虑下一个皇后”对应j=j+1，那么“返回考虑上一个皇后”自然就是j=j-1。空（5）实质上就是回溯。

【问题2】当探索到某一步时，发现原先选择并不优或达不到目标，就退回一步重新选择，这种“走不通就退回再走”的技术为回溯法。

【问题3】照着程序模拟一下运行，有方案1：2413；方案2：3124。也可以画个4×4的方阵，画圈验证一下，和方案1、方案2无异。

【参考答案】

【问题1】

（1）pos[i]==pos[k]　　（2）j=1

（3）! isplace(pos,j)　　（4）j<N　　（5）j=j-1

【问题2】

（6）回溯法

【问题3】

（7）方案1：2413；

方案2：3124。

3.9.7 贪心法

贪心法是在每个决策点做出当前看来最佳的选择的算法。贪心法能做到局部最优，期望达到全局最优。贪心法步骤如下：

（1）建模：构建数学模型，描述当前问题。

（2）分解：把当前问题分解成若干个子问题。

（3）求解：求解子问题，得到子问题的局部最优解。

（4）合并：合并子问题的局部最优解，成为当前问题的解。

3.9.8 动态规划法

动态规划属于运筹学的一个分支，是求解“决策过程最优值”问题的重要算法。动态规划法与分治法对比见表3-9-1。

表 3-9-1　动态规划法与分治法对比

	动态规划法	分治法
不同点	保存已经计算的子问题，在需要的时候直接调出结果，这样能节约大量时间	分解的子问题，往往会被重复计算，这样会浪费大量时间
相同点	步骤相似，都是将当前问题分解成若干子问题，再求解子问题，然后合并分析子问题	

试用动态规划法解决的问题，需要满足以下性质：

（1）最优化性（最优子结构性）。一个最优化策略的子策略总是最优的。

（2）无后效性。无后效性包含两层含义：推导后阶段状态时，只关心前阶段的状态值，不需要关心该状态是如何具体推导出来的；某阶段状态一旦确定，就不受之后阶段的决策影响。

（3）重叠子问题。使用递归算法反复解决相同子问题，而不是总在产生新的子问题。已经计算过的子问题，保存在表中，以后使用查表即可。这样来看，动态规划是一种“空间换时间”的算法。

0-1 背包问题可以使用动态规划法解决。背包问题可以理解为打怪升级类的游戏，具体如图 3-9-2 所示，选取魔法门死亡阴影游戏中英雄穿戴的装备：

（1）把能用的装备全用上，强化战斗力。

（2）力战对手，直至取胜。

（3）将作用较小的装备扔掉，腾出空间来存放更有价值的装备。

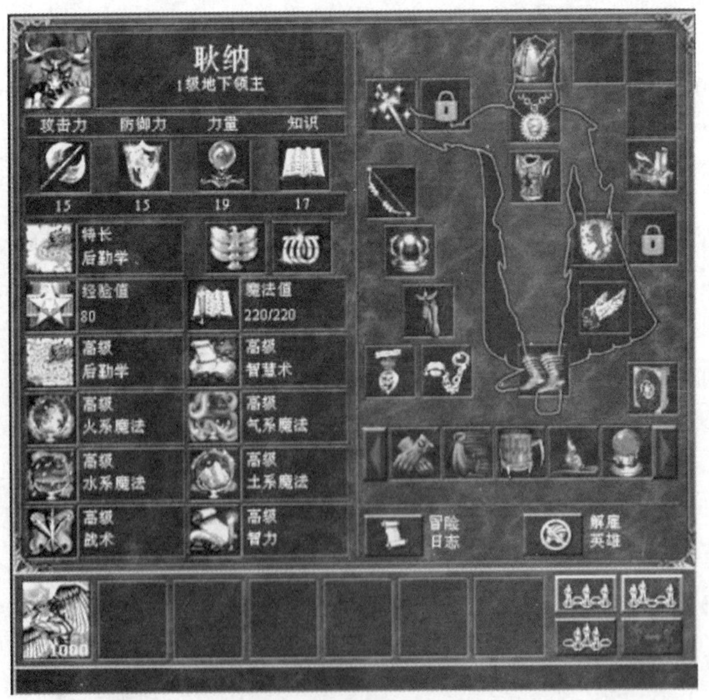

图 3-9-2　魔法门英雄穿戴图

【0-1背包问题描述】有N件物品和一个容量为v的背包。第i件物品占用c[i]，价值为w[i]。求将哪些物品放入背包中，背包中物品价值总和最大。

【0-1背包问题特点】物品i只有一件，只有不放入背包（0）或者放入背包（1）两种状态。

【找与原问题相似的子问题】

规模为i的问题："将前i件物品放入容量为v的背包中"，可以分为两个规模为i-1的子问题。

（1）子问题1：不放第i件物品，将前i-1件物品放入容量为v的背包中。

（2）子问题2：放第i件物品，将前i-1件物品放入容量为v-c[i]的背包中。

（3）决策：从子问题1和子问题2中，选择最大解。

上述过程可得到状态转换方程：

$$f[i][v]=\max\{f[i-1][v],f[i-1][v-c[i]]+w[i]\}$$

其中：数组f[i][v]表示前i件物品放入一个容量为v的背包中所得到的最大价值；数组c[i]表示第i件物品的容量。

状态转移方程描述上一个状态到下一个状态之间的变化，以及基于变化进行最终决策的过程。

3.9.9 其他算法

其他常用的算法还有分支限界法、概率算法、近似算法、数据挖掘算法、智能优化算法等。

分支限界法中的"分支"采用广度优先的策略。

第2天

夯实基础

第4章　操作系统知识

本章节的内容包含操作系统概述、处理机管理、存储管理、文件管理、作业管理等。本章节知识，在软件设计师考试中，考查的分值为5～7分，属于重要考点。

本章考点知识结构图如图4-0-1所示。

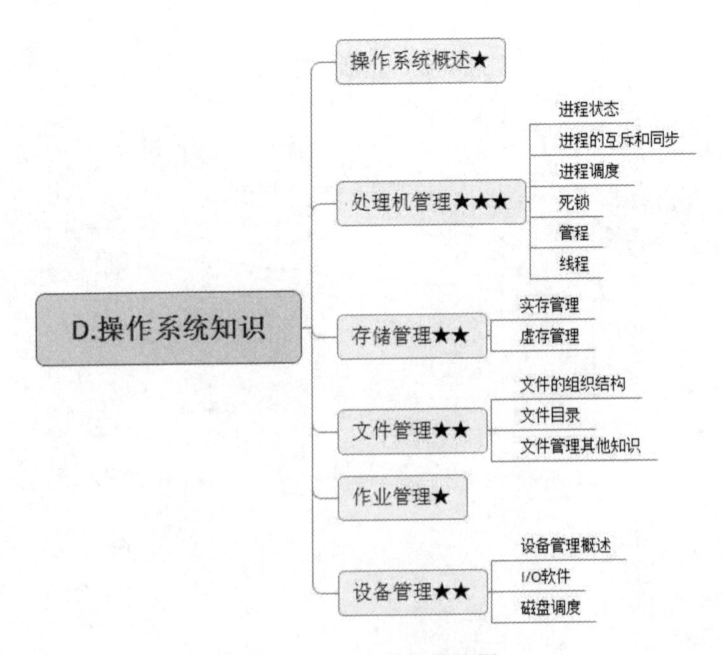

图4-0-1　考点知识结构图

4.1 操作系统概述

本节知识点涉及操作系统定义、常见操作系统、嵌入式操作系统、操作系统特点与功能等。

1. 操作系统定义

操作系统（Operating System，OS）是**管理和控制计算机硬件与软件资源**的计算机程序，是用户与计算机硬件之间的桥梁，用户通过操作系统管理和使用计算机的硬件来完成各种运算和任务。

操作系统重要作用有两点：

（1）管理好软件、硬件等资源，以及用户和计算机的接口，提高计算机系统效率。

（2）为工作者提供更好的工作环境。

2. 常见操作系统

目前，计算机上流行的操作系统有 Windows、UNIX 和 Linux 3 类，最常见的是 Windows 系统。现在流行的 Windows 服务器的版本是由 Windows NT 发展而来的。UNIX 系统具有多用户、分时、多任务处理的特点，以及良好的安全性和强大的网络功能。Linux 系统基于 UNIX 之上发展而来，其程序源代码完全向用户免费公开，因此得到了广泛的应用。

3. 嵌入式操作系统

操作系统还可以分为批处理、分时、实时、网络、分布式、微机、嵌入式操作系统等。

嵌入式操作系统是一种完全嵌入受控器件内部，为特定应用定制的计算机系统。嵌入式操作系统的特点有微型化、可定制、实时性、可靠性、易移植性。

嵌入式操作系统初始化的次序按自底向上、从硬件到软件的方式分为：片级初始化、板级初始化、系统级初始化。

（1）片级初始化：嵌入式处理器的初始化。

（2）板级初始化：嵌入式处理器之外其他硬件设备的初始化。

（3）系统级初始化：操作系统的初始化。

4. 操作系统特点与功能

操作系统的特点有虚拟性、共享性、并发性、不确定性。操作系统的功能分为 5 部分，具体见表 4-1-1。

表 4-1-1 操作系统的功能

功能	说明
处理机管理	又称为进程管理，管理处理器执行时间，包含进程的控制、同步、调度、通信
文件管理	管理存储空间，文件读写、管理目录、存取权控制
存储管理	管理主存储器空间。包含存储空间的分配与回收、地址映射和变换、存储保护、主存扩展
设备管理	管理硬件设备，包含分配、启动、回收 I/O 设备
作业管理	作业（指程序、数据、作业控制语言）控制、作业提交、作业调度

4.2 处理机管理

本节知识点涉及进程状态、进程同步与互斥、进程调度、管程、死锁等。其中，PV 操作、进程资源图、死锁等知识常考。

处理机管理，又称为进程管理。进程就是一个程序关于某个数据集的一次运行，是运行的程序，是资源分配、调度和管理的最小单位。比方说，打开两个 Word 文档时，Word 程序只有一个，但创建了两个独立的进程。由此可见，进程具有**并发性**和**动态性**。

进程通常由程序、数据、进程控制块（Processing Control Block，PCB）组成。

（1）**程序：**描述进程所需要完成的功能。

（2）**数据：**包含程序执行时所需的数据、工作区。

（3）**进程控制块：**操作系统核心的一种数据结构，主要表示进程状态。PCB 的内容包含进程标识符、进程当前状态、进程控制信息、进程优先级、现场保护区等信息。

PCB 的组织方式有 3 种，特点如下：

（1）线性表方式：所有 PCB 连续地存放在内存的系统区。

（2）索引表方式：依据进程状态建立就绪索引表、阻塞索引表等。

（3）链接表方式：依据进程状态建立就绪队列、阻塞队列、运行队列等。

4.2.1 进程状态

一个进程的生命周期可以划分为一组进程状态，进程状态反映进程执行过程的变化。一个进程状态体现了一个进程在某一时刻的状态，进程状态随着进程的执行和外界条件的变化而变化。

1. 三态模型

该模型中进程有 3 种基本状态：运行态、阻塞态、就绪态。3 种基本状态在进程的生命周期中会不断转换的，图 4-2-1 表明了进程各种状态转换的情况。

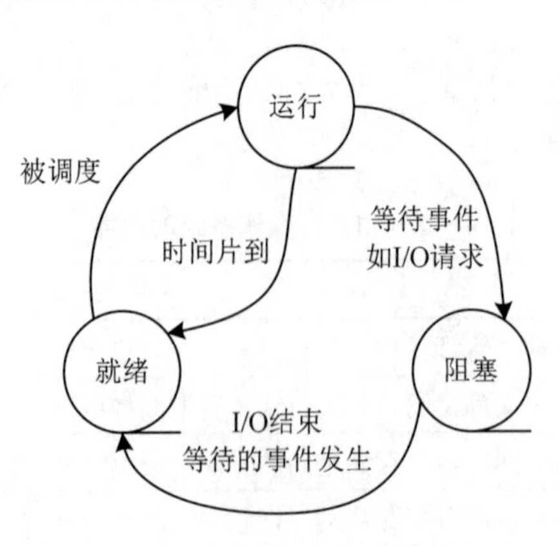

图 4-2-1 进程三态模型

（1）运行态：占用 CPU，正在运行。

（2）阻塞态：等待 I/O 完成或等待分配所需资源，这种状态下，即使给了 CPU 资源也无法运行。

（3）就绪态：万事俱备，只等 CPU 资源。

从图 4-2-1 中可以看出，进程三态模型下的状态间的转换，有以下几种方式：

（1）由于调度程序的调度，就绪状态的进程可转入运行状态。

（2）当运行的进程由于分配的时间片用完了，可以转入就绪状态。

（3）由于 I/O 操作完成，阻塞状态的进程从阻塞队列中唤醒，进入就绪状态。

（4）运行状态的进程可能由于 I/O 请求的资源得不到满足而进入阻塞状态。

2. 五态模型

五态模型引入了新建和终止两个状态，具体如图 4-2-2 所示。

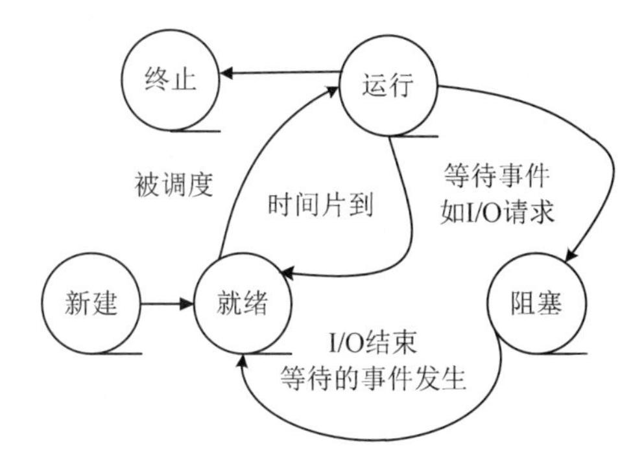

图 4-2-2 进程五态模型

（1）新建态：进程刚被创建，但没有被提交的状态，等待操作系统完成创建进程的所有准备。

（2）终止态：等待操作系统结束处理，并回收内存。

3. 包含挂起状态的进程状态模型

由于主存资源有限、用户调试程序、系统故障，需要把一些进程挂起，调出主存放入外存区。具有挂起状态的进程状态图，如图 4-2-3 所示。

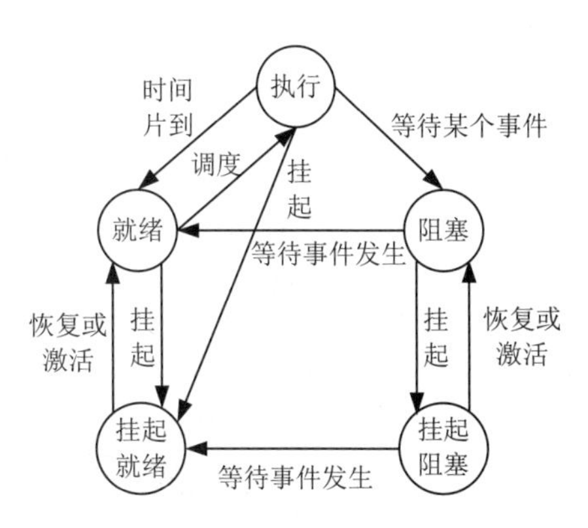

图 4-2-3 细化的进程状态图

（1）就绪（活跃就绪）：进程处于内存，并可以调度。

（2）阻塞（活跃阻塞）：进程处于内存，等待调度事件发生变成就绪态。

（3）挂起就绪（静止就绪）：就绪进程挂起释放内存进入挂起就绪态；主存中不存在就绪进程，或者挂起就绪态进程优先级高于所有就绪态进程，挂起就绪态进入就绪态。运行进程被高优先级进程抢占，释放内存进入挂起就绪态。

（4）挂起阻塞（静止阻塞）：系统需要给运行进程、即将运行的就绪进程分配更多内存时，阻塞进程变更为挂起阻塞。当系统具备较多内存资源时，挂起阻塞的进程可以激活成为阻塞态。

4.2.2 进程的互斥和同步

操作系统中进程之间会存在**互斥**、**同步**两种关系。

（1）互斥：进程间争抢独占性资源。例如，进程 A 和进程 B 共享一台打印机，如果系统已将打印机分配给了 A 进程，当 B 进程需要打印时，会因为得不到打印机而等待，只有当 A 进程释放打印机后，系统唤醒 B 进程，B 才有可能获得打印机。

（2）同步：进程间实现资源共享和进程间协作。并发进程使用共享资源时，除了竞争资源之外也需要协作，通过互通消息来控制执行速度，使得相互协作的进程可以正确工作。

例如，A、B 进程共同使用同一数据缓冲区，合作完成一项任务。

A 进程：负责将数据送入缓冲区；之后，通知 B 进程缓冲区中有数据。

B 进程：负责从缓冲区中取走数据；之后，通知 A 进程缓冲区已经为空。

当缓冲区为空时，B 进程会因为得不到数据而阻塞，只有当 A 进程送入缓冲区数据时，才唤醒 B 进程；反之，当缓冲区满时，A 进程因为不能继续送数据而被阻塞，只有当 B 进程取走数据时才唤醒 A 进程。相互影响的并发进程可能会同时使用共享资源，如果不加以控制，使用共享资源时就会出错。

对于进程互斥，要保证在临界区内不能交替执行；对于进程同步，则要保证合作进程必须相互配合、共同推进，并严格按照一定的先后顺序。因此，操作系统必须使用信号量机制来保证进程的同步和互斥。

1. 信号量与 PV 操作

为有效地处理进程的互斥和同步问题，Dijkstra 提出了使用信号量和 PV 操作的方法。

（1）信号量。信号量是一个整型变量和一个等待队列，因控制对象不同而整型变量的值不同。信号量除了初始化外，只能进行 P 操作和 V 操作，即 PV 操作。信号量的分类及含义见表 4-2-1。

表 4-2-1 信号量的分类及含义

信号量分类	含义
公用信号量	控制进程互斥，初始值为 1 或者资源数
私用信号量	控制进程同步，初始值为 0 或者某正整数

信号量 S 的的物理含义见表 4-2-2。

表 4-2-2　信号量 S 的物理含义

信号量 S	物理含义
S≥0	某资源的可用数量
S<0	此时 S 的绝对值表示阻塞队列中等待该资源的进程数

（2）PV 操作。PV 操作是原子操作，不可再分割，而且必须成对出现具体见表 4-2-3。

表 4-2-3　PV 操作

操作名	作用	具体过程
P 操作	申请一个资源	执行 S=S-1 （1）如果 S<0，表示当前进程没有可用资源，进程暂停执行，进入阻塞队列。 （2）如果 S≥0，表示当前进程有可用资源，进程继续执行
V 操作	释放一个资源	执行 S=S+1 （1）如果 S>0，则执行 V 操作进程继续执行。 （2）如果 S≤0，从阻塞队列中唤醒一个进程调入就绪队列，并且执行 V 操作进程继续执行

理解 PV 原语的几个偏差见表 4-2-4。

表 4-2-4　理解 PV 原语的几个偏差

序号	具体的理解偏差	释疑
1	V 原语执行 S=S+1，则 S>0 永远成立，会形成死循环吗？	PV 原语必须成对使用，V 原语执行时，还会在某时对应执行 P 原语 S=S-1，因此不会出现死循环
2	V 原语执行时 S>0，表示有临界资源可用，为什么不唤醒进程？	S>0，还意味着没有进程因为得不到这类资源而阻塞，所以无需唤醒
3	V 原语执行时 S≤0，表示没有临界资源可用，为什么还要唤醒进程？	V 原语本质是释放临界资源，此时，就有对应资源释放，所以可以唤醒一个进程“消耗”释放的该类资源
4	唤醒的进程，还需要执行 P 操作吗？	不需要了

2. PV 操作实现进程互斥

PV 操作实现进程互斥就是调度好共享资源，不让多进程同时访问临界区。

临界区：阻止多进程同时访问资源所在的代码段。

临界资源：一次只允许一个进程访问的资源。

PV 操作实现进程互斥访问临界区，代码如下：

```
P（信号量 mutex）//进入临界区执行 P 操作
临界区
V（信号量 mutex）//退出临界区执行 V 操作
```

注解：

（1）信号量 mutex，即互斥信号量，初值为 1，控制临界区只允许一个进程使用。

（2）P 操作意味着分配一个资源，S 值（即上面代码中的 mutex 值）减 1。

- mutex≥0，mutex 表示可用资源数量。
- mutex<0，没有可用资源，需要等待资源释放。

（3）V 操作意味着释放一个资源，S 值加 1。

- mutex≤0，表示某一些程序还在等待资源释放，则唤醒某个等待进程。

3. PV 操作实现进程同步

同步就是因为进程间存在直接制约关系需要进行的协调工作。简单的同步关系是，只有服务员进程"上菜"，客户进程才能"吃菜"。具体代码如下：

```
客户进程                     服务员进程
…                            …
  P（S）                       上菜
  吃菜                         V（S）
…                            …
```

注解：

（1）信号量 S 初始值为 0。

（2）如果客户进程执行 P(S)操作后，信号量 S 就会小于 0，客户进程被调入阻塞队列。

（3）服务员进程"上菜"后，信号量 S 加 1，则唤醒阻塞队列中的客户进程并继续执行。

4. PV 操作解决生产者－消费者问题

生产者－消费者问题，既要解决生产者与消费者进程的同步，还要处理缓冲区的互斥，**通常使用 3 个信号量实现**。

（1）同步信号量。

- empty：缓冲区可用资源数，缓冲区一开始没有任何资源调用，因此初始值为缓冲区最大值。
- full：已使用的缓冲区资源数，缓冲区一开始没有任何资源调用，因此初始值为 0。

（2）互斥信号量。

mutex：初始值为 1，确保某一时刻只有一个进程使用缓冲区。

生产者与消费者，过程算法如下：

```
生产者                         消费者
While{                         while{
     生产一个产品;                   P(full);
     P(empty);                       P(mutex);
     P(mutex);                       缓冲区中取出一个产品;
     该产品放入缓冲区;               V(mutex);
     V(mutex);                       V(empty);
     V(full);
}                              }
```

注意：如果缓冲区读写无需进行互斥控制，那么问题就变为单纯的同步问题，mutex 信号量可以省去。

【例 1】假设系统采用 PV 操作实现进程同步与互斥，若 n 个进程共享两台打印机，那么信号量 S 的取值范围为_____。

A．-2~n　　B．-(n-1)~1　　C．-(n-1)~2　　D．-(n-2)~2

【例题分析】本题信号量 S 初值为 2，表示同时最多可以有 2 个进程访问打印机，因此信号量 S 最大取值为 2；由于可能出现最多有 n-2 个进程等待的情况，故 S 的最小值为-(n-2)。

【参考答案】D

【例 2】进程 P1、P2、P3、P4 和 P5 的前趋图如图 4-2-4 所示，若用 PV 操作控制进程 P1、P2、P3、P4、P5 并发执行的过程，则需要设置 5 个信号量 S1、S2、S3、S4 和 S5，且信号量 S1～S5 的初值都等于零。图 4-2-5 中 a、b 和 c 处应分别填写___(1)___；d 和 e 处应分别填写___(2)___，f 和 g 处应分别填写___(3)___。

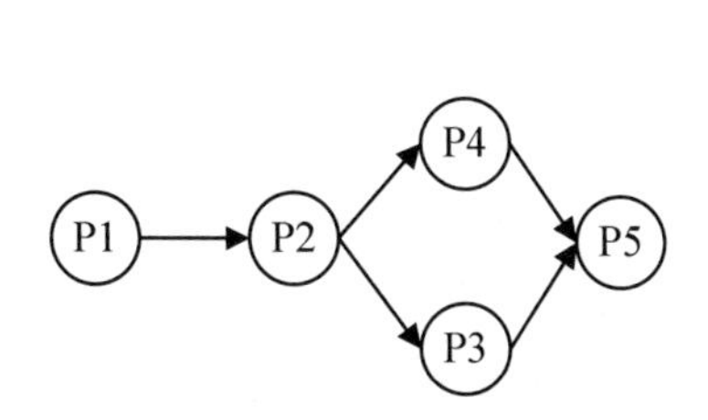

图 4-2-4　习题图 1

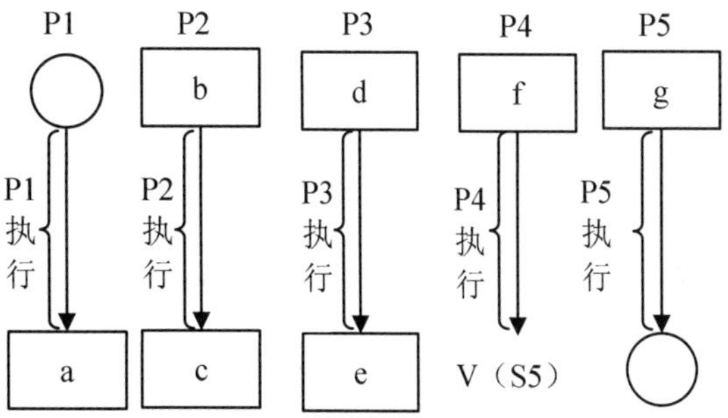

P1　P2　P3　P4　P5

b　d　f　g

P1 执行　P2 执行　P3 执行　P4 执行　P5 执行

a　c　e　V（S5）

图 4-2-5　习题图 2

（1）A．V(S1)、P(S1)和 V(S2)V(S3)　　B．P(S1)、V(S1)和 V(S2)V(S3)

C．V(S1)、V(S2)和 P(S1)V(S3)　　D．P(S1)、V(S2)和 V(S1)V(S3)

（2）A．V(S2)和 P(S4)　　B．P(S2)和 V(S4)

C．P(S2)和 P(S4)　　D．V(S2)和 V(S4)

（3）A．P(S3)和 V(S4)V(S5)　　B．V(S3)和 P(S4)P(S5)

C．P(S3)和 P(S4)P(S5)　　D．V(S3)和 V(S4)V(S5)

【例题分析】本题考查操作系统中 PV 操作知识点。在本题中：

- P1 是 P2 的前序节点。P1 进程运行完毕，就可以执行 V(S1)，于是调出等待队列中的 P2 进程，所以 a 为 V(S1)。
- P2 进程执行时，首先执行 P(S1)，占用了一个 S1 代表的资源，所以 b 为 P(S1)。
- P2 是 P3、P4 的前序节点。P2 进程运行完毕，就可以执行 V(S2)、V(S3)，于是调出各等待队列中的 P3、P4 进程，所以 c 为 V(S2)V(S3)。
- P3 进程执行时，首先执行 P(S2)，占用了一个 S2 代表的资源，所以 d 为 P(S2)。
- P4 进程执行时，首先执行 P(S3)，占用了一个 S2 代表的资源，所以 f 为 P(S3)。
- P3、P4 是 P5 的前序节点，只有两个进程同时执行完毕，才能执行 P4 进程。因此 P3、P4

执行完毕，分别要有一个释放各自资源的操作，因此 e 为 V(S4)，P4 进程结束时要有 V(S5)；P4 执行时，首先需要测试 S4、S5 代表的资源是否准备好了，所以 g 为 P(S4)P(S5)。

【参考答案】（1）A （2）B （3）C

4.2.3 进程调度

进程调度是指操作系统按某种策略或规则选择进程占用 CPU 运行的过程。

1. 进程调度方式

进程调度分为剥夺方式与非剥夺方式。

（1）剥夺方式：就绪队列中一旦有进程优先级高于当前执行进程优先级，便立即触发进程调度，转让 CPU 使用权。

（2）非剥夺方式：一旦某个进程占用 CPU，别的进程就不能把 CPU 从这个进程手中夺走。

2. 调度算法

常见进程调度算法见表 4-2-5。

表 4-2-5 常见进程调度算法

算法名	定义	备注
先来先服务（FCFS）	使用就绪队列，按先来后到原则分配 CPU	常用宏观调度
时间片轮转	每个进程执行一次占有 CPU 时间都不超过规定的时间单位（时间片）。若超过，则自行释放所占用的 CPU，等待下一次调度	常用微观调度。可细分为固定时间片、可变时间片两种
优先数调度	每个进程具有优先级，就绪队列按优先级排队	可细分为静态优先级和动态优先级
多级反馈调度	时间片轮转算法和优先级算法的综合	照顾短进程，提高了系统吞吐量、缩短了平均周转时间

4.2.4 死锁

死锁是指两个以上的进程互相都要使用对方已占有的资源，导致资源无法到位，系统不能继续运行的现象。

1. 死锁发生的必要条件

- 互斥条件：一个资源每次只能被一个进程使用。
- 保持和等待条件：一个进程因请求其他资源被阻塞时，又不释放已获得的资源。
- 不剥夺条件：有些系统资源是不可剥夺的，当某个进程已获得这种资源后，系统不能强行收回，只能等进程完成时自己释放。
- 环路等待条件：若干个进程形成资源申请环路，每个都占用对方要申请的下一个资源。

【例 1】假设某计算机系统中资源 R 的可用数为 6，系统中有 3 个进程竞争 R，且每个进程都需要 i 个 R，该系统可能会发生死锁的最小 i 值是 （1） 。若信号量 S 的当前值为-2，则 R 的可用数和等待 R 的进程数分别为___（2）___。

（1）A．1　　B．2　　C．3　　D．4

（2）A．0、0　　B．0、1　　C．1、0　　D．0、2

【例题分析】如果 i=1，即每个进程都需要 1 个 R，3 个进程同时运行需要 3 个 R，还剩 3 个 R，不会发生死锁。

如果 i=2，即每个进程都需要 2 个 R，3 个进程同时运行需要 6 个 R，而 R 的可用数正好为 6，不会发生死锁。

如果 i=3，即每个进程都需要 3 个 R，当 3 个进程分别占有 2 个 R 时，都需要再申请一个 R 资源才能正常运行，但此时已经没有 R 资源了，进程之间便出现了相互等待的状况，发生死锁。

信号量 S 的值小于 0，表示没有可用的资源，其绝对值表示阻塞队列中等待该资源的进程数。

【参考答案】（1）C　（2）D

【例 2】某系统中有 3 个并发进程竞争资源 R，每个进程都需要 5 个 R，那么至少有_____个 R，才能保证系统不会发生死锁。

A．12　　B．13　　C．14　　D．15

【例题分析】每个进程需要 5 个竞争资源 R，则每个进程平均分配 4 个 R，系统共有 12 个 R 时，系统出现死锁。

如果系统再增加 1 个资源 R，则 3 个并发进程可以获得足够的资源完成。所以，至少有 13 个 R，才能保证系统不会发生死锁。

【参考答案】B

2．解决死锁的策略

解决死锁的策略见表 4-2-6。

表 4-2-6　解决死锁的策略

策略名	解释	对应解决方法
死锁预防	破坏导致死锁的 4 个必要条件之一就可以预防死锁，属于事前检查	（1）预先静态分配法：用户申请资源时，就申请所需的全部资源，这就破坏了保持和等待条件。 （2）资源有序分配法：将资源分层排序，保证不形成环路；得到上一层资源后，才能够申请下一层资源
死锁避免	避免是指进程在每次申请资源时判断这些操作是否安全，属于事前检查	银行家算法：对进程发出的资源请求进行检测，如果发现分配资源后系统进入不安全状态，则不予分配；反之，则分配。安全但会增加系统的开销
死锁检测	允许死锁，不限制资源分配	执行死锁检查程序，判断系统是否死锁，如果是，则执行死锁解除策略
死锁解除	与死锁检测结合使用	（1）资源剥夺：将资源强行分配给别的进程。 （2）撤销进程：逐个撤销死锁进程，直到死锁解除

3. 进程资源有向图

进程资源有向图可以更形象地描述进程的死锁问题。

（1）进程资源有向图图形。进程资源有向图涉及的图形及含义见表 4-2-7。

表 4-2-7 进程资源有向图图解

图形	解释
(P1)	进程 P1
R1 [○○○]	系统有 3 个 R1 资源
R1 [○○○] ——→ (P1)	为进程 P1 分配了一个 R1 资源。单箭头线段数量代表分配资源数
R1 [○○○] ←—— (P1)	进程 P1 申请一个 R1 资源。单箭头线段数量代表申请资源数

（2）进程资源有向图的化简及死锁判断。进程资源有向图的化简及判断是否发生死锁的过程，可分为以下几步：

第 1 步：分析系统资源与进程的现状。得到系统剩余资源，确定未阻塞进程（即系统有足够资源分配给该进程）。

第 2 步：化简，去掉非阻塞、非孤立进程。收回已经分配给这类进程的所有资源。形成一个个孤立的进程或者资源点。

第 3 步：反复执行第 2 步，直至孤立点和系统资源不再增加。

第 4 步：判断。

1）可完全简化：所有进程和资源都变成孤立的点。

2）死锁：化简之后，出现首尾相连的环状，就产生了死锁。

【例 3】在如图 4-2-6 所示的进程资源图中，____（1）____；该进程资源图是____（2）____。

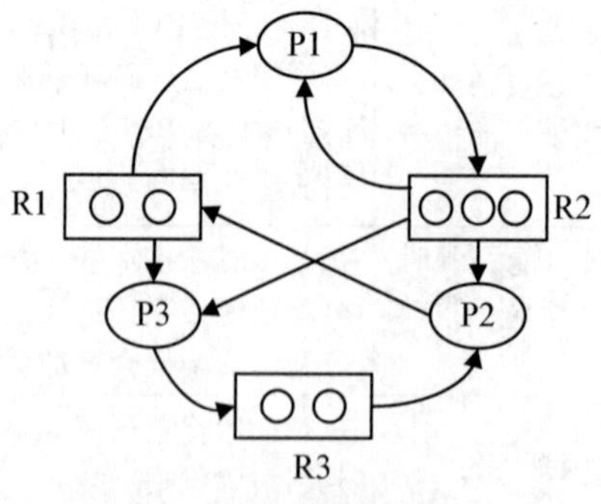

图 4-2-6 例题用图

（1）A. P1、P2、P3 都是阻塞节点

B. P1 是阻塞节点，P2、P3 是非阻塞节点

C．P1、P2 是阻塞节点，P3 是非阻塞节点

D．P1、P2 是非阻塞节点，P3 是阻塞节点

（2）A．可以化简的，其化简顺序为 P1→P2→P3

B．可以化简的，其化简顺序为 P3→P1→P2

C．可以化简的，其化简顺序为 P2→P1→P3

D．不可以化简的，因为 P1、P2、P3 申请的资源都不能得到满足

【例题分析】

资源 R1 已经分配给进程 P1、P3，所以进程 P2 无法再请求到资源 R1，会进入阻塞；资源 R2 已经全部分配给进程 P1、P2 和 P3，所以进程 P1 无法**再请求**到资源 R1，会进入阻塞；资源 R3 还有一个未用，当进程 P3 申请时，可以顺利获得，故不会阻塞。

所以，P1、P2 是阻塞节点，P3 是非阻塞节点。

化简过程如图 4-2-7 所示。

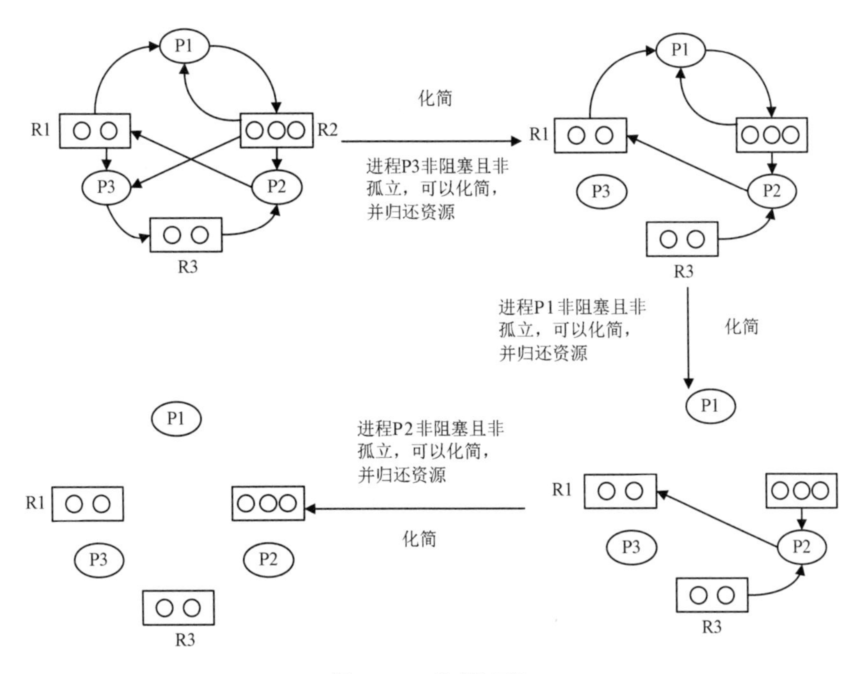

图 4-2-7　化简过程

最后，所有进程和资源都变成了孤立的点，因此可以简化。

【参考答案】（1）C　（2）B

4.2.5　管程

汉森（Hansen）和霍尔（Hoare）提出了一个新的同步机制——管程，用于解决不合理的 PV 操作容易造成死锁的问题。管程实现了进程之间的互斥，使临界区互斥实现了自动化，它比信号量

更容易保证并发进程的正确性。

管程是一个过程、变量及数据结构等组成的集合，即用数据抽象地表示系统资源。这样，资源管理就可用数据及之上的操作若干过程来表示；**代表共享资源数据及在其上操作的一组过程就构成了管程**。

4.2.6 线程

线程（Thread）：操作系统调度、处理器分配的最小单位。线程包含在进程中，是进程中的实际运作单位。

多线程（Multithreading）：基于软件或者硬件的多个线程并发执行技术。多线程计算机在硬件上支持同一时间执行多个线程，从而提升整体处理性能。

在支持多线程的操作系统中，一进程创建了若干个线程，那么这个线程可以共享该进程的很多资源，比如进程打开的文件、定时器、信号量，可共享访问进程地址空间中的每一个虚地址；但不能共享该进程中某线程的栈指针。

4.3 存储管理

存储器管理的对象是主存（内存）。本节主要考点有实存和虚存的管理，而虚存管理常考逻辑地址和物理地址间的转换。

4.3.1 实存管理

存储管理的任务是存储空间的分配与回收。实际存储管理主要方式是分区存储管理，把内存分为若干区，每个区分配给一个作业使用，并且用户只能使用所分配的区。存储管理按划分方式不同分区，见表 4-3-1。

表 4-3-1 实存管理的分区方式

分配方式	分配类型	分配特点
固定分区	静态分配法	将主存划分为若干个分区，分区大小不等
可变分区	动态分配法	存储空间划分是在作业装入时进行的，故分区的个数是可变的，分区的大小刚好等于作业的大小
可重定位分区	动态分配法	移动所有已分配好的分区，使之成为连续区域

在可变分区分配方式中，当有新作业申请分配内存时所采用的存储分配算法有以下 4 种：

（1）最佳适应法：选择最接近作业需求的内存空白区（自由区）进行分配。该方法可以减少碎片，但同时也可能带来小而无法再用的碎片。

（2）最差适应法：选择整个主存中最大的内存空白区。

（3）首次适应法：从主存低地址开始，寻找第一个能装入新作业的空白区。

（4）循环首次适应算法：首次适应法的变种，也就是不再是每次都从头开始匹配，而是从刚分配的空白区开始向下匹配。

4.3.2 虚存管理

“实存管理”策略比较简单，但毕竟内存大小总有限，如果出现大于物理内存的作业就无法调入内存运行。解决办法就是**虚拟存储系统**，即用外存换取内存。**虚存管理**则是实现虚拟地址和实地址的对应关系。

虚存管理情况下，实际进程对应运行的地址为逻辑地址（虚拟地址），而不对应主存的物理地址（**实地址**）。这种方式允许部分数据装入和对换，可用较小的内存运行较大的程序。这样就可以提供大于物理地址的逻辑地址空间。

1. 虚存组织

常见的虚存组织方式有 3 种，见表 4-3-2。

表 4-3-2　常见的虚存组织方式

	页式管理	段式管理	段页式管理
划分方式	（1）进程地址分为若干大小等长区（定长）。 （2）主存空间划分成与页相同大小的若干个物理块，称为块	作业的地址空间被划分为若干个段（可变长），每段是完整的逻辑信息	（1）整个主存划分成大小相等的存储块（页框）。 （2）再将用户程序按程序的逻辑关系分为若干个段。 （3）再将每个段划分成若干页
进程分配主存	进程的若干页分别装入多个不相邻接的块中	（1）作业每个段整体分配一个连续的内存分区。 （2）作业的各个段可以不连续地分配到主存中	以存储块（页框）为单位离散分配
地址结构	（页号 p，页内偏移 d）	（段号 s，段内偏移 d）	（段号 s，段内页号 p，页内偏移 d）
实际地址定位	通过页表找到内存物理块起始地址，然后+页内偏移	段表内找出内存物理块起始地址，然后+段内偏移	先在段表中找到页表的起始地址，然后在页表中找到起始地址，最后+页内偏移
其他	页表：一张逻辑页到实际物理页映射表。系统借助页表能找到在主存中的目标页面对应的物理快。 快表：一组高速存储器，保存当前访问频率较高的少数活动页及相关信息	段表：一张逻辑段到物理主存区的映射表。系统借助段表找到目标段起始地址（基址）和段的长度	

【例 1】某计算机系统页面大小为 4K，进程的页面变换见表 4-3-3，逻辑地址为十六进制 1D16H。

该地址经过变换后，其物理地址应为十六进制______。

表 4-3-3　页面变换表

页号	物理块号
0	1
1	3
2	4
3	6

A．1024H　　B．3D16H　　C．4D16H　　D．6D16H

【例题分析】题目给出页面大小为 4K（$4K=2^{12}$），因此该系统逻辑地址低 12 位为页内地址，高位对应页号。而题目给出逻辑地址为十六进制 1D16H，代表逻辑地址有 16 个二进制位，其中低位 D16H（12 位）为页内地址，高位 1（4 位）说明页号为 1。

由表 4-3-3 可知，页号 1 对应的物理块号为 3。因此，1D16H 的实际地址为 3D16H。

【参考答案】B

【例 2】假设段页式存储管理系统中的地址结构如图 4-3-1 所示，则系统______。

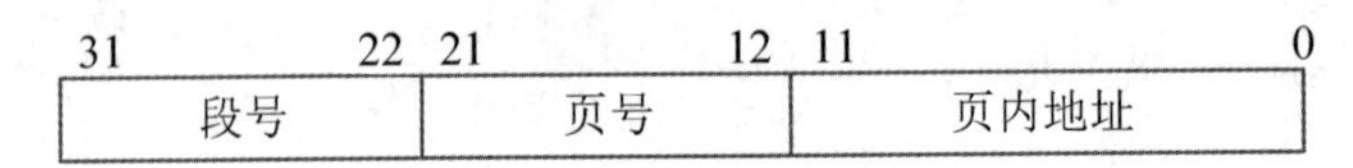

图 4-3-1　地址结构图

A．最多可有 2048 个段，每个段的大小均为 2048 个页，页的大小为 2K

B．最多可有 2048 个段，每个段最大允许有 2048 个页，页的大小为 2K

C．最多可有 1024 个段，每个段的大小均为 1024 个页，页的大小为 4K

D．最多可有 1024 个段，每个段最大允许有 1024 个页，页的大小为 4K

【例题分析】段号为 10 位，因此段数 $2^{10}=1024$；页号为 10 位，因此段内的最大页数 $2^{10}=1024$；页内地址为 12 位，所以页大小 $2^{12}=4096$ 字节。

【参考答案】D

【例 3】某进程有 4 个页面，页号为 0～3，页面变换表及状态位、访问位和修改位的含义见表 4-3-4。若系统给该进程分配了 3 个存储块，当访问前页面 1 不在内存时，淘汰表中页号为______的页面代价最小。

表 4-3-4　习题用表

页号	页帧号	状态位	访问位	修改位
0	6	1	1	1
1	-	0	0	0

续表

页号	页帧号	状态位	访问位	修改位
2	3	1	1	1
3	2	1	1	0

状态位含义：0 不在内存、1 在内存；访问位含义：0 未访问过、1 访问过；修改位含义：0 未修改过、1 修改过。

A. 0　　B. 1　　C. 2　　D. 3

【例题分析】本题考查虚存页式管理方式。

系统为该进程分配了 3 个存储块，从状态位可知，页面 0、2 和 3 在内存中，并占据了 3 个存储块；访问前页面 1 不在内存时，需要调入页面 1 进入内存，这就要淘汰内存中的某个页面。从访问位来看，页面 0、2 和 3 都被访问过，无法判断哪个页面应该被淘汰；从修改位来看，页面 3 未被修改过，所以淘汰页面 3，代价最小。因此本题选择 D。

最近未用淘汰算法——NUR（Not Used Recently）淘汰算法，每次都尽量选择最近最久未被写过的页面淘汰。算法按照下列顺序选择被淘汰的页面：

第 1 淘汰：访问位=0，修改位=0；直接淘汰。

第 2 淘汰：访问位=0，修改位=1；写回外存后淘汰。

第 3 淘汰：访问位=1，修改位=0；直接淘汰。

第 4 淘汰：访问位=1，修改位=1；写回外存后淘汰。

【参考答案】D

2. 虚存管理

虚拟存储管理包含作业调入内存、放置（放入分区）、置换等工作。具体见表 4-3-5。

表 4-3-5　虚拟存储管理内容

管理动作	具体解释
调入	确定何时将某一页/段的外存的内容调入主存。通常分为： （1）请求调入：需要使用时调入。 （2）先行调入：预计即将使用的页/段先行调入主存
放置	调入后，放在主存的什么位置。方法和主存管理方法一致
置换（Swapping）	当内存已满，需要调出（淘汰）一些页面给需要使用内存的页面。具体方法与 Cache 调入方法一致。 （1）最优算法（OPT）：淘汰不用的或最远的将来才用的页。理想方法，难以实现。 （2）随机算法（RAND）：随机淘汰。开销小，但性能不稳定。 （3）先进先出算法（FIFO）：调出最早进入内存的页。 （4）最近最少使用算法（LRU）：选择一段时间内使用频率最少的页

3. 程序局部性

Denning 认为，程序在执行时将呈现时间和空间局部性规律。

（1）**时间局部性**：某条指令一旦执行，不久还可能被执行；如果某一存储单元被访问，不久还可能被访问。产生原因：程序的循环操作。

（2）**空间局部性**：程序访问了某存储单元，不久还可能访问附近的存储单元。产生原因：程序是顺序执行的。

4. 工作集

不合理的进程的内存分配，会出现进程被频繁调入调出（抖动/颠簸）现象。为了解决这一问题，Denning 提出了工作集理论。工作集是进程频繁访问的页面集合。

通过分析缺页率，来调整工作集的大小，从而达到内存的合理配置。

4.4 文件管理

文件（File）是具有符号名的、且有完整逻辑意义的一组相关信息集。文件可以是源程序、目标程序、编译程序、数据、文档等。该节知识点包含文件的组织结构、文件目录等。

文件管理系统可以实现按文件名称存储，提供统一用户接口；可实现文件并发访问和控制；可实现文件权限控制；可实现文件的索引、读写、存储；可实现文件的校验。

文件系统就是操作系统中用于实现文件统一管理的软件与相关数据的集合。文件分类见表4-4-1。

表 4-4-1 文件分类表

分类方式	具体分类
按性质和用途	系统文件、库文件和用户文件
按保存期限	临时文件、档案文件和永久文件
按保护方式	只读文件、读/写文件、可执行文件和不保护文件
按文件存取方式	顺序存取、随机存取
按文件逻辑结构	记录文件、流式文件
按文件物理结构	普通文件、目录文件、特殊文件

4.4.1 文件的组织结构

组织结构就是文件的组织形式。其中，**逻辑结构**为用户可见的文件结构，**物理结构**为存储器中存放的方式。

文件逻辑结构分类见表 4-4-2。

表 4-4-2　文件逻辑结构分类表

分类	特点	备注
记录文件	有结构，文件由一个个的记录构成	根据记录长度分为定长记录和不定长记录
流式文件	字节流形式，文件是由字节或字符构成的。文件没有划分记录，文件顺序访问	UNIX 系统中，所有文件均为流式文件

文件物理结构分类见表 4-4-3。

表 4-4-3　文件物理结构分类表

类型	说明
连续结构（顺序结构）	预分配一个连续的物理块，然后依次存入信息
链接结构（串联结构）	逻辑连续的文件存储在不连续的物理块中；按单个物理块逐个分配，每个物理块有一个指针指向下一个物理块
索引结构	逻辑连续的文件存储在不连续的物理块中；该结构中每个文件建立一张索引表，每一项指出逻辑块与物理块的对应关系。 索引结构既可以满足文件动态增长的需求，又能进行快速随机存储
多个物理块的索引表	在文件创建时，系统自动创建索引表，并与文件共同存放在同一文件卷中。文件大小不同，索引占用物理块数不等

当存储大文件时，一般采用多级（间接地址索引），间接地址索引指向的不是文件，而是文件的地址。例如，一个能存储 n 个地址的物理块，采用一级间接地址索引，则可寻址的文件长度变成 n^2 块。对于更大的文件还可采用二级、三级间接地址索引。

【例 1】设文件索引节点中有 8 个地址项，每个地址项大小为 4 字节，其中 5 个地址项为直接地址索引，2 个地址项是一级间接地址索引，1 个地址项是二级间接地址索引，磁盘索引块和磁盘数据块大小均为 1KB 字节。若要访问文件的逻辑块号分别为 5 和 518，则系统分别采用______。

A．直接地址索引和一级间接地址索引

B．直接地址索引和二级间接地址索引

C．一级间接地址索引和二级间接地址索引

D．一级间接地址索引和一级间接地址索引

【例题分析】依据题意，每个地址项大小为 4 字节，磁盘索引块为 1KB 字节，则每个索引块可存放物理块地址个数=磁盘索引块大小/每个地址项大小=1KB/4=256。

文件索引节点中有 8 个地址项，5 个地址项为直接地址索引，2 个地址项是一级间接地址索引，1 个地址项是二级间接地址索引。则有：

（1）直接地址索引指向文件的逻辑块号为：0～4。

（2）一级间接地址索引指向文件的逻辑块号为：5～256×2+4 即 5～516。

（3）二级间接地址索引指向文件的逻辑块号为：517～256×256+516 即 517～66052。

图 4-4-1 为文件的地址映射示例。

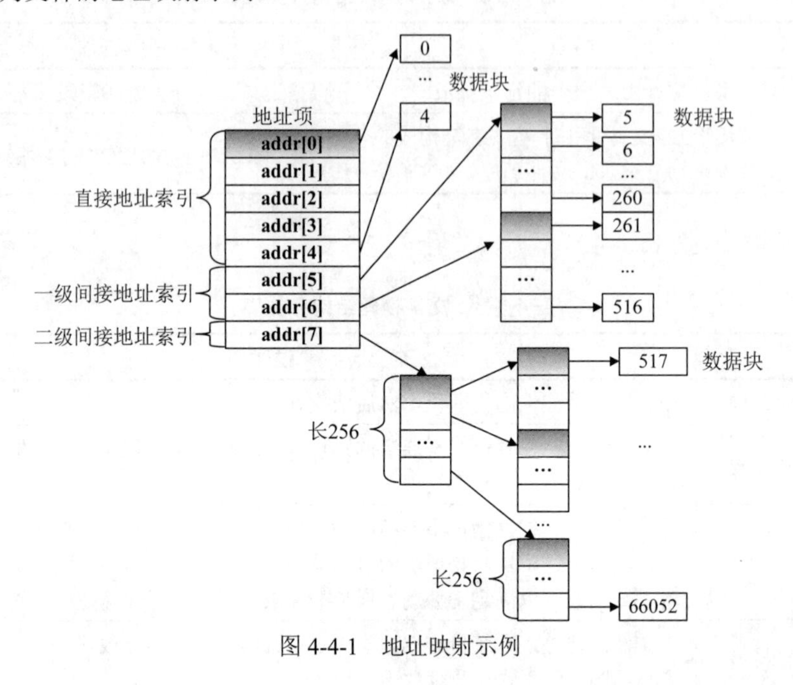

图 4-4-1　地址映射示例

【参考答案】C

4.4.2　文件目录

文件控制块（FCB），又称文件目录项、文件说明，用于存放控制文件的数据结构。文件控制块主要包括的信息见表 4-4-4。

表 4-4-4　文件控制块 3 类信息

类别	实例
基本信息	文件名、类型、长度、文件块等
存取控制信息	读写、访问、执行权限等
使用信息	文件创建日期、最后一次修改日期等

常见的目录结构见表 4-4-5。

表 4-4-5　常见的目录结构

类别	特点
一级目录结构	线性结构、一张目录表。查找速度慢，不允许重名
二级目录结构	主目录加用户目录构成。查找速度快，允许重名，隔离用户间不便于共享文件
多级目录结构	树形目录结构，常用文件结构

【例 1】某文件系统的目录结构如图 4-4-2 所示，假设用户要访问文件 rw.dll，且当前工作目录为 swtools，则该文件的全文件名为___（1）___，相对路径和绝对路径分别为___（2）___。

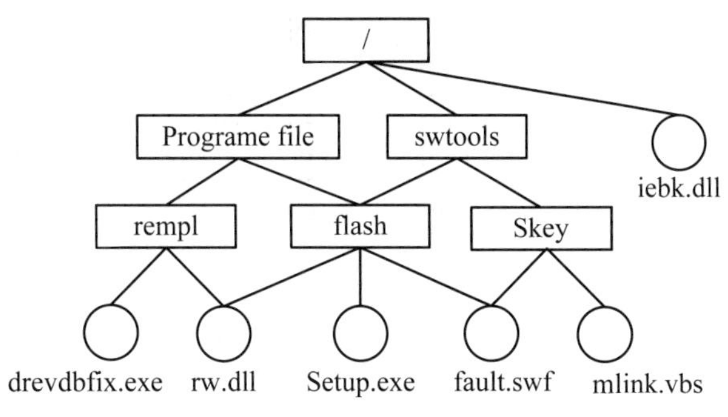

图 4-4-2 试题图

（1）A．rw.dll　　B．flash/rw.dll
　　C．/swtools/flash/rw.dll　　D．/Programe file/Skey/rw.dll

（2）A．/swtools/flash/和/flash/　　B．flash/和/swtools/flash/
　　C．/swtools/flash/和 flash/　　D．/flash/和 swtools/flash/

【例题分析】

文件的全文件名包括盘符及从根目录开始的路径名；文件的相对路径是从当前工作目录下的路径名；文件的绝对路径是指目录下的绝对位置，直接到达目标位置。

【参考答案】（1）C　（2）B

4.4.3 文件管理其他知识

当用户双击一个文件名时，Windows 系统通过建立的文件关联来决定使用什么程序打开该文件。

4.5 作业管理

作业是系统为完成一个用户的计算任务所做的工作总和。作业由**程序、数据和作业说明书** 3 部分组成；其中，作业说明书使用**作业控制语言**（Job Control Language，JCL）表达用户对作业的控制意图。

1．作业说明书

作业说明书包含作业基本情况（作业名、用户名、最大处理时间、使用的编程语言等）、作业控制（控制方式、作业操作顺序、出错处理等）、作业资源要求（优先级、处理时间、外设类型及数量等）。

2．作业状态

作业状态有提交、后备、执行和完成 4 种状态。

3. 作业调度

常用的作业调度算法见表 4-5-1。

表 4-5-1 常用的作业调度算法

算法	调度依据
先来先服务	根据作业到达的时间先后顺序进行作业调度，先进作业先被调度
短作业优先	运行时间最短的作业优先，不利于长作业
响应比高者优先	响应比$\left(\frac{\text{作业等待时间+作业运行时间}}{\text{作业运行时间}}\right)$高者优先执行
优先级调度	根据预设的优先级进行调度
均衡调度	先分类，系统轮流从分类的作业中选择执行

4. 用户界面

用户界面又称用户接口或者人机界面，是人与机器之间传递和交换信息的媒介。

4.6 设备管理

设备管理中的“设备”是计算机系统外部设备，就是指除了主机以外的其他设备。I/O 系统由 I/O 软件、硬件设备、总线、通道等组成。

4.6.1 设备管理概述

设备管理主要考虑如何有效利用设备、发挥 CPU 和外设之间并行工作能力、方便用户使用设备。硬件设备分类见表 4-6-1。

表 4-6-1 硬件设备分类

分类方式	具体分类	特点
数据组织方式	块设备	以数据块为单位传输数据，例如磁盘
	字符设备	以单个字符为单位传输数据，例如打印机
资源角度	独占设备	一段时间只允许一个进程访问，例如打印机等低速设备
	共享设备	一段时间允许多进程访问，例如磁盘
	虚拟设备	通过虚拟技术将一台独占设备提供给多用户（进程）使用，可以通过 Spooling 技术实现
数据传输速率	低速设备	低数据传输速率的设备。例如键盘、鼠标等
	中速设备	中数据传输速率的设备。例如各类打印机等
	高速设备	高数据传输速率的设备。例如磁带、磁盘等

4.6.2　I/O 软件

要实现设备管理的功能，需要 I/O 软件和 I/O 硬件协作配合完成。I/O 软件由底层到高层、优先级由高到低，分为中断层、设备驱动程序、设备无关的系统软件、用户进程。

【例 1】当用户通过键盘或鼠标进入某应用系统时，通常最先获得键盘或鼠标输入信息的是_____程序。

A．命令解释　　B．中断处理　　C．用户登录　　D．系统调用

【例题分析】中断处理优先级高。

【参考答案】B

4.6.3　磁盘调度

常用的磁盘调度算法有先来先服务、最短寻道优先、扫描算法、单向扫描算法。

位示图是利用二进制的一位来表示磁盘中的一个盘块的使用情况。当其值为“0”时，表示对应的盘块空闲；为“1”时，表示已经分配。

【例 1】某文件管理系统在磁盘上建立了位示图（bitmap），记录磁盘的使用情况。若计算机系统的字长为 32 位，磁盘的容量为 300GB，物理块的大小为 4MB，那么位示图的大小需要______个字。

A．1200　　B．2400　　C．6400　　D．9600

【例题分析】磁盘物理块总数=磁盘的容量/物理块的大小=300×1024/4。由于计算机字长为 32 位，每位表示一个物理块是“分配”还是“空闲”状态。所以，位示图的大小=磁盘物理块总数/字长=300×1024/4/32=2400 个字。

【参考答案】B

【例 2】在磁盘调度管理中，应先进行移臂调度，再进行旋转调度。磁盘移动臂位于 21 号柱面上，进程的请求序列见表 4-6-2。如果采用最短移臂调度算法，那么系统的响应序列应为______。

表 4-6-2　进程请求序列

请求序列	柱面号	磁头号	扇区号
①	17	8	9
②	23	6	3
③	23	9	6
④	32	10	5
⑤	17	8	4
⑥	32	3	10
⑦	17	7	9
⑧	23	10	4
⑨	38	10	8

A．②⑧③④⑤①⑦⑥⑨　　B．②③⑧④⑥⑨①⑤⑦
C．①②③④⑤⑥⑦⑧⑨　　D．②⑧③⑤⑦①④⑥⑨

【例题分析】系统的响应顺序是先进行移臂调度，再进行旋转调度。

（1）移臂调度：由于移动臂位于 21 号柱面上。按照最短寻道时间优先的响应算法，先应到 23 号柱面，即可以响应请求{②③⑧}；接下来，23 号柱面到 17 号柱面更短，因此可以响应请求{⑤⑦①}；再接下来，17 号柱面到 32 号柱面更短，因此可以响应请求{④⑥}；最后响应⑨。

（2）旋转调度：原则是先响应扇区号最小的请求，因此在请求序列{②③⑧}中，应先响应②，再响应⑧，最后响应③。序列{⑤⑦①}、{④⑥}同理。

【参考答案】D

第 5 章　程序设计语言和语言处理程序知识

本章讲述程序设计语言的原理性知识。本章包含程序设计语言基础知识、语言处理程序基础知识等知识点。在软件设计师考试中，上午考试考查的分值在为 3～4 分，属于零星考点。主要考查函数的形式参数、实际参数、参数值传递、常见的程序设计语言特点、词法分析、语法分析等。

本章考点知识结构图如图 5-0-1 所示。

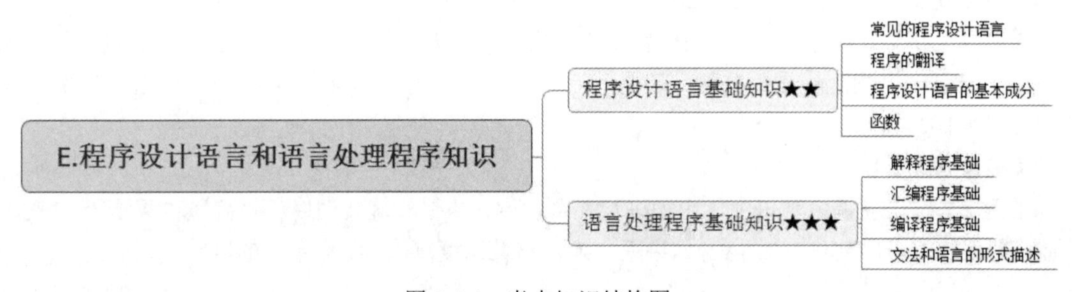

图 5-0-1　考点知识结构图

5.1　程序设计语言基础知识

程序设计语言是用于书写计算机程序的语言。本节知识包含常见的程序设计语言、程序的翻译、程序设计语言的基本成分、函数等知识。这些知识也是“软设”考试当中常考的内容。

5.1.1　常见的程序设计语言

程序语言可以分为低级语言和高级语言。

（1）低级语言：由 0 和 1 组成的指令序列，是面向机器的语言。该类语言的特点是编程人员编程效率低，机器执行效率高，可移植性差。主要包括**机器语言**和**汇编语言**两种。

- 机器语言每条指令是 0、1 的数字序列，能被机器直接执行。
- 汇编语言是符号化了的机器语言，将指令操作码、存储地址部分符号化，方便记忆。

（2）高级语言：与自然语言比较接近，方便编程人员使用。该类语言的特点是编程人员编程效率高，机器执行效率低，可移植性强。

常见的高级语言见表 5-1-1。

表 5-1-1　常见的高级语言

语言	特点
FORTRAN	第一个广泛应用于科学计算的高级语言
ALOGOL	分程序结构的语言，有着严格的文法规则（使用 BNF 描述）
COBOL	面向事务处理的高级语言
PASCAL	曾经的教学语言，合并了分程序与过程的概念
C	UNIX 系统及其大量的应用程序都是用 C 语言编写的。兼顾高级语言、汇编语言的特点，可直接访问操作系统和底层硬件，能编写出高效的程序
C++	从 C 语言的基础上发展而来，主要增加了类的进制，成为了面向对象的程序设计语言
Java	目标是“一次编写，多处运行”，具有强大的跨平台性；保留了 C++基本语法、类等概念，是一个纯面向对象的语言。Java 的特点：即时编译、对象在堆空间分配和自动的垃圾回收处理
LISP	函数式程序设计语言。可用于数理逻辑、人工智能等领域
Prolog	以特殊的逻辑推理形式回答用户的查询，可用于数据库、专家系统
Python	面向对象、解释型的程序设计语言。Python 具有丰富和强大的类库
XML	标记电子文件使其具有结构性的标记语言

脚本语言是为了缩短传统编程语言的“编写－编译－链接－运行”过程而创建的。脚本通常以**文本**方式保存，只有被调用时才进行解释或编译。常见的脚本语言有 JavaScript、VBScript、Perl、PHP、Python、Ruby。

5.1.2　程序的翻译

1. 编译程序分类

由于程序员直接用机器语言编写程序效率低，所以往往采用高级语言编写程序，然后借助软件翻译成机器程序。

转换前的程序称为**源程序**，源程序用汇编语言或高级语言编写；转换后的程序称为**目标程序**，可以是机器语言形式、汇编语言形式或某种中间语言形式。

（1）翻译程序：该程序将用汇编语言或高级语言编写的程序转换成等价的机器语言。

（2）编译程序：一种翻译程序，将高级语言编写的源程序翻译成汇编语言或机器语言形式的目标程序。运行 C 语言这类编译语言编写的源程序，需要预处理、编译、链接、运行等阶段的处理。

编译和解释程序的区别在于：编译方式下，机器上独立运行与源程序等价的目标程序，源程序和编译程序不再参与目标程序的执行过程；解释方式下，**不生成目标程序**，解释程序和源程序还要参与到程序的运行过程中。

（3）汇编程序：一种翻译程序，源程序是汇编语言程序，目标程序是机器语言程序。

2. 高级语言的翻译方式

把高级语言翻译成机器能理解的方式有编译和解释两种。具体方式如图 5-1-1 所示。

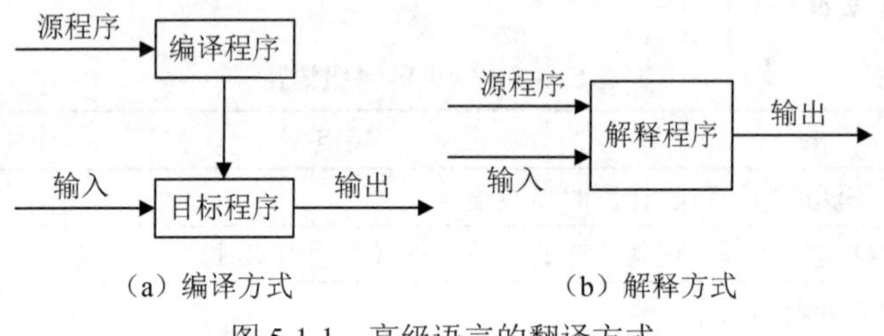

（a）编译方式　（b）解释方式

图 5-1-1　高级语言的翻译方式

（1）编译方式：分析整个源程序，翻译成等价的目标程序，翻译的同时做语法和语义检查，最后运行目标程序。编译程序不参与用户程序的运行控制，以后运行只需要直接使用保存的机器码，运行效率高。

（2）解释方式：源程序的语句一条条地读入，一边翻译一边执行，在翻译的过程中不产生目标程序。编译程序参与用户程序的运行控制，每使用一次就要解释一次，运行效率低。

5.1.3　程序设计语言的基本成分

程序设计语言基本成分包括数据、运算、控制和传输等。

1. 数据成分

程序设计语言的数据成分就是数据类型。依据不同角度，数据可以进行不同的划分，以 C++ 语言为例，常见的数据类型见表 5-1-2。

表 5-1-2　程序设计语言的数据成分分类

分类方式	子类	备注
依据程序运行时值是否变化	常量	值不能变，源程序中使用常量可提高源程序的可维护性
	变量	值可变
依据数据在程序代码中的作用范围分类	全局量	作用域为整个文件、程序。运行过程中其值可改变
	局部量	作用域为定义该变量的函数。运行过程中其值可改变
依据数据的组织形式分类	基本型	字符型（char）、整型（int）、实型（float double）、布尔型（bool）
	特殊类型	空类型
	指针类型	例如：int*p
	构造类型	数组、联合、结构
	抽象数据类型	类类型

程序各类变量在内存中的结构如图5-1-2所示。

（1）**程序区**：放置程序代码。

（2）**数据区**：包含初始的全局变量和静态变量（static变量）。

（3）**BSS**（Block Started by Symbol）**区**：存放未初始化的全局变量。

（4）**堆区**：存储函数动态内存分配，堆区地址空间“向上增长”，即堆保存数据越多，堆地址越高。堆数据结构类似于树。C、C++语言中的malloc、calloc、realloc、new、free等函数所操作的内存就是放于堆区。堆内存一般由程序员释放，也可以在程序结束时由操作系统释放。

（5）**栈区**：函数的局部变量、函数参数（不包括static变量）及返回值。栈区地址空间“向下增长”。栈数据结构属于“**后进先出**”（Last In First Out，LIFO），即最后进栈的数据，最先离栈。

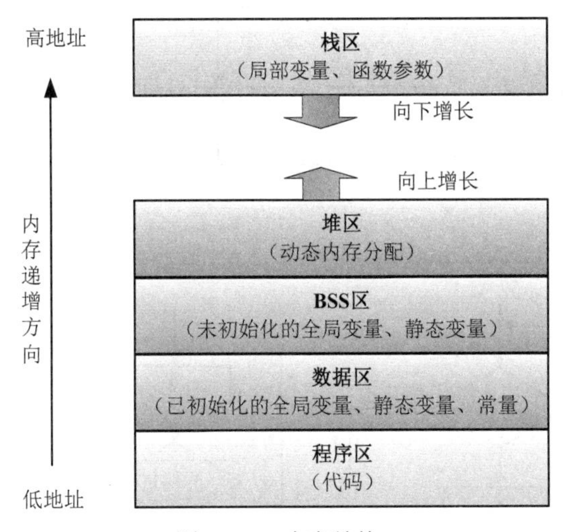

图5-1-2　内存结构

下面给出了一段C语言程序，并标记各变量在内存中的位置。

```
#include <stdio.h>
int           g_B= 20;          //数据区
static int    g_C= 30;          //数据区
static int    g_D;              //BSS 区
int           g_E;              //BSS 区
char          *p1;              //BSS 区

void main( )
{
    int            local_A;              //栈区
    int            local_B;              //栈区
    static int     local_C = 0;          //数据区
    static int     local_D;              //数据区
    char           *p3 = "123456";       //123456 在数据区，p3 在栈区
    p1 = (char *)malloc(10);             //分配得来的 10 字节的区域在堆区
```

```
    strcpy( p1, "123456" );                //123456 在数据区，编译器可能会将它与 p3 所指向的"123456"优化成一块
    ......
}
```

2. 运算成分

程序设计语言的基本运算可分为算术运算、关系运算、逻辑运算。

3. 控制成分

理论上证明，可计算问题的程序都可以用顺序结构、选择结构和循环结构来描述。3 种结构图如图 5-1-3 所示。

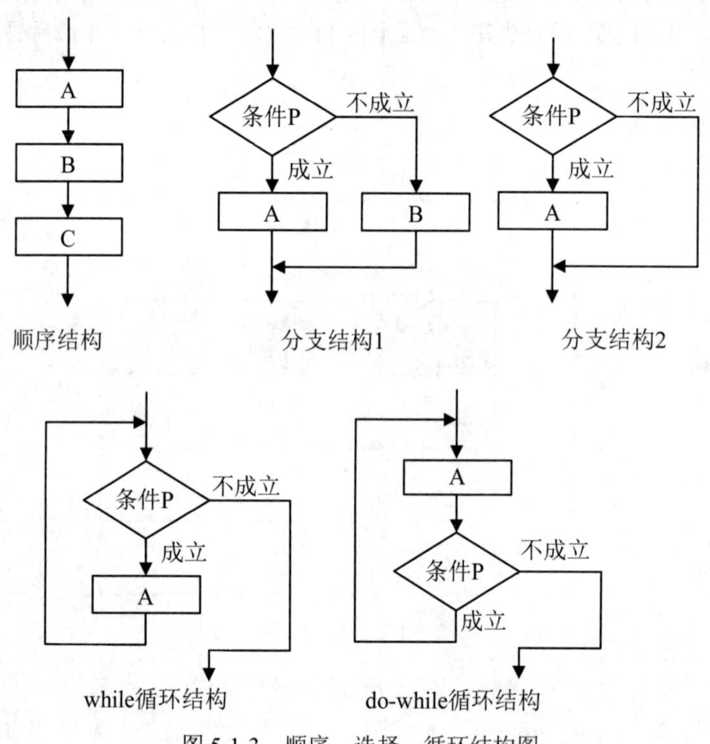

图 5-1-3　顺序、选择、循环结构图

4. 传输成分

程序设计语言的传输成分包括数据输入/输出，赋值等。

5.1.4　函数

C 语言程序中所有的命令都包含在函数内。其中，主程序就是 main()函数，程序启动就会第一个执行。其他所有函数，均为 main()函数的子函数。

1. 函数定义

函数就是实现某个功能的代码块，执行函数需要实现声明，然后可以多次被调用。

函数的定义包含一个函数头（声明符）和一个函数块，具体如图 5-1-4 所示。

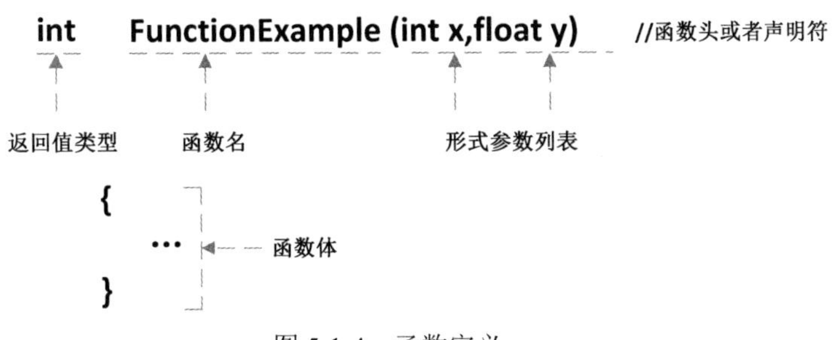

图 5-1-4　函数定义

（1）**函数头**指定函数名称、返回值类型、函数运行时参数类型和名称。

（2）**函数体**描述函数应该要做的事情。

（3）**返回值**可以是 void 或者任何对象类型，但不可以是数组或者是函数。

2. 函数声明

程序设计语言要求函数先声明后引用，如果某函数定义之前使用该函数，则应该在调用该函数前进行函数声明。函数声明的形式为：

返回值类型函数名（参数类型表）

使用这种方式可以告诉编译器，传递给函数的参数个数、类型、函数返回值的类型。

3. 函数调用

函数调用就是调用方使用被调用函数的功能。**函数调用和返回控制是用栈实现的**。函数调用的形式为：

函数名（实参表）

4. 形式参数与实际参数

形式参数与实际参数的特点见表 5-1-3。

表 5-1-3　形式参数与实际参数的特点

参数类型	定义	特点
形式参数	定义函数时，函数名后括号的变量名称	只有在函数被调用时，系统才会为形参分配内存，并完成实参与形参的数据传递；调用完毕则释放内存。 形参只在函数内部有效
实际参数	调用一个函数时，函数名后括号中的参数	可以是常量、变量、表达式、函数等，进行函数调用时，实参必须有确定值，以便将值传递给形参。 实参只在函数外部有效

5. 参数传递

用户调用函数可以通过参数传递信息。大部分语言中，形参与实参的对应关系是按位置来进行的，因此调用时，实参的**个数、类型与顺序**应与形参保持一致。

参数的传递方式包括值调用（Call by Value）、引用调用（Call by Reference）等方式，具体特点见表 5-1-4。

表 5-1-4　实参与形参传递信息的方式

传递方式	特点
值调用	实参值传递给形参，形参的改变不会导致实参值的改变。 C、C++语言支持这种调用
引用调用	实参传递地址给形参，因此形参值改变的同时就改变了实参的值。 C++语言支持这种调用

【例 1】求从 x 加到 y 的值。

```
#include <stdio.h>
int sum(int m,int n) {                //函数 sum()定义处，m、n 是形参
    int i;
    for (i=m+1;i<=n;i++) {
        m=m+i;
    }
    return m;
}
int main() {
    int a,b,total;
    printf("输入两个正整数: ");
    scanf("%d %d",&a,&b);         //读取用户输入数据，并赋值给 a、b
    total=sum(a,b);               //函数 sum()调用处，a、b 是实参；且调用 sum()时，数据会传递给形参 m、n
    printf("a=%d,b=%d\n",a,b);
    printf("总和=%d\n",total);
    return 0;
}
```

编译并运行上面的程序，在交互模式下产生以下结果：

```
输入两个正整数:1 10↙
a=1, b=10
总和=55
```

上述程序运行，输入为 1 和 10，则实参 a、b 为 1、10。

执行函数 sum()，则**形参 m 变为 55**，形参 n 为 10；但这并不影响实参 a、b 的值。函数运行完毕后，**实参 a、b 仍然为 1、10**。

【例 2】函数 main()、f()的定义如下所示，调用函数 f()时，第 1 个参数采用传值（Call by Value）方式，第 2 个参数采用传引用（Call by Reference）方式，main 函数中“print(x)”执行后输出的值为______。

```
main()                          f(int x,int &a)
{                               {
  int x=1;                        x=2*x+1;
  f(5,x);                         a=a+x;
  print(x);                       return;
}                               }
```

A．1　　　　B．6　　　　C．11　　　　D．12

【例题分析】

```
main()
{
  int x=1;
  f(5,x);             //函数 f()调用处，x 是实参
  print(x);
}
f(int x,int &a)       //函数 f()定义处，x、a 是形参；第 1 个参数 x 是传值方式，第 2 个参数 a 是以传引用方式
{
  x=2*x+1;
  a=a+x;
  return;
}
```

运行程序：

（1）main()函数调用 f(5,x)，此时，f()函数中的 x=5，a=1。

（2）运行函数 f()语句 x=2*x+1，则 x=11。

（3）运行函数 f()语句 a=a+x，则 a=12。由于形参 a 采用传引用方式，则与参数 a 相同地址的实参 x 值也为 12。

【参考答案】 D

5.2 语言处理程序基础知识

语言处理程序就是将编写的程序转换成可以在机器上运行的语言程序。语言处理程序可以分为汇编程序、解释程序、编译程序。软设考试中，编译程序内容考查较多。

5.2.1 解释程序基础

解释程序和编译程序最大的不同是**不产生目标程序**。常见的解释程序实现方式有 3 种，见表 5-2-1。

表 5-2-1 常见的解释程序实现方式

类型	说明	特性	例子
A	直接解释执行源代码	需要反复扫描源程序，效率很低	早期 BASIC
B	先把源程序翻译成高级中间代码，然后对中间代码进行解释	效率较高	APL、SNOBOL4、Java
C	先把源程序翻译成低级中间代码，然后对中间代码进行解释	可移植性较高	PASCAL-P

5.2.2 汇编程序基础

汇编语言是一种为特定计算机系统设计的面向机器的符号化程序设计语言。汇编语言源程序语句可以分为 3 类，各类情况见表 5-2-2。

表 5-2-2 汇编语言语句类型

类型	特点
指令语句	又称为机器指令语句，汇编后产生能被 CPU 识别并执行的机器代码。比如，ADD、SUB 等指令语句可以分为算术运算指令、逻辑运算指令、转移指令、传送指令等
伪指令	伪指令是对汇编过程进行控制的指令，但不是可执行指令，因此汇编后不产生机器代码。伪指令通常包括存储定义语句、开始语句、结束语句
宏指令	宏就是可以多次重复使用的程序段。宏指令语句就是宏的引用

汇编语言工作分两步：可执行语句转换为对应的机器指令；处理伪指令。

汇编语言的翻译工作通常会扫描两次源程序：第 1 次扫描的主要工作是定义符号的值，而第 2 次扫描的主要工作则是产生目标程序。

5.2.3 编译程序基础

编译程序的功能是把某高级语言编写的源程序翻译成与之等价的低级语言的目标程序（机器语言或者汇编语言）。整个过程如图 5-2-1 所示。

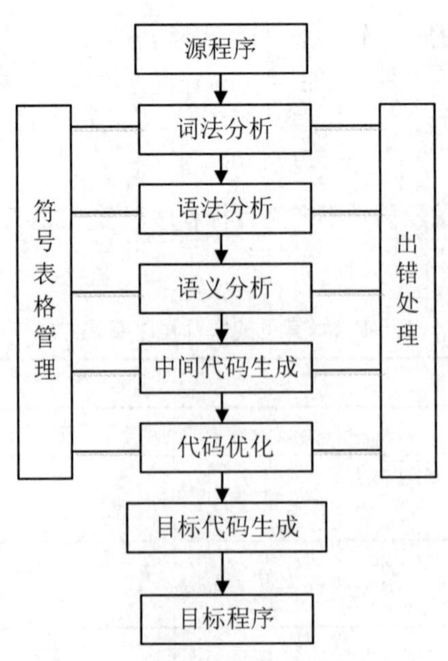

图 5-2-1 编译器工作阶段示意图

（1）词法分析：该阶段将源程序看成多行的字符串；并对源程序从左到右逐字符扫描，识别出一个个“单词”。词法分析的依据是语言的词法规则，即单词结构规则。

（2）语法分析：该阶段在“词法分析”基础上，将单词符号序列分解成各类语法单位，例如“语句”“程序”“表达式”等。语法规则就是各类语法单位构成规则。

（3）语义分析：该阶段审查源程序有无静态语义错误，为代码生成阶段收集类型信息。源程序只有在语法、语义都正确的情况下，才能被翻译为正确的目标代码。C/C++源程序的编译过程中，类型检查在本阶段处理。

（4）中间代码生成：该阶段在语法分析和语义分析的基础上，将源程序转变为一种临时语言、临时代码等内部表示形式，方便生成目标代码。

（5）代码优化：对前一阶段生成的中间代码进行优化，生成高效的目标代码更节省时间和空间。

（6）目标代码生成：将中间代码变换成特定机器上的绝对指令代码、可重定位的指令代码、汇编指令代码。

5.2.4 文法和语言的形式描述

本节知识虽然在软设考试当中直接考查较少，但是该知识属于编译语言的基础知识，所以为了理解方便还是需要掌握。

1. 形式化定义

要正确编译程序，需要准确地定义和描述程序设计语言本身。描述程序设计语言需要从语法、语义和语用 3 个因素来考虑。

（1）**语法**：定义语言的结构。

（2）**语义**：描述语言的含义。

（3）**语用**：从使用的角度描述语言。

图 5-2-2 以一个赋值语句“S=3.14*R*R”为例，给出了该语句的一个**非形式化描述**。

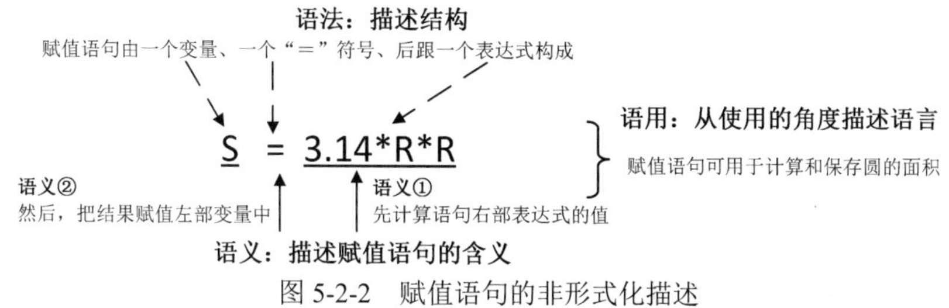

图 5-2-2 赋值语句的非形式化描述

可以看出非形式化描述并不够准确，所以需要采用**一套严格规定的符号体系描述问题的方法**，这就是**形式化方法**。

语言就是依据一组固定规则进行排列的**符号和集合**。形式化地描述语言，需要使用以下概念：

（1）**字母表 Σ**：非空的有穷集合，例如 Σ={a,b}。字母表中的元素称为字符，例如 a 或 b 都是 Σ 的字符。

（2）**字符串**：由字母表 Σ 的符号组成的有穷序列。例如，b、bb、bba 均为 Σ 的字符串。字符串包含的字符数，称为**长度**，例如|ba|=2。**空串**记做 ε，且|ε|=0。

（3）**形式语言**：Σ 上所有字符串（包含 ε）的全体记为Σ^*，Σ^*的任何子集称为 Σ 的形式语言，简称语言。

（4）**连接**：设字符串 $\alpha = a_1a_2\ldots a_n$，$\beta = b_1b_2\ldots b_n$，则 αβ 表示它们的连接，值为 $a_1a_2\ldots a_nb_1b_2\ldots b_n$。

（5）**方幂**：字符串 a 的 n 次连接，记为a^n。

字符串集合的运算，设 A、B 是字母表 Σ 上的字符串集合，即 A、$B\subseteq\Sigma^*$。

- 或：$A\cup B=\{\alpha\ |\alpha\in A$ 或 $\alpha\in B\}$。
- 积（连接）：$AB=\{\alpha\beta|\alpha\in A$ 且 $\beta\in B\}$。
- 幂：$A^n = A\cdot A^{n-1} = A^{n-1}\cdot A$（n>0），并且规定$A^0 = \{\varepsilon\}$。
- 正则闭包+：$A^+ = A^1\cup A^2\cup A^3\cup\cdots\cup A^n\cup\cdots$（也就是所有幂的并集）。
- 闭包*：$A^* = A^0\cup A^+$（正则闭包加上A^0）。

2. *形式文法*

形式文法就是**描述语言语法结构的形式规则**。形式文法 G 是一个四元组$G = (V_N, V_T, S, P)$，其中：

（1）V_N：非空有限集，每个元素为非终结符。

（2）V_T：非空有限集，每个元素为终结符。且$V_N\cap V_T = \varnothing$。

（3）S：起始符，至少要在一条产生式的左部出现，$S\in V_N$。

（4）P：产生式，形如 α→β。α、β 分别称为产生式的左部和右部。

这里用一个中文句子构成的例子来理解四元组及规则。

句子构成如下：

<句子>→<主语><谓语>

<主语>→<人称代词>|<名词>

<人称代词>→我|你|他

<名词>→大学生|中学生|张三

<谓语>→<动词><宾语>

<动词>→是|打工|学习

<宾语>→<人称代词>|<名词>

依据上述句子的构成，理解形式文法 G 的四元组：

非终结符：<>包括起来的都是非终结符，是推导过程的中间状态，不是最终句子的组成。非终结符最终要全部转换为终结符。

终结符：直接写出来的是**“终结符”**，是最终句子的组成。

产生式：非终结符转换为终结符的规则。

起始符：语言开始的符号。

依据上述规则，某一个具体句子的整个推导过程如下：

<句子>⇒<主语><谓语>⇒<人称代词><谓语>⇒我<谓语>⇒我<动词><宾语>⇒我是<宾语>⇒我是<名词>⇒我是大学生。

3．文法分类

乔姆斯基将文法分为 4 类，每个分类特点见表 5-2-3。

表 5-2-3　乔姆斯基文法分类

分类	功能对应的自动机	特点
0 型	图灵机	又称为无限制文法、短语文法。0 型文法特点，递归可枚举
1 型	线性界限自动机	又称为上下文有关文法，非终结符的替换需要考虑上下文
2 型	非确定的下推自动机	又称为上下文无关文法，非终结符的替换不用考虑上下文。大多数程序设计语言的语法规则使用 2 型文法描述
3 型	有限自动机	又称为正规文法

4．词法分析

词法分析的任务是逐字扫描构成程序的字符集合，依据构造规则，识别出一个个的单词符号。单词是语言中具有独立含义的最小单位。

（1）正规式和正规集。正规表达式，简称正规式，用于描述单词符号的一种方法。词法规则通常使用**3 型文法**或**正规表达式**描述，其产生的字符集合是 Σ^* 的一个子集，又称正规集。

基于字母表 Σ，正规式和正规集可用递归定义：

- 空集是一个正规表达式，所表示的正规集是{ε}。
- 任何属于 Σ 的字符 a，均是一个正规式，所表示的正规集是{a}。
- 假定 r 和 s 都是 Σ 上的正规式，所表示的正规集为 L(r)和 L(s)；则它们的或、连接、闭包都是正规式。分别表示的正规集为 $L(r)\cup L(s)$、L(r) L(s)、$(L(r))^*$。

一些正规式和正规集对应的关系见表 5-2-4。

表 5-2-4　一些正规式和正规集对应的关系

正规式	正规集
a	{a}，即字符串 a 构成的集合
ab	{ab}，即字符串 ab 构成的集合
a^*	{ε,a,aa,…,任意个 a 的串}
$a\mid b$	{a,b}，即字符串 a、b 构成的集合
$(a\mid b)(a\mid b)$	{aa,ab,ba,bb}
$(a\mid b)^*$	{ε,a,b,aa,ab,ba,bb,…,所有由 a 和 b 组成的串}
$a(a\mid b)^*$	{字符 a、b 构成的所有字符串中，以 a 开头的字符串}
$(a\mid b)^*b$	{字符 a、b 构成的所有字符串中，以 b 结尾的字符串}

【例1】 在仅由字符a、b构成的所有字符串中，其中以b结尾的字符串集合可用正规式表示为______。

A．$(b|ab)^*b$　　B．$(ab^*)^*b$　　C．a^*b^*b　　D．$(a|b)^*b$

【例题分析】 4个选项均以b结尾，但只有$(a|b)^*$，表示{ε,a,b,aa,ab,ba,bb,…,所有由a和b组成的串}。

【参考答案】 D

每一个正规表达式与一个有限自动机对应，并且可以相互转换。

1）将一个正规表达式构造出相应的有限自动机，步骤见表5-2-5。

表5-2-5　正规表达式构造出相应的有限自动机

第1步：定义初始状态S和终止状态f，并且组成有向图

第2步：反复应用以下替换规则

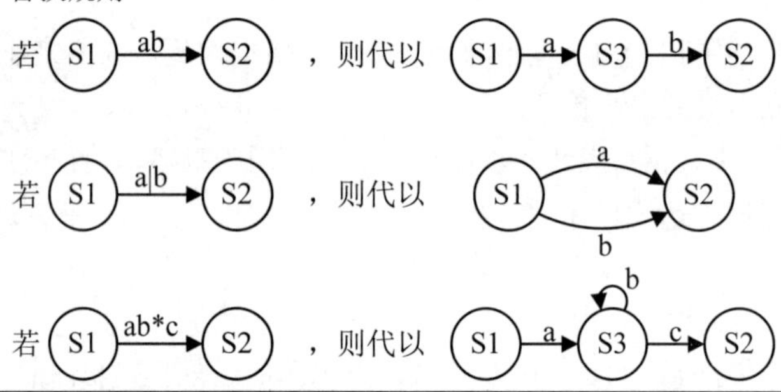

第3步：直到所有的边都以Σ中的字母或ε标记为止

2）有限自动机构造正规表达式，可以应用表5-2-5的替换规则，进行反向操作得解。

（2）有限自动机。有限自动机是一种自动识别正规集的装置。有限自动机可以分为确定的有限自动机和不确定的有限自动机两种。

1）确定的有限自动机（Deterministic Finite Automata，DFA）。DFA的定义描述见表5-2-6。

表5-2-6　DFA的定义描述

一个确定的有限自动机$M=(S,\Sigma,f,S_0,Z)$是一个五元组
● S是一个有限状态集，每个元素就是一个**状态**
● Σ是一个有穷输入字符表，每个元素就是一个**输入字符**
● f是转换函数，是**单值映射**，例如$f(s_i,a)=s_j$（$s_i,s_j \in S$），表示当前状态为s_i，当输入字符a时，状态变为s_j。s_j称为s_i的后继状态，且这个状态具有唯一性
● $S_0 \in S$，是其唯一的初态
● Z是**非空**的终态集

【例 2】用 DFA 五元组形式描述自然数序列（0,1,2,3,⋯）。

- 有限状态集 S={s_0,s_1}。
- 有穷输入字符表 Σ={0,1,2,⋯,9}。
- 转换函数 f：f(s_i,a)=s_1，其中 a∈Σ。
- 初态 S_0。
- 非空的终态集 Z={s_1}。

用五元组描述状态转换比较复杂，不直观，所以往往使用**状态转换图、状态转换矩阵**来表示。这里使用状态转换图描述自然数序列，具体如图 5-2-3 所示。

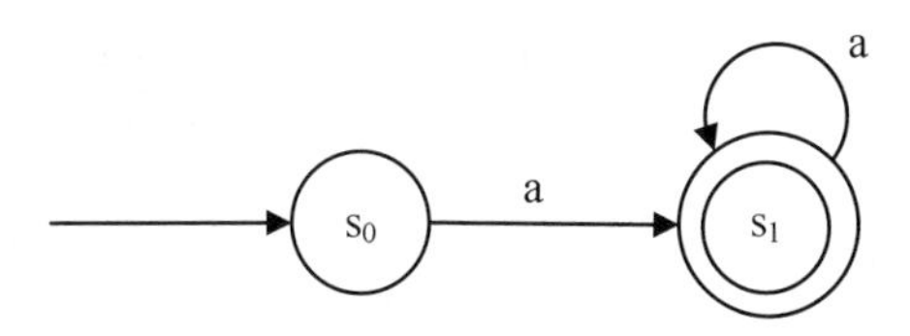

图 5-2-3　自然数序列使用状态转换图描述

在状态转换图中，无标识箭头指向的状态代表初态；单圆代表中间状态；双圆代表终态；带标识的箭头代表状态转换，其中标识代表输入的字符。

【例 3】确定的有限自动机（DFA）的状态转换图如图 5-2-4 所示（0 是初态，4 是终态），则该 DFA 能识别______。

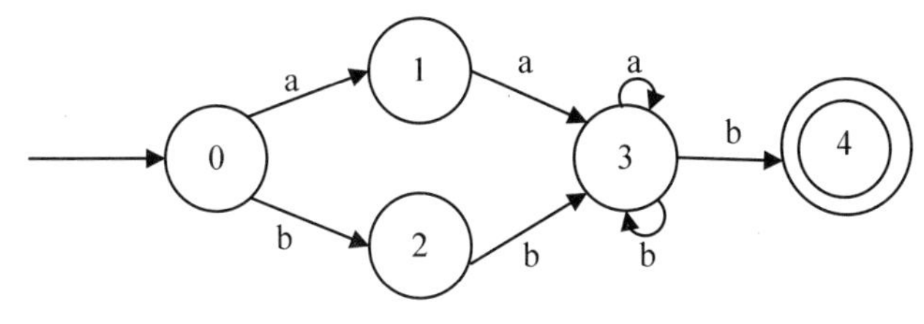

图 5-2-4　习题图

A．aaab　　B．abab

C．bbba　　D．abba

【例题分析】

（1）状态 0 在输入 aa 或者 bb 后到达状态 3。因此，DFA 识别的字符串前缀为 aa 或者 bb。

（2）只有输入了 b 才进入终态 4。因此，后 DFA 识别的字符串后缀为 b。

4 个选项中，满足（1）、（2）的只有选项 A。

【参考答案】A

2）不确定的有限自动机（Nondeterministic Finite Automata，NFA）。NFA 的定义描述见表 5-2-7。

表 5-2-7　NFA 的定义描述

一个不确定的有限自动机 $M=(S,\Sigma,f,S_0,Z)$ 是一个五元组

- S 是一个有限状态集，每个元素就是一个**状态**
- Σ 是一个有穷输入字符表，每个元素就是一个**输入字符**
- f 是转换函数，是**多值映射**。即对于 S 中的一个给定状态及输入符号，后继状态可能有多个
- $S_0 \subseteq S$，是非空初态集
- Z 是一个**可空**终态集

DFA 是 NFA 的特殊情况，而 NFA 可以转化为 DFA。其转换过程见表 5-2-8。

表 5-2-8　NFA 转化为 DFA 的算法过程

<table>
<tr><td colspan="2">定义状态集：状态集 ε-closure(I)，I 是 NFA M 的状态子集。
● ε-closure(I)：状态集 I 中的任何状态 s 经任意条 ε 弧能到达的状态的集合
● 状态集 I 本身的任何状态都属于 ε-closure(I)</td></tr>
<tr><td colspan="2">定义转换函数：I_a=ε-closure(J)，状态集合 I 的 a 弧转换。
● J 表示，I 中的所有状态经过 a 弧，而达到的状态的全体</td></tr>
<tr><td rowspan="5">转换算法：
NFA 转化为 DFA</td><td>设定 NFA $M=(S,\Sigma,f,S_0,Z)$，与之等价的 DFA $N=(S',\Sigma,f',q_0,Z')$</td></tr>
<tr><td>（1）依据 NFA 的初态 S_0，DFA S'中的第一个元素。
令 DFA 的初态 t_a=ε-closure(S_0)，将初态 t_0 设置为未标记状态，并加入 DFA 的 S'。（未标记状态即新状态）</td></tr>
<tr><td>（2）选择 S'中的一个未标记状态，进行字符变换，并加入生成的新状态。
从 S'中选中一个未标记状态 $t_i=\{S_{i1},S_{i2},\cdots,S_{in}\}$，其中，$S_{i1},S_{i2},\cdots,S_{in}$ 均属于 S。对 t_i 进行系列变换（即求 $f'(q_i,a)$的后继状态集）：
● 设置 t_i 为标记状态
● 每个 $a \in \Sigma$，置状态集 $T=f(\{S_{i1},S_{i2},\cdots,S_{in}\},a)=f(S_{i1},a) \cup f(S_{i2},a) \cup \cdots fS_{in}(S_{in},a)$，U=ε-closure(T)
● 如果状态集 T 不在 S'中，则加入 S'中，并设置状态为未标记</td></tr>
<tr><td>（3）重复步骤（2），直到 S'中的所有状态都被标记过</td></tr>
<tr><td>（4）合并化简重命名，最终得到等价的 DFA N</td></tr>
</table>

【例 4】图 5-2-5 为正规式$((a|b)a)^*$的不确定的有限自动机（NFA）的状态转换图，求其等价的确定的有限自动机（DFA）。

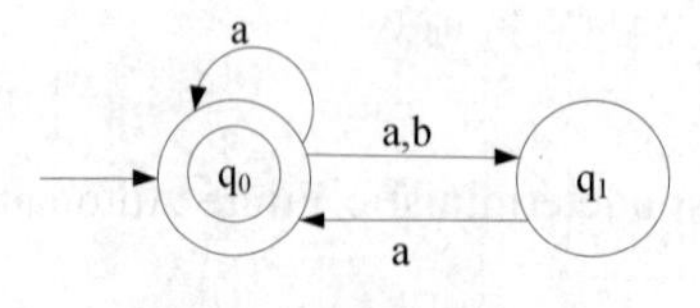

图 5-2-5　正规式的 NFA

根据图 5-2-5 给出的 NFA，求 DFA。具体转换的每一步过程见表 5-2-9。

表 5-2-9　求 DFA 详细过程

<table>
<tr><th>转化步骤描述</th><th colspan="2">具体操作过程</th></tr>
<tr><td>依据 NFA 的初态 S_0，确定 DFA S’</td><td colspan="2">$t_0 = \varepsilon - \text{closure}(q_0) = \{q_0\}$
t_0 未被标记，加入 DFA 的 S’。此时 t_0 是 S’的唯一元素
输入字符集 $\Sigma=\{a,b\}$</td></tr>
<tr><td rowspan="8">选择 S’中的未标记状态，进行字符变换，加入生成的新状态。
直到 S’中的所有状态都被标记</td><td rowspan="3">选择未标记状态 t_0</td><td>$t_1 = \varepsilon - \text{closure}(f(t_0,a)) = \{q_0,q_1\}$
t_1 是新状态，加入 DFA 的 S’，设置未被标记</td></tr>
<tr><td>$t_1 = \varepsilon - \text{closure}(f(t_0,b)) = \{q_1\}$
t_2 是新状态，加入 DFA 的 S’，设置未被标记</td></tr>
<tr><td>设置 t_0 为已标记</td></tr>
<tr><td rowspan="3">选择未标记状态 t_1</td><td>$\varepsilon - \text{closure}(f(t_1,a)) = \{q_0,q_1\}$
结果状态 $\{q_0,q_1\}$，已经存在于 S’中，即 t_1，所以不是新状态</td></tr>
<tr><td>$\varepsilon - \text{closure}(f(t_1,b)) = \{q_1\}$
结果状态 $\{q_1\}$，已经存在于 S’中，即 t_2，所以不是新状态</td></tr>
<tr><td>设置 t_1 为已标记</td></tr>
<tr><td rowspan="2">选择未标记状态 t_2</td><td>$\varepsilon - \text{closure}(f(t_2,a)) = \{q_0\}$
结果状态 $\{q_0\}$，已经存在于 S’中，即 t_0，所以不是新状态</td></tr>
<tr><td>$\varepsilon - \text{closure}(f(t_2,b)) = \{\}$</td></tr>
<tr><td></td><td></td><td>设置 t_2 为已标记。此时，S’中已经没有未标记状态</td></tr>
<tr><td>合并化简重命名，得解</td><td colspan="2">状态图分为终态和非终态两个子集，即（$\{t_0,t_1\},\{t_2\}$）。t_0,t_1 输入字符后的状态一致，可合并。 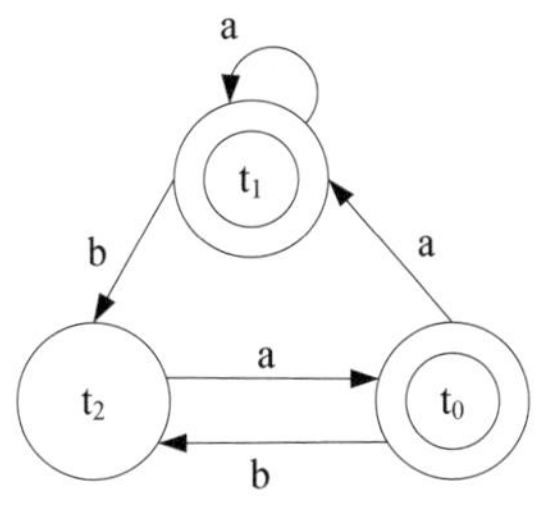

合并化简重命名前 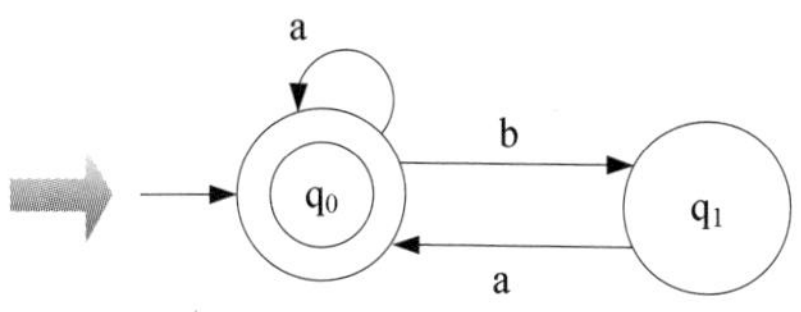　　合并化简重命名后

合并简化路径的技巧：
● 吸收 t_0、t_1 状态间的内部路径
● 合并 t_0、t_1 的外部路径：比如 $t_1 \to t_2$ 和 $t_0 \to t_2$ 可以合并成一条</td></tr>
</table>

5. 语法分析

语法分析就是识别单词序列，是否为构成正确句子，并检查和处理语法错误。句子可以是语句、表达式、程序等。

根据产生语法树方向分类，语法分析可以分为**自底向上分析**和**自顶向下分析**两种。

（1）上下文无关文法。大部分程序语言都可以使用上下文无关文法（2 型文法）规则。上下文无关文法 $G=(V_N,V_T,S,P)$的产生式形式均为 $A\rightarrow\beta$，$A\in V_N$，$\beta\in(V_N\cup V_T)^*$。

上下文无关文法相关的基本概念见表 5-2-10。

表 5-2-10　上下文无关文法基本概念

基本概念	解释
规范推导	每次推导都是从最右（最左）非终结符开始进行替换
句型和句子	**句型：**可从起始符 S 开始推导得到。 **句子：只包含终结符**的句型
短语、直接短语和句柄	假定前提：αβδ是文法 G 的一个句型，而且能够从起始符 S 推导出αAδ，则非终结符 A 推导出β的所有产生式，都是 **A 的短语**。 **直接短语：**A 直接推导出的产生式。 **句柄：**一个句型的最左直接短语

【例 5】简单算术表达式的结构可以用下面的上下文无关文法进行描述（E 为起始符），_______是符合该文法的句子。

E→T|E+T

T→F|T*F

F→-F|N

N→0|1|2|3|4|5|6|7|8|9

A．2--3*4　　　　B．2+-3*4　　　　C．(2+3)*4　　　　D．2*4-3

【例题分析】从起始符出发，不断推导（替换）非终结符。具体推导（替换）过程如下：

E→E+T→T+T

→F+T→N+T

→N+T*F→N+F*F

→N+-F*N→N+-N*N

→2+-3*4

【参考答案】B

（2）自顶向下语法分析方法。自顶向下语法分析方法就是从文法的开始符号出发，进行最左推导，直到得到一个对应文法的句子或者错误结构的句子。

自顶向下语法分析的过程为：消除左递归，提取公共左因子，改造成 LL(1)文法、采用**“递归下降分析法”**或者**“预测分析法”**实现确定的自顶向下语法分析。

（3）自底向上语法分析方法。自底向上语法分析方法又称为“**移进－归约**”法。该方法的思想是用一个寄存文法符号的先进后出栈，将输入符号从左到右逐个移入栈中，边移入边分析，当栈顶符号串符合某条规则右部时就进行一次归约，即用该规则左部非终结符替换相应规则右部符号串。一直重复这个过程，直到栈中只剩下文法的开始符号。

6. 语法制导翻译与中间代码生成

语义分析阶段主要完成两项工作：首先，分析语言的含义；然后，用中间代码描述这种含义。

语义是程序语言中按语法规则构成的各个语法成分的含义，语义分为静态语义和动态语义。其中静态语义分析方法是**语法制导翻译**，就是在语法分析过程中，随着分析的逐步进展，根据相应文法的每一规则所对应的语义子程序进行翻译的方法。

编译时发现的语义错误称为**静态语义错误**；运行时发现的语义错误（例如，陷入死循环）称为动态语义错误。在对高级语言编写的源程序进行编译时，可发现源程序中**全部语法错误和静态语义错误**。

语义分析后，往往先生成**中间语言**，便于后期进行与机器无关的代码优化工作。使用中间语言可使编译程序的结构在逻辑上更简单明确，能提高编译程序的可移植性。

常见的中间语言形式有逆波兰式（后缀式）、三元式和树形表示、四元式和三地址代码等。

（1）逆波兰式（后缀式）。这种表达方式中，运算符紧跟在运算对象之后。例如表达式 A+B，使用后缀式为 AB+；又如(a-b)*(c+d)的后缀式为 ab-cd+*。

表达式采用逆波兰式表示时，是使用**栈**进行求值。用逆波兰式的最大优点是易于计算处理。

（2）三元式。三元式的组成形式如下：

（i）（OP,ARG1,ARG2）

其中，OP 为运算符，ARG1、ARG2 分别为第一运算对象和第二运算对象。（i）表示序号，为三元式计算顺序。

【例 6】A-(-B)/C 的三元式可以表示成：

1）(@,B,-)其中，@是一目运算符，整个三元式表示 B 的取反。

2）(/,(1),C)。

3）(-,A,(2))。

（3）四元式。四元式的组成形式如下：

（i）（OP,ARG1,ARG2,RESULT）

其中，OP 为运算符，ARG1、ARG2 分别为第一运算对象和第二运算对象，RESULT 为临时变量存储运算结果。

A-(-B)/C 的四元式可以表示成：

1）(@,B,-,t1)。

2）(/,t1,C,t2)。

3）(-,A,t2,t3)。

（4）树形表示。树形表示实质上是三元式的另一种表示形式。该表达方式中，树的非终端节点放运算符，运算符负责对其下方节点表示的操作数进行直接运算；叶子节点放操作数。

【例 7】算术表达式“(a+(b-c))*d”对应的树如图 5-2-6 所示。

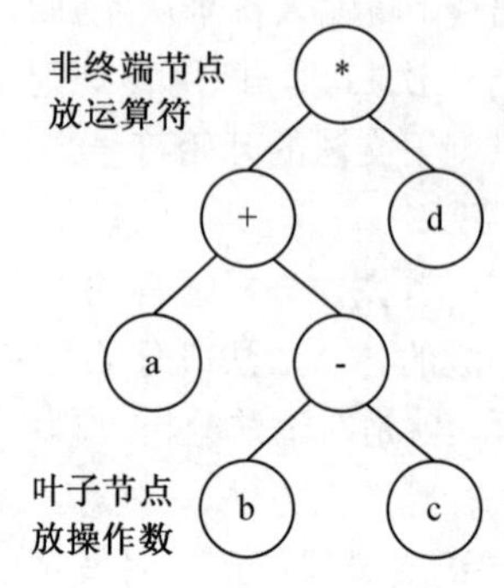

图 5-2-6　树形表示示例

【例 8】图 5-2-7 为一个表达式的语法树，该表达式的后缀形式为______。

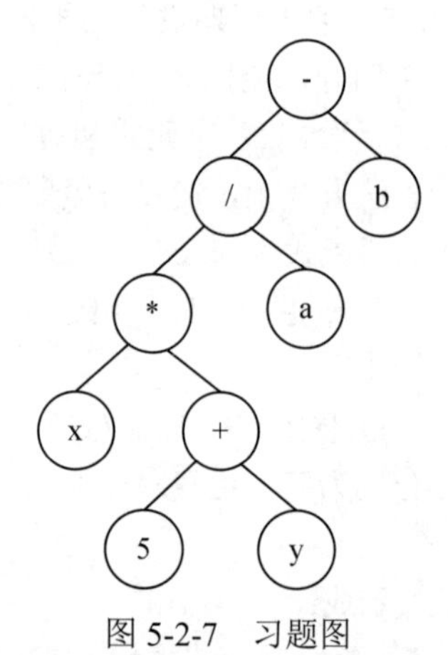

图 5-2-7　习题图

A．x5y+*a/b-　　B．x5yab*+/-　　C．-/*x+5yab　　D．x5*y+a/b-

【例题分析】表达式语法树后缀形式就是对语法树进行后序遍历（左右根），结果为：x5y+*a/b-。

【参考答案】A

7. 代码优化与目标代码生成

代码优化是对程序进行**等价变换**（不改变程序运行结果），使其生成**更有效**（运行时间更短、占用空间更小）的目标代码。

代码生成是把经过语法分析或优化后的中间代码转换成特定机器的机器语言或汇编语言。这种转换程序称为**代码生成器**。将多个目标代码文件装配成一个可执行程序的程序称为**链接器**。

目标代码生成阶段需要考虑 3 个影响目标代码速度的问题：

（1）如何生成较短的目标代码。

（2）如何充分发挥指令系统的特点，提高目标代码质量。

（3）如何充分利用寄存器，减少目标代码访存的次数。

第 6 章　数据库知识

本章节的内容包含数据模型、数据库三级模式结构、数据依赖与函数依赖、关系代数、关系数据库标准语言、规范化、数据仓库基础、分布式数据库等知识。本章节知识，在软件设计师考试中，上午考查的分值为 2～3 分，但下午经常考到，所以属于重要考点。

本章考点知识结构图如图 6-0-1 所示。

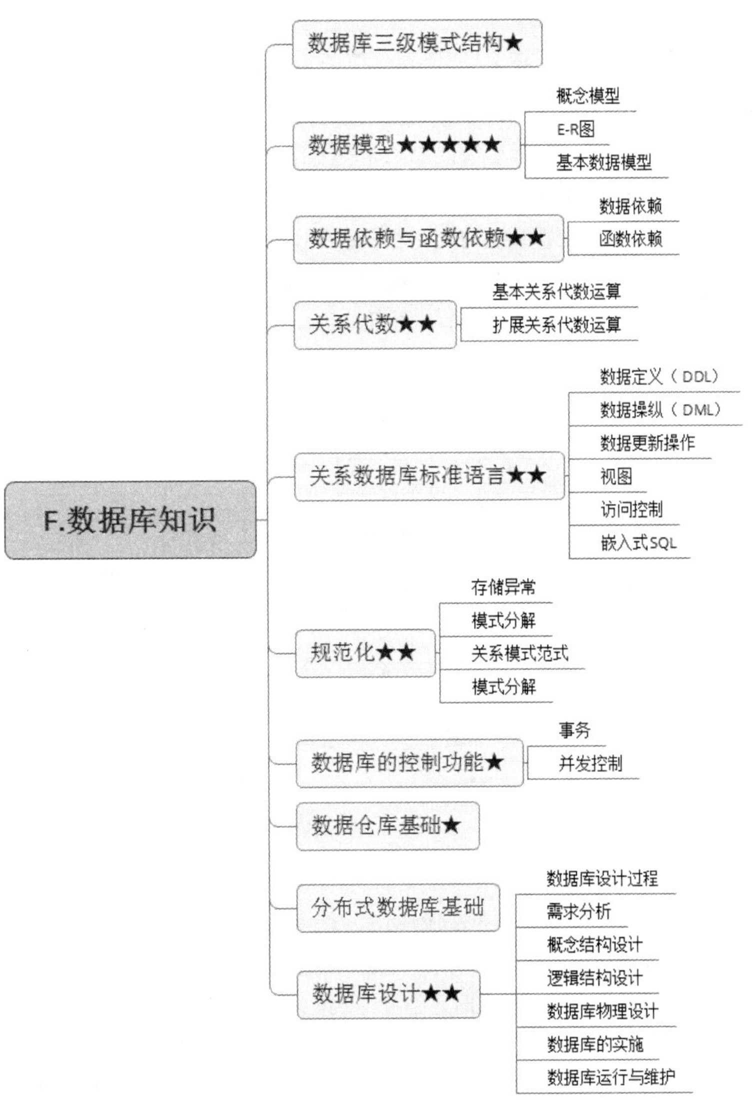

图 6-0-1　考点知识结构图

数据处理是收集、加工、存储、传输各类数据的一系列活动的组合。数据处理的核心是数据管理，即数据的分类、编码、存储、检索、维护等工作。数据管理的发展经历了人工管理阶段、文件系统阶段、数据库系统阶段。

数据独立性是指程序和数据之间相互独立。当数据的结构变化时，无需修改应用程序。数据独立性分为以下两类：

（1）**物理数据独立性**：数据库的物理结构发生改变时，无需修改应用程序。

（2）**逻辑数据独立性**：数据库的逻辑结构改变时，无需修改应用程序。

6.1 数据库三级模式结构

数据库（Database，DB）是长期存储在计算机内的、大量、有组织、可共享的数据集合。**数据库技术**是一种管理数据的技术，是系统的核心和基础。**数据库系统（Database System，DBS）**由数据库、软件、硬件、人员组成。

模式是数据库中的全体数据逻辑结构与特征的描述，模式只描述型，不涉及值。模式的具体值称为实例。在数据库管理系统中，将数据按**外模式、模式、内模式**3层结构来抽象，属于数据的3个抽象级别。数据库三级模式结构如图6-1-1所示。

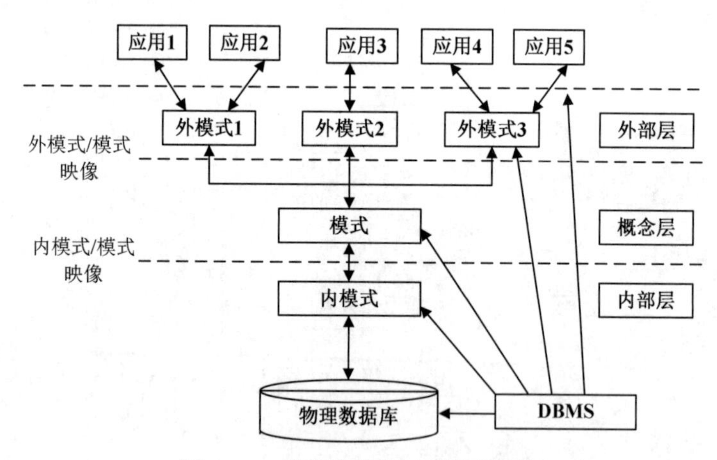

图6-1-1　数据库系统三级模式结构

（1）**外模式**：又称用户模式、子模式，是用户的数据视图，是站在用户的角度所看到的数据特征、逻辑结构。不同用户看待数据，对数据要求不一样，因此外模式不一致。

（2）**模式**：又称概念模式，所有用户公共数据视图集合，用于描述数据库全体逻辑结构和特征。一个数据库只有一个模式。定义模式时，需要给出数据的逻辑结构（比如确定数据记录的构成，数据项的类型、名字、取值范围等），还要给出数据间的联系、数据完整性和安全性要求。

（3）**内模式**：又称存储模式，描述了数据的物理结构和存储方式，是数据在数据库内部的表达方式。例如记录存储采用顺序存储、树结构存储还是Hash存储等；数据是否加密、压缩；如何组织索引等。一个数据库只有一个内模式。

为实现三级模式的抽象层次联系和转换，数据库系统提供了**两层映像**方式。

（1）**外模式/模式映像**：定义一个外模式和模式之间的对应关系。

（2）**内模式/模式映像**：定义数据逻辑结构与存储结构之间的对应关系。

两层映像使得数据库系统保持了数据的物理独立性和逻辑独立性：

- **物理独立性**：用户应用程序与物理存储中数据库的数据相对独立，数据物理存储位置变化不影响应用程序运行。
- **逻辑独立性**：用户应用程序与数据库的逻辑结构相对独立，数据逻辑结构发生变化不影响应用程序运行。

数据库管理系统（DBMS）是一种软件，负责数据库定义、操作、维护。DBMS 能有效实现数据库系统的三级模式的转化。DBMS 包括数据库、软件、硬件、数据库管理员 4 个部分。

6.2 数据模型

模型是对现实世界的模拟和抽象。**数据模型**用于表示、抽象、处理现实世界中的数据和信息。例如：学生信息抽象为学生（学号、姓名、性别、出生年月、入校年月、专业编号），这是一种数据模型。

数据模型三要素：静态特征（数据结构）、动态特征（数据操作）和完整性约束条件。

6.2.1 概念模型

依据建模角度的不同，数据模型可分为两个层次，分别是概念模型和基本数据模型。

概念模型又称信息模型，站在用户的角度对数据进行建模。实体关系的基本概念见表 6-2-1。

表 6-2-1 实体关系的基本概念

名称	说明
实体	客观存在并可相互区别的事物。可以是具体的人、事、物，还可以是抽象的概念或事物间的联系
属性	实体所具有的某一特性称为属性。比如学生的属性可以是学号、姓名、性别等
实体型	用实体名及其属性名集合来抽象和描述的同类实体。例如，学生（学号、姓名、性别、出生年月、入校年月、专业编号）属于实体型
实体集	相同类型实体的集合称为实体集。例如，全体学生就是一个实体集
联系	两个不同实体之间、两个以上不同实体集之间的联系
码	唯一标识实体的属性集合
域	属性的取值范围

实体间的联系可以分 3 类，具体见表 6-2-2。

表 6-2-2　实体间的联系

类型	描述	例子
一对一（1:1）	实体集 A 的每一个实体，对应联系实体集 B 中最多一个实体；反之，亦然	一个学校有一名校长，而每位校长只在一个学校工作
一对多（1:n）	实体集 A 中的每一个实体，对应联系实体集 B 中有 n（n≥0）个实体；反之，实体集 B 中的每一个实体，对应联系实体集 A 中最多一个实体	一个学校有许多学生，而每个学生只在一个学校上课
多对多（m:n）	实体集 A 中的每一个实体，对应联系实体集 B 的 n（n≥0）个实体；反之，实体集 B 中的每一个实体，对应联系实体集 A 的 m（m≥0）个实体 多对多的联系需要转换成独立的关系模式	一名老师可以上多门课程，而一门课程也可以有多名老师讲授

6.2.2　E-R 图

实体-联系法是概念模型中最常使用的表示方法，该方法使用实体-联系图（Entity Relationship Diagram，E-R 图）来描述概念模型。常用的 E-R 图例如图 6-2-1 所示。

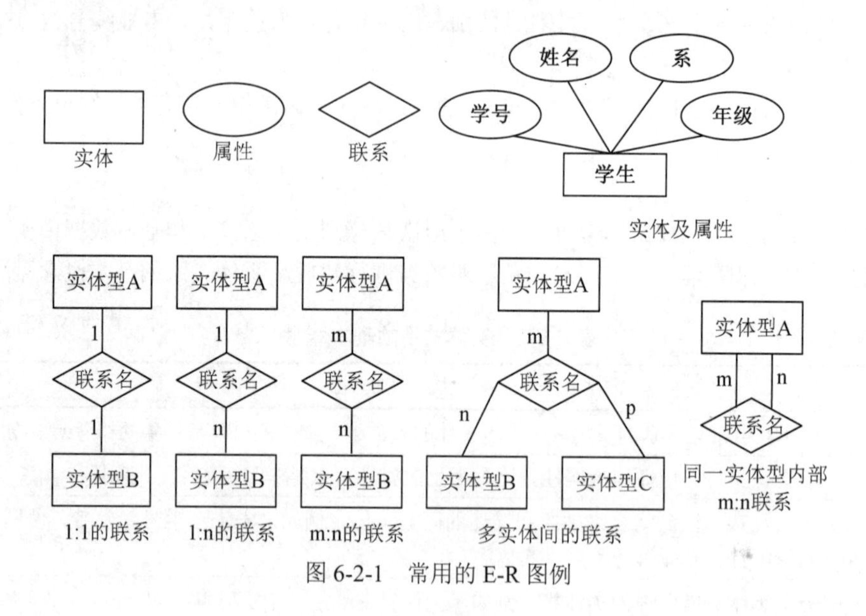

图 6-2-1　常用的 E-R 图例

6.2.3　基本数据模型

基本数据模型是站在计算机系统的角度对数据进行建模，可以分为网状模型、层次模型、关系模型、对象关系模型等。

- 网状模型：用**有向图**表示类型及实体间的联系。
- 层次模型：用**树型结构**表示类型及实体间的联系。

- 关系模型：用**表格表示实体集**，使用**外键表示实体间联系**。目前的企业信息系统所使用的数据库管理系统多为关系型数据库。关系模型常用术语见表 6-2-3，主要术语应用如图 6-2-2 所示。

表 6-2-3　关系模型常用术语

名称	定义
关系	描述一个实体及其属性，也可以描述实体间的联系 一个关系实质上是一张二维表，是元组的集合
元组	表中每一行叫作一个元组（属性名所在行除外）
属性	每一列的名称
属性值	列的值
主属性和非主属性	包含在任何一个候选码中的属性就是主属性，否则就是非主属性
候选码（候选键）	唯一标识元组，而且不含有多余属性的属性集
主键	关系模式中正在使用的候选键
域	关系中属性的取值范围
关系模式	一个关系模式应该是一个 R<U,D,DOM,F>五元组。其中，R 是关系名、U 是一组属性，D 是属性的域，DOM 是属性到域的映射，F 是属性组 U 上的一组数据依赖
外键	关系模式 R 某属性集是其他模式的候选键，那么该属性集就是模式 R 的外键

注：实际应用中往往只把一个关系模式当成一个 R<U,D>三元组。

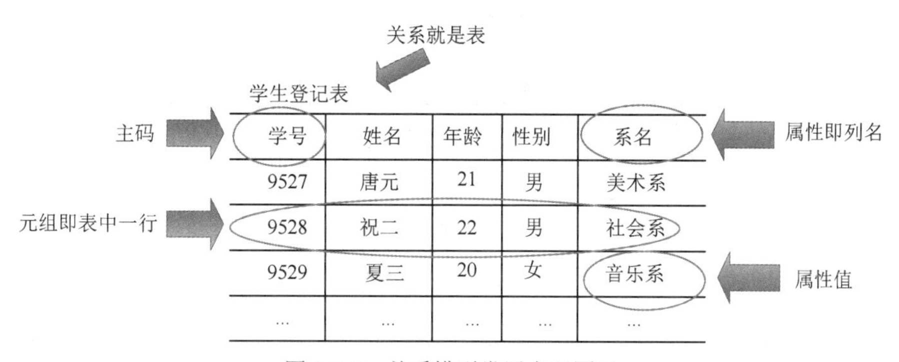

图 6-2-2　关系模型常用术语图示

- 对象关系模型：兼顾面向对象开发方法与关系型数据库的优点，对关系型数据库进行有效的拆分和封装，把数据库抽象成各种对象，实现了数据层和业务层的分离，较好地实现了程序的复用。

6.3　数据依赖与函数依赖

本节知识点主要涉及数据依赖与函数依赖。这部分知识是本章模式分解、规范化等知识的基础。

6.3.1 数据依赖

数据依赖反应数据内在形式，是现实世界中各属性间相互联系、约束的抽象形式。数据依赖通常分为函数依赖、多值依赖、连接依赖，其中函数依赖最为重要。

属性间的依赖关系和数学的函数 Y= f(X)类似，当自变量 X 确定后，函数值 Y 也确定了。

6.3.2 函数依赖

函数依赖（Functional Dependency，FD）是一种最重要、最基本的数据依赖。函数依赖从数学角度来定义，描述各属性间的制约与依赖的情况。

如果 R(U)是一个关系模式，X 和 Y 是 U 的子集（记为 X、Y⊆U），如果对于 R(U)的任意一个关系 r，X 的每一个具体值，都对应唯一的 Y 值，则称 X 函数决定 Y 或者 **Y 函数依赖 X，记为 X→Y**。

函数依赖集：是函数依赖的集合。

例如，在描述一个“学生”的关系时，可以赋予学号（S#）、姓名（SN）、系名（SD）等属性。另设定管理学号和学生是一一对应的，而且学生只能就读一个系。因此，当学号值确定时，姓名和系名就确定了。用函数依赖表示方法记为 S#→SN，S#→SD。

其他函数依赖术语见表 6-3-1。

表 6-3-1　函数依赖术语

术语	说明
$X \nrightarrow Y$	Y 不函数依赖 X
非平凡的函数依赖	X→Y，且 Y⊈X（Y 不是 X 的子集）
平凡的函数依赖	X→Y，且 Y⊆X（Y 是 X 的子集）
完全函数依赖	X→Y，且 X 的任何真子集 X′都有 $X' \nrightarrow Y$，记为 $X \xrightarrow{f} Y$
部分函数依赖	X→Y，但 Y 不完全函数依赖 X，记为 $X \xrightarrow{p} Y$
传递函数依赖	X→Y，Y→Z，Y⊄X 且 $Y \nrightarrow X$，记为 $X \xrightarrow{t} Y$
X↔Y	X→Y，并且 Y→X

函数依赖相关定律与推理见表 6-3-2。

表 6-3-2　函数依赖相关定律与推理

定律与推理	说明
自反律	如 Y⊆X⊆U，则 X→Y 成立。 即多属性集决定少属性集，例如（职工号，姓名）→职工号
增广律	如 X→Y 成立，且 Z⊆U，则 XZ→YZ 成立。 即职工号→性别，则（职工号，姓名）→（性别，姓名）

续表

定律与推理	说明
传递律	若 X→Y 和 Y→Z 成立，则 X→Z 成立
合并法则	若 X→Y 和 X→Z 成立，则 X→YZ 成立 如 $X \to A_i\{i=1,2,\cdots,k\}$，则 $X \to \{A_1,A_2,\cdots,A_k\}$
伪传递法则	若 X→Y 和 WY→Z，则 WX→Z 成立
分解法则	若 X→Y 成立，且 $Z \subseteq Y$，则 X→Z 成立 如 $X \to \{A_1,A_2,\cdots,A_k\}$，则 $X \to A_i\{i=1,2,\cdots,k\}$

注：R 是关系模式，U 是 R 的属性集。上述推理均在同一关系模式 R 下成立。

1. 属性集闭包

设 F 是在关系模式 R(U)上成立的函数依赖集合，X、Y 是属性集 U 的子集，X→Y 是一个函数依赖。如果从 F 中能推导出 X→Y，即如果对于 R 的每个满足 F 的关系 r 中 X→Y 永真，则称为 X→Y 为 **F 的逻辑蕴含**，记为 F=>X→Y。

设 F 是函数依赖集，被 F 逻辑蕴含的函数依赖的全体构成的集合，则称为函数依赖集 F 的闭包（Closure），记为 F+。即：F+={X→Y|F=>X→Y}。

【例 1】 R=ABC，F={A→B，B→C}，求 F+。

解　F+ ={A→Φ，AB→Φ，AC→Φ，ABC→Φ，B→Φ，C→Φ，
A→A，AB→A，AC→A，ABC→A，B→B，C→C，
A→B，AB→B，AC→B，ABC→B，B→C，
A→C，AB→C，AC→C，ABC→C，B→BC，
A→AB，AB→AB，AC→AB，ABC→AB，BC→Φ，
A→AC，AB→AC，AC→AC，ABC→AC，BC→B，
A→BC，AB→BC，AC→BC，ABC→BC，BC→C，
A→ABC，AB→ABC，AC→ABC，ABC→A，BC→BC}

2. 键

键（码）用于唯一标识实体的属性集。在关系模型中，不同键的类型见表 6-3-3。

表 6-3-3　键的分类

名称	定义
超键	能唯一标识元组的属性集
候选键	能唯一标识元组，并不含多余的属性的属性集
主键	用户正在使用的候选键
外键	某属性集是其他模式的候选键

6.4 关系代数

关系代数是一种研究关系数据操作语言的数学工具，属于一种抽象的查询语言。关系代数操作属于集合运算。关系代数运算可以分为两类，分别是基本关系代数运算和扩展关系代数运算。

6.4.1 基本关系代数运算

基本关系代数运算有并、差、广义笛卡尔积、投影、选择。

（1）并：$R \cup S = \{t \mid t \in R \vee t \in s\}$，属于 R 或 S 元组的集合。关系 R 和 S 具有相同的关系模式（即表的结构相同）。

（2）差：$R - S = \{t \mid t \in R \wedge t \notin s\}$，属于 R 但不属于 S 的元组集合。关系 R 和 S 具有相同的关系模式。

（3）广义笛卡尔积：$R \times S = \{t = < t_n, t_m > \wedge t_n \in R \wedge t_m \in s\}$，如果关系模式 R 有 n 个属性，关系模式 S 有 m 个属性。那么该运算结果生成的元组具有（n+m）个属性，其中前 r 个属性来自于关系模式 R，后 s 个属性来自关系模式 S。

如果 R 有 K1 个元组，S 有 K2 个元组，则该运算结果有 K1×K2 个元组。

（4）投影：$\pi_A(R) = \{t[A] \mid t \in R\}$。从关系模式 R 中挑选若干属性列（A 用于指定具体的列）而组成新的关系。

（5）选择：$\sigma_F(R) = \{t \in R \wedge F(t) = True\}$。从关系模式 R 中选择满足条件的元组。F 中的运算对象是属性名（或者列的序号）或者常量（用单引号括起来，如'1'表示数字 1）、逻辑运算符（∧、∨、¬）、算术比较符（>、≥、<、≤、=、≠）。

【例 1】有一个关系模式 R1 见表 6-4-1。

表 6-4-1 关系模式 R1

Sno（学号）	Cno（课程号）	Grade（成绩）
150006	1	72
150006	2	66
150007	1	75
150008	2	71

（1）使用σ运算查询成绩小于 70 分的结果，则具体方式为：$\sigma_{3<'70'}$（R1）或者$\sigma_{Grade<'70'}$（R1），结果如下：

Sno（学号）	Cno（课程号）	Grade（成绩）
150006	2	66

（2）查询课程号为 1 的，具体方式为：$\sigma_{2='1'}$（R1），结果如下：

Sno（学号）	Cno（课程号）	Grade（成绩）
150006	1	72
150007	1	75

6.4.2 扩展关系代数运算

扩展关系代数运算有交、连接、外连接、全连接等。

（1）交：$R \cap S=\{t \mid t \in R \wedge t \in S\}$ 同时属于关系模式 R 和 S 的元组，R 和 S 具有相同的关系模式。

【例 1】 设定关系模式 R、S，具体如图 6-4-1 所示，求 R∪S、R∩S、R-S、R×S、$\pi_{A、C}(R)$。

关系 R

A	B	C
a_1	b_1	c_1
a_1	b_2	c_2
a_2	b_2	c_1

关系 S

A	B	C
a_1	b_2	c_2
a_1	b_3	c_2
a_2	b_2	c_1

图 6-4-1 关系模式 R 和 S

计算结果如图 6-4-2 所示。

R∪S

A	B	C
a_1	b_1	c_1
a_1	b_2	c_2
a_2	b_2	c_1
a_1	b_3	c_2

R-S

A	B	C
a_1	b_1	c_1

R×S

R.A	R.B	R.C	S.A	S.B	S.C
a_1	b_1	c_1	a_1	b_2	c_2
a_1	b_1	c_1	a_1	b_3	c_2
a_1	b_1	c_1	a_2	b_2	c_1
a_1	b_2	c_2	a_1	b_2	c_2
a_1	b_2	c_2	a_1	b_3	c_2
a_1	b_2	c_2	a_2	b_2	c_1
a_2	b_2	c_1	a_1	b_2	c_2
a_2	b_2	c_1	a_1	b_3	c_2
a_2	b_2	c_1	a_2	b_2	c_1

R∩S

A	B	C
a_1	b_2	c_2
a_2	b_2	c_1

$\pi_{A、C}(R)$

A	C
a_1	c_1
a_1	c_2
a_2	c_1

图 6-4-2 结果图

（2）连接：连接可以分为θ联接、等值连接、自然连接 3 种。连接的详细说明见表 6-4-2。

表 6-4-2　3 种连接类型

<table>
<tr><th>类型</th><th>计算过程说明</th></tr>
<tr><td>θ连接</td><td>先求关系模式 R 与 S 的笛卡尔积，再用θ操作在结果中筛选符合的元组。
假定关系模式 R 有 n 个属性，S 有 m 个属性。
$R \underset{X\theta Y}{\bowtie} S = \sigma_{X\theta Y}(R \times S)$ 或 $R \underset{i\theta j}{\bowtie} S = \sigma_{i\theta(n+j)}(R \times S)$
（1）X 和 Y 分别是关系模式 R 和 S 上的属性组，且可以比较。
（2）iθj 表示关系 R 第 i 列和关系第 j 列进行θ运算；θ操作包括>、≥、<、≤、=、≠等。
（3）n+j 表示笛卡尔积之后关系模式 S 的 j 列变成新关系 R×S 第 n+j 列</td></tr>
<tr><td>等值连接</td><td>θ为“=”的连接运算。
$R \underset{i=j}{\bowtie} S = \sigma_{i=(n+j)}(R \times S)$</td></tr>
<tr><td>自然连接</td><td>特殊的等值连接，要求两个关系进行比较的分量必须具有相同的属性组，并且去除结果集中的重复属性列。
假定关系模式 R 的属性组为 $A_1,\cdots,A_{n-k},R.B_1,\cdots,R.B_k$，
关系模式 S 的属性组为 $R.B_1,\cdots,R.B_k,B_{K+1},\cdots,B_m$，
其中，$R.B_1,\cdots,R.B_k$ 是 R 和 S 共有的相同属性列，则：
$R \bowtie S = \pi_{A_1,\cdots,A_{n-k},R.B_1,\cdots,R.B_k,B_{K+1},\cdots,B_m}(\sigma_{R.B_1=S.B_1\wedge\cdots\wedge R.B_k=S.B_k}(R \times S))$</td></tr>
</table>

【例 2】有关系模式 R 和 S 如图 6-4-3 所示，求 $R \underset{1<2}{\bowtie} S$。

关系 R

A	B	C
1	2	3
4	5	6
7	8	9

关系 S

D	E
1	3
2	6

图 6-4-3　例题用图

解　根据θ连接定义，$R \underset{1<2}{\bowtie} S = \sigma_{1<(3+2)}(R \times S)$。

第 1 步：求 R×S。

R×S

A	B	C	D	E
1	2	3	1	3
4	5	6	1	3
7	8	9	1	3
1	2	3	2	6
4	5	6	2	6
7	8	9	2	6

第 2 步：进行选择计算，选择满足 1<5 的元组（即挑选第 1 列值小于第 5 列值的元组），结果如下。

$\sigma_{1<5}(R\times S)$

A	B	C	D	E
1	2	3	1	3
1	2	3	2	6
4	5	6	2	6

【例 3】关系模式 R 和 S 如图 6-4-4 所示，求 R $\bowtie$ S。

关系 R

A	B	C
a	b	c
b	a	d
c	d	e
d	f	g

关系 S

A	C	D
a	c	d
d	f	g
b	d	g

图 6-4-4　例题用图

解　第 1 步：求 R×S。

R×S

R.A	R.B	R.C	S.A	S.C	S.D
a	b	c	a	c	d
b	a	d	a	c	d
c	d	e	a	c	d
d	f	g	a	c	d
a	b	c	d	f	g
b	a	d	d	f	g
c	d	e	d	f	g
d	f	g	d	f	g
a	b	c	b	d	g
b	a	d	b	d	g
c	d	e	b	d	g
d	f	g	b	d	g

第 2 步：R 与 S 的共同属性是 A 和 C，应做等值连接计算。实际上就是选出相同属性的元组。结果如下。

R×S

R.A	R.B	R.C	S.A	S.C	S.D
a	b	c	a	c	d
b	a	D	b	d	g

第3步：去掉重复属性列，结果如下。

R⋈S

A	B	C	D
a	b	c	d
b	a	d	g

（3）外连接：在自然连接中原关系R和S中的一些元组因为没有公共属性会被抛弃。使用外连接就可以避免这样的丢失。**外连接运算就是将自然连接时舍弃的元组也放入新关系，并在新增加的属性上填入空值**。外连接分为左外连接、右外连接、全外连接3种。

左外连接：记为R⟕S，保留左侧的R关系的元组，右侧的S关系属性部分用NULL填充，加入R⋈S结果中。

右外连接：记为R⟖S，保留右侧的S关系的元组，左侧的S关系属性部分用NULL填充，加入R⋈S结果中。

全外连接：左外连接和右外连接的并。

【例4】关系模式R和S如图6-4-5所示，求R⟕S、R⟖S及R与S的全连接。

关系R

A	B	C
a	b	c
b	a	d
c	d	e
d	f	g

关系S

B	C	D
b	c	d
d	e	g
f	d	g
d	e	c

图6-4-5　例题用图

解　第1步：求R⋈S。

R⋈S

A	B	C	D
a	b	c	d
c	d	e	g
c	d	e	c

第 2 步：附加保留自然连接不存在的分组，得到相应的左外连接、右外连接、全连接。

R⟕S

A	B	C	D
a	b	c	d
c	d	e	g
c	d	e	c
b	a	d	NULL
d	f	g	NULL

R⟖S

A	B	C	D
a	b	c	d
c	d	e	g
c	d	e	c
NULL	f	d	g

R 与 S 的全连接

A	B	C	D
a	b	c	d
c	d	e	g
c	d	e	c
b	a	d	NULL
d	f	g	NULL
NULL	f	d	g

（4）除：$R \div S = \{t_r[X]t_r \in R \wedge \pi_y(S) \subseteq Y_x\}$，它是同时从**行和列**角度进行的运算。它等价于：$\pi_{1,2,\cdots,r-s}(R) - \pi_{1,2,\cdots,r-s}((\pi_{1,2,\cdots,r-s}(R) \times S) - R)$。

【例 5】有关系模式 R 和 S 如图 6-4-6 所示，求 $R \div S$。

关系 R

A	B	C
a1	b1	c2
a2	b3	c7
a3	b4	c6
a1	b2	c3
a4	b6	c6
a2	b2	c3
a1	b2	c1

关系 S

B	C	D
b1	c2	d1
b2	c1	d1
b2	c3	d2

图 6-4-6　例题用图

计算结果为：

R÷S

A
a1

6.5 关系数据库标准语言

SQL 语言是介于关系代数和元组演算之间的一种语言。SQL 语言具有数据定义、数据查询、数据操作、数据控制等功能。

6.5.1 数据定义（DDL）

SQL 的 DDL 包括：CREATE TABLE（创建表）、DROP TABLE（删除表）、ALTER TABLE（修改表）、CREATE VIEW（创建视图）、DROP VIEW（删除视图）、CREATE INDEX（创建索引）、DROP INDEX（删除索引）。

（1）创建表。

语法为：

CREATE TABLE <表名> (<列名><数据类型>[列级完整性约束条件]
[,<列名><数据类型>[列级完整性约束条件]]…
[,<表级完整性约束条件>]);

（2）修改表。

语法为：

ALTER TABLE <表名> [ADD <新列名><数据类型>[列级完整性约束条件]]
[DROP <表级完整性约束条件>]
[MODIFY <列名><数据类型>];

（3）删除表。

语法为：

DROP TABLE <表名>

6.5.2 数据操纵（DML）

SQL 的数据操纵功能包括 SELECT（查询）、INSERT（插入）、DELETE（删除）、UPDATE（修改）。

1. SELECT 基本结构

SELECT [ALL|DISTINCT] <目标列表达式>[,<目标列表达式>]…
FROM <表或视图名>[,<表或视图名>]…

```
    [WHERE <条件表达式>]
   [GROUP BY <列名 1> [HAVING <条件表达式>]]
   [ORDER BY <列名 2> [ASC|DESC]];
```

其中，SELECT、FROM 是必须的，HAVING 只能与 GROUP BY 搭配使用。WHERE 子句的条件表达式中可使用的运算符见表 6-5-1。

表 6-5-1　WHERE 子句的条件表达式中可使用的运算符

类别	运算符
集合运算符	IN（在集合中）、NOT IN（不在集合中）
字符串匹配运算符	LIKE（与_和%进行单个或多个字符匹配）
空值比较运算符	IS NULL（为空）、IS NOT NULL（不为空）
算术运算符	>、>=、<、<=、=、<>
逻辑运算符	AND（与）、OR（或）、NOT（非）

典型的 SQL 查询语句具有如下形式：

```
SELECT A1,A2,…,An
      FROM r1,r2,…,rm
      WHERE p
```

对应的关系代数表达式为：$\pi_{A1,A2,\cdots,An}(\sigma_p(r1\times r2\times\cdots\times rn))$

2. *单表查询*

单表查询是只涉及一个表格的查询。常见的 SQL 查询操作有列操作、元组操作、使用集函数的操作、对查询结果分组等。

（1）常见的单表操作：列操作、元组操作。设定学生、课程、选修课表 3 个关系模式作为后面分析的示例。

1）学生表：student（Sno,Sname,Ssex,Sage,Sdept），该表属性有学号，姓名，性别，年龄、院系名。

2）课程表：course（Cno,Cname,Cpno,Ccredit），该表属性有课程号，课程名，先行课号，学分。

3）学生选课表 SC（Sno,Cno,Grade），该表属性有学号，课程号，成绩。

常用的单表操作见表 6-5-2。

表 6-5-2　常用的单表操作

操作类别		示例	说明
列操作	查询指定列	SELECT Sage,Sname FROM student;	查询全体学生的年龄和姓名
	查询全部列	SELECT * FROM student;	*代表所有列

续表

操作类别		示例	说明
元组（行）操作	未消除重复行	SELECT Sno FROM SC;	查询选修了课程的学号
	消除重复行	SELECT DISTINCT Sno FROM SC;	消除了结果中的重复行
	单条件查询	SELECT DISTINCT Sno FROM SC WHERE Grade<60;	查询成绩有不及格的学生的学号。一个学生多门课程不及格，学号也只出现一次
	确定范围	SELECT Sname, Sage FROM student WHERE Sage BETWEEN 20 AND 22	查询年龄在 20～22 岁间的学生姓名、年龄
	确定集合	SELECT Sname FROM student WHERE Sdept IN('MA' , 'CS');	查询系名为“MA”“CS”学生的姓名
	字符匹配	SELECT * FROM student WHERE Sno LIKE '007'	查询学号为 007 的学生详细情况
	多重条件查询	SELECT Sname FROM student WHERE Sdept='MA' AND Sage<18;	查询数学系年龄在 18 岁以下的学生姓名

（2）使用聚集函数。聚集函数也称集合函数、集函数、集计函数。

AVG([DISTINCT|ALL] <列名>)　计算一列的平均值

MIN([DISTINCT|ALL] <列名>)　求一列的最小值

MAX([DISTINCT|ALL] <列名>)　求一列的最大值

COUNT([DISTINCT|ALL] *)　统计元组总数

SUM([DISTINCT|ALL] <列名>)　计算一列的总和

COUNT([DISTINCT|ALL] <列名>)　统计一列中值的个数

【例 1】查询选修课程的学生人数。

```
SELECT COUNT(DISTINCT Sno)
FROM SC
```

（3）对查询结果分组。GROUP BY <列名>将查询结果按某一列或多列值进行分组。

【例 2】依据课程号进行分组，并统计各课程的选课人数。

```
SELECT Cno,Count(Sno)
FROM SC
GROUP BY Cno;
```

该语句先对查询结果按 Cno 值分组，相同的 Cno 值一组，然后对每组使用聚集函数 Count。

3. 连接查询

连接查询涉及两个以上的表的查询。常用的连接查询见表 6-5-3。

表 6-5-3　常用的连接查询

操作类别	示例	说明
等值连接（连接运算符有=、>、<、>=、<=、!=）	SELECT student.*,SC.* FROM student,SC WHERE student.Sno=SC.Sno;	查询每个学生基本信息及其选课情况
	SELECT student.Sno,Sname,Cno FROM student,SC WHERE student.Sno=SC.Sno;	查询每个学生基本信息及其选课情况，只保留 student.Sno,Sname,Cno 3 个属性列
自身连接（一个表与自身连接）	为 course 表取两个别名 One、Two。 SELECT One.Cno,Two.Cpno FROM course One,course Two WHERE One.Cpno= Two.Cno;	查询每门课程的先行课号
外连接	SELECT student.Sno,Sname,Cno FROM student,SC WHERE student.Sno=SC.Sno(*); （连接运算符的左边中加上“*”号，表示使用左外连接；连接运算符的右边中加上“*”号，表示使用右外连接。）	查询每个学生及其选修课程情况，没有选课的同学仅仅输出基本信息。 本题使用的是右外连接

4. 集合查询

SELECT 语句的查询结果是元组的集合，所以多个 SELCET 语句的结果可以进行集合操作，包括并操作（UNION）、交操作（INTERSECT）和差操作（MINUS）。

6.5.3　数据更新操作

SQL 语句中的数据更新操作包括插入、修改、删除数据。具体操作说明见表 6-5-4。

表 6-5-4　数据更新操作

操作	格式	举例
插入	INSERT INTO <表名> (<属性列 1> [,<属性列 2>…]) VALUES (<常量 1>[,<常量 2>]…); 或者 INSERT INTO <表名> (<属性列 1> [,<属性列 2>…])	插入一条选课记录(‘2016020’,’2’) INSERT INTO SC(Sno,Cno) VALUES (‘2016020’,’2’);

续表

操作	格式	举例
修改	UPDATE <表名> SET <列名>=<表达式>[,<列名>=<表达式>]…	将学生 9527 的年龄改为 26 岁。 UPDATE student SET Sage=26 WHERE Sno='9527';
删除	DELETE FROM <表名> [WHERE <条件>];	删除所有计算机学生的选课记录 DELETE FROM SC WHERE 'SC'={ SELECT Sdept FROM student WHERE student.Sno=SC.Sno }

6.5.4 视图

计算机数据库中的视图是一个虚拟表，其内容由一个或者多个基本表或者视图中得到。视图并不存储数据，真实数据存储在原基本表中。当基本表中数据发生变化，视图数据也会随着发生变化。

视图的使用提高了数据的逻辑独立性，更简化了用户的操作，可以专注数据间的逻辑关系。

6.5.5 访问控制

访问控制用于 DBA 分配用户的数据存储权利。DBMS（数据库管理系统）的数据控制具有授权功能，即通过 GRANT、REVOKE 语句授权或者收回授权，并存入系统。具体语法见表 6-5-5。

表 6-5-5 授权功能

操作	格式	举例
GRANT	GRANT <权限> [,<权限>]… [ON <对象类型><对象名>] TO <用户>[,<用户>]… [WITH GRANT OPTION];	授权 Bill 用户查询 student 表的权限 GRANT select On TABLE student To Bill 注：在 SQL 2008 中，应去掉对象名 TABLE
REVOKE	REVOKE <权限> [,<权限>]… [ON <对象类型><对象名>] FROM <用户>[,<用户>]…	收回 Bill 用户修改学号的权限 REVOKE UPDATE (Sno) On TABLE student From Bill;

6.5.6 嵌入式 SQL

SQL 不仅可以作为独立语言在终端交互方式下使用，还可以嵌入高级语言中使用。为了能够区分 SQL 语句和主语言语句，需在所有 SQL 语句前面加上前缀“EXEC SQL”。

6.6 规范化

关系数据库设计的方法之一就是设计满足合适范式的模式。关系数据库规范化理论主要包括数据依赖、范式和模式设计方法。其中核心基础是数据依赖。

6.6.1 存储异常

关系数据库规范化是为了解决**“存储异常”**的问题。

常见的存储异常有数据冗余、更新异常、插入异常、删除异常。例如假定关系模式 R，包括（学生姓名、选修课程名、任课老师姓名、任课老师地址），则该模式存在下列问题：

- 数据冗余：如果一个课程有多个学生选修，则（选修课程名，任课老师姓名，任课老师地址）会出现多次。
- 更新异常：当出现数据冗余时，修改某课程任课老师姓名，为避免不一致，就要修改多处。
- 插入异常：如果没有学生选修，那么课程名、任课老师姓名、任课老师地址就都无法输入。
- 删除异常：学生毕业后，删除学生信息可能会导致选修课程名、任课老师姓名、任课老师地址信息丢失。

6.6.2 模式分解

出现异常是由存在于模式中的**某些属性依赖**引起的，因此需要通过**模式分解**来消除其中不合适的数据依赖。范式则是模式分解的标准形式。

6.6.3 关系模式范式

范式的定义：关系数据库中符合某一级别的关系模式的集合。“第 X 范式”的含义是表示关系处于 X 级。R 属于第 X 范式，可以写成 R∈XNF。

各范式之间的联系有：5NF⊂4NF⊂BCNF⊂3NF⊂2NF⊂1NF，本文只讲 1NF、2NF、3NF、BCNF、4NF。

1. 第一范式（1NF）

符合**第一范式（1NF）**的条件是：关系作为一张二维表，最基本的要求是**属性是不可以分的**。

（1）不满足 1NF 的例子。比如：一属性存在多个值，那就不属于 1NF，具体见表 6-6-1。

表 6-6-1 属性存在多值的情况

姓名	电话		年龄
阿宝	136111111		22
大熊	139111111	010-12345	21

（2）分解满足1NF的要求。此时将电话属性拆分为手机和座机两个独立属性就符合1NF了，具体见表6-6-2。

表6-6-2 电话属性拆分为两个属性

姓名	手机	座机	年龄
阿宝	136111111	020-12345	22
大熊	139111111	010-12345	21

注："属性不可以分"并不是在现实生活中不可以分，而是在给定的关系模式中不可分。

（3）1NF存在的问题。**1NF具有数据冗余、更新异常、插入异常、删除异常等问题。因此需要引入2NF。**

2. 第二范式（2NF）

符合**第二范式**的条件是：在满足1NF的条件下，每一个非主属性**完全函数依赖**于码。也就是说，每个非主属性是由整个码函数决定的，而不能由码的一部分来决定。**如果一个关系的码只有一个属性，那么该关系属于2NF。**

（1）不满足2NF的例子。

例如：设定关系S（学号、系名、校区、课程号、成绩），其中，设定每个系的学生都住在同一校区。可以得到以下结果：

（学号，课程号）是关系S的码，但由于学号→校区，存在码的一部分决定非主属性的问题，因此关系S不是2NF。

（2）分解满足2NF的要求。

分解原则：**"一事一地"**，即一个关系只描述一个实体或实体间的联系，如果多于一个实体或联系，则继续分解。

将上述例子中的关系S进行分解，得到两个关系：

1）S1（学号、课程号、成绩），描述学生与课程联系，该关系码为（学号、课程号）。

2）S2（学号、系名、校区），描述学生与校区联系，该关系码为学号。

那么新关系中的所有非主属性对码都是完全函数依赖了。

（3）2NF存在的问题。关系中存在着复杂的函数依赖，导致数据操作中会出现**数据冗余、更新异常、插入异常、删除异常**等问题。

3. 第三范式（3NF）

符合**第三范式**的条件是：在满足2NF的条件下，所有**非主属性都不传递依赖于码**。

（1）不满足3NF的例子。在关系S（学号、系名、校区）中具有"学号→系名"，又有"系名→校区"，所以非主属性"校区"传递依赖主属性"学号"，所以该关系不属于3NF。

（2）分解满足3NF的要求。此时可将关系S2模式分解，得到两个关系：

1）S1（学号，系名），该关系码为学号。

2）S2（系名，校区），该关系码为系名。

此时非主属性不传递依赖码了。

（3）3NF 存在的问题。规范化到 3NF 后，所存在的异常现象已经全部消失，但是，3NF 没有限制主属性对码的依赖关系。如果发生了这种依赖关系，仍可能存在异常。

4. BCNF（巴克斯范式）

BCNF 是修正的第三范式。规定了每个属性（包含主属性）都不传递依赖于码。

5. 4NF

4NF 主要是**消除了多值依赖。**

6.6.4 模式分解

关系模式规范化的工具就是模式分解，用于消除各类存储异常的问题。分解要有意义，就需要在分解的过程中不丢失原有的信息。模式分解用**无损连接、保持函数依赖**两种特性衡量模式分解是否导致原有模式中部分信息丢失。

1. 无损连接

定义：设关系模式 R 中，F 为 R 上的一个函数依赖集。R 分解成模式。$p=\{R_1,R_2,\cdots,R_n\}$ 如果关系 R 中每个满足 F 的实例 r，都有以下式子成立：

$$r=\pi_{R_1}(r)\bowtie\pi_{R_2}(r)\ldots\bowtie\pi_{R_n}(r)$$

则分解 p 相对于 F 是“无损连接分解”，否则，称为“有损连接分解”。

无损连接的判定定理：设 R 的一个分解为 $p=\{R_1,R_2\}$，F 是 R 的函数依赖集，则 R 的分解 p 相对 F 是无损连接分解的充分必要条件是：

$$(R_1\cap R_2)\rightarrow(R_1-R_2)\text{ 或者 }(R_1\cap R_2)\rightarrow(R_2-R_1)$$

依据判断定理，分解 p 相对 F 是无损连接的判断过程如下：

（1）初始化表格。初始化一个 m 行 n 列的表格。其中，表格的 j 列代表属性 A_j（$1\leqslant j\leqslant n$）；i 行代表分解后的模式 R_i（$1\leqslant i\leqslant m$）。

如果属性 A_j 在模式 R_i 中，则表格的第 i 行第 j 列的单元格填 a_j；否则，填 b_{ij}。

（2）反复依据依赖集 F，修改表格的单元格值。依次观察函数依赖集 F 中的所有函数依赖 X→Y，如果在表格中 X 的所有属性列中有两行或者多行相等，而 Y 的所有属性列中各行不相等，则将 Y 列各行值修改成相等。

具体修改的规则如下：

1）如果 Y 属性列中有一个是 a_j，那么另一个或者多个也改成 a_j。

2）如果没有 a_j，则均替换成 ij 值最小的 b_{ij}。

重复依次观察依赖集中的所有依赖，修改表格，直到表格不能修改为止。

（3）判断是否为无损连接分解。最后的一张表格中，如果存在一行全是 a_1，a_2，…，a_n 的形式，则称分解 p 相对 F 是“无损连接分解”，否则，称为“有损连接分解”。

判断过程比较复杂，难以记忆，这就需要借助一个例子来进行理解。

【例 1】有关系模式 R(H，I，J，K，L)，F 是 R 的函数依赖集为{H→J，J→K，I→J，JL→H}，则证明分解 p={HIL，IKL，IJL}相对 F 是“无损连接分解”。

（1）初始化表格，见表 6-6-3。

表格行名为属性名，表格列名为模式名。以 HIL 行为例，H、I、L 在模式 HIL 中，所以该行的第 1、2、5 单元格分别填 a_1、a_2、a_5。

表 6-6-3　初始化表格

属性 模式	H	I	J	K	L
HIL	a_1	a_2	b_{13}	b_{14}	a_5
IKL	b_{21}	a_2	b_{23}	a_4	a_5
IJL	b_{31}	a_2	a_3	b_{34}	a_5

（2）反复依据依赖集 F，修改表格的单元格值。

函数依赖 H→J：H 属性列下，没有相同的两行，则 J 属性列无需修改。

函数依赖 J→K：J 属性列下，没有相同的两行，则 K 属性列无需修改。

函数依赖 I→J：I 属性列下，三行值均为 a_2，J 属性列第 3 行是 a_3，则将 J 属性列下所有行全部修改为 a_3；修改结果见表 6-6-4。

表 6-6-4　根据函数依赖 I→J 修改的表格

属性 模式	H	I	J	K	L
HIL	a_1	a_2	a_3	b_{14}	a_5
IKL	b_{21}	a_2	a_3	a_4	a_5
IJL	b_{31}	a_2	a_3	b_{34}	a_5

函数依赖 JL→H，J 与 L 两个属性列下，三行值均为（a_3，a_5），且 H 属性列第 1 行有 a_1，所以 H 属性列下所有行全部修改为 a_2，修改结果见表 6-6-5。

表 6-6-5　根据函数依赖 JL→H 修改的表格

属性 模式	H	I	J	K	L
HIL	a_1	a_2	a_3	b_{14}	a_5
IKL	a_1	a_2	a_3	a_4	a_5
IJL	a_1	a_2	a_3	b_{34}	a_5

重新再次观察函数依赖 H→J，J→K，I→J，JL→H，最后得到无法修改的结果，见表 6-6-6。

表 6-6-6 最终结果

属性 模式	H	I	J	K	L
HIL	a_1	a_2	a_3	a_4	a_5
IKL	a_1	a_2	a_3	a_4	a_5
IJL	a_1	a_2	a_3	a_4	a_5

（3）判断是否为无损连接分解。最后的一张表格中，存在一行全是 a_1、a_2、a_3、a_4、a_5 的形式，说明分解 p={HIL，IKL，IJL}相对 F 是“无损连接分解”。

2. 保持函数依赖

该知识点在软设考试当中较少涉及，属于零星考点。

定义：设关系模式 R 中，F 为 R 上的一个函数依赖集，设 $p=\{R_1,R_2,\cdots,R_n\}$ 是 R 的一个分解，R_i 的函数依赖集为 F_i。

如果 $F^+=(U_{i=1}^{k}\pi_{R_i}(F_i^+))$，则称分解 p 保持函数依赖。

6.7 数据库的控制功能

数据库运行时，需要有数据库保护、控制等手段保证数据库安全、有效等。数据库的控制功能包含事务处理、数据库备份与恢复、并发控制等。

6.7.1 事务

事务是 DBMS 的基本工作单位，是由用户定义的一个操作序列。

事务具有 4 个特点，又称为事务的 ACID 准则：

（1）原子性（Atomicity）：**要么都做，要么都不做**。

（2）一致性（Consistency）：中间状态对外不可见，初始和结束状态对外可见。

（3）隔离性（Isolation）：多事务互不干扰。

（4）持久性（Durability）：事务结束前所有数据改动必须保持到物理存储中。

定义事务语句从 BEGIN TRANSACTION 语句开始，用 COMMIT 语句进行事务提交而成功结束，用 ROLLBACK 语句进行事务回滚而失败结束。

6.7.2 并发控制

并发操作就是多用户系统中，可能出现**多个事务同时操作同一数据**的情况。**并发控制**是确保及时纠正由并发操作导致的错误的一种机制。

1. 并发操作带来的问题

并发操作会导致 3 种数据不一致性的问题：

（1）丢失修改（丢失更新）。当两个事务 A 和 B 读入同一数据作修改，并发执行时，B 把 A 或 A 把 B 的修改结果覆盖掉，造成了数据的丢失更新问题，导致数据不一致。

简而言之，就是事务 B 覆盖事务 A 已经提交的数据，造成事务 A 所做的操作丢失。丢失修改的具体例子如图 6-7-1 所示。

时间	事务 A	事务 B
t1	事务开始	
t2		事务开始
t3	查询账号，余额 150 元	
t4		查询账号，余额 150 元
t5	取款 100 元，余额更新为 50 元	
t6	事务提交	
t7		汇款 50 元，余额更新为 200 元
t8		事务提交，A 事务对数据的修改被丢失，出现丢失修改的问题

图 6-7-1　丢失修改图示

（2）不可重复读。事务 A 读取了数据 R，事务 B 读取并更新了数据 R，当事务 A 再读取数据 R 以进行核对时，得到的两次读取值不一致，**从事务 A 角度**来说这就是“不可重复读”。

简而言之，事务 A 两次读取同一数据，得到不同结果。不可重复读的具体例子如图 6-7-2 所示。

时间	事务 A	事务 B
t1	事务开始	
t2		事务开始
t3		查询账号，余额 150 元
t4	查询账号，余额 150 元	
t5		取款 150 元，余额为 0 元
t6		事务提交
t7	查询余额为 0 元，**对 A 来说两次读取的值不一致，出现了“不可重复读”**	

图 6-7-2　不可重复读图示

（3）读脏数据。事务 A 更新了数据 R，事务 B 读取了更新后的数据 R，事务 A 由于某种原因被撤销，修改无效，数据 R 恢复原值。

简而言之，就是事务 A 读取了事务 B 未提交的数据，并在这个基础上又做了其他操作。读脏数据的具体例子如图 6-7-3 所示。

时间	事务 A	事务 B
t1	事务开始	
t2		事务开始
t3	查询账号，余额 150 元	
t4		
t5	取款 100 元，余额更新为 50 元	
t6		查询账号，余额 50 元；由于 t7 时刻事务 A 将会修改余额，此时事务 B 读到的余额数据是**脏数据**
t7	**撤销事务，恢复余额为 150 元**	
t8		汇款 300 元，余额为 350 元
t9		事务提交

图 6-7-3　读脏数据图示

2. 并发控制技术

考试所涉及的并发控制技术是封锁（Lock）技术。封锁就是事务操作某个对象（可以是属性、元组、关系、索引项、数据页以至整个数据库）之前，先向系统发出请求，获得相应的锁。得到某锁后，该事务拥有了一定的对该对象的控制权。

（1）基本封锁：处理并发的关键技术，具体特点见表 6-7-1。

表 6-7-1　基本封锁分类、特点

基本封锁类型	特点
排他锁（X 锁）	事务 T 对数据 A 加 X 锁，则： （1）只允许事务 T 读取、修改数据 A。 （2）只有等该锁解除之后，其他事务才能够对数据 A 加任何类型锁
共享锁（S 锁）	解决了 X 锁太严格，不能允许其他事务并发读的问题。 事务 T 对数据 A 加 S 锁，则： （1）只允许事务 T 读取数据 A 但不能够修改。 （2）可允许其他事务对其加 S 锁，但不允许加 X 锁

（2）封锁协议：就是加锁的规则，包含何时申请 X 锁和 S 锁，持锁时间等。

常见的有三级封锁协议见表 6-7-2。

表 6-7-2 三级封锁协议

协议名	特点	一致性保证
一级封锁协议	事务 T 在修改数据 R 之前，必先对其加 X 锁，直到事务结束	不丢失修改
二级封锁协议	该协议基于一级封锁协议。另外，加上事务 T 在读数据 R 之前必须先加 S 锁，读完数据后释放 S 锁	不丢失修改、不读脏数据
三级封锁协议	该协议基于一级封锁协议。另外，加上事务 T 在读数据 R 之前必须先对其加 S 锁，读完后并不释放 S 锁，而直到事务 T 结束后才释放该锁	不丢失修改、不读脏数据、可重复读

6.8 数据仓库基础

数据仓库（Data Warehouse，DW）是一个面向主题的、集成的、非易失的、反映历史变化的数据集合，用于支持管理决策。

1．数据仓库的特征

（1）数据仓库是面向主题的，传统数据库是面向事务的。例如，电信公司传统数据处理可能是营业受理、话务计费、客服等，而主题面向特定部门，可能是客户、套餐、缴费和欠费等。

（2）数据仓库是集成的，数据仓库消除之前，各个应用系统在编码、命名习惯、实际属性、属性度量等方面具有一致性。而数据库中的数据结构更为复杂，需要有各种不同的数据结构适应各类业务系统需要。

（3）数据仓库是非易失的，是静态的历史数据，只能定期添加、刷新；数据库是动态变化的，业务发生，数据就更新。

（4）数据仓库存储历史数据；数据库存储实时、在线数据。

（5）数据仓库设计需要引入冗余；数据库设计尽量避免冗余。

2．数据仓库的结构

数据仓库的结构如图 6-8-1 所示。

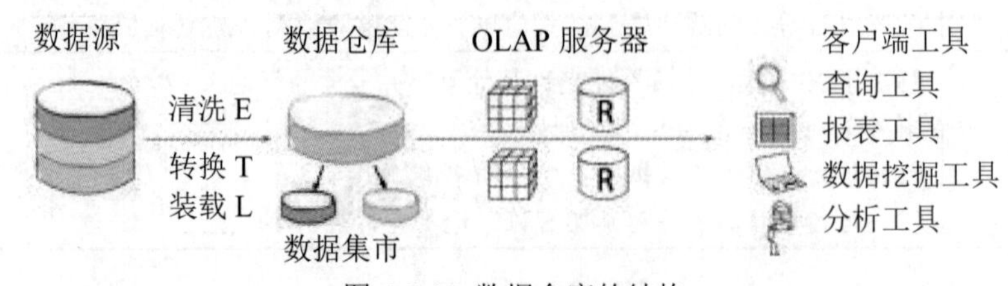

图 6-8-1 数据仓库的结构

（1）数据源：数据仓库系统的基础。数据源可以有多种，比如关系型数据库、数据文件（Excel、XML）等。

（2）清洗/转换/加载（Extract/Transformation/Load，ETL）：从数据源中抽取出所需的数据，经过数据清洗、转换，最终按预先设计好的数据仓库模型，将数据加载到数据仓库中去。

（3）数据集市：属于小型、面向特定主题、部门或者面向工作组的数据仓库。

（4）联机分析处理（Online Analytical Processing，OLAP）：可以进行复杂的分析，可以对决策层和高层提供决策支持。

（5）客户端工具有查询工具、报表工具、数据挖掘工具、数据分析工具。

3. 数据仓库的实现

数据仓库的实现可以分为：

（1）关系型联机分析处理（ROLAP）：对关系数据库中的基本数据、联合数据作分析。

（2）多维数据联机分析处理（MOLAP）：对多维数据库中的基本数据、联合数据作分析。

（3）混合型联机分析处理（HOLAP）：ROLAP 和 MOLAP 的结合。

6.9 分布式数据库基础

分布式数据库系统通常使用较小的计算机系统，各系统可单独放置在不同地方，各系统中都可能存储一份 DBMS 的完整拷贝或者部分拷贝，各系统具有自己局部的数据库，通过网络互联，从而组成一个全局的、完整的、物理上分布、逻辑上集中的大型数据库。

6.10 数据库设计

通常，使用数据库应用系统简称为数据库应用系统，设计数据库应用系统统称为数据库设计。数据库设计属于系统设计的内容。

6.10.1 数据库设计过程

规范的数据库设计过程可以分为 6 个阶段，分别是需求分析、概念结构设计、逻辑结构设计、数据库物理设计、数据库的实施、数据库运行与维护。

6.10.2 需求分析

需求分析阶段的任务是通过详细调查，准确了解用户需求、知晓原系统现状，具体获得用户对系统的要求有信息要求、处理要求、系统要求。

（1）信息要求：确定用户需要从数据库获取、保存的信息，以及数据完整性要求。

（2）处理要求：确定用户要实现的处理功能，处理要求（如处理频度、响应时间等）。

（3）系统要求：确定用户对系统的安全性、扩展性等要求。

用于需求分析的方法主要有自顶向下和自底向上，其中结构化分析方法（Structured Analysis，

SA）是自顶向下方法中的简单、常用方法。SA 方法中，使用判定表和判定树描述处理过程的处理逻辑；使用数据字典（DD）描述系统数据。

需求分析阶段的文档：阶段成果有系统需求说明书，包含数据流图（DFD）、数据字典、各种说明表、系统功能结构图等。

6.10.3 概念结构设计

概念结构设计基于需求分析，是一个对用户需求进行归纳、总结、综合、抽象的过程。这个过程又称为数据建模。概念结构设计的目标是产生反应系统信息需求的数据库概念结构，也就是概念模式。

该阶段用于梳理各类数据之间的关系，描述数据处理流程。

概念结构设计常用的方法有实体-联系（E-R）方法。

6.10.4 逻辑结构设计

逻辑结构设计基于概念结构设计。该阶段主要工作是确定数据模型，**按规则和规范化理论**，将概念结构转换为某个 DBMS 所支持的数据模型。

6.10.5 数据库物理设计

数据库物理设计的目标是依据逻辑数据模型所设计的数据库，选择合适的存储结构和存取路径。

物理设计包括确定数据分布、存储结构、访问方式等工作。

6.10.6 数据库的实施

数据库的实施就是根据逻辑结构设计、数据库物理设计的结果，运用 DBMS 提供的数据语言及宿主语言，建立数据库、编程、装入数据，测试，然后试运行。

6.10.7 数据库运行与维护

系统的运行与数据库的日常维护，需要根据实际情况不断评价、调整以及完善。

数据库的维护包含数据库性能检测和改善、备份与故障恢复、数据库重组和重构等工作。

第 7 章 计算机网络

计算机网络章节的内容包含计算机网络概述、网络体系结构、物理层、数据链路层、网络层、传输层、应用层等知识。本章节知识，在软件设计师考试中，考查的分值为 5～6 分，属于重要考点。

本章考点知识结构图如图 7-0-1 所示。

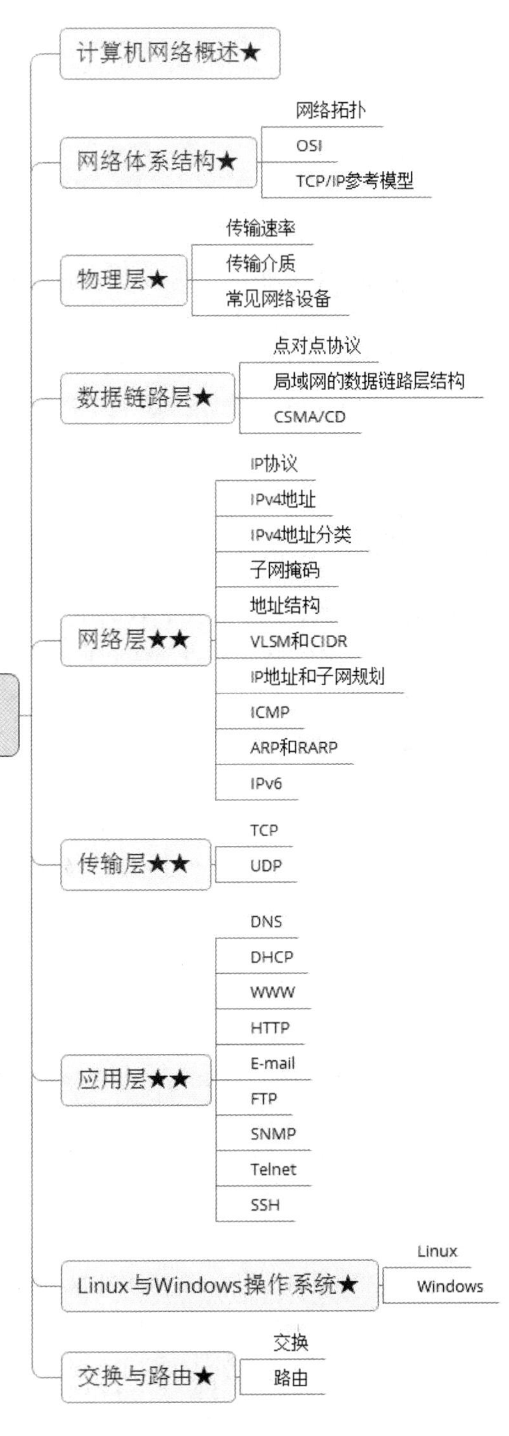

图 7-0-1　考点知识结构图

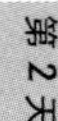

7.1 计算机网络概述

本节知识点涉及计算机网络定义、计算机网络发展阶段、计算机网络功能等。该节考点不多。

计算机网络是通过通信线路连接地理位置不同的多台计算机及其外部设备，在网络操作系统、网络管理软件、网络通信协议的管理和协调下，实现资源共享和信息传递的计算机系统。

计算机网络的发展经过了4个阶段，分别是具有通信功能的单机系统、具有通信功能的多机系统、以共享资源为目的的计算网络、以局域网及因特网为支撑环境的分布式计算机系统。

计算机网络具有数据通信、资源共享、负载均衡、高可靠性等功能。

依据网络覆盖范围、通信终端之间的物理距离，计算机网络可以分为局域网、城域网、广域网3类。

7.2 网络体系结构

本节知识包含网络拓扑结构、OSI 模型、TCP/IP 参考模型。该节知识可以帮助了解网络整体的知识结构和组成。考试往往考查各层特点、常见的协议、OSI 模型与 TCP/IP 参考模型的对应关系等。

7.2.1 网络拓扑

网络拓扑（Network Topology）结构是指用传输介质互连各种设备的物理布局。常见的网络拓扑有星型结构、环型结构、总线型结构、树型结构、分布式结构。

7.2.2 OSI

设计一个好的网络体系结构是一个复杂的工程，好的网络体系结构使得相互通信的计算终端能够高度协同工作。ARPANET 在早期就提出了分层方法，把复杂问题分割成若干个小问题来解决。1974 年，IBM 第一次提出了**系统网络体系结构**（System Network Architecture，SNA）概念，SNA 第一个应用了分层的方法。

随着网络的飞速发展，用户迫切要求能在不同体系结构的网络间交换信息，不同网络能互连起来。**国际标准化组织**（International Standard Organized，ISO）提出了一个互联的标准框架，即著名的**开放系统互连参考模型**（Open System Interconnection/ Reference Model，OSI/RM），简称 OSI 模型。1983 年形成了 OSI/RM 的正式文件，即 **ISO 7498 标准**，即常见的七层协议的体系结构。**网络体系结构也可以定义为计算机网络各层及协议的集合**。

OSI/RM 模型分 7 层，从低到高分别是物理层、数据链路层、网络层、传输层、会话层、表示层和应用层。

（1）物理层（Physical Layer）。物理层位于 OSI/RM 参考模型的最底层，为数据链路层实体提供建立、传输、释放所必须的物理连接，并且提供**透明的比特流传输**。物理层的连接可以是全双工或半双工方式，传输方式可以是异步或同步方式。物理层的数据单位是**比特**，即一个二进制位。物理层构建在物理传输介质和硬件设备相连接之上，向上服务于紧邻的数据链路层。

物理层通过各类协议定义了网络的机械特性、电气特性、功能特性和规程特性。

- **机械特性**：规定接口的外形、大小、引脚数和排列、固定位置。
- **电气特性**：规定接口电缆上各条线路出现的电压范围。
- **功能特性**：指明某条线上出现某一电平的电压表示何种意义。
- **规程特性**：指明各种可能事件出现的顺序。

（2）数据链路层（Data Link Layer）。数据链路层将原始的传输线路转变成一条逻辑的传输线路，实现实体间二进制信息块的正确传输，为网络层提供可靠的数据信息。数据链路层的数据单位是**帧**，具有流量控制功能。**链路**是相邻两节点间的物理线路。数据链路与链路是两个不同的概念。**数据链路**可以理解为数据的通道，是物理链路加上必要的通信协议而组成的逻辑链路。

（3）网络层（Network Layer）。网络层控制子网的通信，其主要功能是提供**路由选择**，即选择到达目的主机的最优路径并沿着该路径传输数据包。网络层还应具备的功能有：路由选择和中继；激活和终止网络连接；链路复用；差错检测和恢复；流量控制等。

（4）传输层（Transport Layer）。传输层利用实现可靠的**端到端的数据传输**能实现数据**分段、传输和组装**，还提供差错控制和流量/拥塞控制等功能。

（5）会话层（Session Layer）。会话层允许不同机器上的用户之间建立会话。会话就是指各种服务，包括对话控制（记录该由谁来传递数据）、令牌管理（防止多方同时执行同一关键操作）、同步功能（在传输过程中设置检查点，以便在系统崩溃后还能在检查点上继续运行）。

（6）表示层（Presentation Layer）。表示层提供一种通用的数据描述格式，便于不同系统间的机器进行信息转换和相互操作，如会话层完成 EBCDIC 编码（大型机上使用）和 ASCII 码（PC 机器上使用）之间的转换。表示层的主要功能有：数据语法转换、语法表示、数据加密和解密、数据压缩和解压。

（7）应用层（Application Layer）。应用层位于 OSI/RM 参考模型的最高层，直接针对用户的需要。

下面再介绍几个重要概念：

（1）封装。OSI/RM 参考模型的许多层都使用特定方式描述信道中来回传送的数据。数据在从高层向低层传送的过程中，每层都对接收到的原始数据添加信息，通常是附加一个报头和报尾，这个过程称为封装。

（2）网络协议。网络协议（简称**协议**）为网络中的数据交换建立的一系列规则、标准或约定。协议是控制两个（或多个）对等实体进行通信的集合。

网络协议由**语法、语义和时序关系** 3 个要素组成。

- **语法**：数据与控制信息的结构或形式。
- **语义**：根据需要发出哪种控制信息，依据情况完成哪种动作以及做出哪种响应。

● **时序关系**：又称为同步，即事件实现顺序的详细说明。

（3）协议数据单元（Protocol Data Unit，PDU）。PDU 是指对等层次之间传送的数据单位。如在数据从会话层传送到传输层的过程中，传输层把数据 PDU 封装在一个传输层数据段中。图 7-2-1 描述了 OSI 参考模型数据封装流程及各层对应的 PDU。

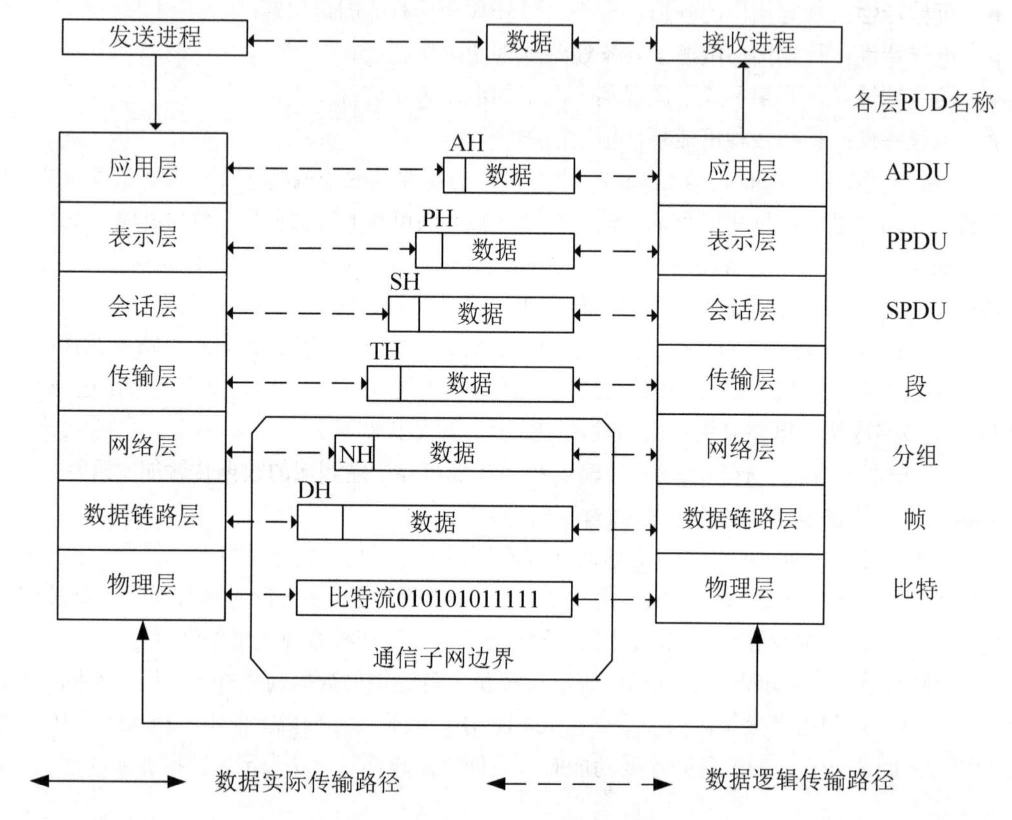

图 7-2-1 OSI 参考模型通信示意图

（4）实体。任何可以接收或发送信息的硬件/软件进程通常是一个特定的软件模块。

（5）服务。在协议的控制下，两个对等实体间的通信使得本层能为上一层提供服务。要实现本层协议，还需要使用下一层所提供的服务。

协议和服务的区别是：本层服务实体只能看见服务而无法看见下面的协议。协议是“水平的”，是针对两个对等实体的通信规则；服务是“垂直的”，是由下层向上层通过层间接口提供的。只有能被高一层实体“看见”的功能才能称为服务。

（6）服务原语。上层使用下层所提供的服务必须通过与下层交换一些命令，这些命令就称为服务原语。

（7）服务数据单元。OSI 把层与层之间交换的数据的单位称为服务数据单元（Service Data Unit，SDU）。相邻两层的关系如图 7-2-2 所示。

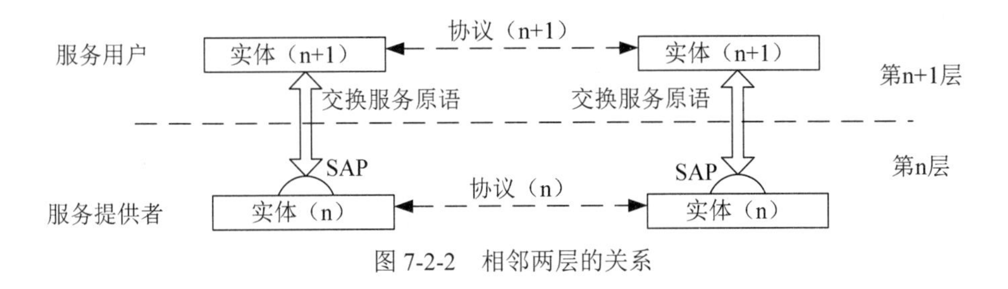

图 7-2-2　相邻两层的关系

7.2.3　TCP/IP 参考模型

OSI 参考模型虽然完备，但是太复杂，不实用。而之后的 TCP/IP 参考模型经过一系列的修改和完善得到了广泛的应用。TCP/IP 参考模型包含应用层、传输层、网络层和网络接口层。TCP/IP 参考模型与 OSI 参考模型有较多相似之处，各层也有一定的对应关系，具体对应关系如图 7-2-3 所示。

OSI	TCP/IP
应用层	应用层
表示层	
会话层	
传输层	传输层
网络层	网络层
数据链路层	网络接口层
物理层	

图 7-2-3　TCP/IP 参考模型与 OSI 参考模型的对应关系

（1）应用层。TCP/IP 参考模型的应用层包含了所有高层协议。该层与 OSI 的会话层、表示层和应用层相对应。

（2）传输层。TCP/IP 参考模型的传输层与 OSI 的传输层相对应。该层允许源主机与目标主机上的对等体之间进行对话。该层定义了两个端到端的传输协议：TCP 协议和 UDP 协议。

（3）网络层。TCP/IP 参考模型的网络层对应 OSI 的网络层。该层负责为经过逻辑互联网络路径的数据进行路由选择。

（4）网络接口层。TCP/IP 参考模型的最低层是网络接口层，该层在 TCP/IP 参考模型中并没有明确规定。

TCP/IP 参考模型是一个协议族，各层对应的协议已经得到广泛应用，具体的各层协议对应 TCP/IP 参考模型的哪一层往往是考试的重点。TCP/IP 参考模型主要协议的层次关系如图 7-2-4 所示。

TCP/IP 参考模型与 OSI 参考模型有很多相同之处，都是以协议栈为基础的，对应各层功能也大体相似。当然也有一些区别，如 OSI 模型最大的优势是强化了服务、接口和协议的概念，这种做法能明确什么是规范、什么是实现，侧重理论框架的完备。TCP/IP 模型是事实上的工业标准，而改进后的 TCP/IP 模型却没有做到，因此其并不适用于新一代网络架构设计。TCP/IP 模型没有区分物理层和数据链路层这两个功能完全不同的层。

OSI 模型比较适合理论研究和新网络技术研究，而 TCP/IP 模型真正做到了流行和应用。

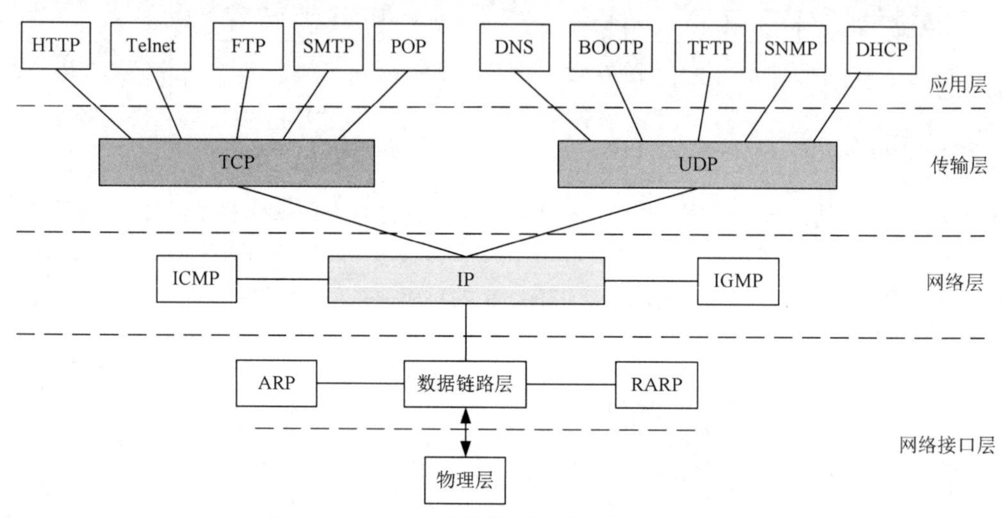

图 7-2-4 TCP/IP 参考模型主要协议的层次关系图

7.3 物理层

物理层位于 OSI/RM 参考模型的最底层，为数据链路层实体提供建立、传输、释放所必须的物理连接，并且提供**透明的比特流传输**。

7.3.1 传输速率

数字通信系统的有效程度可以用码元传输速率和信息传输速率来表示。

码元：在使用时间域（时域）的波形表示数字信号时，代表不同离散数值的基本波形就称为码元。

码元速率（波特率）：即单位时间内载波参数（相位、振幅、频率等）变化的次数，单位为波特，常用符号 Baud 表示，简写成 B。

比特率（信息传输速率、信息速率）：指单位时间内在信道上传送的数据量（即比特数），单位为比特每秒（bit/s），简记为 b/s 或 bps。

波特率与比特率有如下换算关系：

$$比特率=波特率\times 单个调制状态对应的二进制位数=波特率\times \log_2 N \quad (7\text{-}3\text{-}1)$$

式中，N 是码元总数。

带宽：传输过程中信号不会明显减弱的一段频率范围，单位为赫兹（Hz）。对于模拟信道而言，信道带宽计算公式如下：

$$W = 最高频率-最低频率 \quad (7\text{-}3\text{-}2)$$

信噪比与分贝：信号功率与噪声功率的比值称为信噪比，通常将信号功率记为 S，噪声功率记为 N，则信噪比为 S/N。通常人们不使用信噪比本身，而是使用 lgS/N 的值，即分贝（dB）。

$$1\text{dB} = 10 \times \lg S/N \quad (7\text{-}3\text{-}3)$$

数据速率的计算分为有噪声和无噪声两种情况，具体计算过程如图 7-3-1 所示。

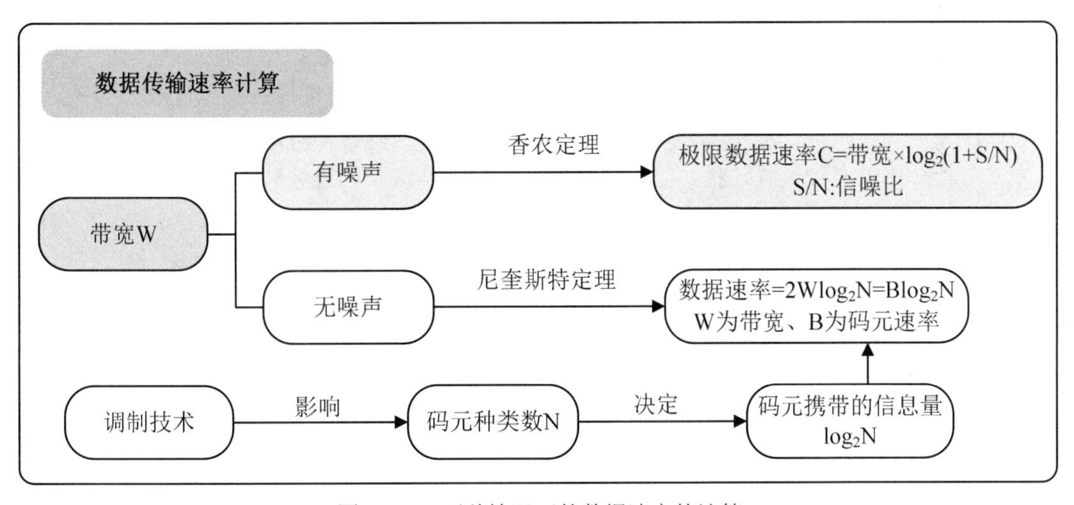

图 7-3-1　两种情况下的数据速率的计算

7.3.2 传输介质

常见的有线和无线传输介质有：同轴电缆、屏蔽双绞线、非屏蔽双绞线、光纤、无线、蓝牙等。

（1）同轴电缆。同轴电缆由内到外分为 4 层：中心铜线、塑料绝缘体、网状导电层和电线外皮。电流传导与中心铜线和网状导电层形成回路。同轴电缆因中心铜线和网状导电层为同轴关系而得名。

从用途上分，同轴电缆可分为**基带同轴电缆**（网络同轴电缆）和**宽带同轴电缆**（视频同轴电缆）。基带电缆又分**细同轴电缆**和**粗同轴电缆**，基带电缆仅仅用于数字传输，数据率可达 10Mb/s。从电阻大小上分，同轴电缆还可分为 50Ω 基带电缆和 75Ω 宽带电缆两类。

（2）屏蔽双绞线。屏蔽双绞线可分为 STP（Shielded Twisted-Pair）和 FTP（Foil Twisted-Pair）两类。STP 是指每条线都有各自屏蔽层的屏蔽双绞线，而 FTP 则是采用整体屏蔽的屏蔽双绞线。

（3）非屏蔽双绞线。非屏蔽双绞线由 8 根不同颜色的线分成 4 对绞合在一起，成对扭绞的作用是尽可能减少电磁辐射与外部电磁干扰的影响。将双绞线按电气特性可分为三类线、四类线、五类线、超五类线、六类线。网络中最常用的是五类线、超五类线和六类线。

1）双绞线的线序标有标准 568A 和标准 568B。**标准 568A** 线序为绿白、绿、橙白、蓝、蓝白、橙、棕白、棕；**标准 568B** 线序为橙白、橙、绿白、蓝、蓝白、绿、棕白、棕。

实际应用当中，绝大部分使用标准 568B，通常会认为标准 568B 对电磁干扰的屏蔽更好。

2）交叉线与直连线。**交叉线**是指一端是 568A 标准，另一端是 568B 标准的双绞线；**直连线**是指两端都是 568A 或 568B 标准的双绞线。

综合布线中对五类线、超五类线、六类线测试的参数有：衰减量、近端串扰、远端串扰、回波损耗、特性阻抗、接线方式。

（4）光纤。光导纤维，简称光纤。光纤由可以传送光波的**玻璃纤维或透明塑料**制成，**外包一层折射率低的材料**。进入光纤的光波在两种材料交界处上形成**全反射**，从而向前传播。

光波在光纤中的传播模式与**芯线和包层的相对折射率**、**芯线的直径**以及**工作波长**有关。如果芯线的直径小于光波波长，则光就会在这种光纤中无反射的直线传播，这种光纤叫**单模光纤**。

光波在光纤中以多种模式传播，不同的传播模式有不同波长的光波和不同的传播和反射路径，这样的光纤叫**多模光纤**。

（5）无线传输技术。无线技术使用的传输介质是无线电波。重要知识点如下：

1）无线局域网标准。Wi-Fi 是一种可以将个人电脑、手持设备（如 PDA、手机）等终端以无线方式互相连接的技术。常用于无线局域网络的客户端接入。使用 IEEE 802.11 系列协议的局域网就称为 Wi-Fi。IEEE 802.11：无线局域网标准，定义了无线的媒体访问控制（MAC）子层和物理层规范。

IEEE 802.11 系列标准主要有 5 个子标准：IEEE 802.11a、IEEE 802.11b、IEEE 802.11g、IEEE 802.11n、IEEE 802.11ac。

在无线局域网中，主要设备有 AP（Access Point）。AP 的作用是无线接入，AP 可以简便地安装在天花板或墙壁上，在开放空间最大覆盖范围可达 3000 米。一台装有无线网卡的客户端与网络桥接器 AP 间在传递数据前必须建立关系，且状态为授权并关联时，信息交换才成为可能。

2）蓝牙。蓝牙（Bluetooth）是一种无线技术标准，可实现设备之间的短距离数据交换（2.4～2.485GHz 的 ISM 波段）。

3）3G 技术。第三代移动通信技术（3G）是将个人语音通信业务和各种分组交换数据综合在一个统一网络中的技术，其最主要的技术基础是码分多址（Code-Division Multiple Access，CDMA）。世界三大 3G 标准有 TD-SCDMA、WCDMA、CDMA2000。

4）4G 技术。4G（The 4th Generation Communication System，第四代移动通信技术）是第三代技术的延续。4G 可以提供比 3G 更快的数据传输速度。ITU（国际电信联盟）已将 WiMax、HSPA+、LTE、LTE-Advanced 和 WirelessMAN-Advanced 列为 4G 技术标准。

5）5G 技术。5G 网络作为第五代移动通信网络，其峰值理论传输速度可达每秒数十 Gb，比 4G 网络的传输速度快数百倍，整部超高画质电影可在 1 秒之内下载完成。2017 年 1 月底，在国际电信标准组织 3GPP RAN 第 78 次全体会议上，正式发布 5G NR 首发版本，这是全球第一个可商用部署的 5G 标准。

7.3.3 常见网络设备

常见的网络设备有交换机、路由器、防火墙、VPN 等。

（1）交换机。交换机（Switch）是一种信号转发的设备，可以为交换机自身的任意两端口间提供独立的电信号通路，又称为多端口网桥。

（2）路由器。路由器（Router）是连接各类局域网和广域网的设备，它会根据信道的情况自动选择和设定路由，以最佳路径按前后顺序发送信号的设备。**路由器工作在 OSI 模型的网络层。路由**就是指通过相互连接的网络把信息从源地点移动到目标地点的活动，简单地说就是寻路。路由器的主要功能是进行路由处理和包转发。

（3）防火墙。防火墙（Firewall）是网络关联的重要设备，用于控制网络之间的通信。外部网络用户的访问必须先经过安全策略过滤，而内部网络用户对外部网络的访问则无须过滤。现在的防火墙还具有隔离网络、提供代理服务、流量控制等功能。

（4）VPN。虚拟专用网络（Virtual Private Network，VPN）是在公用网络上建立专用网络的技术。由于整个 VPN 节点之间的连接并没有传统的物理链路，而是基于公共网络服务商所提供的网络平台，所以称为虚拟网络。

7.4 数据链路层

数据链路层是 OSI 参考模型中的第二层。数据链路层在物理层提供的服务的基础上向网络层提供服务，其最基本的服务是将源主机网络层传来的数据可靠地传输到相邻节点的目标机网络层。本部分知识点中常考 PPP、PPPoE 协议。

7.4.1 点对点协议

点对点协议常见知识点有 PPP、PPPoE。

（1）PPP。点对点协议（Point-to-Point Protocol，PPP）提供了一种在点对点链路上封装网络层协议信息的标准方法。

PPP 有以下 3 个主要的组成部分：

- 在串行链路上封装数据报的方法。
- 建立、配置和测试数据链路链接（Data-Link Connection）的 LCP 协议。
- 建立和配置不同网络层协议的一组网络控制协议（Network Control Protocol，NCP）。

为了在点对点链路（Point-to-Point Link）上建立通信，PPP 链路的一端必须在建立阶段（Establishment Phase）首先发送 LCP 包（packets）配置数据链路。链路建立后，在进入到网络层协议阶段前，PPP 提供一个可选择的验证阶段。

PPP 支持两种验证协议：密码验证协议（Password Authentication Protocol，PAP）和挑战握手验证协议（Challenge Handshake Authentication Protocol，CHAP）。

1）PAP。PAP提供了一种简单的方法，可以使对端（peer）使用2次握手建立身份验证，这个方法仅仅在链路初始化时使用。

PAP不是一个健全的身份验证方法。密码在电路上是明文发送的，并且对回送、重复验证和错误攻击没有保护措施。

2）CHAP。CHAP用于使用3次握手验证，这种验证可以在链路建立初始化时进行，也可以在链路建立后的任何时间内重复进行。

（2）PPPoE。PPPoE（Point-to-Point Protocol over Ethernet），该协议可以使以太网的主机通过一个简单的桥接设备连到一个远端的集中接入设备上。通过PPPoE协议，远端接入设备能够实现对每个接入用户的控制和计费。

7.4.2 局域网的数据链路层结构

802标准把数据链路层分为两个子层：①逻辑链路控制（Logical Link Control，LLC），该层与硬件无关，实现流量控制等功能；②媒体接入控制层（Media Access Control，MAC），该层与硬件相关，提供硬件和LLC层的接口。局域网数据链路层结构如图7-4-1所示。LLC层目前已不常使用。

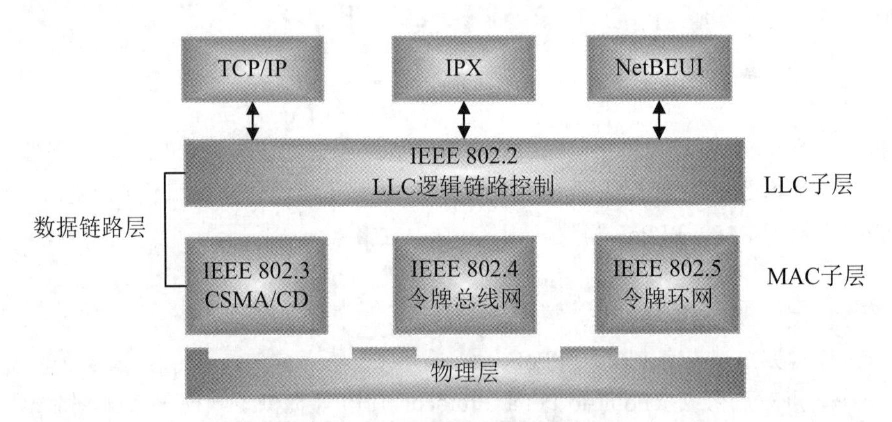

图7-4-1　局域网数据链路层结构

（1）MAC。MAC子层的主要功能包括数据帧的封装/卸装、帧的寻址和识别、帧的接收与发送、链路的管理、帧的差错控制等。MAC层主要访问方式有CSMA/CD、令牌环和令牌总线3种。

（2）MAC地址。**MAC地址**，也叫硬件地址，又叫链路地址。**MAC地址由48比特组成。** MAC地址结构如图7-4-2所示。

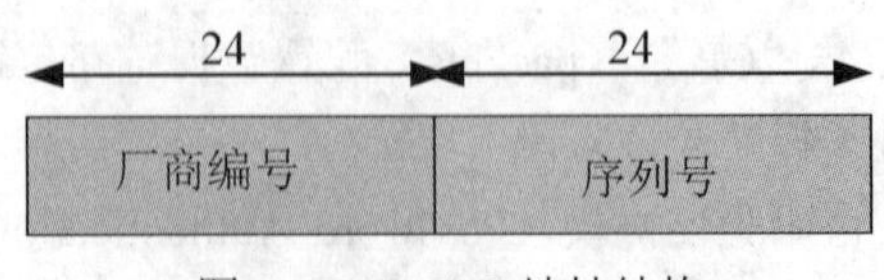

图7-4-2　MAC地址结构

MAC 地址前 24 位是厂商编号，由 IEEE 分配给生产以太网网卡的厂家，后 24 位是序列号，由厂家自行分配，用于表示设备地址。网卡的物理地址通常是由网卡生产厂家烧入网卡的 EPROM（一种闪存芯片，通常可以通过程序擦写），它存储的是真正表示主机的地址，用于发送、接收的终端传输数据。也就是说，在网络底层的物理传输过程中，是通过物理地址来识别主机的，它一般也是全球唯一的。

（3）LLC。该层向上层提供无连接或面向连接的服务。

7.4.3 CSMA/CD

载波监听多路访问/冲突检测（Carrier Sense Multiple Access/Collision Detect，CSMA/CD），是一种争用型的介质访问控制协议。它起源于美国夏威夷大学开发的 ALOHA 网所采用的争用型协议，并进行了改进，具有更高的介质利用率。

CSMA/CD 的工作原理是：发送数据前，先监听信道是否空闲，若空闲则立即发送数据。在发送数据时，边发送边继续监听。若监听到冲突，则立即停止发送数据。等待一段随机时间，再重新尝试。

注意：万兆以太网标准（IEEE 802.3ae）采用了全双工方式，彻底抛弃了 CSMA/CD。

7.5 网络层

网络层是 OSI 参考模型中的第三层。网络层控制子网的通信，其主要功能是提供路由选择。该节知识的难点是 IP 地址的计算问题。

7.5.1 IP 协议

网络互连协议（Internet Protocol，IP）是方便计算机网络系统之间相互通信的协议，是各大厂家遵循的计算机网络相互通信的规则。

IPSec（Internet Protocol Security）工作在 TCP/IP 协议栈的网络层，为 TCP/IP 通信提供访问控制机密性、数据源验证、抗重放、数据完整性等多种安全服务。

7.5.2 IPv4 地址

IP 地址就好像电话号码：有了某人的电话号码，你就能与他通话了。同样，有了某台主机的 IP 地址，你就能与这台主机通信了。TCP/IP 协议规定，IP 地址使用 32 位的二进制来表示，也就是 4 个字节。例如，采用二进制表示方法的 IP 地址形式为 00010010 00000010 10101000 00000001，这么长的地址，操作和记忆起来太费劲。为了方便使用，经常将 IP 地址写成十进制的形式，中间使用“.”符号将字节分开。于是，上面的 IP 地址可以表示为 18.2.168.1。IP 地址的这种表示法叫作**点分十进制表示法**，显然比 1 和 0 容易记忆得多。图 7-5-1 所示为将 32 位的地址映射到用点分十进制表示法表示的地址上。

00010010	00000010	10101000	00000001
18 .	2 .	168 .	1

图 7-5-1　点分十进制与 32 位地址的对应表示形式

7.5.3　IPv4 地址分类

IP 地址分为 5 类：A 类用于大型网络，B 类用于中型网络，C 类用于小型网络，D 类用于组播，E 类保留用于实验。每一类有不同的网络号位数和主机号位数。各类地址特征如图 7-5-2 所示。

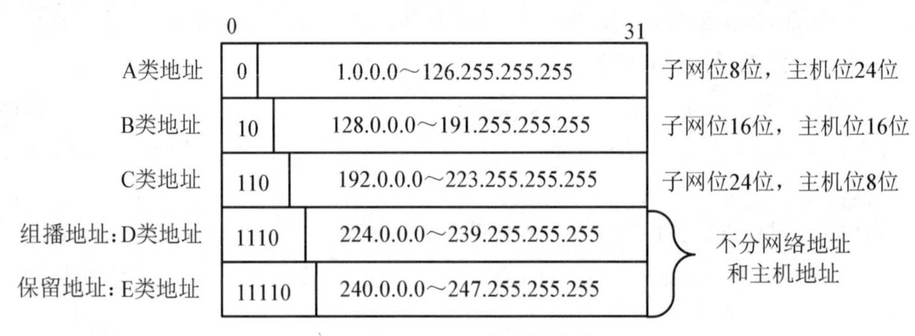

图 7-5-2　5 类地址特征

（1）A 类地址。

A 类地址范围：1.0.0.0～126.255.255.255。

A 类地址中的私有地址和保留地址如下：

1）私有地址范围为 10.0.0.0～10.255.255.255。

2）127.X.X.X 是保留地址，用作环回（Loopback）地址向自己发送流量，是一个虚 IP 地址。

（2）B 类地址。

B 类地址范围：128.0.0.0～191.255.255.255。

B 类地址中的私有地址和保留地址如下：

1）172.16.0.0～172.31.255.255 是私有地址。

2）**169.254.X.X 是保留地址。如果将 PC 机上的 IP 地址设为自动获取，而 PC 机又没有找到相应的 DHCP 服务，那么最后 PC 机可能得到保留地址中的一个 IP。**没有获取到合法 IP 后的 PC 机地址分配情况如图 7-5-3 所示。

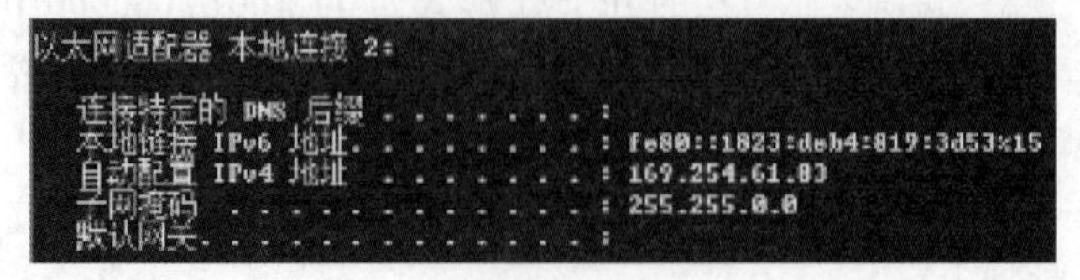

图 7-5-3　在断开的网络中，PC 机被随机分配了一个 169.254.X.X 保留地址

（3）C 类地址。IP 地址写成二进制形式时，C 类地址的前 3 位固定为 110。C 类地址第 1～3 字节为网络地址，第 4 字节为主机地址。

C 类地址范围：192.0.0.0～223.255.255.255。

C 类地址中的 192.168.X.X 是私有地址，地址范围为 192.168.0.0～192.168.255.255。

（4）D 类地址。IP 地址写成二进制形式时，D 类地址的前 4 位固定为 1110。D 类地址不分网络地址和主机地址，该类地址用作组播。

（5）E 类地址。IP 地址写成二进制形式时，E 类地址的 5 位固定为 11110。E 类地址不分网络地址和主机地址。

E 类地址范围：240.0.0.0～247.255.255.255。

7.5.4 子网掩码

子网掩码用于区分网络地址、主机地址、广播地址，是表示网络地址和子网大小的重要指标。子网掩码的形式是网络号部分全 1、主机号部分全 0。掩码也能像 IPv4 地址一样使用点分十进制表示法书写，但掩码不是 IP 地址。掩码还能使用“/从左到右连续 1 的总数”的形式表示，这种描述方法称为**建网比特数**。

表 7-5-1 和表 7-5-2 给出了 B 类和 C 类网络可能出现的子网掩码，以及对应的网络数量和主机数量。

表 7-5-1 B 类子网掩码特性

子网掩码	建网比特数	子网络数	可用主机数
255.255.255.252	/30	16384	2
255.255.255.248	/29	8192	6
255.255.255.240	/28	4096	14
255.255.255.224	/27	2048	30
255.255.255.192	/26	1024	62
255.255.255.128	/25	512	126
255.255.255.0	/24	256	254
255.255.254.0	/23	128	510
255.255.252.0	/22	64	1022
255.255.248.0	/21	32	2046
255.255.240.0	/20	16	4094
255.255.224.0	/19	8	8190
255.255.192.0	/18	4	16382
255.255.128.0	/17	2	32766
255.255.0.0	/16	1	65534

表 7-5-2　C 类子网掩码特性

子网掩码	建网比特数	子网络数	可用主机数
255.255.255.252	/30	64	2
255.255.255.248	/29	32	6
255.255.255.240	/28	16	14
255.255.255.224	/27	8	30
255.255.255.192	/26	4	62
255.255.255.128	/25	2	126
255.255.255.0	/24	1	254

注意：（1）主机数=可用主机数+2。在考试中，计算可用子网个数时通常不考虑（子网数-2）的情况，但是在某些选择题中出现两个可用答案时，也要考虑（子网数-2），因为早期的路由器在划分子网之后，0号子网与没有划分子网之前的网络号是一样的，为了避免混淆，通常不使用0号子网。路由器上甚至有 IP subnet-zero 这样的指令控制是否使用0号子网。

（2）A 类地址的默认掩码是 255.0.0.0；B 类地址的默认掩码是 255.255.0.0；C 类地址的默认掩码是 255. 255. 255.0。

（3）在 A、B、C 三类地址中，除了主机位（bit）为全 1 的广播地址和主机位（bit）为全 0 的子网地址之外，都是可以分配给主机使用的主机地址，考试中也常称为单播地址。

7.5.5　地址结构

早期 IP 地址结构为两级地址：

IP 地址::={<网络号>,<主机号>}　　（7-5-1）

RFC 950 文档发布后增加一个子网号字段，变成三级网络地址结构：

IP 地址::={<网络号>,<子网号>,<主机号>}　　（7-5-2）

7.5.6　VLSM 和 CIDR

（1）可变长子网掩码（Variable Length Subnet Masking，VLSM）。传统的 A 类、B 类和 C 类地址使用固定长度的子网掩码，分别为 8 位、16 位、24 位，这种方式比较浪费地址空间。VLSM 则是对部分子网再次进行子网划分，允许同一个网络地址空间中使用多个不同的子网掩码。VLSM 使寻址效率更高、IP 地址利用率也更高。所以 VLSM 技术可以理解为把大网分解成小网。

（2）无类别域间路由（Classless Inter-Domain Routing，CIDR）。在进行网段划分时，除了有将大网络拆分成若干个小网络的需求外，也有将小网络组合成大网络的需求。在一个有类别的网络中（只区分 A、B、C 等大类的网络），路由器决定一个地址的类别，并根据该类别识别网络和主机。而在 CIDR 中，路由器使用前缀来描述有多少位是网络位（或称前缀），剩下的位则是主机位。CIDR 显著提高了 IPv4 的可扩展性和效率，通过使用路由聚合（或称超网）可有效地减小路由表的大小，节省路由器的内存空间，提高路由器的查找效率。该技术可以理解为把小网合并成大网。

7.5.7　IP 地址和子网规划

IP 地址和子网规划类的题目可以分为以下几种形式。

（1）给定 IP 地址和掩码，求网络地址、广播地址、子网范围、子网能容纳的最大主机数。

【例 1】已知子网地址是 8.1.72.24，子网掩码是 255.255.192.0。计算网络地址、广播地址、子网范围、子网能容纳的最大主机数。

1）计算子网的步骤如图 7-5-4 所示。

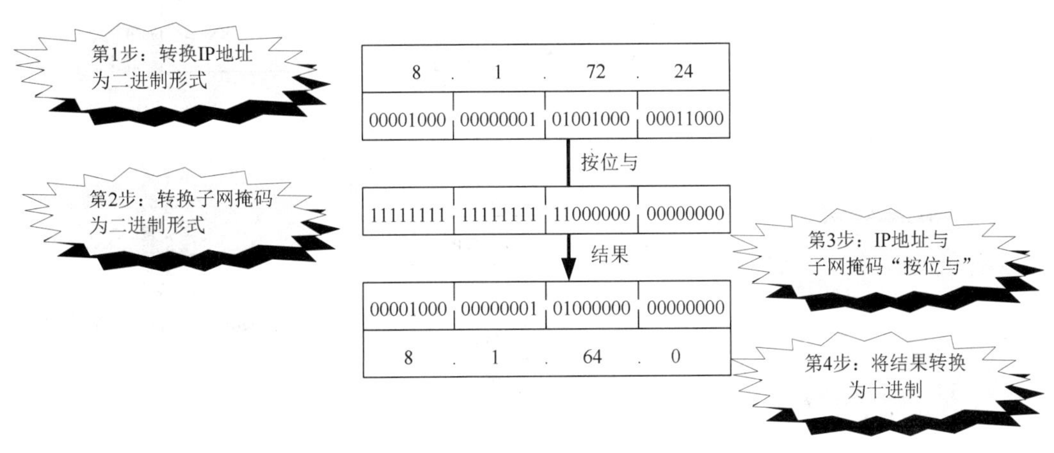

图 7-5-4　计算子网

2）计算广播地址的步骤如图 7-5-5 所示。

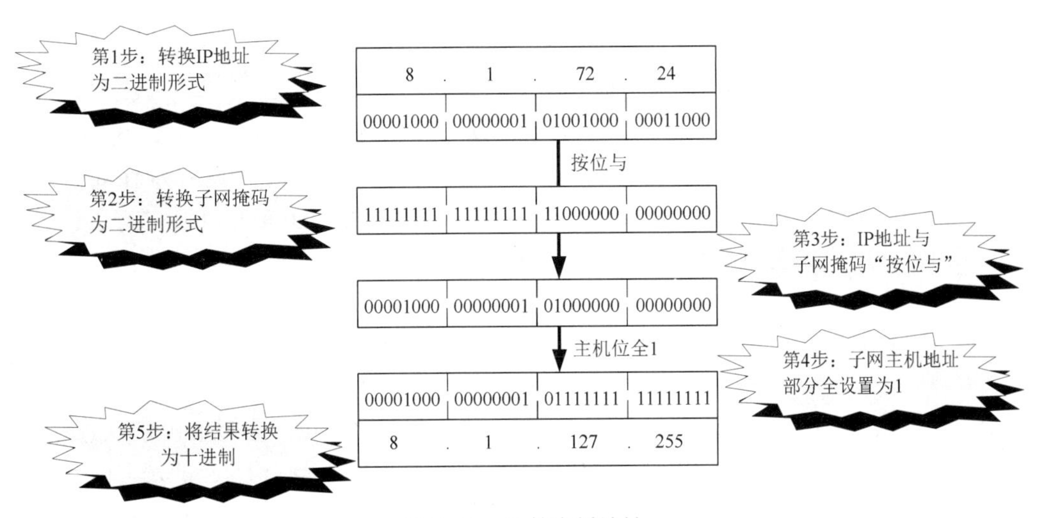

图 7-5-5　计算广播地址

3）计算子网范围。子网范围=[子网地址]～[广播地址]=8.1.64.0～8.1.127.255。

4）计算子网能容纳的最大主机数。子网能容纳的最大主机数=$2^{主机位}-2=2^{14}-2=16382$。

（2）给定现有的网络地址和掩码并给出子网数目，计算子网掩码及子网可分配的主机数。

【例 2】某公司网络的地址是 200.100.192.0，掩码是 255.255.240.0，要把该网络分成 16 个子网，则对应的子网掩码是多少？每个子网可分配的主机地址数是多少？

1）计算子网掩码。计算子网掩码的步骤如图 7-5-6 所示。

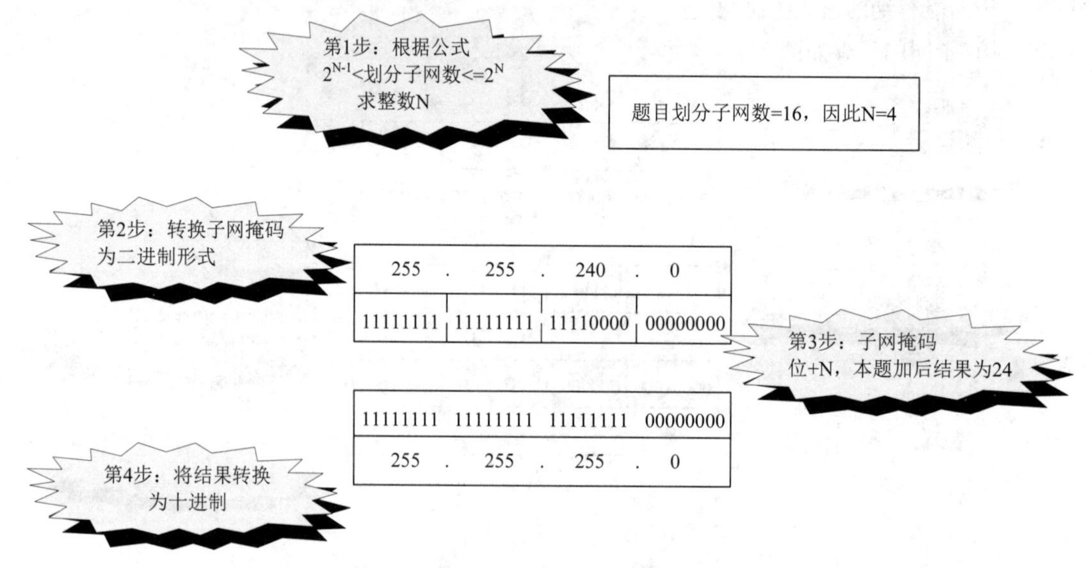

图 7-5-6　计算子网掩码

可以得到，本题的子网掩码为 255.255.255.0。

2）计算子网可分配的主机数。子网能容纳的最大主机数=$2^{主机位}-2=2^8-2=254$。

（3）给出网络类型及子网掩码，求划分子网数。

【例 3】一个 B 类网络的子网掩码为 255.255.192.0，则这个网络被划分成了多少个子网？

1）根据网络类型确定网络号的长度。本题网络类型为 B 类网，因此网络号为 16 位。

2）转换子网掩码为建网比特数。本题中的子网掩码 255.255.192.0 可以用/18 表示。

3）子网号=建网比特数-网络号，划分的子网个数=$2^{子网号}$。本题子网号=18–16=2，因此划分的子网个数=2^2=4。

7.5.8　ICMP

Internet 控制报文协议（Internet Control Message Protocol，ICMP）是 TCP/IP 协议簇的一个子协议，是网络层协议，用于在 IP 主机和路由器之间传递控制消息。控制消息指的是主机是否可达、网络通不通、路由是否可用等消息。这些控制消息并不传输用户数据，但是对用户数据的传递起着重要的作用。

ICMP 协议使用 IP 数据报传送数据。ICMP 报文应用有 Ping 命令（使用回送应答和回送请求报文）和 Traceroute 命令（使用时间超时报文和目的不可达报文）。

7.5.9 ARP 和 RARP

地址解析协议（Address Resolution Protocol，ARP）是将 32 位的 IP 地址解析成 48 位的以太网地址（MAC 地址）；而反向地址解析（Reverse Address Resolution Protocol，RARP）则是将 48 位的以太网地址解析成 32 位的 IP 地址。ARP 报文**封装在以太网帧**中进行发送。

7.5.10 IPv6

IPv6（Internet Protocol Version 6）是 IETF 设计的用于替代现行 IPv4 的下一代 IP 协议。IPv6 的地址长度为 128 位，但通常写作 8 组，每组为 4 个十六进制数的形式，如 2002:0db8:85a3:08d3:1319:8a2e:0370:7345 是一个合法的 IPv6 地址。

1. IPv6 的书写规则

（1）任何一个 16 位段中起始的 0 不必写出来；任何一个 16 位段如果少于 4 个十六进制的数字，就认为其忽略了起始部分的数字 0。

例如：2002:0db8:85a3:08d3:1319:8a2e:0370:7345 的第 2、第 4 和第 7 段包含起始 0。使用简化规则，该地址可以书写为 2002:db8:85a3:8d3:1319:8a2e:370:7345。

注意：只有起始的 0 才能被忽略，末尾的 0 不能被忽略。

（2）任何由全 0 组成的一个或多个 16 位段的单个连续字符串都可以用一个双冒号“::”表示。

例如：2002:0:0:0:0:0:0:0001 可以简化为 2002::1。

注意：双冒号只能用一次。

2. 单播地址

单播地址用于表示单台设备的地址。发送到此地址的数据包被传递给标识的设备。

3. 多播地址

多播地址标识不是一台设备，而是多台设备组成一个多播组。发送给一个多播组的数据包可以由单台设备发起。

4. 任意播地址

任意播地址更像一种服务，而不是一台设备，并且相同的地址可以驻留在提供相同服务的一台或多台设备中。任意广播地址取自单播地址空间，而且在语法上不能与其他地址区别开来。

7.6 传输层

传输层是 OSI 参考模型中的第四层，重要知识点就是 TCP 和 UDP 协议。

7.6.1 TCP

传输控制协议（Transmission Control Protocol，TCP）是一种可靠的、面向连接的字节流服务。

源主机在传送数据前需要先与目标主机建立连接。然后在此连接上，被编号的数据段按序收发。同时要求对每个数据段进行确认，这样保证了可靠性。如果在指定的时间内没有收到目标主机对所发数据段的确认，源主机将再次发送该数据段。TCP 建立在无连接的 IP 基础之上。

1. TCP 报文首部格式

TCP 报文首部格式如图 7-6-1 所示。

<table>
<tr><td colspan="8">源端口（16）</td><td colspan="2">目的端口（16）</td></tr>
<tr><td colspan="10">序列号（32）</td></tr>
<tr><td colspan="10">确认号（32）</td></tr>
<tr><td>报头长度（4）</td><td>保留(6)</td><td>URG</td><td>ACK</td><td>PSH</td><td>RST</td><td>SYN</td><td>FIN</td><td colspan="2">窗口（16）</td></tr>
<tr><td colspan="8">校验和（16）</td><td colspan="2">紧急指针（16）</td></tr>
<tr><td colspan="9">选项（长度可变）</td><td>填充</td></tr>
<tr><td colspan="10">TCP 报文的数据部分（可变）</td></tr>
</table>

图 7-6-1　TCP 报文首部格式

- 源端口（Source Port）和目的端口（Destination Port）。该字段长度均为 16 位。TCP 协议通过使用端口来标识源端和目标端的应用进程，端口号取值范围为 0～65535。
- 序列号（Sequence Number）。该字段长度为 32 位。因此序号范围为$[0,2^{32}-1]$。序号值是进行 mod 2^{32} 运算的值，即序号值为最大值 $2^{32}-1$ 后，下一个序号又回到 0。

【例 1】本段数据的序号字段为 1024，该字段长度为 100 字节，则下一个字段的序号字段值为 1125。这里序列号字段又称为**报文段序号**。

- 确认号（Acknowledgement Number）。该字段长度为 32 位。期望收到对方下一个报文段的第一个数据字段的序号。

【例 2】接收方收到了序号为 100、数据长度为 300 字节的报文，则接收方的确认号设置为 301。

注意：如果确认号=N，则表示 N-1 之前（包含 N-1）的所有数据都已正确收到。

- 报头长度（Header Length）。报头长度又称为数据偏移字段，长度为 4 位，单位字（4 字节共 32 位）。没有任何选项字段的 TCP 头部长度为 20 字节，最多可以有 60 字节的 TCP 头部。
- 保留字段（Reserved）。该字段长度为 6 位，通常设置为 0。
- 标记（Flag）。该字段包含的子字段有：紧急（URG）——紧急有效，需要尽快传送；确认（ACK）——建立连接后的报文回应，ACK 设置为 1；推送（PSH）——接收方应该尽快将这个报文段交给上层协议，无须等缓存满；复位（RST）——重新连接；同步（SYN）——发起连接；终止（FIN）——释放连接。

2. TCP建立连接

TCP会话通过**3次握手**来建立连接。3次握手的目标是使数据段的发送和接收同步，同时也向其他主机表明其一次可接收的数据量（窗口大小）并建立逻辑连接。这3次握手的过程可以简述如下。

双方通信之前均处于 **CLOSED** 状态。

（1）**第1次握手**。源主机发送一个同步标志位 SYN=1 的 TCP 数据段。此段中同时标明初始序号（Initial Sequence Number，ISN）。ISN 是一个随时间变化的随机值，即 **SYN=1，seq=x**。源主机进入 **SYN-SENT** 状态。

（2）**第2次握手**。目标主机接收到 SYN 包后发回确认数据报文。该数据报文 ACK=1，同时确认序号字段表明目标主机期待收到源主机下一个数据段的序号，即 ACK=x+1（表明前一个数据段已收到且没有错误）。

此外，在此段中设置 SYN=1，并包含目标主机的段初始序号 y，**即 ACK=1，确认序号 ack=x+1，SYN=1，自身序号 seq=y**。此时目标主机进入 **SYN-RCVD** 状态（注：大写 ACK 表示 TCP 报文首部的 ACK 位，小写 ack 和 seq 表示序号）。

（3）**第3次握手**。源主机进入 **ESTABLISHED** 状态，源主机再回送一个确认数据段，同样带有递增的发送序号和确认序号（**ACK=1，确认序号 ack=y+1，自身序号 seq=x+1**），当目标主机接收到源主机确认后，进入 **ESTABLISHED** 状态。TCP 会话的3次握手完成。接下来，源主机和目标主机可以互相收发数据。3次握手的过程如图 7-6-2 所示。

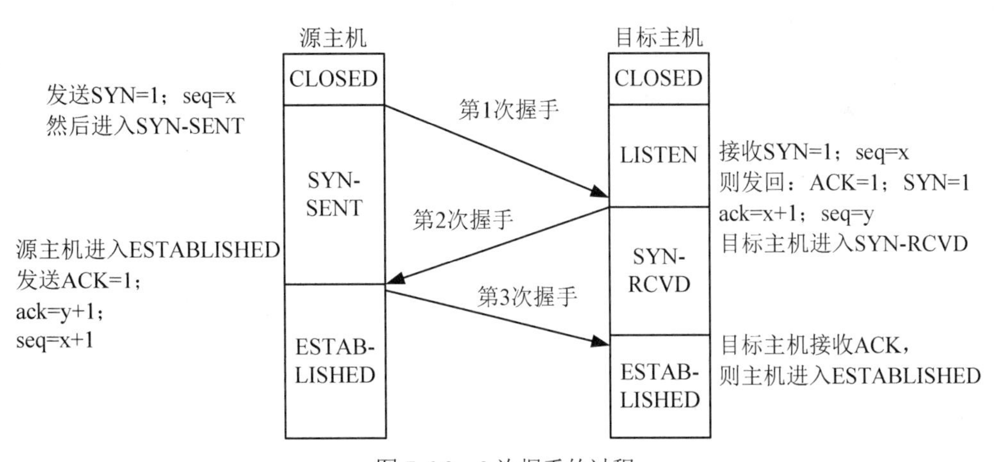

图 7-6-2 3次握手的过程

7.6.2 UDP

用户数据报协议（User Datagram Protocol，UDP）是一种不可靠的、无连接的数据报服务。源主机在传送数据前不需要和目标主机建立连接。数据附加了源端口号和目标端口号等 UDP 报头字段后，直接发往目的主机。这时，每个数据段的可靠性依靠上层协议来保证。在传送数据较少且较小的情况下，UDP 比 TCP 更加高效。

7.7 应用层

应用层位于 OSI/RM 参考模型的最高层，直接针对用户的需要。

7.7.1 DNS

域名系统（Domain Name System，DNS）是把主机域名解析为 IP 地址的系统，解决了 IP 地址难记的问题。该系统是由解析器和域名服务器组成的。**DNS 主要基于 UDP 协议，较少情况下使用 TCP 协议，端口号均为 53**。域名解析就是将域名解析为 IP 地址。

DNS 系统属于分层式命名系统，即采用的命名方法是层次树状结构。连接在 Internet 上的主机或路由器都有一个唯一的层次结构名，即域名（Domain Name）。域名可以由若干个部分组成，每个部分代表不同级别的域名并使用“.”号分开。完整的结构为：**主机.….三级域名.二级域名.顶级域名**。

Internet 上域名空间的结构如图 7-7-1 所示。

（1）根域：根域处于 Internet 上域名空间结构树的最高端，是树的根，提供根域名服务。根域用“.”来表示。

（2）顶级域（Top Level Domain，TLD）：顶级域名在根域名之下，分为三大类：国家顶级域名、通用顶级域名和国际顶级域名。

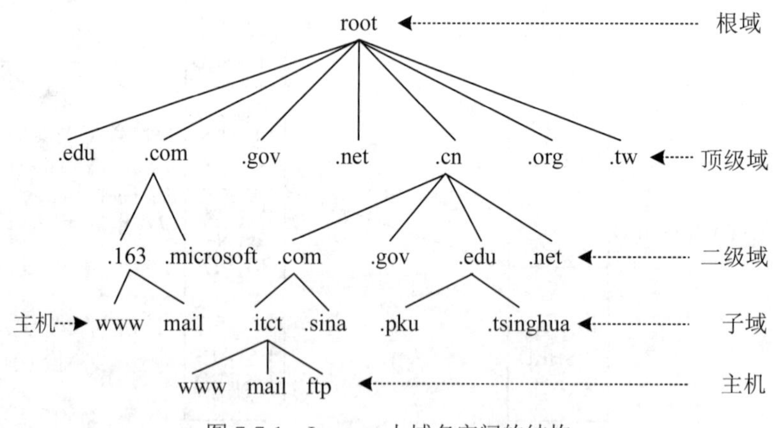

图 7-7-1　Internet 上域名空间的结构

（3）主机：属于最低层域名，处于域名树的叶子端，代表各类主机提供的服务。

比较常考的一个考点是客户端在进行 DNS 查询时的查询顺序。在部分 Linux 系统中，可以通过修改/etc/host.conf 中的配置“order hosts,bind”调整客户机查询的顺序。但是默认情况下，先在 DNS 客户端找 hosts 文件中的配置，然后再通过 DNS 查询。但是，我们要知道具体的查找顺序：客户机先查找 DNS 缓存，找不到 DNS 缓存时，再根据本机的配置确定是先查找 hosts 文件还是先查找 DNS 服务器。

另外，稳定的 DNS 系统是保证网络正常运行的前提。网络管理员可以通过使用防火墙控制对 DNS 的访问、避免 DNS 的主机信息（HINFO）记录被窃取、限制区域传输等手段来加强 DNS 的安全性。

在 Windows 操作系统中，hosts 文件里面包含一些常用的域名对应的 IP 地址，有助于域名解析。

7.7.2 DHCP

BOOTP 是最早的主机配置协议。动态主机配置协议（Dynamic Host Configuration Protocol，DHCP）则是在其基础之上进行了改良的协议，是一种用于简化主机 IP 配置管理的 IP 管理标准。通过采用 DHCP 协议，DHCP 服务器为 DHCP 客户端进行动态 IP 地址分配。同时 DHCP 客户端在配置时不必指明 DHCP 服务器的 IP 地址就能获得 DHCP 服务。当同一子网内有多台 DHCP 服务器时，在默认情况下，客户机采用最先到达的 DHCP 服务器分配的 IP 地址。

1. 端口

DHCP 服务端使用 **UDP 的 67 号端口**来监听和接收客户请求消息，客户端使用 **UDP 的 68 号端口**来接收来自 DHCP 服务器的消息回复。

在 Windows 系统中，在 DHCP 客户端无法找到对应的服务器、获取合法 IP 地址失败的前提下，在自动专用 IP 地址（Automatic Private IP Address，APIPA）中选取一个地址作为主机 IP 地址。APIPA 的地址范围为 169.254.0.0～169.254.255.255。

2. ipconfig 命令

ipconfig 是 Windows 网络中最常使用的命令，用于显示计算机中网络适配器的 IP 地址、子网掩码及默认网关等信息。

命令基本格式：

ipconfig [**/all** | **/renew** [adapter] | **/release** [adapter] | **/flushdns** | **/displaydns** | **/registerdns** |]

具体参数解释见表 7-7-1。

表 7-7-1　ipconfig 基本参数表

参数	参数作用	备注
/all	显示所有网络适配器的完整 TCP/IP 配置信息	尤其是查看 MAC 地址信息，DNS 服务器等配置
/release adapter	释放全部（或指定）适配器的、由 DHCP 分配的动态 IP 地址，仅用于 DHCP 环境	DHCP 环境中的释放 IP 地址
/renew adapter	为全部（或指定）适配器重新分配 IP 地址。常与 release 结合使用	DHCP 环境中的续借 IP 地址
/flushdns	清除本机的 DNS 解析缓存	
/displaydns	显示本机的 DNS 解析缓存	

7.7.3 WWW

万维网（World Wide Web，WWW）是一个规模巨大、可以互联的资料空间。该资料空间的资源依靠 URL 进行定位，通过 HTTP 协议传送给使用者，又由 HTML 来进行文档的展现。由定义可以知道，WWW 的核心由 3 个主要标准构成：URL、HTTP、HTML。

（1）URL。统一资源标识符（Uniform Resource Locator，URL）是一个全世界通用的、负责给万维网上资源定位的系统。URL 由 4 个部分组成：

<协议>://<主机>:<端口>/<路径>

- <协议>：表示使用什么协议来获取文档，之后的“://”不能省略。常用协议有 HTTP、HTTPS、FTP。**其中，默认使用的协议是 HTTP。**
- <主机>：表示资源主机的域名。
- <端口>：表示主机服务端口，有时可以省略。
- <路径>：表示最终资源在主机中的具体位置，有时可以省略。

（2）HTTP。超文本传送协议（Hypertext Transport Protocol，HTTP）负责规定浏览器和服务器怎样进行互相交流。

（3）HTML。超文本标记语言（Hypertext Markup Language，HTML）是用于描述网页文档的一种标记语言。

WWW 采用客户机/服务器的工作模式，工作流程具体如下：

1）用户使用浏览器或其他程序建立客户机与服务器的连接，并发送浏览请求。

2）Web 服务器接收到请求后返回信息到客户机。

3）通信完成后关闭连接。

（4）XML。可扩展标记语言（eXtensible Markup Language），是一种用于标记电子文件使其具有结构性的标记语言。HTML 可以看成 XML 的一个子集。

7.7.4 HTTP

HTTP 是互联网上应用最为广泛的一种网络协议，该协议由万维网协会（World Wide Web Consortium，W3C）和 Internet 工作小组（Internet Engineering Task Force，IETF）共同提出。该协议使用 TCP 的 80 号端口提供服务。

1. HTTP 工作过程

HTTP 是工作在客户/服务器（C/S）模式下、基于 TCP 的协议。客户端是终端用户，服务器端是网站服务器。

客户端通过使用 Web 浏览器、网络爬虫或其他工具，发起一个到服务器上指定端口（默认端口为 80）的 HTTP 请求。一旦收到请求，服务器向客户端发回响应消息，消息的内容可能是请求的文件、错误消息或一些其他信息。客户端请求和连接端口需大于 1024。

图 7-7-2 给出了客户端单击 http://www.itct.com.cn/net/index.html 所发生的事件。

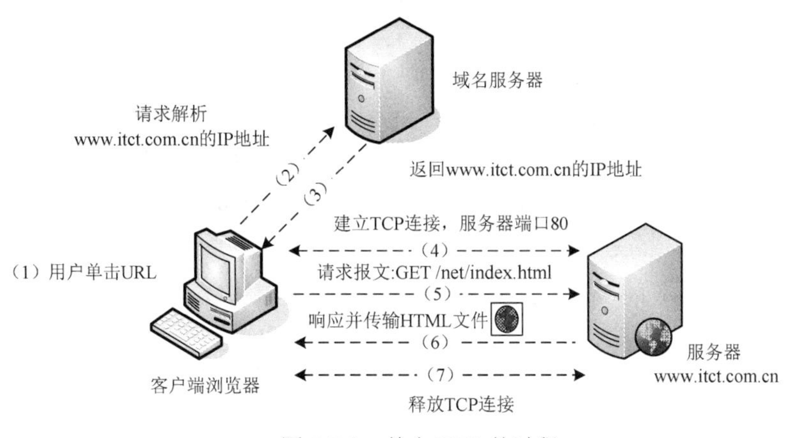

图 7-7-2　单击 URL 的过程

HTTP 使用 TCP 而不是 UDP 的原因在于，打开一个网页必须传送很多数据，而 TCP 协议提供传输控制，可以按顺序组织数据，并且期间可以对错序数据进行纠正。

2. HTTP 1.1

Web 服务器往往访问压力较大，为了提高效率，HTTP 1.1 规定浏览器与服务器的连接时间很短，浏览器的每次请求都需要与服务器建立新的 TCP 连接，服务器处理完请求之后立即断开 TCP 连接，服务器不记录过去的请求。

这种方式下，访问具有多个图片的网页时，需要建立多个独立连接进行请求与响应；每个连接只传输一个文档和图像。客户端、服务器端需要频繁地建立和关闭连接，因此严重影响双方的性能。网页中包含 Applet、JavaScript、CSS 等时，也会出现类似情况。

为了克服频繁建立、关闭连接的缺陷，HTTP 1.1 开始支持持久连接。这样通过一个 TCP 连接，就能传送多个 HTTP 请求和响应，大大减少了建立和关闭连接造成的消耗和延迟。这样访问一个多图片的网页文件，可以在同一连接中传输多个请求与应答。当然，多文件请求与应答，还是需要分别进行连接。

HTTP 1.1 允许客户端可以不用等待上一次请求返回的结果，就可以进行下一次请求；但是服务器端必须按照接收到请求的先后顺序依次返回结果，以确保客户端能分清每次请求的响应内容。

HTTP 1.1 增加了更多的请求头和响应头，便于改进和扩充功能。

（1）同一 IP 地址与端口号可以配置多个虚拟的 Web 站点。HTTP 1.1 新增加 Host 请求头字段后，可以在一台 Web 服务器上，用同一 IP 地址、端口号，用不同的主机名创建多个虚拟 Web 站点。

（2）实现持续连接。Connection 请求头可用于通知服务器返回本次请求结果后保持连接。

3. HTTP 2.0

HTTP 2.0 兼容于 HTTP 1.X，同时大大提升了 Web 性能，进一步减少了网络延迟，减少了前端方面的优化工作。HTTP 2.0 采用了新的二进制格式 p，解决了多路复用（即连接共享）问题，可对 header 进行压缩，使用较为安全的 HPACK 压缩算法，重置连接表现更好，有一定的流量控制功能，使用更安全的 SSL。

4. 浏览器

网页浏览器（Web Browser），简称浏览器，是一种浏览互联网网页的应用工具，也可以播放声音、动画、视频，还可以打开 PDF、Word 等格式的文档。目前，常见的浏览器有 IE 系列浏览器、谷歌 Chrome 浏览器、苹果 Safari 浏览器、火狐浏览器、QQ 浏览器、百度浏览器等。

浏览器内核（又称渲染引擎），主要功能是解析 HTML、CSS，进行页面布局、渲染与复合层合成。

7.7.5 E-mail

电子邮件（Electronic Mail，E-mail）又称电子信箱，是一种用网络提供信息交换的通信方式。通过网络，电子邮件系统可以以非常低廉的价格、非常快速的方式与世界上任何一个角落的网络用户联系，邮件形式可以是文字、图像、声音等。

电邮地址的格式是“用户名@域名”。其中，@是英文 at 的意思。选择@的理由比较有意思，电子邮件的发明者雷·汤姆林森给出的解释是：“它在键盘上那么显眼的位置，我一眼就看中了它。”

电子邮件地址是表示在某部主机上的一个使用者账号。

1. 常见的电子邮件协议

常见的电子邮件协议有：简单邮件传输协议、邮局协议和 Internet 邮件访问协议。

（1）简单邮件传输协议（Simple Mail Transfer Protocol，SMTP）。SMTP 主要负责底层的邮件系统如何将邮件从一台机器发送至另外一台机器。该协议工作在 TCP 协议的 25 号端口。

（2）邮局协议（Post Office Protocol，POP）。目前的版本为 POP3，POP3 是把邮件从邮件服务器中传输到本地计算机的协议。该协议工作在 TCP 协议的 110 号端口。邮件客户端通过与服务器之间建立 TCP 连接，采用 Client/Server 计算模式来传送邮件。

（3）Internet 邮件访问协议（Internet Message Access Protocol，IMAP）。目前的版本为 IMAP4，是 POP3 的一种替代协议，提供了邮件检索和邮件处理的新功能。用户可以完全不必下载邮件正文就可以看到邮件的标题和摘要，使用邮件客户端软件就可以对服务器上的邮件和文件夹目录等进行操作。IMAP 协议增强了电子邮件的灵活性，同时也减少了垃圾邮件对本地系统的直接危害，同时相对节省了用户查看电子邮件的时间。除此之外，IMAP 协议可以记忆用户在脱机状态下对邮件的操作（如移动邮件、删除邮件等），在下一次打开网络连接时会自动执行。该协议工作在 TCP 协议的 143 号端口。

2. 邮件安全

电子邮件在传输中使用的是 SMTP 协议，它不提供加密服务，攻击者可以在邮件传输中截获数据。其中的文本格式和非文本格式的二进制数据（如.exe 文件）都可轻松地还原。同时还存在发送的邮件很可能是冒充的邮件、邮件误发送等问题。因此安全电子邮件的需求越来越强烈，安全电子邮件可以解决邮件的加密传输问题、验证发送者的身份验证问题、错发用户的收件无效问题。

PGP（Pretty Good Privacy）是一款邮件加密软件，可以用它对邮件保密以防止非授权者阅读，它还能为邮件加上数字签名，从而使收信人可以确认邮件的发送者，并能确信邮件没有被篡改。PGP 采用了 **RSA 和传统加密的杂合算法、数字签名的邮件文摘算法**和加密前压缩等手段，功能强大、加解密快且开源。

3. 邮件客户端

常见的电子邮件客户端有 Foxmail、Outlook 等。在阅读邮件时，使用网页、程序、会话方式都有可能运行恶意代码。为了防止电子邮件中的恶意代码，应该用纯文本方式阅读电子邮件。

7.7.6 FTP

文件传输协议（File Transfer Protocol，FTP）简称为“文传协议”，用于在 Internet 上控制文件的双向传输。FTP 客户上传文件时，通过服务器 20 号端口建立的连接是建立在 TCP 之上的数据连接，通过服务器 21 号端口建立的连接是建立在 TCP 之上的控制连接。

7.7.7 SNMP

网络管理是对网络进行有效而安全的监控、检查。网络管理的任务就是：检测和控制。

简单网络管理协议（Simple Network Management Protocol，SNMP）是在应用层上进行网络设备间通信的管理协议，可以进行网络状态监视、网络参数设定、网络流量统计与分析、发现网络故障等。SNMP 基于 UDP 协议，**是一组标准，由 SNMP 协议、管理信息库和管理信息结构组成。**

7.7.8 Telnet

TCP/IP 终端仿真协议（TCP/IP Terminal Emulation Protocol，Telnet）是一种基于 TCP 的虚拟终端通信协议，端口号为 23。Telnet 采用客户端/服务器的工作方式，采用网络虚拟终端（Net Virtual Terminal，NVT）实现客户端和服务器的数据传输，可以实现远程登录、远程管理交换机和路由器。

7.7.9 SSH

传统网络程序（如 POP、FTP、Telnet）明文传送数据、用户账号和用户口令，因此是不安全的，容易受到中间人（man-in-the-middle）攻击被截获到数据。

安全外壳协议（Secure Shell，SSH）由 IETF 的网络工作小组（Network Working Group）制定，是一个较为可靠的、为远程登录会话及其他网络服务提供安全性的协议。既可以代替 Telnet，又可以为 FTP、POP 甚至 PPP 提供一个安全的“通道”。

利用 SSH 协议可以有效防止远程管理过程中的信息泄露问题。通过 SSH 可以对所有传输的数据进行加密，能够避免 DNS 欺骗和 IP 欺骗；SSH 传输的是压缩数据，所以可以提高传输的速度。

7.8 Linux 与 Windows 操作系统

本节涉及 Linux 与 Windows 操作系统等概念知识，考试中考查较少。

7.8.1 Linux

本节主要掌握 Linux 系统最基本的知识点，包括系统分区格式、常用系统管理命令等。

1. Linux 分区管理

Linux 的分区不同于其他操作系统分区，一般，Linux 至少需要两个专门的分区：Linux Native 和 Linux Swap。通常在 Linux 中安装 Linux Native 硬盘分区。

- Linux Native 分区是存放系统文件的地方，它能用 EXT2 和 EXT3 等分区类型。
- Linux Swap 分区的特点是不用指定“载入点”(Mount Point)，既然作为交换分区并为其指定大小，它至少要等于系统实际内存容量。

2. Linux 主要目录及其作用

（1）/：根目录。

（2）/boot：包含了操作系统的内核和在启动系统过程中所要用到的文件。

（3）/home：用于存放系统中普通用户的宿主目录，每个用户在该目录下都有一个与用户同名的目录。

（4）/tmp：系统临时目录，很多命令程序在该目录中存放临时使用的文件。

（5）/usr：用于存放大量的系统应用程序及相关文件，如说明文档、库文件等。

（6）/var：系统专用数据和配置文件，即用于存放系统中经常变化的文件，如日志文件、用户邮件等。

（7）/dev：终端和磁盘等设备的各种设备文件，如光盘驱动器、硬盘等。

（8）/etc：用于存放系统中的配置文件，Linux 中的配置文件都是文本文件，可以使用相应的命令查看。

（9）/bin：用于存放系统提供的一些二进制可执行文件。

（10）/sbin：用于存放标准系统管理文件，通常也是可执行的二进制文件。

（11）/mnt：挂载点，所有的外接设备（如 CD-ROM、U 盘等）均要挂载在此目录下才可以访问。

3. 常见命令

（1）ls [list] 命令。其作用相当于 dos 下的 dir，用于查看文件和目录信息的命令。

（2）chmod 命令。基本命令格式：**chmod** mode file

Linux 中文档的存取权限分为 3 级：文件拥有者、与拥有者同组的用户、其他用户，不管权限位如何设置，root 用户都具有超级访问权限。利用 chmod 可以精确地控制文档的存取权限。默认情况下，系统将创建的普通文件的权限设置为-rw-r--r--。

Mode：权限设定字串，格式为[ugoa...][[+-=][rwxX]...][,...]，其中 u 表示该文档的拥有者，g 表示与该文档的拥有者同一个组（group）者，o 表示其他的人，a 表示所有的用户。“+”表示增加权限，“-”表示取消权限，“=”表示直接设定权限。“r”表示可读取，“w”表示可写入，“x”表示可执行，“X”表示只有当该文档是个子目录或者该文档已经被设定为可执行。

权限设定格式如图 7-8-1 所示。默认情况下，系统将创建的普通文件的权限设置为-rw-r-r-。

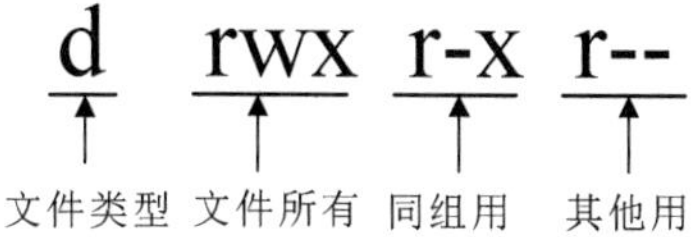

图 7-8-1 文件权限位示意图

此外，chmod 也可以用数字来表示权限。

数字权限基本命令格式：**chmod** abc file

其中，a、b、c 各为一个数字，分别表示 User、Group 及 Other 的权限。其中各个权限对应的数字为 r=4，w=2，x=1。因此对应的权限属性如下：

属性为 rwx，则对应的数字为 4+2+1=7；

属性为 rw-，则对应的数字为 4+2=6；

属性为 r-x，则对应的数字为 4+1=5。

命令示例如下：

```
chmod a=rwx file 和 chmod 777 file 效果相同
chmod ug=rwx，o=x file 和 chmod 771 file 效果相同
```

（3）cd 命令。改变当前目录。

（4）mkdir 和 rmdir 命令。mkdir 命令用来建立新的目录，rmdir 用来删除已建立的目录。

（5）cp 命令。基本命令格式：**cp**-r 源文件（source）目的文件（target），主要参数-r 是指连同源文件中的子目录一同拷贝，在复制多级目录时特别有用。

（6）rm 命令。作用是删除文件。

（7）**mv** 命令。移动目录或文件，可以用于给目录或文件重命名。

（8）pwd 命令。用于显示用户的当前工作目录。

（9）mount 命令。用于将分区作为 Linux 的一个“文件”挂载到 Linux 的一个空文件夹下，从而将分区和/mnt 目录联系起来，因此我们只要访问这个文件夹就相当于访问该分区了。

（10）passwd 命令，修改用户的口令。

7.8.2 Windows

考试涉及本部分的相关知识点有：用户账号、组账号、常见命令。

1. 用户账号

在 Windows Server 2008 中，系统安装完之后会自动创建一些默认用户账号，常用的是 Administrator、Guest 及其他一些基本的账号。为了便于管理，系统管理员可以通过对不同的用户账号和组账号设置不同的权限，从而大大提高系统的访问安全性和管理的效率。

（1）Administrator 账号。Administrator 账号是服务器上 Administrators 组的成员，具有对服务器的完全控制权限，可以根据需要向用户分配权限。不可以将 Administrator 账户从 Administrators

组中删除，但可以重命名或禁用该账号。若此计算机加入到域中，则域中 domain admins 组的成员会自动加入到本机的 Administrators 组中。因此域中 domain admins 组的成员也具备本机 Administrators 的权限。

（2）Guest 账号。Guest 账号是 Guests 组的成员，一般是在这台计算机上没有实际账号的人使用。如果已禁用但还未删除某个用户的账号，那么该用户也可以使用 Guest 账号。Guest 账号默认是禁用的，可以手动启用。

（3）IUSR。IUSR 账号是安装了 IIS 之后系统自动生成的账号，IUSR 通常称为“Web 匿名用户”账号或“Internet 来宾”账号。当匿名用户访问 IIS 时，实际上系统是以“IUSR”账号在访问。其对应的组为 IIS IUSERS 组。

2. 组账号

组账号是具有相同权限的用户账号的集合，组账号可以对组内的所有用户赋予相同的权利和权限。在安装运行 Windows Server 2008 操作系统时会自动创建一些内置的组，即默认本地组。具体的默认本地组如下：

（1）Administrators 组。Administrators 组的成员拥有服务器的完全控制权，可以为用户指派用户权利和访问控制权限。

（2）Guests 组。Guests 组的成员拥有一个在登录时创建的临时配置文件，注销时将删除该配置文件。“来宾账号”（默认为禁用）也是 Guests 组的默认成员。

（3）Power Users 组。Power Users 组的成员可以创建本地组，并在已创建的本地组中添加或删除用户，还可以在 Power Users 组、Users 组和 Guests 组中添加或删除用户。

（4）Users 组。Users 组的成员可以运行应用程序，但是不能修改操作系统的设置。

（5）Backup Operators 组。该组成员不管是否具有访问该计算机文件的权限，都可以运行系统的备份工具，对这些文件和文件夹进行备份和还原。

（6）Network Configuration Operators 组。该组成员可以在客户端执行一般的网络设置任务（如更改 IP 地址），但是不能设置网络服务器。

（7）Everyone 组。任何用户都属于这个组，因此当 GUEST 被启用时，该组的权限设置必须严格限制。

（8）Interactive 组。任何本地登录的用户都属于这个组。

（9）System 组。该组拥有系统中最高的权限，系统和系统级服务的运行都是依靠 System 赋予的权限，从任务管理器中可以看到很多进程是由 System 开启的。System 组只有一个用户（即 System），它不允许其他用户加入，在查看用户组的时候也不显示出来。默认情况下，只有系统管理员组用户（Administrator）和系统组用户（System）拥有访问和完全控制终端服务器的权限。

3. 常见命令

（1）ipconfig：用于显示计算机中网络适配器的 IP 地址、子网掩码及默认网关等信息。

（2）tracert：Windows 路由跟踪。

（3）route：手动配置静态路由并显示路由信息表。

（4）netstat：可以显示路由表、实际的网络连接、每一个网络接口设备的状态信息，以及与IP、TCP、UDP 和 ICMP 等协议相关的统计数据。

（5）nslookup：查询 Internet 域名信息或诊断 DNS 服务器问题的工具。

（6）mstsc：Windows 远程桌面启动命令。

（7）regedit：打开 Windows 系统的注册表编辑器。

7.9 交换与路由

本节涉及交换与路由概念知识，本节考点较少，主要考查交换定义、常见的路由协议的概念。

7.9.1 交换

交换机（Switch）是一种信号转发的设备，可以为交换机自身的任意两端口间提供独立的电信号通路，又称多端口网桥。**交换技术**就是交换机上使用的数据交换技术。

（1）冲突域。冲突域是物理层的概念，是指会发生物理碰撞的域。可以理解为连接在同一导线上的所有工作站的集合。**网桥、交换机、路由器能隔离冲突域。**

（2）广播域。广播域是数据链路层的概念，是能接收同一广播报文的节点集合，如设备广播的 ARP 报文能接收到的设备都处于同一个广播域。**路由器、3 层交换机都能隔离广播域**。

7.9.2 路由

路由器（Router）是连接网络中各类局域网和广域网的设备，它会根据信道的情况自动选择和设定路由，以最佳路径按前后顺序发送信号的设备。**路由器工作在 OSI 模型的网络层**。

路由就是指通过相互连接的网络，把信息从源地点移动到目标地点的活动。路由又可以分为静态路由和动态路由。

（1）静态路由：由系统管理员事先设置好固定的路由表，称为静态（Static）路由表，静态路由是预先设定的，不会随网络结构的改变而改变。

静态路由又分为 3 种形式：

- 固定式路由：网络中每个路由节点拥有一张记录各节点对应下一节点的表，路由节点根据收到的分组信息并查询表格，得到该信息应发往的下一节点。
- 随机路由：每个分组信息只在与其相邻的节点中随机地选择一条转发。
- 洪泛路由：在所有可能的连接通路上，发送接收到的封装信息，直至信息被接收到为止。

（2）动态路由：根据网络系统的运行情况自动调整的路由表。

第3天

深入学习

第8章　多媒体基础

多媒体章节的内容包含多媒体基础概念、声音处理、图形和图像处理等知识。在软件设计师考试中，考查的分值为0～1分，属于零星考点。以往考点中，主要考查媒体分类、图形、图像、声音媒体特点，其中图像属性、分辨率、音频信号采样等知识常考。

本章考点知识结构图如图8-0-1所示。

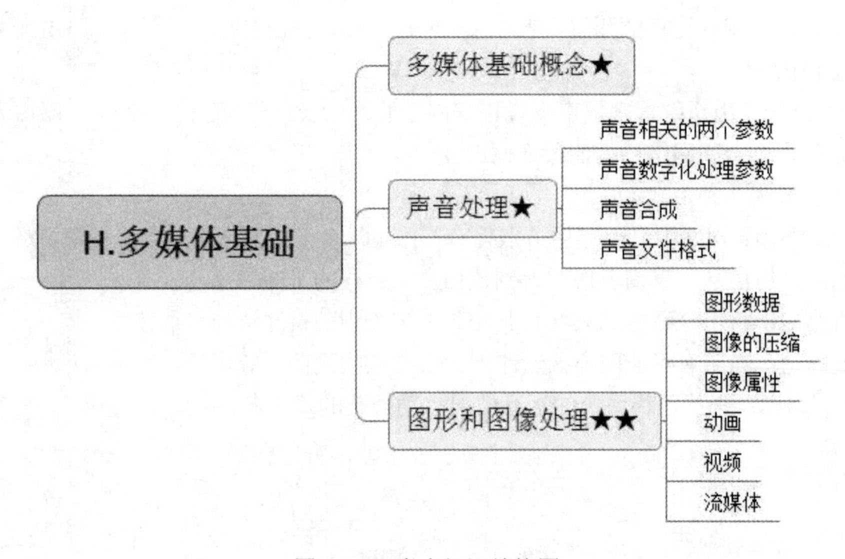

图8-0-1　考点知识结构图

8.1 多媒体基础概念

多媒体首先是多种媒体（如图形、图像、动画、声音、文字、动态视频）的综合，然后是处理这些信息的程序和过程，即多媒体技术。多媒体技术是处理图像、文字、动画、声音和影像等的综合技术，包括多媒体计算机系统技术、多媒体数据库技术、各种媒体处理、信息压缩、多媒体人机界面技术等。

1. 媒体分类

国际电话与电报咨询委员会（Consultative Committee on International Telephone and Telegraph，CCITT），将“媒体”（Media）分为5类，具体见表8-1-1。

表8-1-1 媒体分类

名称	特点	实例
感觉媒体（Perception Medium）	直接作用于人的感觉器官，使人产生直接感觉的媒体	引起视觉反应的文本、图形和图像、引起听觉反应的声音等
表示媒体（Representation Medium）	为加工、处理和传输感觉媒体而人工创造的一类媒体	文本编码、图像编码和声音编码等
存储媒体（Storage Medium）	存储表示媒体的物理介质	硬盘、U盘、光盘、手册及播放设备等
传输媒体（Transmission Medium）	传输表示媒体的物理介质	电缆、光缆、无线等
表现媒体（Presentation Medium）	进行信息输入和输出的媒体	输入媒体如：键盘、鼠标、话筒、扫描仪、摄像头等；输出媒体如：显示器、音箱、打印机等

2. 多媒体设备

多媒体计算机是一种能处理文字、声音、图形、图像等多种媒体的计算机。使多种媒体建立逻辑连接，进而集成为一个具有交互性能的系统，称为多媒体计算机系统。

多媒体计算机系统由4部分构成：多媒体硬件平台（包括计算机硬件、多种媒体的输入/输出设备和装置）；多媒体操作系统；图形用户接口（GUI）；支持多媒体开发的工具软件。

常见的多媒体设备有：声卡、显卡、DVD/VCD、各类存储、显示器、扫描仪、打印机、摄像头、各类传感器、数码相机和数码摄像机、投影仪、触摸屏等。

3. 多媒体特性

多媒体具有多样性、集成性、交互性、实时性、便利性等特性。

4. 超媒体

“超媒体”是超级媒体的缩写，是一种采用非线性网状结构对块状多媒体信息（包括文本、图像、视频等）进行组织和管理的技术。超媒体是纯技术的超级媒体（Hypermedia）连接，还是传统媒体的超级网络化；是一种集搜索、电子邮件、即时通信和博客等于一身的带有媒体色彩的超级网络利器，还是一种新的商业战略与思维。

8.2 声音处理

声音就是物体振动而产生的声波。声音是一种可以通过介质（空气、液体、固体等）传播并能被人或动物听觉器官所感知的波。

8.2.1 声音相关的两个参数

（1）幅度：声波的振幅，单位分贝（dB）。

（2）频率：每秒变化的次数，单位 Hz。**人能听到的频率范围为 20Hz～20kHz。**

声音数字化的过程就是模拟信号转换为数字信号的过程，具体过程仍然遵循采样、量化、编码 3 个过程。

- 采样：对模拟信号进行周期性扫描，把时间上连续的信号变成时间上离散的信号。简单地说采样就是波形的离散化过程。采样必须遵循尼奎斯特采样定理，才能保证无失真地恢复原模拟信号。

【例 1】模拟电话信号通过 PCM 编码成数字信号。语音最大频率小于 4kHz（**约为 3.4kHz**），根据采样定理，采样频率要大于 2 倍语音最大频率，即 8kHz（采样周期=125μs），这样就可以无失真地恢复语音信号。

- 量化：利用抽样值将其幅度离散化，用事先规定的一组电平值把抽样值用最接近的电平值来代替。规定的电平值通常用二进制表示。

【例 2】语音系统采用 128 级（7 位）量化，采用 8kHz 的采样频率，那么有效数据速率为 56kb/s，又由于在传输时，每 7bit 需要添加 1bit 的信令位，因此语音信道数据速率为 64kb/s。

- 编码：用一组二进制编码组来表示每一个有固定电平的量化值。然而实际上量化是在编码过程中同时完成的，故编码过程也称为模/数变换，记作 A/D。

8.2.2 声音数字化处理参数

声音数字处理，常用参数有如下几个：

（1）声道数：声道数是指支持能不同发声的音响的个数。单声道一次产生一组声音波形数据；双声道是一次产生两组声音波形数据；四声道则是规定了前左、前右，后左、后右 4 个发音点。5.1 声道中的“.1”指的是产生 20～120Hz 的超低音声道，而“5”表示前左、前右，后左、后右 4 个发音点加上传送低于 80Hz 的声音信号的中置单元。

（2）数据率：每秒的数据量，单位 bps。

（3）压缩比：未压缩数量/压缩后数据量。

（4）量化位数：度量声音波形幅度，量化精度为8位、16位。

（5）采样频率：每秒采集样本数。采样频率一般为44.1kHz、22.05kHz、11.05kHz。

（6）波形声音信息。波形声音是对声音信号采样后的数据。未经压缩的数字音频，相关公式如下：

数据传输率（bps）=采样频率（Hz）×量化位数（bit）×声道数 （8-2-1）

声音信号数据量（B）=数据传输率（bps）×持续时间（s）÷8 （8-2-2）

主要的声音编码有如下几种：

（1）波形编码。波形编码是对波形直接采样后压缩处理，常见的压缩编码有脉冲编码调制（Pulse Code Modulation，PCM）、差分脉冲编码调制（Differential Pulse Code Modulation，DPCM）、自适应差分脉冲编码调制（Adaptive Differential Pulse Code Modulation，ADPCM）等。这种方式能提供较高音频质量，但是压缩比不高。

（2）参数编码。参数编码适合语音数据的编码，例如线性预测编码（LPC）、各种声码器（vocoder）。参数编码的特点是能提供高压缩比，但音质较差。

（3）混合编码。混合编码则结合了波形编码和参数编码两种编码方式的优点。常见的混合编码有码激励线性预测（CELP）、混合激励线性预测（MELP）。

（4）感知声音编码。感知声音编码是另一种方式的音频信号编码技术，它利用波形相关性、人的听觉系统压缩声音。常见的感知声音编码有MPEG系列音频压缩编码。

数字语音压缩编码有多种，如G.711、G.721、G.722、G.726、G.727、G.728等。

8.2.3 声音合成

声音合成包含语音合成、音乐合成两种方式。

（1）语音合成指文本到语音的合成，也称为文语转换。文语转换原理上分为两步：①将文字系列转换成音韵系列，涉及分词、字音转换、一套有效的韵律控制规则；②使用语音合成技术，能按要求实时合成出高质量的语音流。

语音合成技术有发音参数合成、声道模型参数合成、波形编辑合成。

（2）音乐合成用乐谱描述，由乐器演奏。乐谱由音符组成，音符的基本要素有音调（高低）、音强（强弱）、音色（特质）、时间长短。音乐合成方法有数字调频合成、波表合成。

8.2.4 声音文件格式

常见的数字声音格式如下。

- WAVE（.WAV）：录音时用的标准Windows文件格式。
- Audio（.au）：Sun公司推出的一种压缩数字声音格式，常用于互联网。
- AIFF（.aif）：苹果公司开发的Mac OS中的音频文件格式。
- MP3（.mp3）：MPEG音频层，分为3层，分别对应*.mp1、*.mp2、*.mp3，其中MP3音频文件的压缩是一种有损压缩。
- RealAudio（.ra）：这种格式适合互联网传输。可随网络带宽的不同而改变声音的质量。

- MIDI（.mid）：MIDI（Musical Instrument Digital Interface，乐器数字接口）允许数字合成器和其他设备交换数据。MIDI 能指挥各种音乐设备的运转，能够模仿真实乐器的各种演奏技巧甚至无法演奏的效果。

8.3 图形和图像处理

颜色是创建图像的基础。颜色的要素如下：

- 色调：指颜色的外观，是视觉器官对颜色的感觉。色调用红、橙、黄、绿、青等来描述。
- 饱和度：指颜色的纯洁性，用于区别颜色明暗程度。当一种颜色掺入其他光越多时，饱和度越低。
- 亮度：颜色明暗程度。色彩光辐射的功率越高，亮度越高。

RGB 色彩模式是一种颜色标准，是通过对红、绿、蓝 3 种颜色的变化以及它们相互之间的叠加来得到各式各样的颜色的，RGB 代表红、绿、蓝 3 种颜色。

8.3.1 图形数据

计算机的图有两种表现形式，分别为图形、图像。

（1）图形：矢量表示图，用数学公式描述图的所有直线、圆、圆弧等。编辑矢量图的软件有 AutoCAD。常见的图形格式有：PCX（.pcx）、BMP、TIF、GIF、WMF 等。

（2）图像：用像素点描述的图。可以利用绘图软件（例如画板、Photoshop 等）创建图像，利用数字转换设备（例如扫描仪、数字摄像机等）采集图像。常见的图像格式有：JPEG、MPEG。

图像文件格式分两大类：

（1）静态图像文件：常见的静态图像文件格式有 GIF、TIF、BMP、PCX、JPG、PSD 等。

（2）动态图像文件：常见的动态图像文件格式有 AVI、MPG 等。

8.3.2 图像的压缩

根据数据压缩前后是否一致来划分，图像的压缩方式可分为有损压缩和无损压缩。

（1）有损压缩：压缩前和压缩后数据不一致。常见的有损压缩编码有：JPEG。JPEG 的两种压缩算法有离散余弦变换（Discrete Cosine Transform，DCT）的有损压缩算法、以 DPCM 为基础的无损压缩算法。

（2）无损压缩：压缩前和压缩后的数据是一致的。常见的无损压缩编码有：哈夫曼编码、算术编码、无损预测编码技术（无损 DPCM）、词典编码技术（LZ97、LZSS）。

8.3.3 图像属性

图像的属性有分辨率、像素深度、图像深度、显示深度、真彩色、伪彩色等。

1. 分辨率

分辨率可以分为显示分辨率与图像分辨率。

- **显示分辨率：**屏幕图像的精密度，指显示器所能显示的最大像素数。1024×768 表示显示屏横向 1024 个像素点，纵向 768 个像素点。垂直分辨率表示显示器在纵向（列）上具有的像素点数目指标；水平分辨率表示显示器在横向（行）上具有的像素点数目指标。
- **图像分辨率：**单位英寸所包含的像素点数。

2. 像素深度与图像深度

像素深度是指存储每个像素所用的位数。

图像深度确定彩色图像的每个像素可能有的颜色数，或者确定灰度图像的每个像素可能有的灰度级数。例如，一幅单色图像，每个像素有 8 位，则最大灰度数为 $2^8=256$；一幅彩色图像 RGB 三通道的像素位数分别为 4、3、3，则最大颜色数目为 $2^{10}=1024$。

另外，用一个例子区别像素深度与图像深度。例如，RGB 5:5:5 表示一个像素时，共用 2 个字节（16 位）表示；其中，R、G、B 各占 5 位，剩下一位作为属性位。这里，像素深度为 16 位，图像深度为 15 位。

3. 显示深度

显示深度表示显示缓存中记录屏幕上一个点的位数，也即显示器可以显示的颜色数。

- 显示深度≥图像深度：显示器真正反应图像颜色。
- 显示深度<图像深度：显示器显示图像颜色出现失真。

4. 真彩色

适当选取 3 种基色（例如红 Red、绿 Green、蓝 Blue），将 3 种基色按照不同的比例合成，就会生成不同的颜色。黑白系列颜色称为无彩色，黑白系列之外的其他颜色称为有彩色。

真彩色（True Color）是指图像中的每个像素值都由 R、G、B 三个基色分量构成，每个基色分量直接决定基色的强度，所产生的色彩称为真彩色。例如用 RGB 的彩色图像，分量均用 5 位表示，可以表示 2^{15} 种颜色，每个像素的颜色就是其中数值来确定，这样得到的彩色是真实的原图彩色。

5. 伪彩色

伪彩色（Pseudo Color）图像的每个像素值实际上是一个索引值，根据索引值查找色彩查找表（Color Lookup Table，CLUT），可查找出 R、G、B 的实际强度值。这种用查表产生的色彩称为伪彩色。

6. 图像相关单位与计算

（1）DPI（Dot Per Inch）。DPI 表示分辨率，属于打印机的常用单位，是指每英寸长度上的点数。

DPI 公式为：

$$像素=英寸\times DPI \tag{8-3-1}$$

【例 1】一张 8×10 英寸、300DPI 的图片，求图像像素宽度。

图像像素宽度=8 英寸×300DPI，图像像素高度=10 英寸×300DPI，图片像素=(8×300)×(10×300)。

（2）PPI（Pixel Per Inch）。PPI 是图像分辨率所使用的单位，表示图像中每英寸所表达的像素数。

PPI 公式为：

$$PPI=\frac{\sqrt{宽^2+高^2}}{对角线长}，宽\times高为屏幕分辨率 \tag{8-3-2}$$

【例 2】HVGA 屏的像素为 320×480，对角线一般是 3.5 寸。因此，该屏的 $PPI=\frac{\sqrt{320^2+480^2}}{3.5}=164$。

（3）图像数据量计算公式：

图像数据量（B）=图像总像素×像素深度/8　　（8-3-3）

8.3.4　动画

动画是通过把人物的表情、动作、变化等分解后画成许多动作瞬间的画幅，再用摄影机连续拍摄成一系列画面，给视觉造成连续变化的图画。它的基本原理是视觉暂留原理，人的眼睛看到一幅画或一个物体后，在 0.34 秒内不会消失。利用这一原理，在一幅画还没有消失前播放下一幅画，就会给人造成一种流畅的视觉变化效果。

动画按视觉效果可以分为二维动画、三维动画。制作动画的工具有：动画桌、动画纸、摄影台、逐格摄影机、制作软件（MAYA、3D Studio Max、Flash、Photoshop）。

8.3.5　视频

视频是活动的、连续动态图像序列。常见的视频文件格式有 Flic（.fli）、AVI、Quick Time（.mov）、MPEG（.mp4、.mpg、.mpeg、.dat）、Real Video（.rm、.rmvb）。

视频压缩方式有帧内压缩和帧间压缩两种。

（1）帧内压缩：不考虑相邻帧的冗余信息，对单独的数据帧进行压缩。这种方式压缩率不高。

（2）帧间压缩：考虑相邻帧的冗余信息，即相邻帧是有很大的关联的。这种方式压缩率较高。

常见的压缩标准有 H.261（用于可视电话、远程会议）；MPEG-1（用于 VCD）；MPEG-2（用于 DVD、HDTV）；MPEG-4（用于虚拟现实、交互式视频）。

8.3.6　流媒体

流媒体，又叫流式媒体，是边传边播的媒体。主流的流媒体技术有 3 种，分别为 RealMedia、Windows Media 和 QuickTime。流媒体采用基于用户数据报协议的实时传输协议（RTP）、实时流播放协议（RTSP）。

（1）实时传输协议（RTP）：为数据提供了具有实时特征的端对端传送服务，如在组播或单播网络服务下的交互式视频音频或模拟数据。RTP 标准定义了两个子协议，即 RTP 和 RTCP。

- 数据传输协议（RTP），用于实时传输数据。
- 控制协议（RTCP），用于 QoS（服务质量）反馈和同步媒体流。

（2）实时流播放协议（RTSP）：应用级协议，控制实时数据的发送。

第 9 章　软件工程与系统开发基础

本章包含软件工程概述、软件生存周期与软件生存周期模型、软件项目管理、软件项目度量、系统分析与需求分析、系统设计、软件测试、系统运行和维护等知识点。本章是软设考试的重点，相关知识的考查相对比较频繁，尤其是数据流图设计知识，上、下午都会考到。

本章考点知识结构图如图 9-0-1 所示。

图 9-0-1　考点知识结构图

9.1　软件工程概述

软件工程是应用计算机科学、数学、管理知识，用工程化的方法高效构建与维护，实用且高质量的软件的学科。软件工程的目的就是提高软件生产率，生产高质量软件产品，降低软件开发与维护成本。

1. 软件工程基本要素

软件工程的基本要素包括**方法**、**工具**和**过程**。

（1）方法：告知软件开发该“如何做”。包含软件项目估算与计划、需求分析、概要设计、算法设计、编码、测试、维护等方面。

（2）工具：为软件工程方法提供自动、半自动的软件支撑环境。

（3）过程：过程将方法和工具综合、合理地使用起来，是软件工程的基础。过程定义了方法使用的次序、应该交付的文档、质量与沟通管理、各阶段里程碑。

2. 软件开发工具

软件就是程序及其文档。软件可以分为应用软件、系统软件、工程/科学软件、嵌入式软件、人工智能软件、产品线软件、Web 应用软件。

软件工具可以分为软件开发工具、软件维护工具、软件管理和软件支持工具。

（1）软件开发工具：包含需求分析、设计、编码、测试等工具。

（2）软件维护工具：包含版本控制、文档分析、开发信息库、逆向工程、再工程等工具。

（3）软件管理和软件支持工具：包含项目管理、软件评价、配置管理等工具。

3. 软件开发环境

软件开发环境（Software Development Environment，SDE）是指为支持软件工程化开发和维护的软件系统。

9.2 软件生存周期与软件生存周期模型

本节包含软件开发模型、软件开发方法等知识点，本部分知识是软设的核心考点。其中、瀑布模型、演化模型、增量模型、螺旋模型、喷泉模型、结构化方法、敏捷开发模型等知识常考。

软件生存周期是指软件产品从软件构思一直到软件被废弃或升级替换的全过程。软件生存周期一般包括问题提出、可行性分析、需求分析、概要设计、详细设计、编码、软件测试、维护等阶段。

引入 3 个概念，用于描述软件开发时需要做的工作：

（1）软件过程：活动的一个集合。

（2）活动：任务的一个集合。

（3）任务：一个输入变为输出的操作。

9.2.1 软件开发模型

软件开发模型又称为软件生存周期模型、软件过程模型，这个模型是软件过程、活动和任务的结构框架。

软件开发的模型有很多种，如瀑布模型、演化模型、增量模型、螺旋模型、喷泉模型、构件组装模型、V 模型等。

1. 瀑布模型

瀑布模型将整个开发过程分解为一系列的顺序阶段过程，如果某个阶段发现问题则会返回上一阶段进行修改；如果正常则项目开发进程从一个阶段“流动”到下一个阶段，这也是瀑布模型名称的由来。

瀑布模型适用于需求比较稳定、很少需要变更的项目。

瀑布模型的核心思想是按工序将问题化简，将功能的实现与设计分开，便于分工协作，即瀑布模型采用**结构化的分析与设计方法**将逻辑实现与物理实现分开。瀑布模型按软件生命周期划分为**制订计划、需求分析、软件设计、程序编写、软件测试**和**运行维护** 6 个基本活动，如图 9-2-1 所示，并且规定了它们自上而下、相互衔接的固定次序，如同瀑布流水，逐级下落。

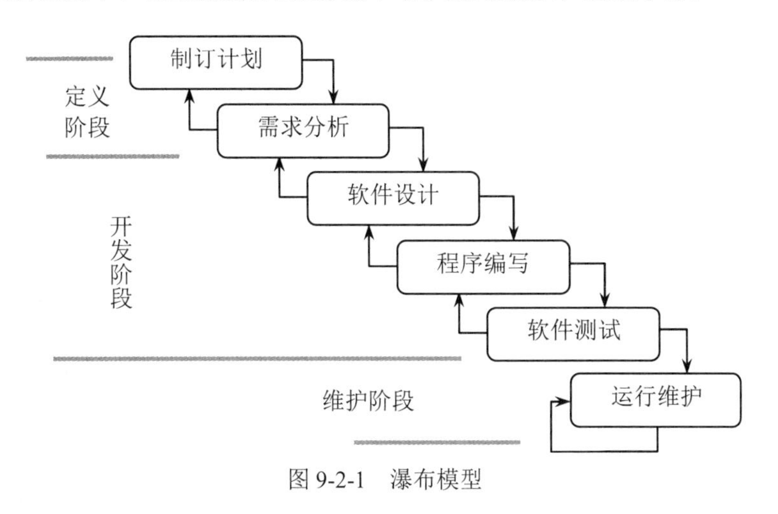

图 9-2-1　瀑布模型

V 模型如图 9-2-2 所示，它是瀑布模型的变种，说明测试活动是如何与分析和设计相联系的。

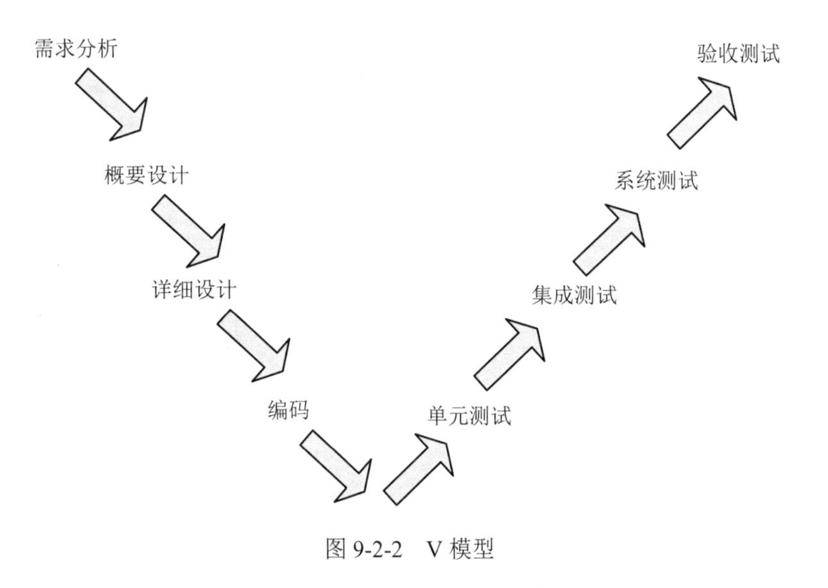

图 9-2-2　V 模型

V 模型中开发与测试同等重要，左侧的开发阶段对应右侧的测试阶段。对应关系见表 9-2-1。

表 9-2-1　V 模型的对应关系

V 模型开发阶段	特性	测试阶段	测试要点
需求分析	明确客户需要什么，需要软件做成什么样，具有哪些功能	验收测试	在用户拿到软件的时候进行验收测试。具体测试方法是根据需求文档和规格说明书进行，判断拿到的软件是否符合预期
概要设计	该部分设计就是完成系统架构，主要工作有搭建架构，系统各组成模块功能设计、模块接口设计、数据传递的设计等	系统测试	依据软件规格说明书，测试软件的性能、功能等是否符合用户需求，系统中运行是否存在漏洞等
详细设计	对概要设计所描述的各类模块进行深入分析	集成测试	将经过单元测试的单元模块完整地组合起来，再主要测试组合后整体和模块间的功能是否完整，模块接口的连接是否成功、能否正确地传递数据等
编码	依据详细设计阶段得到的模块功能表，编写实际的程序代码	单元测试	按设计好的最小测试单元进行。单元测试主要是测试程序代码，在模块编写并编译完成后进行。测试单元有具体到模块的测试，也有具体到类、函数的测试等

2. 演化模型

演化模型如图 9-2-3 所示，是一种全局的软件（或产品）生存周期模型，具有迭代开发的特性。演化模型可以看成多个重复执行，且有反馈的“瀑布模型”。

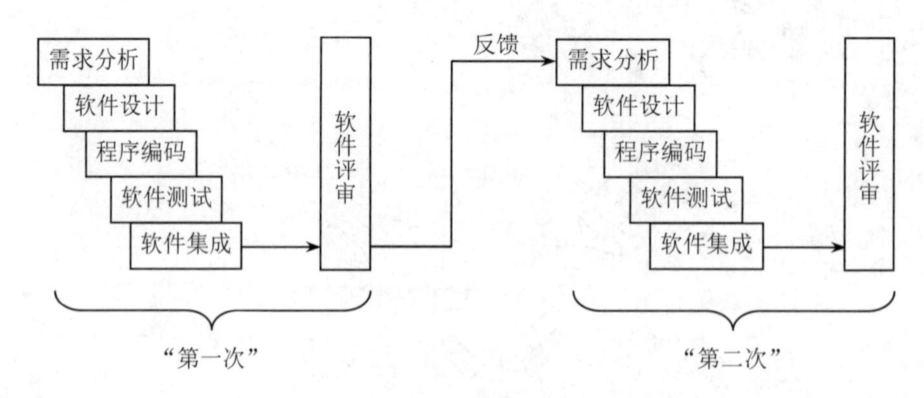

图 9-2-3　演化模型

根据用户基本需求，快速分析并构造一个初始的、可运行的软件，这个软件通常称为**原型**。根据用户意见不断改进原型，得到新版本的软件。重复这一步骤，直至获得最终产品。**演化模型特别**

适用于对软件需求缺乏准确认识的情况。演化模型可以细分为原型模型、螺旋模型。

（1）原型模型。原型的一轮流程为沟通，制订原型开发计划，快速设计建模，构建原型，交付并反馈。

使用原型方法的好处如下：

1）用户需求不清、变化较大的时候，帮助用户搞清、验证需求。

2）探索多种方案，搞清楚目标。

3）开发一个用户可见的系统界面，支持用户界面设计。

原型模型可以分为探索性原型、实验性原型、演化性原型。**原型模型不合适大规模软件开发，比如火箭、卫星发射系统。**

（2）螺旋模型。螺旋模型也是演化模型的一类，具体如图 9-2-4 所示，它将瀑布模型和快速原型模型结合起来，**强调了其他模型所忽视的风险分析，特别适合于大型复杂的系统。**

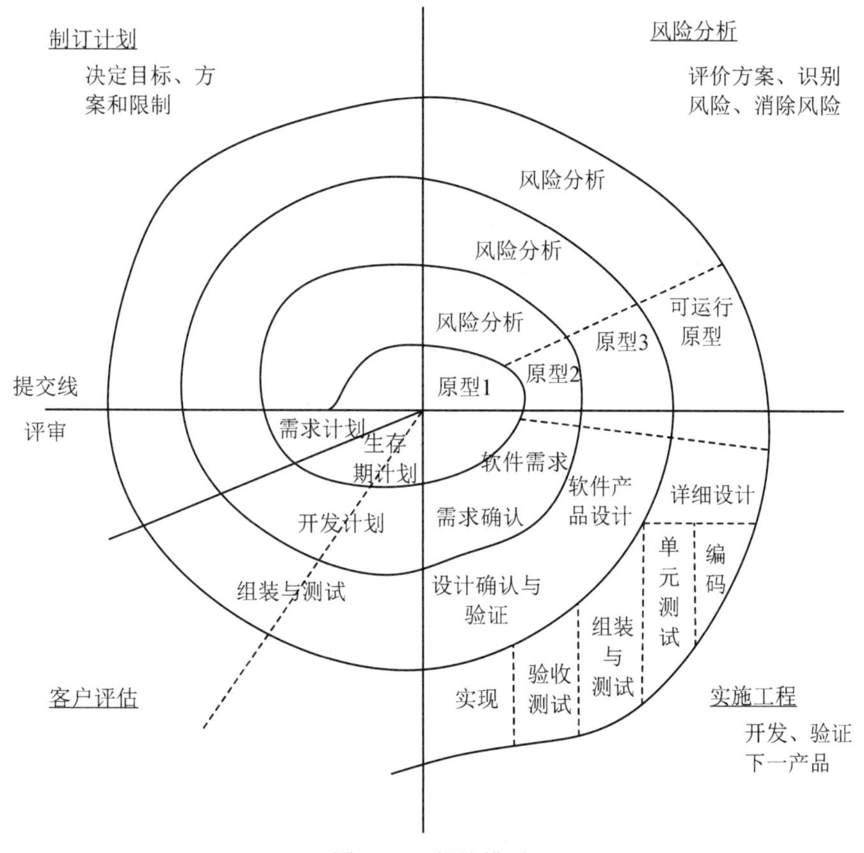

图 9-2-4　螺旋模型

螺旋模型采用一种周期性的方法来进行系统开发。该模型以进化的开发方式为中心，螺旋模型沿着螺线旋转，在 4 个象限上分别表达了 4 个方面的活动，即：

1）制订计划：确定开发目标，选择软件实施方案，并确定开发的限制。

2）风险分析：分析所选方案，识别并消除风险。

3）实施工程：软件开发，并进行验证。

4）客户评估：评价开发工作，提出修正的意见。

3. 增量模型

增量模型如图 9-2-5 所示，该模型融合了瀑布模型的基本步骤及原型的迭代特点，该模型采用若干个交错的、有时间先后的序列，每个序列产生一个可操作的“增量”。第 1 个增量是核心，实现基本需求，但很多细节特性有待实现。客户对每一个增量的使用和评估成为下一个增量发布的新特征和功能，不断重复该过程，直到产生最终产品。

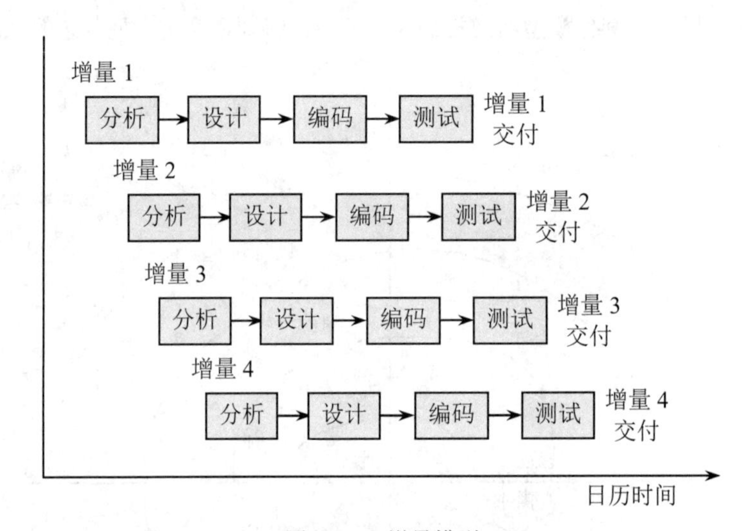

图 9-2-5　增量模型

增量与原型本质上都是**迭代**，只不过增量模型更强调每一个增量均要发布一个可操作产品。增量模型还引入**增量包**概念，只要某个需求确定，就可以有针对性地开发增量包，而不需要等所有需求确定下来。

增量模型进行开发时，进行模块划分往往是难点。开发过程中，用户需求发生变更，往往需要重新开发增量，因此管理成本会大幅增加。

4. 喷泉模型

喷泉模型如图 9-2-6 所示，是一种以用户需求为动力，以对象为驱动的模型，主要**用于描述面向对象的软件开发过程**。

喷泉模型的软件开发过程是自下而上的，开发周期的各阶段特点是相互迭代且无间隙。相互迭代是指开发活动要重复多次；无间隙是指各阶段间没有明显边界，如分析和设计活动之间没有明显的界限。

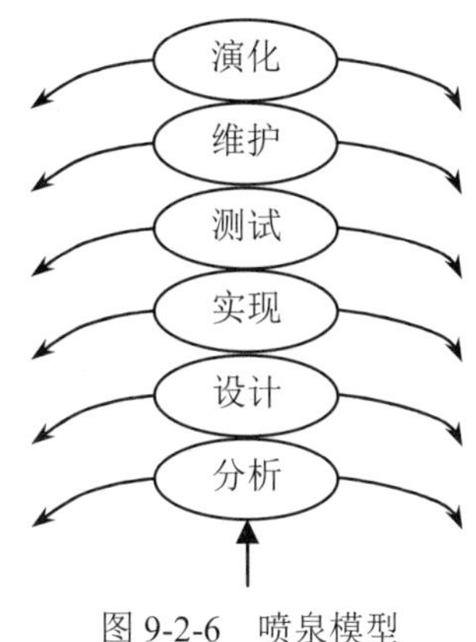

图 9-2-6　喷泉模型

5. 构件组装模型

构件组装模型融合了螺旋模型的许多特征，其本质上是演化和迭代。构件组装模型的思路是预先开发软件构件（类），根据需要构造应用程序。

9.2.2　软件开发方法

软件开发方法是一个使用已定义的技术集及符号表示，来进行软件生产的过程。

软件开发模型和软件开发方法不是同一类事物，开发模型是软件开发流程（包含需求、设计、编码、测试等多阶段），不同流程有不同的处理方式；而软件开发方法则是方法学，针对实现。实际应用中，两者边界并不清晰。

1. 结构化方法

结构化方法属于**面向数据流**的开发方法，方法的特点是软件功能的分解和抽象。结构化开发方法由**结构化分析、结构化设计、结构化程序设计**构成。

（1）结构化分析：以数据流为中心进行软件分析、设计。

（2）结构化设计：将数据流图（结构化分析的结构）转换为结构图（软件体系结构）。

（3）结构化程序设计：详细设计中，模块功能设计和处理过程设计为主。

结构化程序设计则规定程序只有**顺序、选择、循环** 3 种结构。

（1）顺序结构：执行程序语句，依据语句出现的先后顺序。

（2）选择结构：执行程序时遇到了分支，此时需要根据条件判断，选择其中一个分支执行。

（3）循环结构：反复执行某些语句，直到循环条件被打破。

结构化开发方法遵循的原则有自顶向下、逐步细化、模块化等原则。该方法特别合适处理数据类的项目。

（1）自顶向下：程序设计时先进行总体、全局的设计，后进行细节、局部设计。

（2）逐步细化：完成的总目标，不断分解细化成中间目标，直至实现的过程。

（3）模块化：将总目标分解成子目标，子目标再分解成更细目标，分解若干次后，最后分为若干具体的小目标，则每一个小目标称为**模块**。

2. 面向数据结构方法

面向数据结构的方法是根据数据结构得出程序结构。典型方法有 Jackson、Warnier 方法。软考只考 Jackson 方法。

Jackson 方法分为 JSP、JSD 两种。

（1）JSP（Jackson Structure Programming）。JSP 是早期 Jackson 方法，JSP 过程是构建数据结构，推导程序结构，得到解决问题的软件过程描述。JSP 只合适小规模软件开发。

（2）JSD（Jackson System Development）。JSD 是 JSP 的扩展，是以活动（事件）为中心，将一系列活动按顺序组合构成进程，把系统模型看成进程模型，该模型的一系列进程靠通信进行联系。

3. 原型方法

原型方法认为需求无法预先准确定义，可能需要反复修改，所以需要迅速构建一个用户可见的原型系统。然后不断改进，直至得到最后产品。这类方法适合需求不明确的情况。

4. 面向对象方法

面向对象方法（Object Oriented Method），简称 OO（Object Oriented）方法，该方法把事务、概念、规则都看成对象。对象将整合数据、方法，使得模块高聚合低耦合，极大地支持了软件复用。

（1）UML。面向对象的方法用 UML 统一了面向对象方法的语义表示、符号表示、建模过程。

（2）RUP。统一软件开发过程（Rational Unified Process，RUP）是一个面向对象且基于网络的程序开发方法论。迭代模型是 RUP 推荐的周期模型。

RUP 可看作一个在线的指导者，为所有方面和层次的程序开发提供指导方针、模板、实例支持。RUP 把开发中面向过程的内容（如定义的阶段、技术和实践）和开发的组件（如代码、文档、手册等）整合在一个统一的框架内。

迭代模型的软件生命周期分解为 4 个时间顺序阶段：**初始阶段**、**细化阶段**、**构建阶段**和**交付阶段**。在每个阶段结尾进行一次评估，评估通过则项目可进入下一个阶段。

5. 敏捷开发

敏捷软件开发是一种软件开发方法。敏捷软件开发的特点如下：

- 快速迭代：通过短周期的迭代交付，不断完善产品。
- 快速尝试：避免过于漫长的需求分析，而应该快速尝试。
- 快速改进：迭代后，应根据客户反馈进行快速改进。
- 充分交流：团队间无缝交流，可考虑每天短时间的站立会议等。
- 简化流程：拒绝形式化，使用简单、易用的工具。

敏捷的开发方法有很多。主要有以下几种：

（1）极限编程（Extreme Programming，XP）。XP 是一个轻量级、灵巧、严谨的软件开发方法。极限编程具有 4 大价值观、5 个原则、12 个最佳实践，具体见表 9-2-2。

表 9-2-2　极限编程 4 大价值观、5 个原则、12 个最佳实践

极限编程的原则	具体内容
4 大价值观	沟通、反馈、勇气、简单性
5 个原则	简单假设、快速反馈、逐步修改、鼓励更改、优质工作
12 个最佳实践	计划游戏：快速制订计划，随着细节的不断完善，计划随变化更新
	小型发布：系统设计尽早交付，这样可控制工作量与风险，以及尽早得到用户反馈
	系统隐喻：用打隐喻方式描述系统运行、新功能等
	简单设计：设计尽可能简单，去掉不必要的复杂功能
	测试先行：先写单元测试代码，再开发
	重构：不改变系统行为，重新调整内部结构，减少复杂性和冗余度，满足新需求
	结对编程：解决低质量代码的问题，但改变编码速度不明显
	集体代码所有权：任何成员，任何时候都可以修改任何代码
	持续集成：按日、按小时提供可运行的软件版本
	每周工作 40 小时
	现场客户：开发现场要有全权客户把握需求、回答问题、功能验收
	编码标准：严格编码规范，减少文档量

（2）水晶法。水晶方法体系和 XP 一样都认为需要以人为中心，但考虑到很难遵循强规则、复杂规则约束，则认为不同项目需要一套不同方法论、约定、策略。该方法探索使用最少约束，而能保证成功的方法。

（3）争球（Scrum）。Scrum 原义是橄榄球的术语“争球”，是一种敏捷开发方法，属于迭代增量软件开发。该方法假设开发软件就像开发新产品，无法确定成熟流程，开发过程需要创意、研发、试错，因此没有一种固定流程可确保项目成功。

Scrum 把软件开发团队比作橄榄球队，可以明确最高目标；熟悉开发所需的最佳技术；高度自主，紧密合作解决各种问题；确保每天、每阶段都向目标明确地推进。

Scrum 的迭代周期通常为 30 天，开发团队尽力在一个迭代周期交付开发成果，团队每天用 15 分钟开会检查成员计划与进度，了解困难，决定第二天的任务。

9.2.3　软件过程改进

软件过程改进（Software Process Improvement，SPI）帮助软件企业改进软件过程所实施的计划、制订、实施等活动。软件过程改进实施对象是软件企业的**软件过程**，可看作**软件产品的生产过程**，这个过程包括软件维护等维护过程。

软件能力成熟度模型（Capability Maturity Model for Software，全称为 SW-CMM，CMM）就是结合了**质量管理**和**软件工程**的双重经验而制订的一套针对软件生产过程的规范。

CMM 将成熟度划分为 5 个等级，如图 9-2-7 所示。

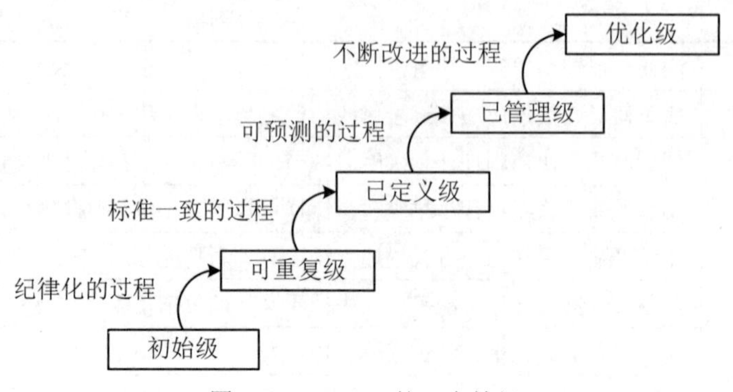

图 9-2-7　CMM 的 5 个等级

能力成熟度模型集成（Capability Maturity Model Integration，CMMI）是 CMM 模型的最新版本。

CMMI 采用统一的 24 个过程域，采用 CMM 的阶段表示法和 EIA/IS731 连续式表示法，前者侧重描述组织能力成熟度，后者侧重描述过程能力成熟度。两种表示法等级描述见表 9-2-3 和表 9-2-4。

表 9-2-3　阶段式表示的等级

成熟度等级	定义	过程域
完成级（初始级）	项目的完成是偶然性的，同类项目无法保证仍然可以完成。项目实施与完成，依赖于具体的实施人员	无
已管理级	项目实施遵守既定的计划与流程，有资源准备，权责到人。项目实施的整个流程有监测与控制，并配合上级单位对项目及项目流程进行审查。项目实施人员有对应的培训。通过一系列的管理手段排除了完成项目的随机性，保证所有项目实施都会成功	需求管理、项目计划、项目监控、供应商合同管理、度量与分析、过程与产品质量保证、配置管理
已定义级	项目实施使用了一整套的管理措施，用于确保项目圆满完成；企业可以根据自身特点，将已有的标准流程、管理体系，变成实际的制度，这样就能成功实施同类、不同类的各个项目	技术解决方案、需求开发、产品集成、确认、验证、组织过程焦点、组织过程定义、组织培训、集成项目管理、风险管理、决策分析与解决、集成团队、集成组织环境
量化管理级	项目管理形成了一种制度，而且实现了数字化管理。管理流程实现了量化与数字化。从而提高管理精度，降低项目实施在质量上的波动	组织过程性能、量化项目管理
优化级	项目管理达到了最高境界。企业管理不仅是信息化与数字化，还能够主动地改善流程，运用新技术，实现流程的改进和优化	组织改革与实施、原因分析与决策

表 9-2-4 连续式表示的等级

连续式分组等级	定义
CL0（未完成）	过程域未执行、一个或多个目标未完成
CL1（已执行）	将可标识输入转换成可标识输出产品，用来实现过程域特定目标
CL2（已管理）	已管理的过程制度化。项目实施遵循文档化的计划和过程，项目成员有足够的资源使用，所有工作、任务都被监控、控制、评审
CL3（已定义级）	已定义的过程制度化。过程按标准进行裁剪，收集过程资产和过程度量，便于将来的过程改进
CL4（定量管理）	量化管理的过程制度化。利用质量保证、测量手段进行过程域改进和控制，管理准则是建立、使用过程执行和质量的定量目标
CL5（优化的）	使用量化手段改变、优化过程域

9.3 软件项目管理

软件项目管理引入项目管理思想，管理软件项目的成本、进度、质量、风险，确保项目顺利完成。本节包含项目管理基础、成本管理、进度管理、质量管理、风险管理、沟通管理、配置管理、软件项目度量等知识。其中，项目成本估算、关键路径的求法、软件项目度量是重要考点。

注意：软设考试的软件项目管理知识点和传统项目管理知识点有很大重复，但也有一些区别。

9.3.1 软件项目管理基础

项目管理是应用各种知识、技能、手段、技术到项目活动中，用来满足项目要求。

1. 项目的特点

项目具有以下特点：

（1）**临时性：**有明确的开始时间和结束时间。

（2）**独特性：**世上没有两个完全相同的项目。

（3）**渐进明细性：**前期只能粗略定义，然后逐渐明朗、精确，这意味着变更不可避免，而且要控制变更。

2. 软件项目管理对象

软件项目管理的对象是人员、产品、过程、项目。

（1）人员：包含项目管理人员、高级管理人员、开发人员、客户、最终用户。

（2）产品：软件产品范围包括项目环境、目标、功能和性能。

（3）过程：项目管理的过程是指为了得到预先指定的结果而要执行的一系列相关的行动和活动。软件过程提供了适合当前团队开发当前软件的过程模型。

（4）项目：项目管理中的项目是为达到特定目的，利用特定资源，在规定时间，为特定的人提供特定的产品、服务、成果而进行的一次性工作。软件项目管理则是一种有计划、可控的，管理复杂性的方式。

Reel 提供的 5 个软件项目方法有明确目标及过程、保持项目成员动力、跟踪进度、做出明智决策、事后分析。

3．软件项目组织

软件项目组织原则：尽早落实责任，减少交流接口，责权均衡。

软件项目的组织形式可分为按项目划分模式、按职能划分模式、矩阵模式。

程序设计小组的组织方式：主程序员小组、民主制小组、层次式小组。

9.3.2 软件项目成本管理

项目成本是指为完成项目目标而付出的费用和耗费的资源。传统项目成本管理的过程有规划成本管理、成本估算、成本预算、成本控制。软设考试中只考查软件项目成本估算。

1．成本估算方法

软件项目估算就是利用一些方法和技术估算开发软件的成本、时间、资源。由于估算涉及环境、人、技术，估算准确很难，为提高准确度常使用的方法见表 9-3-1。

表 9-3-1 常见软件项目估算方法

估算类别	特点
自顶向下估算	一种粗略的估算方法，该方法以过去类似项目的成本、预算和持续时间等做参考，来估算当前项目的情况
自底向上估算	估算单个工作项目成本，然后从下往上汇总成整体项目成本。 优点：成本由直接参与项目开发人员估算出来，这比管理层更能精确地估算成本； 缺点：要保证涉及的所有细节都被考虑到，难度大，花费时间长、应用代价高
差别估算	比对待开发项目和已完成的类似项目，找出两者间的不同，并估算不同对成本的影响，从而估算出待开发项目总成本。 优点：有借鉴，可以提高估算精度。 缺点：项目的差别不容易界定边界
类推估算	（1）自顶向下估算中：类推估算是将项目总体参数与类似项目进行比较得出结果。 （2）自底向上估算中：类推估算是将项目工作单元与类似项目的工作单元进行比较得出结果
专家估算	借鉴以往类似项目经验，专家们对项目进行估算
算式估算	利用公式（例如三点估算公式）进行项目估算

2．估算模型

估算模型基于经验的总结，常见的估算模型有 COCOMO、Putnam 估算模型。

（1）COCOMO 估算模型。COCOMO 估算模型是一种较精确、易使用的成本估算模型。COCOMO 估算模型分类参见表 9-3-2。

表 9-3-2 COCOMO 估算模型分类

分类	模型属性	特点
基本模型	静态单变量模型	公式：$E=a(LOC)^b$，$D=cE^d$ 其中，E 为工作量，单位：人月；D 为开发时间，单位：月；LOC 为估算的项目源代码数，不含注释及文档；a、b、c、d 为常数
中级模型	静态多变量模型	考虑 15 种影响工作量的因素（产品、硬件、人员、项目等）来调整工作量估算。 公式：$E=a(LOC)^b EAF$ 其中，LOC 为产品目标代码数，单位：千行代码；EAF 为工作量调节因素；a、b 为常数
详细模型	静态多变量模型	包含中级模型所有特性，还考虑需求分析、软件设计的影响

（2）COCOMO II 估算模型。COCOMO 模型已经演化为更全面的估算模型，即 COCOMO II 估算模型。该模型规模估算点可以有：**对象点、功能点、代码行**。

COCOMO II 估算模型分为 3 个阶段模型，具体详见表 9-3-3。

表 9-3-3 COCOMO II 估算模型 3 个阶段模型

阶段名称	使用时期
应用组装模型	软件工程前期
早期设计阶段模型	需求稳定时，且已经建立起了基本的软件体系结构
体系结构阶段模型	软件构造过程中

（3）Putnam 模型。Putnam 属于动态多变量模型，模型假定生命周期的工作量有特定分布。

9.3.3 软件项目进度管理

传统的项目进度管理又叫项目时间管理，是所有为管理项目按时完成所需的各个过程。软设考试中这部分知识主要考查甘特（Gantt）图、PERT 图、求关键路径。

1. 甘特图

甘特图中的活动列在纵轴，日期在横轴；水平线段代表任务，线段长度表示预期的持续时间。甘特图的图例如图 9-3-1 所示。

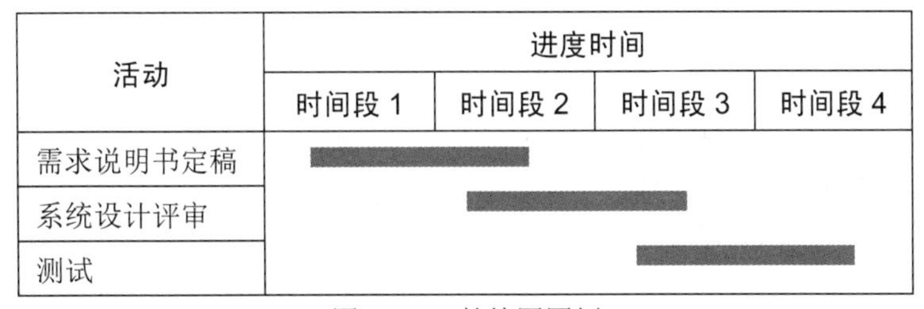

图 9-3-1 甘特图图例

2. PERT 图

PERT 图是一种**箭线图**，和流程图类似，它描绘出项目包含的各种活动的先后次序，标明每项活动的时间或相关的成本。

3. 关键路径

PDM 图也叫网络图。我们用一道典型例题来完整讲解网络图的节点表示，ES（最早开始时间）、LS（最迟开始时间）、EF（最早完成时间）、LF（最迟完成时间）推导，以及关键路径的推导。

【例 1】某系统集成项目的建设方要求必须按合同规定的期限交付系统，承建方项目经理李某决定严格执行项目进度管理，以保证项目按期完成。他决定使用关键路径法来编制项目进度网络图。在对工作分解结构进行认真分析后，李某得到了一张包含活动先后关系和每项活动初步历时估计的工作列表，见表 9-3-4。

表 9-3-4　活动关系及历时列表

活动代号	前序活动	活动历时/天
A	-	5
B	A	3
C	A	6
D	A	4
E	B、C	8
F	C、D	5
G	D	6
H	E、F、G	9

（1）画出该系统集成项目的网络图。

（2）标记各节点的 ES、LS、EF、LF。

（3）求该网络图关键路径。

网络图中求各节点的 ES、LS、EF、LF 及求关键路径的方法一般分为如下 6 步：

第 1 步：将工作表转换为网络图。

我们使用矩形代表活动，活动间使用箭线连接，表示活动之间的逻辑关系。网络图存在 4 种依赖关系，如图 9-3-2 所示。

（1）FS（结束－开始）。表示前序活动结束后，后续活动才可以开始。

（2）FF（结束－结束）。表示前序活动结束后，后续活动才可以结束。

（3）SS（开始－开始），表示前序活动开始后，后续活动才可以开始。

（4）SF（开始－结束），表示前序活动开始后，后续活动才可以结束。

网络图中，活动（即节点）的表示如图 9-3-3 所示。

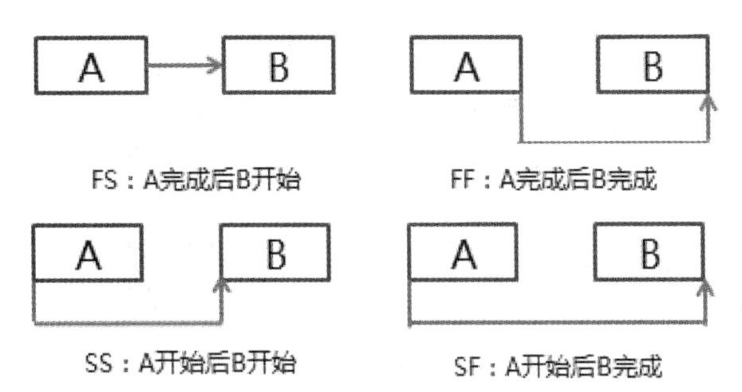

图 9-3-2　网络图 4 种依赖关系

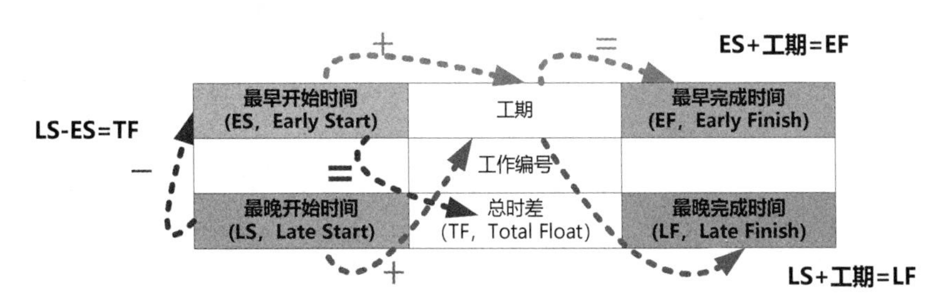

图 9-3-3　网络图中节点的表示

其中，节点中各时间的关系如下：

（1）ES（最早开始时间）+工期=EF（最早完成时间）。

（2）LS（最晚开始时间）+工期=LF（最晚完成时间）。

（3）LS（最晚开始时间）-ES（最早开始时间）=TF（总时差）=LF（最晚完成时间）-EF（最早完成时间）。

将［例 1］的工作列表转换为网络图，如图 9-3-4 所示。

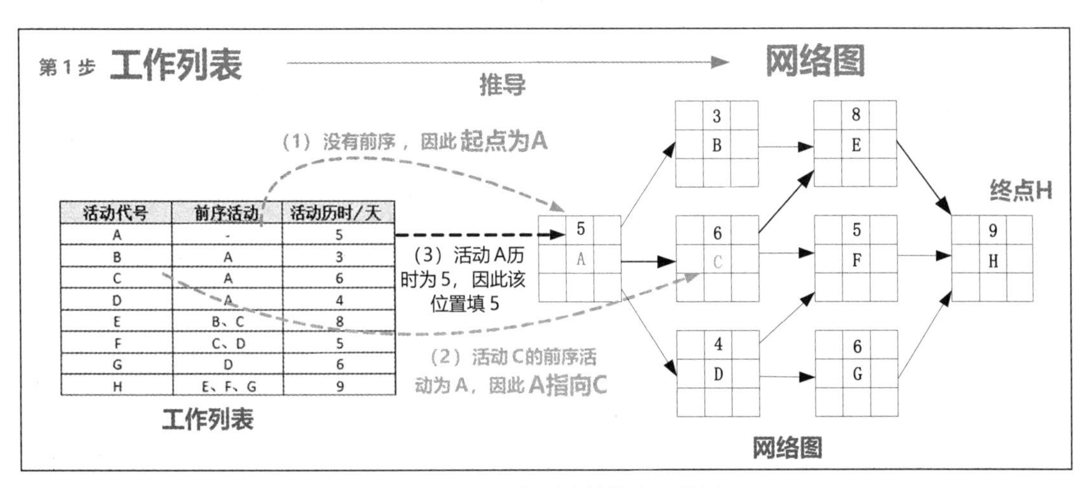

活动代号	前序活动	活动历时/天
A	-	5
B	A	3
C	A	6
D	A	4
E	B、C	8
F	C、D	5
G	D	6
H	E、F、G	9

图 9-3-4　把工作列表转换为网络图

- **确定起点**：活动 A **没有前序**活动，因此活动 A 为起点。
- **确定终点**：活动 H **没有后续**活动，因此活动 H 为终点。
- **确定依赖关系**：工作列表给出活动 B 的前序为 A，因此在网络图中，有一条从 A 到 B 的射线。
- **确定工期**：工作表给出的活动历时，即为各项活动的工期。

第 2 步：从左至右求各节点的最早开始时间。

如图 9-3-5 所示，节点 B 的所有前序节点的 MAX{最早开始时间+工期}，即为节点 B 的最早开始时间（ES）。

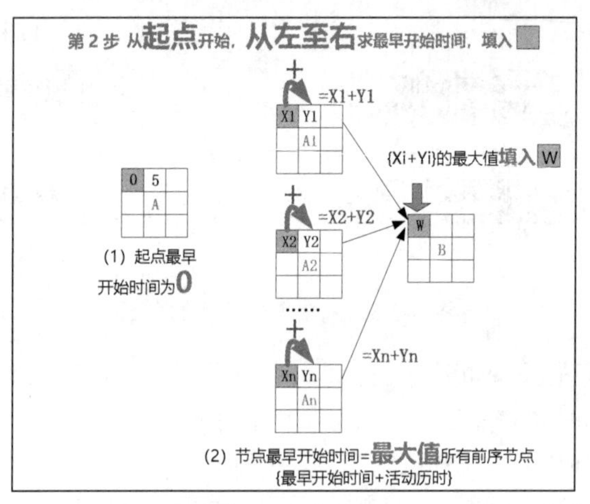

图 9-3-5　求 ES

根据上述逻辑，得到题目对应网络图所有节点的最早开始时间，如图 9-3-6 所示。

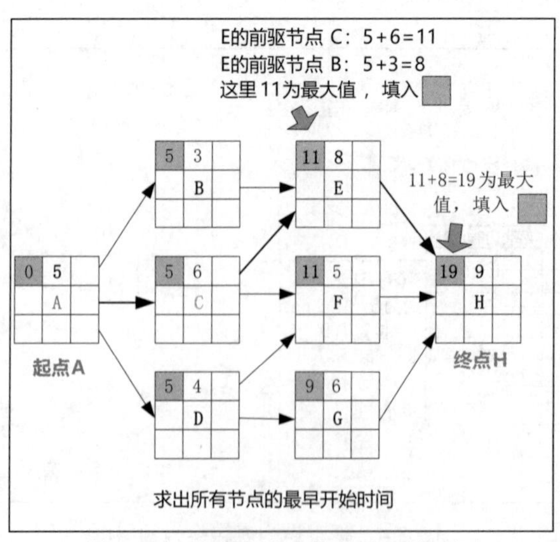

图 9-3-6　求所有节点的最早开始时间

第 3 步：从右至左求各节点的最晚完成时间。

a. 终点 H 的最晚完成时间等于 H 的最早开始时间加上 H 的历时。

b. 除H以外的其他节点，其最晚完成时间=MIN 后续节点{最晚完成时间-活动历时}，如图 9-3-7 所示。

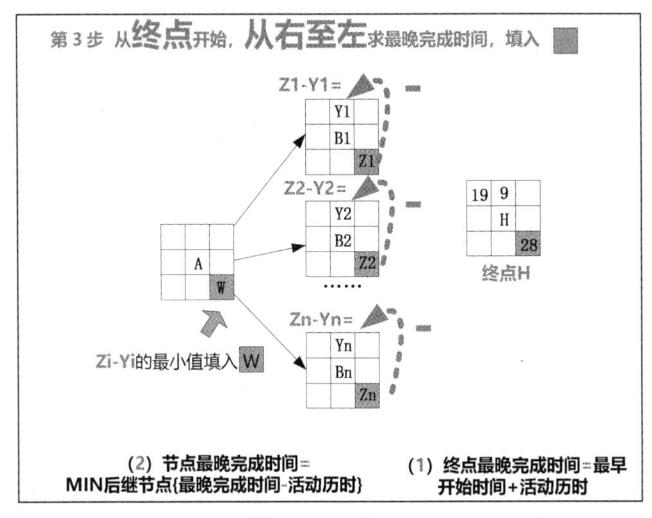

图 9-3-7 求 LF

根据上述逻辑，可得网络图中所有节点的最晚完成时间，如图 9-3-8 所示。

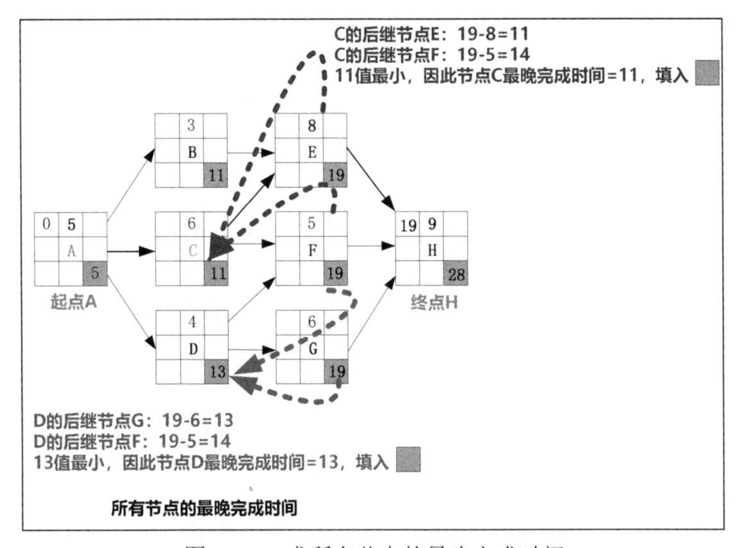

图 9-3-8 求所有节点的最晚完成时间

第 4 步：求最早完成时间、最晚开始时间、关键路径。

根据节点的时间关系，求最早完成时间、最晚开始时间、时间差。其中，ES=LS 或者 EF=LF

的节点均可视为关键路径节点。尝试连接这些节点，能从起点连接到终点的，就是关键路径。

根据上述逻辑，可得到题目对应网络图所有节点的最早完成时间、最晚开始时间、关键路径，如图 9-3-9 所示。

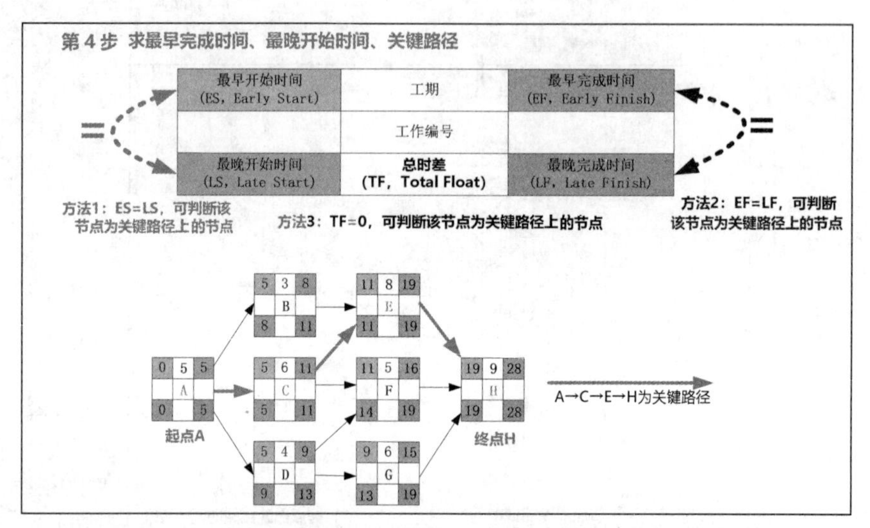

图 9-3-9　所有节点的最早完成时间、最晚开始时间，获得关键路径

第 5 步：求总时差。

某个节点的总时差是指其在不影响总工期的前提下所具有的机动时间。每个活动总时差（机动时间）用完后，必须马上开始，否则将会耽误工期。关键路径上的节点总时差为 0。

总时差公式：TF=LS-ES=LF-EF。

根据上述逻辑得到［例 1］对应网络图所有节点的**总时差**，如图 9-3-10 所示。

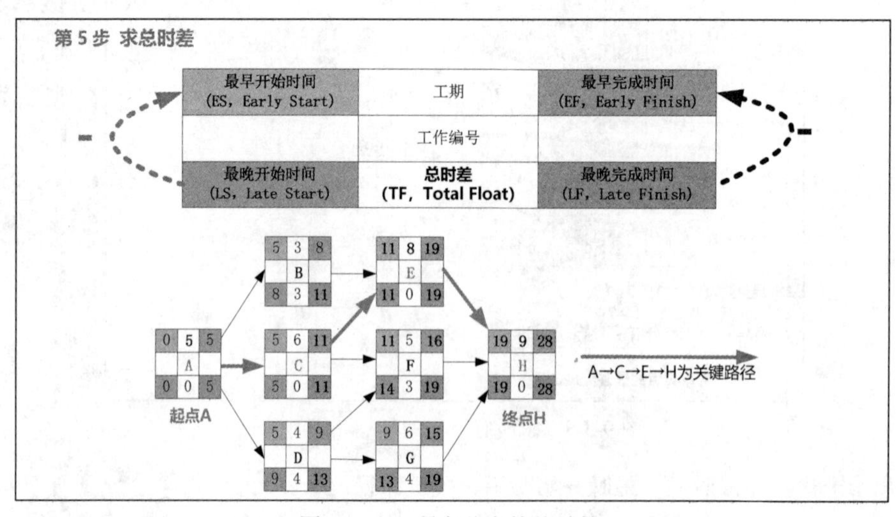

图 9-3-10　所有节点的总时差

第 6 步：求自由时差。

自由时差是指不影响后继节点最早开始时间的前提下的本节点的机动时间。如图 9-3-11 所示，节点 A 的所有后继节点的 MIN{ES}-本节点的 EF，即为节点 A 的自由时差。

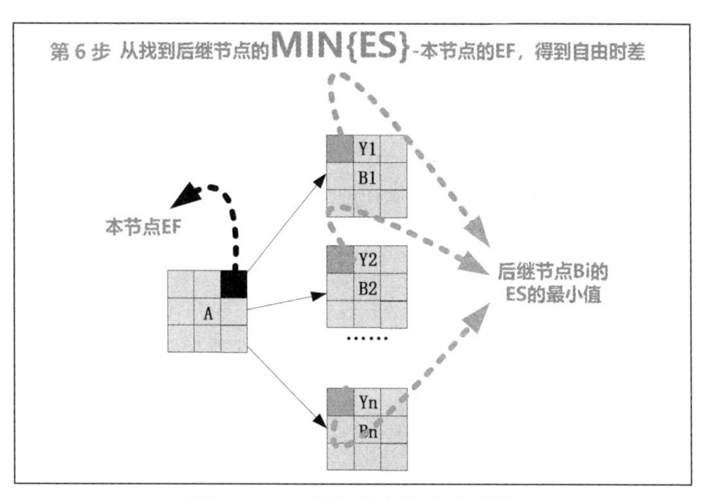

图 9-3-11　所有节点的自由时差

9.3.4　软件项目质量管理

质量是一组固有特性满足要求的特征全体。**质量管理**是指在为达到期待的质量水平，而进行的指挥和控制组织的协调活动。

1. 软件质量

软件质量是软件满足规定或潜在用户需求的能力。软件质量可以分为设计质量、程序质量。

- 设计质量：软件规格说明书符合用户需求。
- 程序质量：程序能按软件规格说明书规定运行。

软件质量关注 3 个点：软件满足用户需求；应满足可理解、可维护等隐形需求；软件开发应遵循标准的开发准则。

2. 质量管理过程

传统项目质量管理主要包括**规划质量管理**、**质量保证**和**质量控制** 3 个过程。

（1）规划质量管理主要是制订质量计划。

（2）质量保证是用于有计划、系统的质量活动，确保项目中的所有过程满足项目干系人的期望。

软件质量保证相关的任务有：标准的实施、应用技术方法、进行正式技术评审、选择测试软件、控制变更、度量、保存和报告记录。

（3）质量控制监控具体项目结果以确定其是否符合相关质量标准，制订有效方案，以消除产生质量问题的原因。

测试和评审是重要的质量控制方法。

正式技术评审是一种软件质量保障活动。用于发现逻辑、功能、实现等错误；证实评审过的软件确实满足需求；保证软件表示符合预定义；确定一致的软件开发方式；目的是降低项目管理难度。

3. 质量分类

软件质量分为外部质量（开发过程外）、内部质量（开发中）和使用质量（用户角度来看）3部分。

（1）外部质量：是基于外部视角的软件产品特征的总和。

（2）内部质量：是基于内部视角的软件产品特征的总和。

（3）使用质量：基于用户观点的质量。使用质量的获得依赖于必需的外部质量，而外部质量的获得则依赖于取得必需的内部质量。

4. 质量模型框架

ISO/IEC 9126 标准（被 ISO/IEC 25010:2011 取代）和 GB/T 16260 标准给出的软件质量模型框架，软件质量可以分为 6 个主要特性和若干子特性。质量模型如图 9-3-12 所示。

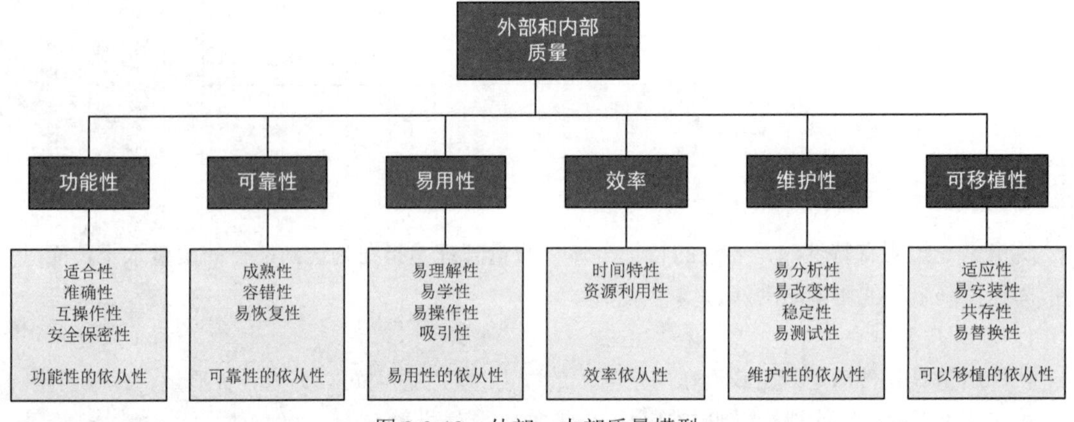

图 9-3-12　外部、内部质量模型

使用质量的属性分为 4 个特性：有效性、生产率、安全性和满意度。模型如图 9-3-13 所示，简称“有效生产，安全满意”。

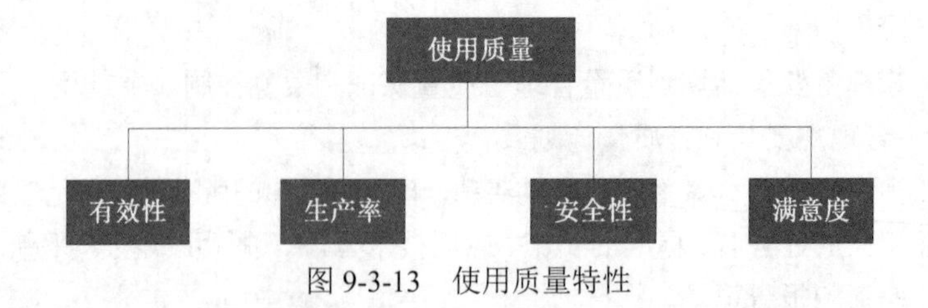

图 9-3-13　使用质量特性

Mc Call 软件质量模型也是一种质量模型，模型分为产品运行、产品修正和产品转移 3 大质量特性，包含 11 个质量子特性，模型如图 9-3-14 所示。

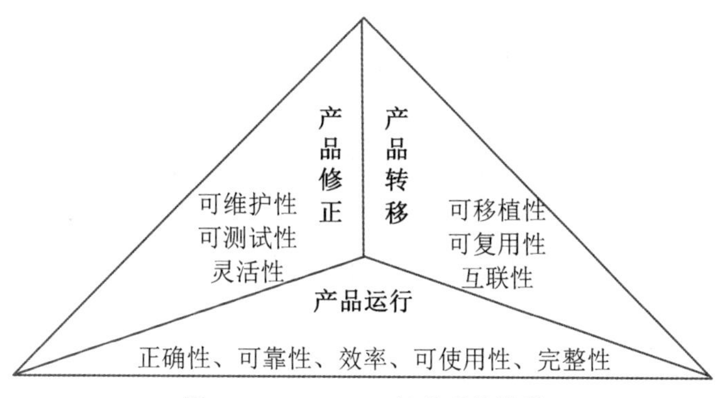

图 9-3-14　Mc Call 软件质量模型

5. 容错

容错就是当系统发生故障时也能提供服务。容错的主要手段就是**冗余**。

9.3.5　软件项目风险管理

这部分知识软设中考查较少，仅考过风险分类、风险优先级确定等知识。

风险是指某一特定危险情况发生的可能性和后果的组合。按风险后果，风险可以分为**纯粹风险**和**投机风险**。按风险来源，风险可分为**自然风险**和**人为风险**。按可管理性，风险可分为**可管理风险**和**不可管理风险**。按可预测性，风险可分为**已知风险、不可预测风险、可预测风险**。风险因素包括进度风险（保证进度的不确定性程度）、成本风险（成本的不确定性程度）、性能风险（满足用户需求、使用的不确定性程度）、支持风险（维护、纠错的不确定性程度）。

一般项目风险管理包括过程有：**规划风险管理、风险识别、风险定性分析、风险定量分析、风险应对、风险监控**。

1. 规划风险管理

规划风险管理就是制订风险管理计划用来确定风险管理相关的计划工作。

2. 风险识别

风险识别是确定风险的来源、产生的条件、描述其风险特征、确定哪些风险事件可能影响本项目，并将其特性记载成文。识别风险的常用方法有建立风险条目检查表。

风险识别的主要内容有：

（1）预测、识别并确定项目有哪些潜在的风险。

（2）识别引起这些风险的主要因素。

（3）评估风险可能引起的后果。

3. 风险定性与定量分析

定性风险分析是指对已识别风险的**可能性**及**影响大小**的评估过程，该过程按风险对项目目标潜在影响的轻重缓急进行**优先级排序**，并为定量风险分析奠定基础。

定量风险分析是指对定性风险分析过程中，作为项目需求存在的重大影响而排序在先的风险进行分析，并就风险分配一个数值。

风险优先级通常是根据风险曝光设定，风险曝光度是评定整体安全性风险的指标。公式如下：

风险曝光度=风险概率×风险损失

注意： 风险损失，也看做因风险而增加的成本。所以风险曝光度值越大，风险级别就越高。

4. 风险应对

应对风险是针对项目目标，制订一系列措施降低风险，提高有利机会。

5. 风险监控

风险监控是在整个项目中实施风险应对计划、跟踪已识别风险、监督残余风险、识别新风险，以及评估风险。

9.3.6 软件项目沟通管理

项目沟通管理包括规划、收集发布、存储检索、管理控制和最终处置各类干系人意见的各个过程。

沟通途径条数的计算首先要记住计算公式：

沟通途径条数=[n×(n-1)]/2

式中，n指的是人数。比如，当项目团队有3个人时，沟通渠道数为[3×(3-1)]/2=3；而当项目团队有6个人时，沟通渠道数为[6×(6-1)]/2=15。由于沟通是需要花费项目成本的，所以应尽量控制团队规模，避免大规模团队中常常出现的沟通不畅问题。

9.3.7 软件项目配置管理

配置管理是一套方法或者一组软件，可用于管理软件开发期间产生的资产（代码、文档、数据等内容），并记录和控制变更，使得更改合理、有序、完整、一致，并可追溯历史。

1. 配置项

配置项：配置管理的对象，是软件工程过程中所产生的所有信息项。它们通常可以分为以下6种类型。

（1）环境类。软件开发、运行和维护的环境，如管理系统、操作系统、项目管理工具、编译器、开发工具、测试工具、文档编制工具等。

（2）定义类。需求分析与系统定义阶段结束后得到的工件，如需求规格说明书、项目开发计划、设计标准或设计准则、验收测试计划等。

（3）设计类。设计阶段得到的工件，如系统设计说明书、程序规格说明、数据库设计、编码标准、用户界面设计、测试标准、系统测试计划、用户手册。

（4）编码类。编码及单元测试结束后得到的工件，如源代码、目标码；单元测试用例、数据及测试结果。

（5）测试类。系统测试完成后的工作，系统测试用例、测试结果、安装与操作手册。

（6）维护类。维护阶段产品的工作。

2. 配置项状态与配置项版本号

配置项状态有 3 种，对应的版本号格式也不同。具体见表 9-3-5。

表 9-3-5 版本管理配置项状态

状态	定义	版本号格式
草稿	配置项刚建的状态	0.YZ，YZ 范围（01～99）
正式	配置项通过评审后的状态	X.Y，X 为主版本号，范围 1～9；Y 为次版本号，范围 1～9。第一次正式版本号为 1.0
修改	正式需要更正，则状态为“修改”	格式为 X.YZ，修改状态只增加 Z 值

3. 基线

基线是软件生存期各开发阶段末尾的特定点，也称为**里程碑**。基线把各开发阶段的工作划分得更明确，将连续的开发通过基线分割开，从而更有利检验、肯定阶段工作成果，有利于变更控制。常见的基线如图 9-3-15 所示。

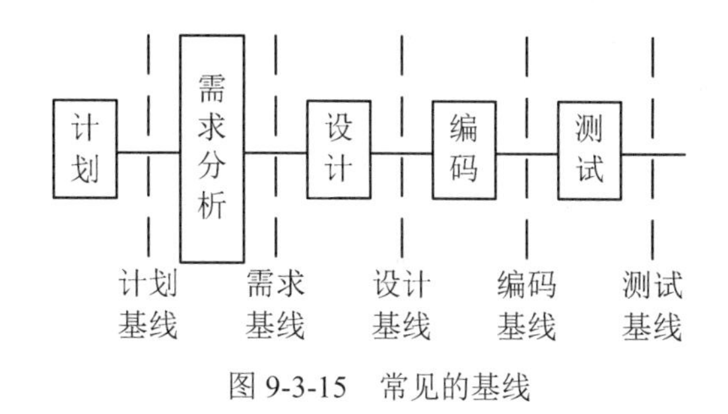

图 9-3-15 常见的基线

4. 变更控制委员会

变更控制委员会（Configuration Control Board，CCB）也可称为**配置控制委员会**，是配置项变更的监管组织。其任务是对建议的配置项变更做出评价、审批，以及监督已批准变更的实施。

CCB 的成员通常包括项目经理、用户代表、软件质量控制人员、配置控制人员。这个组织不必是常设机构，完全可以根据工作的需要组成。

5. 配置库

配置库也称**配置项库**，是配置管理的有力工具。在软件工程中主要有以下 3 类配置库：

（1）**开发库（动态库）**。该库用于存放开发过程中的各种信息。该库只给开发人员个人专用。开发库的内容可能会被频繁修改，修改没有限制。

（2）**受控库（主库）**。软件开发某个阶段工作结束时，将工作产品、计算机、人员可读的文档资料等相关信息存入受控库。受控库信息的读写和修改权，是有所控制的。

（3）**产品库（静态库、发行库）**。当开发中的软件完成系统测试后，变成最终产品存入产品库。产品用于交付或者用户现场安装。产品库内的信息也应有所控制。

9.4 软件项目度量

本节知识点包含软件度量、软件复杂性度量等知识。其中，McCabe、LOC 等知识考查较为频繁。

9.4.1 软件度量

软件度量是对软件项目、产品、开发过程进行定义、分析的持续性数据量化的过程。

软件度量可以有多种，例如面向规模的度量、面向功能的度量、生产率度量、质量度量、技术度量等。

1. LOC 度量

代码行（Line of Code，LOC）或者千行代码（KLOC）属于面向规模的度量，可以直观反映软件规模。相关公式有：

生产率=LOC/开发工作量；每行代码平均成本=总成本/LOC；文档代码比=文档页数/KLOC；代码错误率=代码错误数/LOC。

2. FP 度量

功能点（Function Point，FP）属于面向功能的度量。计算公式：

$$功能点=信息处理规模\times[0.65+0.01\times\Sigma(F_i)]$$

（1）信息处理规模：又称“总计”，值由外部输入数、外部输出数、外部查询数、外部接口文件数、内部逻辑文件数来决定。

（2）F_i：由在线数据、复杂处理、重用性、事务率、性能、配置项等 14 个方面来定。

9.4.2 软件复杂性度量

软件复杂性度量是评价软件理解和处理的难易程度。软件复杂性度量的参数有难度、规模、结构、智能度等。

McCabe 度量法，又称环路度量，是一种基于程序控制流的复杂性度量方法。

McCabe 度量法的计算简化公式为：

$$环路复杂度=边数-节点数+2$$

更简单的方法为：环路复杂度=环路数+1

【例 1】采用 McCabe 度量法，求图 9-4-1 程序图中的环路复杂性。

解 利用公式，环路复杂度=边数-节点数+2=10-8+2=4。

或者利用简便方法，图中的环路数为 3，则环路复杂度=环路数+1=4。

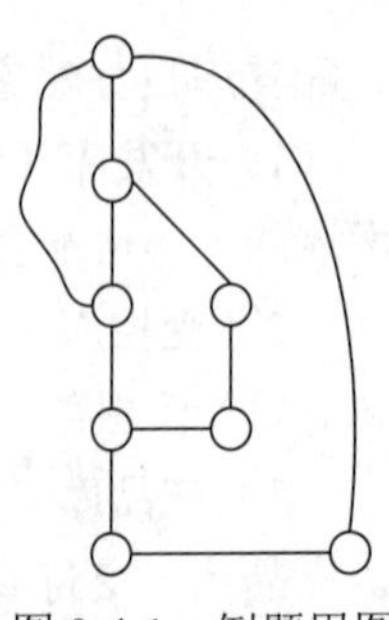

图 9-4-1 例题用图

9.5 系统分析与需求分析

本部分包含系统分析、需求分析等知识。软设考试中，这部分考查得不多，属于零星考点。

9.5.1 系统分析

系统分析就是问题求解，主要工作是研究系统可以划分为哪些组成部分，研究各组成部分的联系与交互；让项目组全面概括地、主要从业务层面了解所要开发的项目。

系统分析的过程如下：

第 1 步：构建当前系统的“物理模型”。

第 2 步：抽象出当前系统的“逻辑模型”。

第 3 步：分析得到目标系统的“逻辑模型”。

第 4 步：具体化逻辑模型得到目标系统的“物理模型”。

9.5.2 需求分析

需求分析是弄清楚即将开发的系统**“做什么”**的问题。需求分析主要确定功能需求、性能需求、数据需求、环境需求、界面需求、可靠性需求等。

需求工程就是不断重复的需求获取与定义、编写文档记录、需求演化与验证的过程，具体包含需求获取、需求分析、系统建模、需求归纳总结、需求验证、需求管理等步骤。

软件需求分析阶段的输出包括数据流图、实体联系图、数据字典等。

9.6 系统设计

软设考试中，系统设计部分上午知识主要考查信息隐蔽性与模块独立性；下午案例题中，数据流图相关知识往往会出一个大题。

9.6.1 系统设计分类

系统设计是搞清楚系统**“怎么做”**的问题，系统设计是把软件需求变成软件表示的过程。系统设计可以分为概要设计和详细设计。

（1）**概要设计**：是把软件需求转换成软件系统结构及数据结构。例如，将系统划分为多个模块的组成，并确定模块之间的联系。

概要设计主要工作有：设计软件系统总体结构、数据结构设计、数据库设计、编写概要设计文档、评审。

（2）**详细设计**：细化概要设计，设计算法与更详细的数据结构。

详细设计主要工作有：每个模块内详细算法设计、模块内数据结构设计、确定数据库物理结构、代码设计、界面与输入/输出设计、编写详细设计文档、评审。

9.6.2 结构化分析

在软件开发方法中已经提到过，结构化开发方法是一种**面向数据流**的开发方法，基本思想是软件功能的分解和抽象。该方法由**结构化分析、结构化设计、结构化程序设计**构成。

结构化分析方法往往使用自顶向下的思路，采用分解和抽象的原则进行分析。结构化分析方法的结果由分层数据流图、数据字典、加工逻辑说明、补充说明组成。

数据流图（Data Flow Diagram，DFD）用于描述数据流的输入到输出的变换。数据流图的基本元素有 4 种，具体见表 9-6-1。

表 9-6-1　数据流图的基本元素

图示	名称	特点
→	数据流	数据流表示加工数据流动方向，由一组固定结构的数据组成。一般箭头上方标明了其含义的名字
圆角矩形 或者 圆	加工	表示数据输入到输出的变换，加工应有名字和编号
双横线 或者 右侧开口矩形	数据存储文件	表示存储的数据，每个文件都有名字。流向文件的数据流表示写文件，流出的表示读文件
矩形	外部实体	指的是软件系统之外的人员或组织

（1）DFD 表多数据流关系的符号。DFD 中，一个加工可能存在多个输入或者输出数据流，则可以用标记符号表示这些数据流间的关系。各类符号参见表 9-6-2。

表 9-6-2　表示多数据流关系的符号

符号	含义	说明
+（加号）	或	A→○ + →B、C：输入A，得B或者C，或者得BC；A、B + →○→C：输入A或B，就得C
*（星号）	与	A→○ * →B、C：输入A，得B与C，两者同时有；A、B * →○→C：输入A和B，才有C
⊕（异或）	互斥	A→○ ⊕ →B、C：输入A，可得B或C，但B和C不能同时得到

（2）DFD 的层次结构。分层数据流图示例如图 9-6-1 所示。图中数据处理 S 可以分为子系统 1～3。图将系统进行了两次细化，结果为第 0 层数据流图，第 1 层数据流图。

每层数据流图为下一层图的父图，而每个子图只能有一个父图。

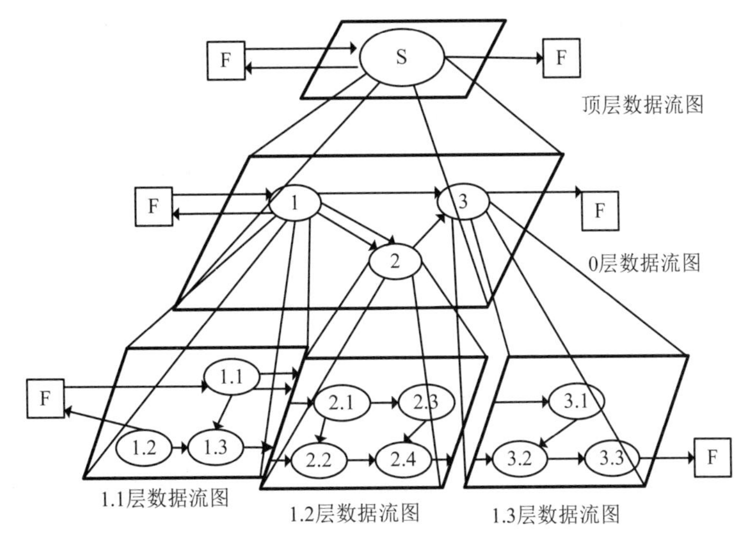

图 9-6-1　分层数据流图

顶层数据流图加工不必编号；0 层数据流图的加工编号为 1、2、…、n；如果父图编号为 X，则子图编号为 X.1、X.2、…、X.n。

（3）绘制数据流图的过程。绘制数据流图的过程见表 9-6-3。

表 9-6-3　绘制数据流图的过程

步骤	步骤名称	说明
步骤 1	绘制系统输入、输出（绘制顶层数据流图）	（1）顶层图可以直观绘制系统的输入、输出。 （2）顶层图把系统看成一个大加工，分析系统从哪些实体接受数据，向哪些实体发送数据
步骤 2	绘制系统内部（绘制 0 层数据流图）	（1）确定加工：把父图中的加工分解为若干子加工。 （2）确定数据流：体现子加工数据的变换、流向。 （3）确定数据存储：顶层图中有流出数据存储的数据流（读操作）或者流向数据存储的数据流（写操作），同样需要画入 0 层图。 （4）增加可读性，绘制源/宿（该步骤不是必须）
步骤 3	绘制加工内部（绘制 n 层数据流图）	把每个加工看成一个小系统，采用步骤 2 的过程，绘制每个加工的子数据流图

（4）绘制数据流图后的审核。绘制数据流图后的审核原则见表 9-6-4。

表 9-6-4　绘制数据流图后的注意事项

原则	子原则	备注
一致性	父图与子图的平衡	父图所有加工的输入/输出流应与其对应的子图边界的输入/输出流，是一一对应的 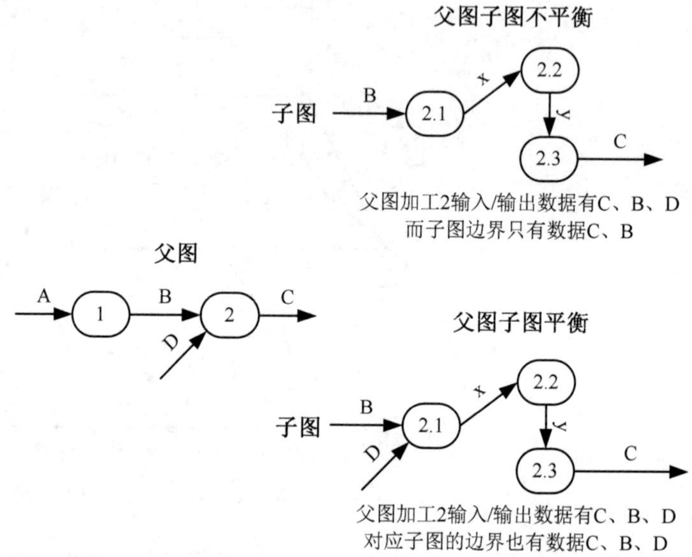 父图子图不平衡 子图 B 2.1 x 2.2 y 2.3 C 父图加工2输入/输出数据有C、B、D 而子图边界只有数据C、B 父图 A 1 B 2 C D 父图子图平衡 子图 B D 2.1 x 2.2 y 2.3 C 父图加工2输入/输出数据有C、B、D 对应子图的边界也有数据C、B、D
	数据守恒	（1）某个加工的所有输出数据必须能从该加工输入数据得到，或者通过该加工处理得到。 （2）应删除输入数据流中未被加工使用的数据项目
	不同名	加工的输入和输出数据流不能同名
	局部数据存储	任何数据存储都应该有读/写的数据流
完整性	输入/输出限制	每个加工至少要有一个输入数据流、一个输出数据流
	读写限制	每个数据存储至少有一个加工对其进行读/写操作
	命名限制	每个文件、数据流都要进行命名

构造分层 DFD 需要注意的问题：适当命名、画数据流而不能画控制流、避免一个加工有过多数据流、分解尽可能均匀等。

【例 1】阅读下列说明和流程图，如图 9-6-2 至图 9-6-5 所示，回答问题 1 至问题 3，把解答填入答题纸的对应栏内。（这道题虽然是 1991 年软件设计师的考题，比较久远，但特别经典。软设考试中特别喜欢考，类似的案例题考查过多次）

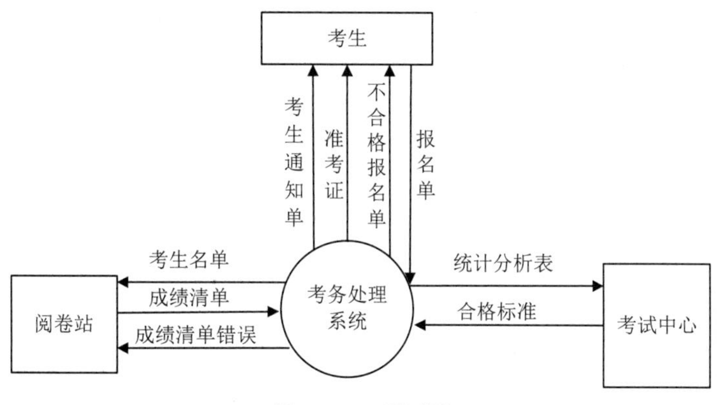

图 9-6-2 顶层图

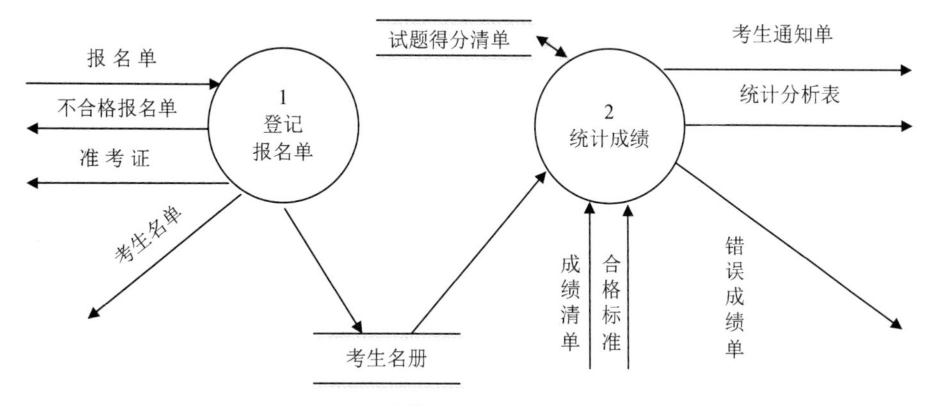

图 9-6-3 层图

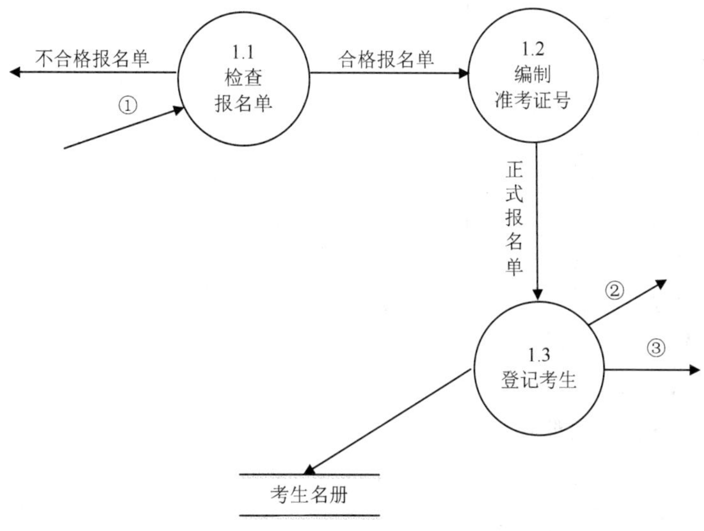

图 9-6-4 层图 1

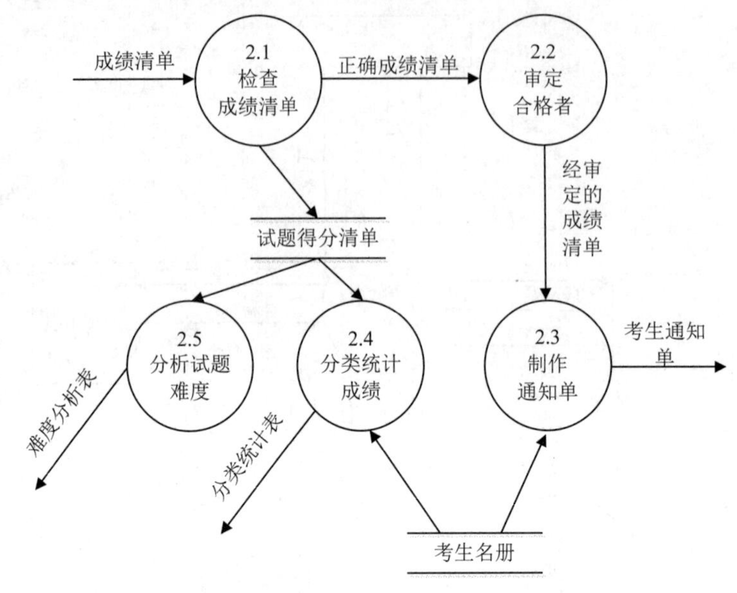

图 9-6-5　层图 2

【说明】

流程图是采用结构化分析方法画出的某考务处系统的数据流程图（DFD），图中圆圈表示加工：→表示数据流；═══ 表示文件。

该系统有如下功能：

- 对考生送来的报名单进行检查。
- 对合格的报名单编好准考证号后将准考证送给考生，并将汇总后的考生名单送给阅卷站。
- 对阅卷站送来的成绩清单进行检查，并根据考试中心制订的合格标准审定合格者。
- 制作考生通知单送给考生。
- 进行成绩分类统计（按地区、年龄、文化程度、职业和考试级别等分类）和试题难度分析，产生统计分析表。

部分数据流的组成如下所示：

报名单=地区+序号+姓名+性别+年龄+文化程度+职业+考试级别+通信地址

正式报名单=报名单+准考证号

准考证=地区+序号+姓名+准考证号+考试级别

考生名单={准考证号+考试级别}（其中{w}表示 w 重复多次）

考生名册=正式报名单

统计分析表=分类统计表+难度分析表

考生通知单=考试级别+准考证号+姓名+合格标志+通信地址

【问题 1】指出如图 9-6-4 所示的数据流图中①、②、③的数据流名。

【问题 2】指出如图 9-6-5 所示的数据流图中在哪些位置遗漏了哪些数据流，也就是说，要求给出漏掉了哪个加工的输入或输出数据流的名字。例如，加工 2.5 的输出数据流“难度分析表”。

【问题 3】指出考生名册文件的记录至少包括哪些内容。

【试题分析】

【问题 1】依据“父图与子图的平衡”原则，父图所有加工的输入/输出流应与其对应的子图边界的输入/输出流，是一一对应的。

图 9-6-3 的加工“登记报名单”的输入和输出数据流，应该与图 9-6-4 的边界输入和输出数据流一一对应。

所以，①为“报名单”，②、③分别为“准考证”“考生名单”。

【问题 2】依据“父图与子图的平衡”原则，加工 2“统计成绩”分解后，缺少输出数据流“错误成绩清单”和输入数据流“合格标准”。

通过常识可知，“错误成绩清单”应该为加工 2.1“检查成绩清单”的输出数据流；“合格标准”应该为加工 2.2“审定合格者”的输入数据流。

【问题 3】分析数据流图可知，“考生名册”文件的数据源是“正式报名单”，并在加工 2.3“制作通知单”中产生“考生通知单”，在加工 2.4“分类统计成绩”中产生“分类统计表”。

（1）考生通知单=考试级别+准考证号+姓名+合格标志+通信地址，除了“合格标志”外的数据项都应在考生名册文件中。

（2）因为题目要求按地区、年龄、文化程度、职业和考试级别等进行成绩分类统计，所以这些数据项都应在考生名册文件中。

所以，考生名册=地区+年龄+姓名+文化程度+职业+考试级别+准考证号+通信地址。

【参考答案】

【问题 1】①报名单　②准考证　③考生名单

【问题 2】加工 2.1 遗漏输出数据流“错误成绩清单”，加工 2.2 遗漏输入数据流“合格标准”。

【问题 3】考生名册=地区+年龄+姓名+文化程度+职业+考试级别+准考证号+通信地址

9.6.3 结构化设计

结构化设计（Structure Design，SD）是一种面向数据流的设计方法。是以结构化分析的成果为基础，逐步精细并模块化的过程。

1. 结构化设计步骤

结构图（Structure Chart）：描述软件体系结构的工具，指出软件系统的模块构成及模块间的调用关系。

结构化设计可分以下几步：

（1）建立初始结构图：分解系统成若干子模块，子模块再分解，直到不需要为止。

（2）改进结构图：改进不合理设计。

（3）生成设计文档：完成设计规格说明文档，文档特别要说明每个模块的功能、接口等。

（4）设计评审：评审设计的结果和文档。

2. 信息隐蔽性与模块独立性

软件设计采用的基本原则有抽象、模块化、信息隐蔽性与模块独立性等。

（1）**抽象**。在软件设计中，抽象手段可以分为过程抽象和数据抽象。

- **过程抽象（功能抽象）**：把一个功能定义明确的操作当做一个整体看待。函数可以看成过程抽象的结果。
- **数据抽象**：分离和抽象某种类型的数据对象，只向外界提供关键必要的信息，隐藏内部表现形式和存储的实现细节。数据类型可以看成数据抽象的结果。

（2）**模块化**：将一个待开发的软件分解成若干个模块，每个模块可独立地开发、测试、最后组装成完整的软件。

（3）**信息隐蔽性**：对于模块内某些信息，对于不需要这些信息的模块不能访问。

（4）**模块独立性**：每个模块只完成系统要求的独立子功能,与其他模块的联系最少且接口简单。

内聚是一个模块内部各个元素彼此结合的紧密程度的度量。一个模块内部各个元素之间的联系越紧密，则它的内聚性就越高，相对地，它与其他模块之间的耦合性就会降低，而模块独立性就越强。

模块的独立性和耦合性如图 9-6-6 所示。模块设计目标是**高内聚，低耦合。**

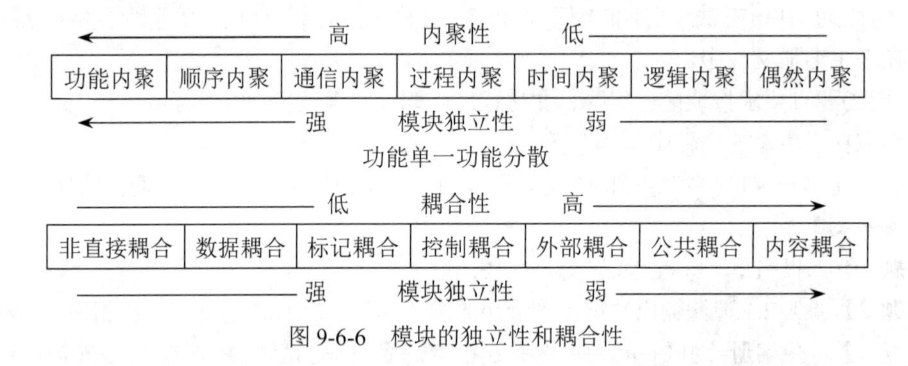

图 9-6-6 模块的独立性和耦合性

内聚性按强度从低到高有 7 种类型见表 9-6-5。

表 9-6-5 模块的内聚类型

内聚类型	描述
偶然内聚（最弱）	又称巧合内聚，模块的各成分之间毫无关系
逻辑内聚	逻辑上相关的功能被放在同一模块中。如一个模块读取各种不同类型外设的输入
时间内聚	模块完成的功能必须在同一时间内执行（如系统初始化），但这些功能只是因为时间因素关联在一起
过程内聚	模块内部的处理成分是相关的，而且这些处理必须以特定的次序执行
通信内聚	模块的所有元素都操作同一个数据集或生成同一个数据集
顺序内聚	模块的各个成分和同一个功能密切相关，而且一个成分的输出作为另一个成分的输入
功能内聚（最强）	模块的所有成分对于完成单一的功能都是必需的，则称为功能内聚

攻克要塞软考团队友情提醒：内聚性参考记忆口诀为：**“偶逻时过通顺功”**。

耦合是各模块间结合紧密度的一种度量。耦合性由低到高有7种类型见表9-6-6。

表9-6-6　模块的耦合类型

内聚类型	描述
非直接耦合（最低）	模块之间没有直接关系，模块之间的联系完全通过主模块的控制和调用来实现
数据耦合	模块访问，通过简单数据参数来交换输入、输出信息
标记耦合	一个数据结构的一部分借助于模块接口被传递
控制耦合	一个模块通过传送开关、标识、名字等控制信息明显地控制选择另一个模块的功能
外部耦合	一组模块都访问同一全局简单变量而不是同一全局数据结构，而且不是通过参数表传递该全局变量的信息
公共耦合	多个模块访问同一个全局数据区
内容耦合（最高）	如果发生下列情形，两个模块间就发生了内容耦合： （1）一个模块直接访问另一个模块的内部数据。 （2）一个模块不通过正常入口转到另一模块内部。 （3）两个模块有一部分程序代码重叠（只可能出现在汇编语言中）。 （4）一个模块有多个入口

攻克要塞软考团队友情提醒：耦合性参考记忆口诀为：**“非数标控外公内”**。

9.6.4　Web应用系统分析与设计

WebApp（基于Web的系统和应用）集成了数据库和业务应用，旨在向最终用户发布一组复杂的内容和功能。

WebApp的需求模型主要有内容模型、交互模型、功能模型、导航模型、配置模型。

WebApp的设计包括架构设计、构件设计、内容设计、导航设计、美学设计、界面设计等。

9.6.5　用户界面设计

Theo Mandel给出了界面设计的3条黄金准则：方便用户操纵控制、减轻用户的记忆负担、保持界面一致。

9.7　软件测试

本节包含软件测试基础、单元测试、集成测试、确认测试、系统测试、验收测试、白盒测试、黑盒测试、灰盒测试、静态测试、动态测试等知识。每次软设考试中，测试知识相关分值可达1～2分。

9.7.1　软件测试基础

软件测试是指使用人工或自动的方式测试某系统的过程，目的在于检验它是否满足规定需求或者搞清楚预期与实际结果的差别。**软件测试是为了发现软件中的错误，但不能证明软件100%没有错误。**

测试用例（Test Case）是对特定软件产品进行测试的任务描述，是测试方案、技术、方法的集合。测试用例内容包括测试目标、测试步骤、输入数据、测试脚本、测试环境、预期结果等，最终形成文档。**高效的软件测试是指以较少的测试用例发现尽可能多的错误。**

软件测试根据不同开发模型引申出对应的测试模型，主要有V模型、W模型、H模型、X模型、前置测试模型。

9.7.2 单元测试、集成测试、确认测试、系统测试、验收测试

软件测试从软件开发过程的角度可以划分为**单元测试、集成测试、确认测试、系统测试、验收测试**。

1. 单元测试

单元测试按设计好的最小测试单元进行。单元测试又称模块测试，在模块编写并编译完成后进行。

单元测试的内容有：程序执行主要路径、边界条件、模块接口、内部数据结构、出错条件及出错处理路径。

2. 集成测试

集成测试将经过单元测试的单元模块完整地组合起来，再主要测试组合后整体和模块间的功能是否完整，模块接口的连接是否成功、能否正确地传递数据等。

测试模块间的关系时，需要使用两种辅助模块：

（1）驱动模块：可当作被测模块的主程序。接受测试用例数据，并将这些数据传送到被测模块，最后输出测试结果。

（2）桩模块：可当作被测模块的子模块。该模块可做少量操作，但不能什么都不做，至少要检验输入、输出、调用信息。

驱动模块、桩模块、被测模块之间的关系如图9-7-1所示。

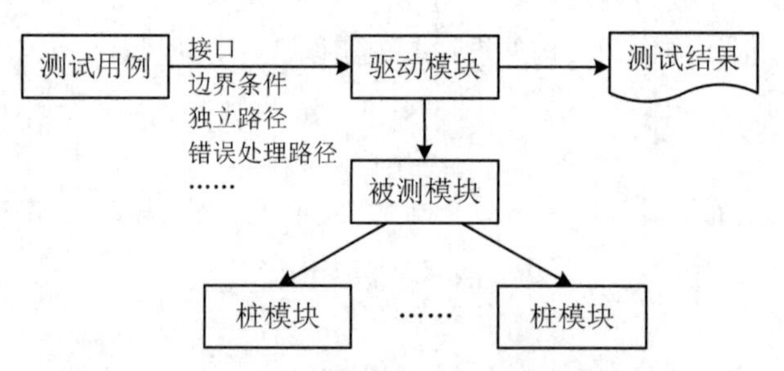

图9-7-1 驱动模块、桩模块、被测模块之间的关系

从模块集成（组装）策略来讲，集成测试可以分为**一次性集成**和**增量式集成**（包括自顶向下、自底向上、混合方式）。

（1）自顶向下集成：这种模块集成方式先集成主模块，然后沿着控制，用深度优先或者广度优先方式将从属模块集成到系统中。集成同时完成测试。

这种方式**不需要驱动模块**。

（2）自底向上集成：这种模块集成方式先构造和测试最底层模块，逐步向上集成，直至完成

整个系统模块的集成。

这种方式**不需要桩模块**。

（3）混合方式：又称**三明治测试**，综合了自顶向下和自底向上测试的方式。

3. 确认测试

确认测试又称有效性测试，主要验证软件的性能、功能等是否满足用户需求。根据用户的参与方式，确认测试可以分为α测试和β测试：

- α测试：邀请用户代表，在开发场地进行。
- β测试：最终用户在实际使用环境下进行的测试。

4. 系统测试

系统测试是对包含软硬件、人员的系统整体进行的测试，分析系统是否符合软件规格说明书要求，可以找出系统分析和设计的错误。系统测试包含以下几类测试：

（1）恢复测试：在硬件故障恢复后，证实系统能否继续正常工作。

（2）安全性测试：检验并确定系统能否保证自身安全。

（3）压力测试：不是在常规条件下进行手动或自动测试，而是在非正常频率、数量、容量等方式执行系统。

（4）性能测试：检查运行系统是否满足性能要求。

（5）部署测试：软件在多平台、多操作系统下进行测试，包含安装检查。

5. 验收测试

验收测试在用户拿到软件的时候进行。根据需求及规格说明书进行测试，判断软件是否符合预期。

9.7.3 白盒测试、黑盒测试、灰盒测试

软件测试从是否关心软件内部结构和具体实现的角度划分为**白盒测试、黑盒测试、灰盒测试**。

1. 白盒测试

白盒测试又称结构测试，依据程序内部结构设计测试用例，测试程序的路径和过程是否符合设计要求。所有可用的方法按覆盖程度从弱到强排序为：**语句覆盖、判定覆盖、条件覆盖、判定/条件覆盖、条件组合覆盖、路径覆盖**。

（1）语句覆盖：使得被测试程序中的每条语句至少被执行一次。

（2）判定覆盖：使得被测试程序中的每个判定语句的判定结果（“真”或“假”）至少出现一次。

（3）条件覆盖：使得被测试程序中的每个判定表达式中的每个条件可能值都能至少满足一次。

（4）判定/条件覆盖：使得被测试程序中的每个判定语句的判定结果（“真”或者“假”）至少出现一次且每个判定表达式中的每个条件可能值都能至少满足一次。

（5）条件组合覆盖：使得被测试程序中的每个判定表达式中的可能的条件组合都至少出现一次。

（6）路径覆盖：被测程序中所有可能路径至少被执行一次。

2. 黑盒测试

黑盒测试把被测试的对象看成一个黑盒，测试时完全不用考虑对象程序的内部结构、处理过

程，利用软件接口进行测试。黑盒测试利用需求规格说明书，来检查被测程序的功能是否满足要求。

黑盒测试常用技术见表9-7-1。

表9-7-1　黑盒测试常用技术

分类	特点
等价类划分	将所有可能的输入数据，划分为若干等价类，然后从每个等价类中选取少量代表性数据作为测试用例。 等价类分为有效等价类（合理、有意义的数据集）、无效等价类（不合理、无意义的数据集）
边界值分析	选择等价类的边界。选取原则： （1）选取范围边界，及刚超越边界的值作为测试输入。 （2）选择最大和最小个数，最小个数-1，最大个数+1。 （3）输入/输出是有序集合，则选取第一个和最后一个元素测试
错误推测	基于经验、直接列举所有可能出现的错误，再针对性设计用例
因果图	由于等价类划分和边界值分析只考虑输入条件，不用考虑输入条件的联系；而使用因果图能描述多条件组合的测试用例，并生成判定表。利用因果图导出测试用例步骤： （1）分析规格说明书找原因（输入条件或等价类）和结果（输出条件）。 （2）找出因果关系，并画出因果图。 （3）在因果图基础上加上约束条件。 （4）将因果图转换为判定表。 （5）根据判定表得出测试用例

3. 灰盒测试

灰盒测试是介于白盒测试与黑盒测试之间的测试，既关注输出对于输入的正确性，又关注程序内部，但关注程度不如白盒测试那样详细，而需要观察一些表象、事件及标志来判断程序内部的运行状态。

9.7.4 静态测试、动态测试

软件测试从是否执行程序的角度划分为静态测试、动态测试。

静态测试指被测试程序不在机器上运行，而采用人工检测和计算机辅助静态分析的手段对程序进行检测，包含各阶段的评审、代码检查、程序分析、软件质量度量等。

动态测试指通过运行程序发现错误，包含白盒测试、黑盒测试、灰盒测试；单元测试、集成测试、确认测试、验收测试、系统测试、回归测试；自动化测试、人工测试；α测试、β测试等。

9.8 系统维护

系统维护可以分为硬件维护、软件维护、数据维护。

1. 硬件维护

硬件维护包含定期的设备养护和突发的设备故障维修。

2. 软件维护

软件维护就是软件交付使用之后，为了改正错误或满足新需要而修改软件的过程。依据软件本身的特点，软件具有的可维护性主要由**可理解性**、**可测试性**、**可修改性** 3 个因素决定。

软件的维护从性质上分为**纠错性（更正性）维护**、**适应性维护**、**预防性维护**和**完善性维护**。

（1）纠错性维护是指改正在系统开发阶段已发生而系统测试阶段尚未发现的错误。例如，系统漏洞补丁。

（2）适应性维护是指为了使软件适应信息技术变化和管理需求变化而进行的修改。例如，由于业务变化，业务员代码长度由现有的 5 位变为 8 位，增加了 3 位。

（3）预防性维护是为了改进应用软件的可靠性和可维护性，以适应未来的软/硬件环境的变化而主动增加的预防性的新功能，以使应用系统适应各类变化而不被淘汰。例如，网吧老板为适应将来网速的需要，将带宽从 2Mbps 提高到 100Mbps。

（4）完善性维护是为扩充功能和改善性能而进行的修改，主要是指对已有的软件系统增加一些在系统分析和设计阶段中没有规定的功能与性能特征，这方面的维护占整个维护工作的 50%～60%。例如，为方便用户使用和查找问题，系统提供联机帮助。

3. 数据维护

数据维护的主要工作是维护数据库的完整性、安全性，维护数据库中数据、数据字典及相关文件，进行代码维护。

9.9 软件体系结构

软件体系结构又称软件架构（Software Architecture），是一系列抽象模式或者系统草图，用于全面指导软件系统的设计。软件架构描述的对象就是组成系统的抽象组件。软件架构明确了各个组件之间的连接和通信。实现阶段中，抽象组件变成实际的组件比如类、对象；并且组件间的连接通过接口实现。

常见的软件架构有 2 层 C/S（Client/Server，客户机/服务器）架构、3 层 C/S 架构、浏览器/服务器（Browser/Server，B/S）架构。

软件架构风格描述了特定领域的系统组织方式的通用模式。架构风格就是领域系统的共有结构、语义特性。

通用软件架构风格分类见表 9-9-1。

表 9-9-1 通用软件架构风格分类

风格	特点
数据流风格	分为批处理序列和管道/过滤器两种风格
调用/返回风格	包括主程序/子程序、数据抽象和面向对象以及层次结构
独立构件风格	包括进程通信、事件驱动等架构风格
虚拟机风格	包括解释器和基于规则的系统等架构风格
仓库风格	包括黑板系统、数据库系统、超文本系统等架构风格

第 10 章　面向对象

本章包含面向对象基础、UML、设计模式等知识点。本章是软设考试的重要考点，相关知识的考查相对比较频繁，尤其是 UML、设计模式在上、下午考试都会涉及。

本章考点知识结构图如图 10-0-1 所示。

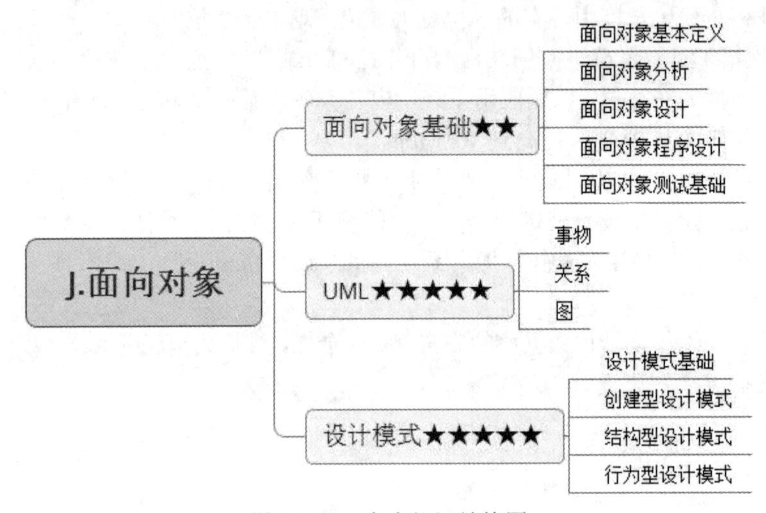

图 10-0-1　考点知识结构图

10.1　面向对象基础

面向对象是一种软件开发方法。本部分知识，上午考查比较多，均是对定义、特点的考查，是重要考点。

10.1.1　面向对象基本定义

面向对象=对象+分类+继承+通过消息的通信。

1．核心概念

（1）对象。对象，简单地说就是要研究的自然界的任何事物，如一本书、一条流水生产线等。对象可以是有形的实体、抽象的规则、计划或事件等。对象由一组数据和数据操作构成。

程序设计者看对象，就是一个程序模块；用户看对象，是一组满足用户需求的行为。

一个对象通常由**对象名、属性和方法** 3 部分组成。

（2）类。**类就是对象的模板**。类是对具有**相同操作方法和一组相同数据元素的对象**的行为和属性的抽象与总结。类是在对象之上的抽象，对象则是类的具体化，是类的实例。

面向对象的程序设计语言用类库替代了传统的函数库，程序设计语言的类库越丰富，则该程序设计语言越成熟。面向对象的软件工程则把多个相关的类构成一个组件。

类之间存在特殊和一般的关系，特殊类称为子类，一般类称为父类。比如，汽车和凯迪拉克汽车是一般和特殊的关系，汽车类是父类，凯迪拉克汽车是子类。

（3）消息和方法。**消息是对象之间进行通信的机制**。发送给某对象的消息中，包含了接收对象需要进行的操作信息。消息包含的内容至少有接收消息的对象名、发送给该对象的消息名等基本信息，通常有参数说明，参数就是指变量名。

方法是指类操作的实现，方法包含方法名、参数等信息。

2. 面向对象的主要特征

（1）继承性。**继承性**是子类自动共享父类的数据和方法的一种机制。在定义和实现一个类时，可以在一个已存在类的基础上进行，把该已经存在类的内容作为自己的内容，并加入若干新内容。

单重继承：子类只继承**一个父类**的数据结构和方法。

多重继承：子类继承了**多个父类**的数据结构和方法。多重继承可能会造成混淆，出现**二义性的成员**。

（2）多态性。**多态性**是指相同的操作、函数或过程可作用于多种不同类型的对象上，并获得不同的结果。不同的对象收到同一个消息可以产生不同的结果，这种现象称为多态性。

重载就是一个类拥有多个同名不同参数的函数的方法。

多态分类形式见表 10-1-1。

表 10-1-1 多态分类形式

多态分类	子类	特点
通用多态	参数多态	最纯的多态，采用参数化模板，利用不同类型参数，让同一个结构有多种类型
	包含多态	子类型化，即一个类型是另一个类型的子类型。 子类说明是一个新类继承了父类，而子类型则是强调了新类具有父类一样的行为，这个行为不一定是继承而来
特定多态	强制多态	不同类型的数据进行混合运算时，编译程序一般都强制多态。比如 int 和 double 进行运算时，系统强制把 int 转换为 double 类型，然后变为 double 和 double 运算
	过载多态	过载（Overloading）又称为重载，同名操作符或者函数名，在不同的上下文中有不同的含义。 大多数操作符都是过载多态

（3）封装性。**封装**是一种信息隐蔽技术，它体现在类的说明，是对象的一种重要特性。封装使数据和加工该数据的方法变为一个整体以实现独立性很强的模块，使得用户只能见到对象的外部特性，看不到内部特性。封装的目的是分开对象的设计者和使用者，使用者无需知道行为的具体实现，只需要利用对象设计者提供的消息就可以访问该对象。

（4）绑定。绑定就是函数调用和响应调用所需代码结合的过程。绑定可以分为静态绑定和动态绑定。

- 静态绑定：在程序编译时，函数调用就结合了响应调用所需的代码。
- 动态绑定：在程序执行（非编译期）时，根据实际需要，动态调用不同子类的代码。

（5）接口与抽象类。**抽象类**是不能实例化的**类**，但是其中的方法可以包含具体实现代码。**接口**是一组方法声明的**集合**，其中应仅包含方法的声明，不能有任何实现代码。普通类只有具体实现；抽象类是具体实现和规范抽象方法都有；接口则只有规范。

抽象类表示“是一个（IS-A）关系的抽象”，比如比尔是一个人；接口表示“能（CAN-DO）关系的抽象”，比如比尔能编程。

10.1.2 面向对象分析

面向对象分析（Object Oriented Analysis，OOA）是理解需求中的问题，确定功能、性能要求，进行模块化处理。在分析阶段，架构师主要**关注系统的行为**，即关注系统应该做什么。

面向对象分析包含的活动有：寻找并确定对象、组织对象（将对象抽象成类，并确定类结构）、确定对象的相互作用、确定对象的操作。

10.1.3 面向对象设计

面向对象设计（Object Oriented Design，OOD）属于设计分析模型的结果进一步规范化，便于之后的面向对象程序设计。

10.1.4 面向对象程序设计

面向对象程序设计（Object Oriented Programming，OOP）就是利用面向对象程序设计语言进行程序设计。

实例化是指在面向对象程序设计中，用类创建对象的过程。

10.1.5 面向对象测试基础

面向对象测试是采用面向对象开发相对应的测试技术，与其他测试没有本质不同。面向对象测试包括 4 个测试层次，从低层到高层分别是算法层、类层、模板层和系统层。

10.2 UML

统一建模语言（Unified Modeling Language，UML）是一个通用的可视化建模语言。

10.2.1 事物

事物（Things）是 UML 最基本的构成元素。UML 中将各种事物构造块归纳成了以下 4 类。

（1）结构事物：UML 的静态部分，用于描述概念或物理元素。主要结构事物见表 10-2-1。

表 10-2-1 主要结构事物

事物名	定义	图形
类	一组具有相同属性、相同操作、相同关系和相同语义的对象的抽象	Order 类名 orderDate destArea price paymentType 属性 dispatch() close() 操作
对象	类的一个实例	图形A：图形
接口	用于服务通告，接口可分为两种： （1）供给接口：能提供什么服务； （2）需求接口：需要什么服务	供给接口 需求接口
用例	某类用户的一次连贯的操作，用以完成某个特定的目的	用例1
协作	协作就是一个“用例”的实现	
构件	构件是系统设计的一个模块化部分，它隐藏了内部的实现，对外提供了一组外部接口	构件名称
节点	带有至少一个处理器、内存以及其他设备的元素，比如服务器、工作站等	节点名

（2）行为事物：UML 的动态部分，描述一种跨越时间、空间的行为。

（3）分组事物：大量类的分组。UML 中包（Package）可以用来分组。包图形如图 10-2-1 所示。

（4）注释事物：注释图形如图 10-2-2 所示。

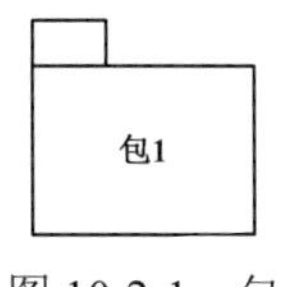

图 10-2-1 包

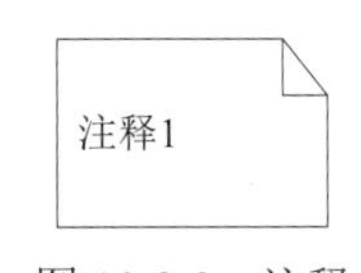

图 10-2-2 注释

10.2.2 关系

任何事物都不应该是独立存在的，总存在一定的关系，UML 的关系（例如依赖、关联、泛化、实现等）就把事物紧密联系在一起。UML 关系就是用来描述事物之间的关系。常见的 UML 关系见表 10-2-2。

表 10-2-2　常见的 UML 关系

名称	子集	举例	图形
关联	关联	两个类之间存在某种语义上的联系，执行者与用例的关系。例如：一个人为一家公司工作，人和公司有某种关联	实线
	聚合	整体与部分的关系。例如：狼与狼群的关系	实线，一端为空心菱形
	组合	“整体”离开“部分”将无法独立存在的关系。例如：车轮与车的关系，车离开车轮就无法开动了	实线，一端为实心菱形
泛化		一般事物与该事物中特殊种类之间的关系。例如：猫科与老虎的继承关系	实线，一端为空心三角箭头
实现		规定接口和实现接口的类或组件之间的关系	虚线，一端为空心三角箭头
依赖		例如：人依赖食物。可以有包含、扩展等关系	虚线，一端为开放箭头

单一的关系很多很复杂，且不太直观，这里给出图 10-2-3，帮助大家记忆。

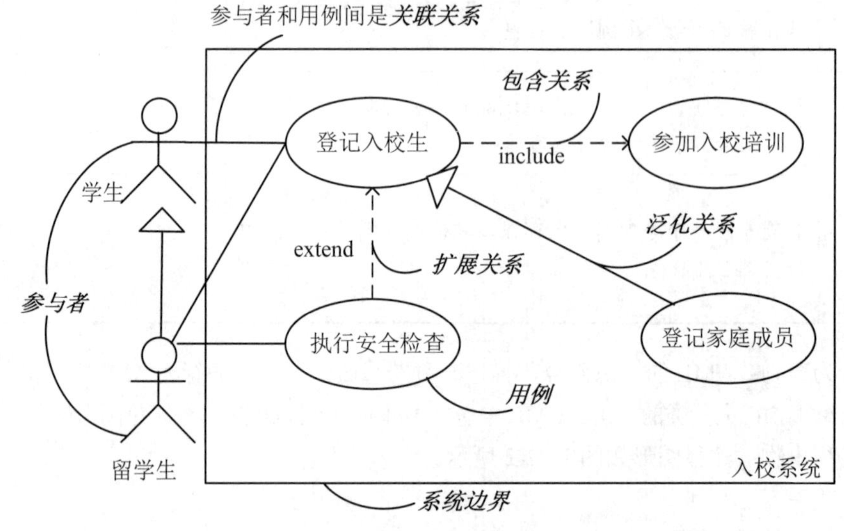

图 10-2-3　UML 各元素关系助记图

10.2.3　图

图（Diagrams）是事物和关系的可视化表示。UML 中事物和关系构成了 UML 的图。在 UML 2.0 中总共定义了 13 种图。图 10-2-4 从使用的角度将 UML 的 13 种图分为结构图（又称静态模型）和行为图（又称动态模型）两大类。

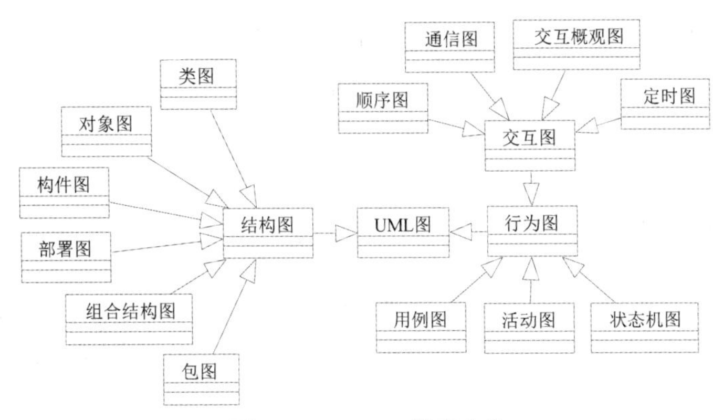

图 10-2-4　UML 图形分类

攻克要塞软考团队友情提醒：有些资料将用例图看成静态图，但鉴于用例图规范命名都是动宾结构等因素，建议归入动态图。

（1）类图：描述类、类的特性以及类之间的关系。常用于系统词汇建模、逻辑数据库模式建模、简单协作建模。

类图可以只有类名，可以只有方法没有属性，但不能只有属性没有方法。

具体类图如图 10-2-5 所示，该图描述了一个电子商务系统的一部分，表示客户、收货人、订单、订单项目、交货单、商贩、产品这些类及其关系。

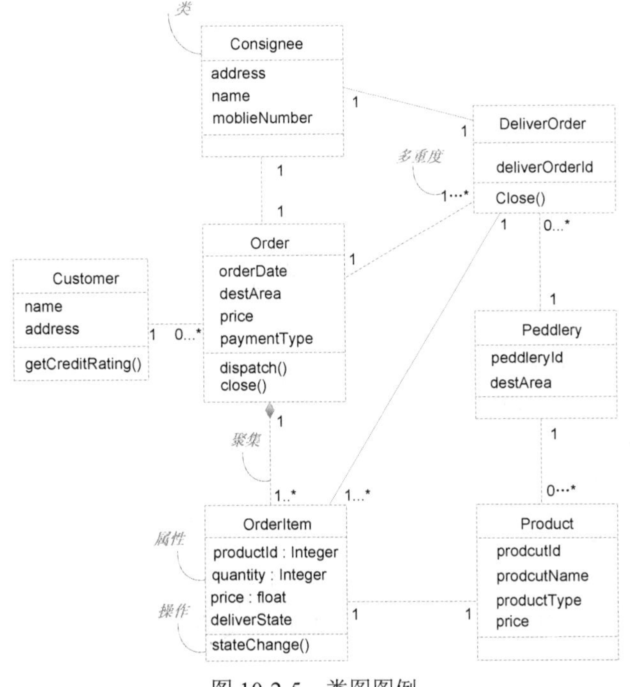

图 10-2-5　类图图例

（2）对象图：**对象是类的实例**，而对象图描述一个时间点上各个对象的快照。对象图和类图看起来是十分相近的。具体对象图如图 10-2-6 所示。

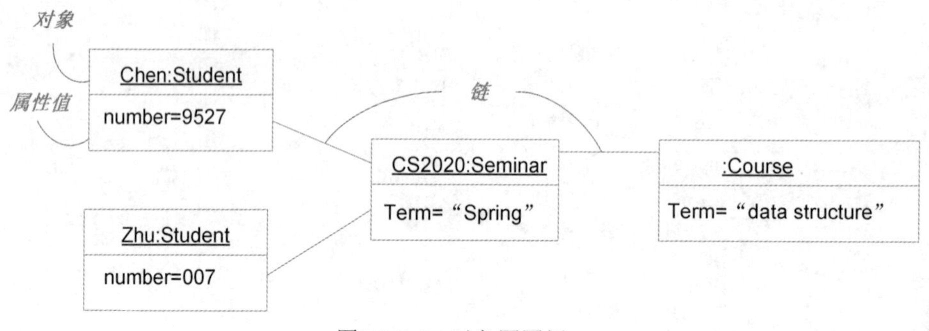

图 10-2-6　对象图图例

- 对象名：由于对象是一个类的实例，格式是“对象名：类名”，这两个部分是可选的，但如果是包含了类名，则必须加上“：”；另外，为了和类名区分，还必须加上下划线。
- 属性：由于对象是一个具体的事物，所有的属性值都已经确定，因此通常会在属性的后面列出其值。

（3）包图：对语义联系紧密的事物进行分组。在 UML 中，包是用一个带标签的文件夹符号来表示的，可以只标明包名，也可以标明包中的内容。具体如图 10-2-7 所示，该图表示某个订单系统的局部模型。

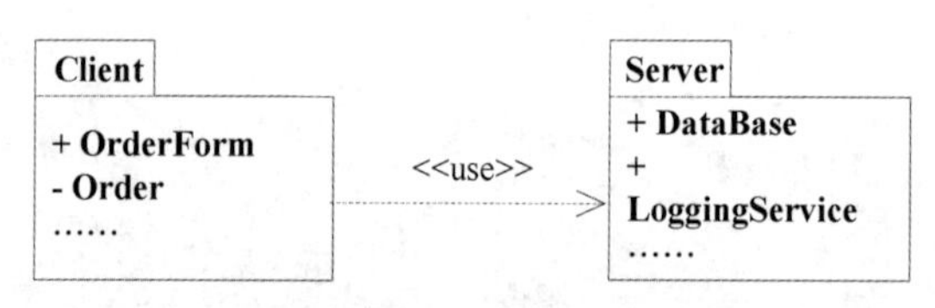

图 10-2-7　包图图例

（4）用例图：描述用例、参与者及其关系。用例图利用图形描述系统与外部系统及用户的交互，用图形描述谁将使用系统，用户期望用什么方式与系统交互。常用于系统语境建模、系统需求建模。

用例图实例如图 10-2-8 所示，该图描述攻克要塞工作室的围棋馆管理系统，描述了预订座位、排队等候、安排座位、结账（现金、银行卡支付）等功能。

（5）构件图：描述一组构件间的依赖与连接。通俗地说，构件是一个模块化元素，隐藏了内部的实现，对外提供一组外部接口。

具体构件图如图 10-2-9 所示，该图是简单图书馆管理系统的构件局部。

（6）组合结构图：又称复合结构图，用于显示分类器（类、构件、用例等）的内部结构。

具体组合结构图如图 10-2-10 所示，该图描述了船的内部构造，包含螺旋桨和发动机。螺旋桨和发动机之间通过传动轴连接。

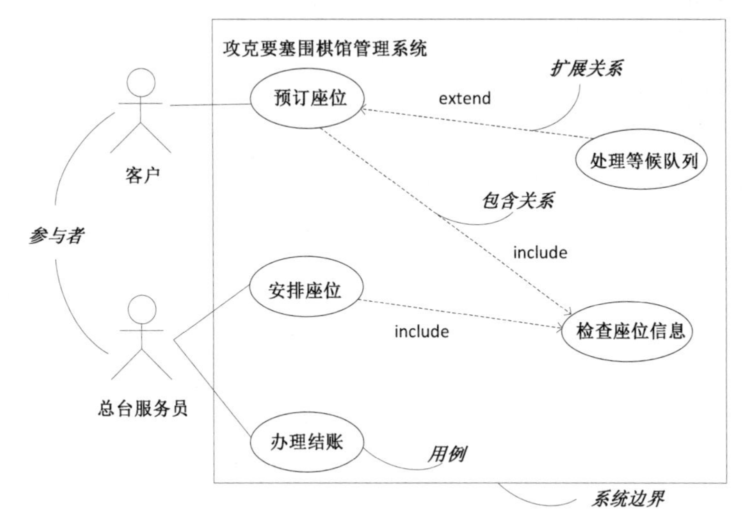

图 10-2-8　用例图图例

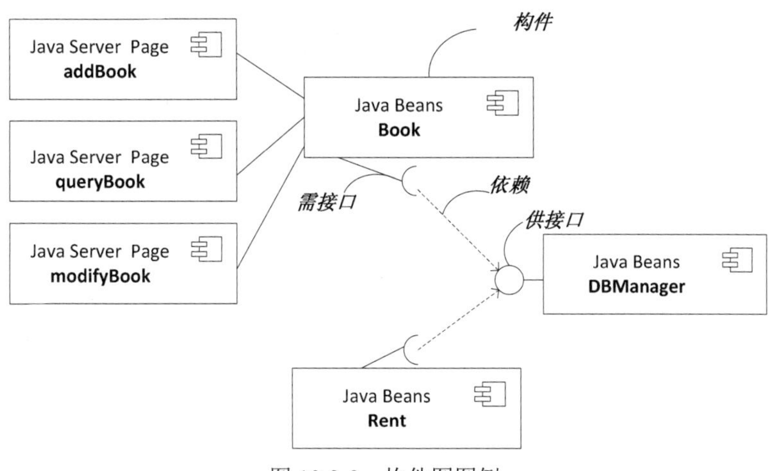

图 10-2-9　构件图图例

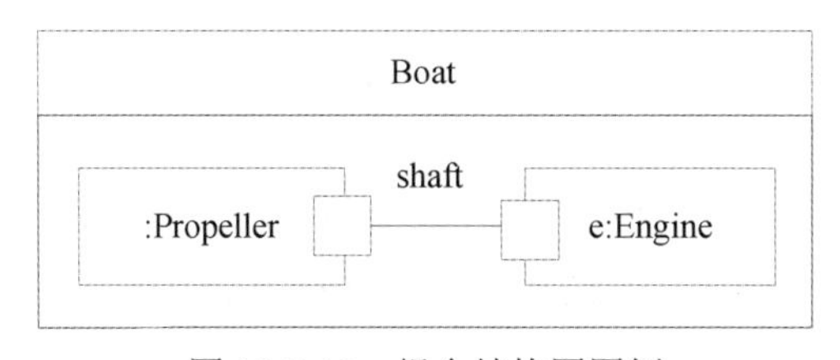

图 10-2-10　组合结构图图例

（7）顺序图：又称序列图，描述对象之间的交互（消息的发送与接收），重点在于强调顺序，反映对象间的消息发送与接收。

具体顺序图如图 10-2-11 所示，该图将一个订单分拆到多个送货单中。

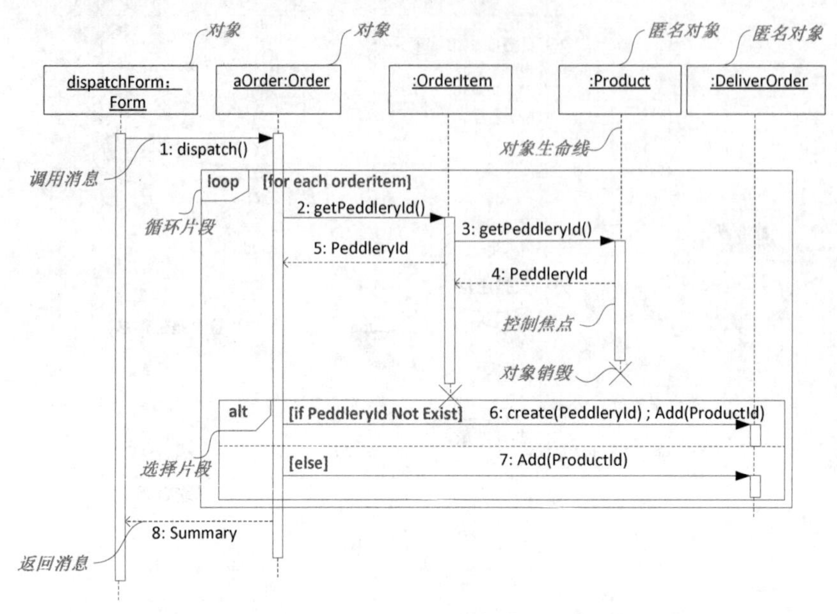

图 10-2-11　顺序图图例

（8）通信图：描述对象之间的交互，重点在于连接。通信图和顺序图语义相通，关注点不同，可相互转换。

具体如图 10-2-12 所示，该图仍然是将一个订单分拆到多个送货单。

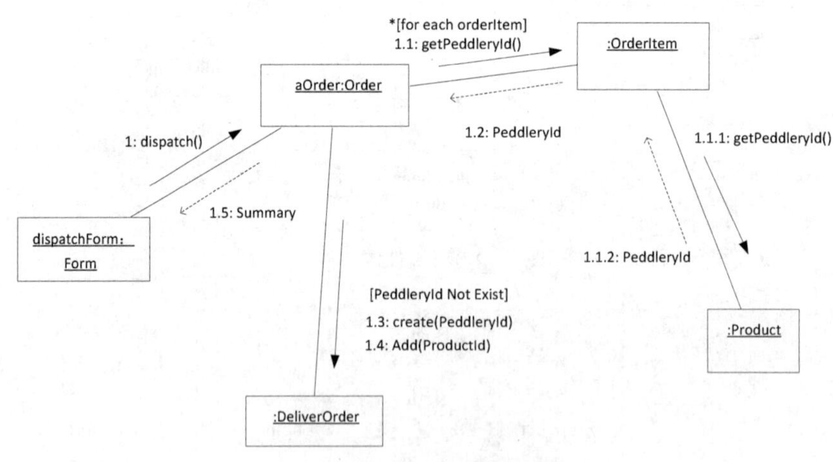

图 10-2-12　通信图图例

（9）定时图：描述对象之间的交互，重点在于给出消息经过不同对象的具体时间。

（10）交互概观图：属于一种顺序图与活动图的混合。

（11）部署图：描述在各个节点上的部署，展示系统中软、硬件之间的物理关系。具体部署图的例子如图 10-2-13 所示，该图描述了某 IC 卡系统的部署图。

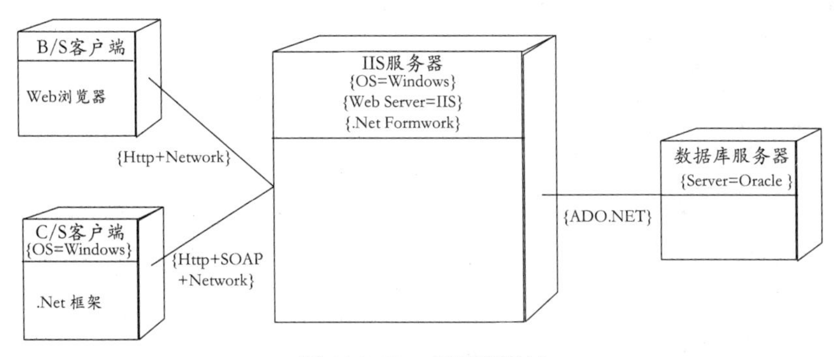

图 10-2-13　部署图图例

（12）活动图：描述过程行为与并行行为。活动图是 UML 对复杂用例的业务处理流程进一步建模的最佳工具。

具体活动图的例子如图 10-2-14 所示，该图描述了网站上用户下单的过程。

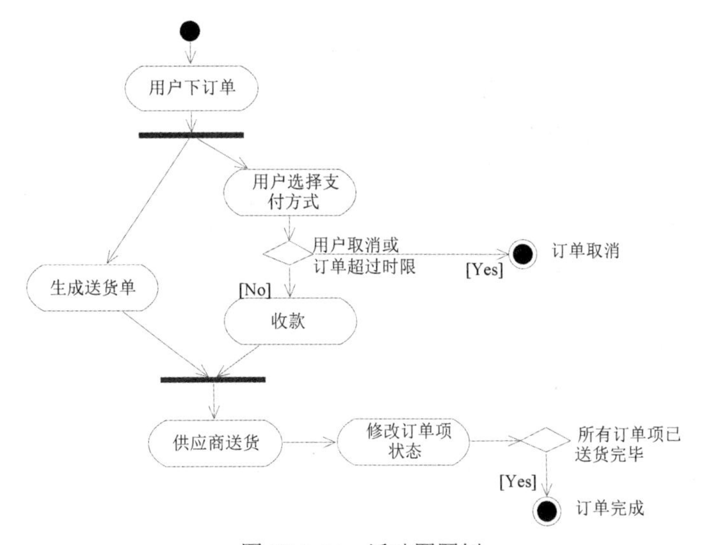

图 10-2-14　活动图图例

（13）状态机图：描述对象状态的转移。具体如图 10-2-15 所示，该图描述考试系统中各过程状态的迁移。

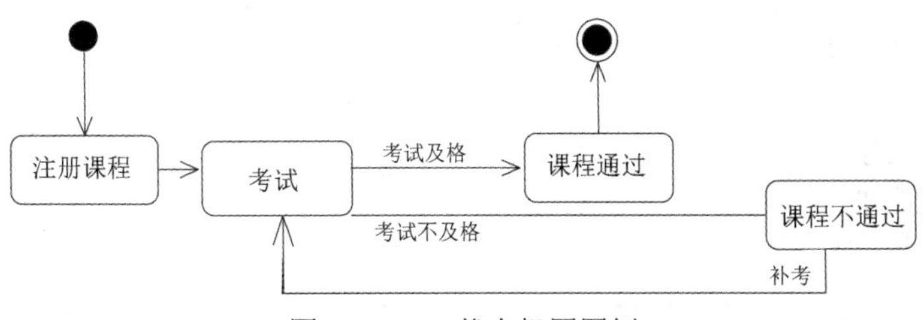

图 10-2-15　状态机图图例

10.3 设计模式

设计模式是一套反复使用的、经过分类的代码设计的经验总结。一个设计模式就是一个已被验证且不错的实践解决方案，这种方案已经被成功应用，解决了在某种特定情境中重复发生的某个问题。

设计模式的本质是面向对象设计原则的实际运用，充分理解了类的封装性、继承性和多态性以及类的关联关系和组合关系。

设计模式的目的就是保证代码可重用、易理解、高可靠。设计模式的优点是简化并加快了软件设计、方便开发人员间的通信、降低了风险、有助于转向到面向对象技术。

设计模式中，常考各类模式的特点，应用场景等知识。

10.3.1 设计模式基础

设计模式的基本要素详见表 10-3-1。

表 10-3-1　设计模式的基本要素

要素名	特点
模式名	模式要是一个有意义的名称，简洁描述模式的本质
问题	描述特定的问题，确定在何时使用模式，解释了设计问题和问题存在的前因后果
解决方案	解决方案包括设计的组成成分与职责、相互关系及协作方式。描述静态关系和动态规则，如何得到所需结果
效果	应用模式后的效果、系统状态或配置、使用模式带来的后果和应权衡的问题等

依据模式的用途来分类，也就是按完成什么工作来分类，设计模式可以分为创建型、结构型和行为型，各分类特点见表 10-3-2。

表 10-3-2　设计模式分类

模式名	描述	包含的子类
创建型	描述如何创建、组合、表示对象，分离对象的创建和对象的使用	工厂方法模式（Factory Method Pattern）
		抽象工厂模式（Abstract Factory Pattern） 单例模式（Singleton Pattern） 建造者模式（Builder Pattern） 原型模式（Prototype Pattern）

续表

模式名	描述	包含的子类
结构型	考虑如何组合类和对象成为更大的结构，一般使用继承将一个或者多个类、对象进行组合、封装。例如，采用多重继承的方法，将两个类组合成一个类	适配器模式（Adapter Pattern）
		桥接模式（Bridge Pattern） 组合模式（Composite Pattern） 装饰模式（Decorator Pattern） 外观模式（Facade Pattern） 享元模式（Flyweight Pattern） 代理模式（Proxy Pattern）
行为型	描述对象的职责及如何分配职责，处理对象间的交互	模板模式（Template Pattern） 解释器模式（Interpreter Pattern）
		责任链模式（Chain of Responsibility Pattern） 命令模式（Command Pattern） 迭代器模式（Iterator Pattern） 中介者模式（Mediator Pattern） 备忘录模式（Memento Pattern） 观察者模式（Observer Pattern） 状态模式（State Pattern） 策略模式（Strategy Pattern） 访问者模式（Visitor Pattern）

根据模式作用于类还是作用于对象来划分，可以分为类模式和对象模式。

（1）类模式：该模式用于处理类与子类之间的关系。这种关系通过继承建立，编译时就已经确定是静态的。属于类模式的有工厂模式、适配器模式、模板模式、解释器模式。

（2）对象模式：该模式用于处理类与类之间的关系。这种关系通过组合或聚合实现，是动态的。除了类模式的4种，其他都属于对象模式。

面向对象软件开发需要遵循的准则见表10-3-3。

表10-3-3　面向对象软件开发需要遵循的准则

原则名称	定义	备注
开放封闭原则	软件实体（类、函数等）应当在不修改原有代码的基础上，新增功能	模块设计总存在无法避免的变化，设计人员应该猜测最可能的变化，然后构造抽象隔离同类变化
依赖倒转原则	高层模块不应该依赖于低层模块，二者都应该依赖于抽象；要针对接口编程，不要针对实现编程。抽象就是声明做什么（What），而不是告知怎么做（How）	抽象不应该依赖细节，细节应该依赖抽象。例如内存是针对接口设计的，不依赖品牌等细节，所以不会出现内存坏了要替换现有主板的情况
里氏替换原则	继承必须确保父类所拥有的性质在子类中仍然成立。若对每个类型S的对象s1，都存在一个类型T的对象t2，在程序P中，使用s1替换t2后，程序P行为功能不变，则S是T的子类型	子类型一定能够替换父类型，而软件功能不受影响

续表

原则名称	定义	备注
单一职责原则	一个类拥有过多功能，耦合度就会大大增加，导致设计更加脆弱	手机包含拍照、听音乐、游戏等多种功能；相机只有拍摄功能。专一功能的产品符合单一职责原则
接口分离	一个类对另一个类的依赖应该建立在最少的接口原则之上	接口分离原则从单一职责原则发展而来
迪米特法则（又称为最少知识原则）	一个对象应该对其他对象有最少的了解	强调了类之间的松耦合，简单的说就是“不要跟陌生人说话”

10.3.2 创建型设计模式

创建型设计模式描述如何创建、组合、表示对象，分离对象的创建和对象的使用。

1. 工厂方法模式（Factory Method Pattern）

工厂方法模式的具体内容见表 10-3-4。

表 10-3-4 工厂方法模式的具体内容

目的	定义了一个接口用于创建对象，该模式由子类决定实例化哪个工厂类。该模式把类的实例化推迟到了子类
优点	（1）调用者想创建对象，只需知道对象名称。 （2）扩展性强，如需增加一个产品，只需扩展一个工厂类。 （3）调用者只要了解产品的接口，无需了解产品的具体实现
缺点	每增加一个产品，就要对应增加一个具体类和对象实现工厂，增加了系统复杂度
应用场景	（1）父类利用子类指定创建对象。 （2）父类不清楚它所要建立的对象类，可通过其子类来创建
结构图	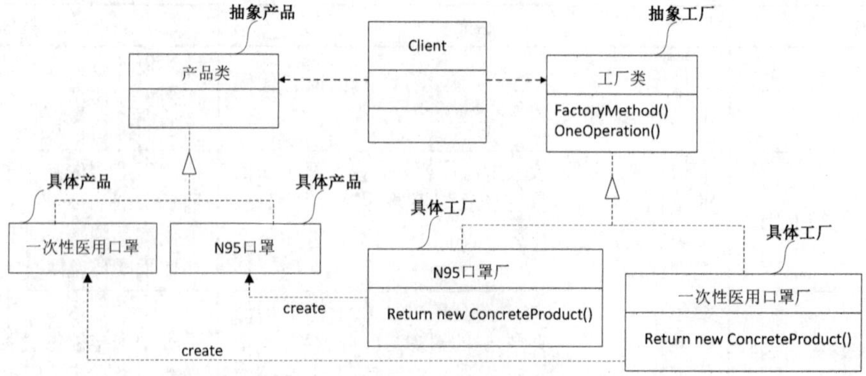 抽象产品 产品类 Client 抽象工厂 工厂类 FactoryMethod() OneOperation() 具体产品 一次性医用口罩 具体产品 N95口罩 具体工厂 N95口罩厂 Return new ConcreteProduct() 具体工厂 一次性医用口罩厂 Return new ConcreteProduct() create create
构成	抽象工厂、具体工厂、抽象产品、具体产品

续表

备注	工厂方法模式，就是客户类和工厂类分开，消费者需要某种商品，只需要向工厂提要求，而客户自身不需要修改。当然产品需要修改时，需要修改具体工厂类。 举例：吃巨无霸汉堡要去麦当劳，吃香辣鸡腿煲要去肯德基。客户只需要去吃就可以了，不需要改变自己什么

注：产品类、工厂类都是抽象的类，又称接口。这里，为了简化起见，仍然用矩形图形表示，而不是用代表接口的圆圈表示。

工厂方法模式由“抽象工厂、具体工厂、抽象产品、具体产品”角色组成。

（1）抽象工厂（Abstract Factory）：定义了工厂方法，用于返回一个产品。创建对象的工厂类都必须实现该接口。**抽象工厂是该模式的核心。**

（2）具体工厂（Concrete Factory）：实现了抽象工厂接口的工厂类，完成具体产品的实现。

（3）抽象产品（Product）：定义产品对象的接口，描述了产品的主要特性、功能。

（4）具体产品（Concrete Product）：具体产品由具体工厂来创建，并与具体工厂一一对应，具体产品实现了抽象产品角色所声明的接口。

2. 抽象工厂模式（Abstract Factory Pattern）

工厂方法模式涉及的是同一类产品生产，比如键盘厂只生产键盘，鼠标厂只生产鼠标等。但现实中，工厂往往是生产一族产品的，比如计算机外设工厂既能生产键盘，又能生产鼠标。如果生产一族产品采用工厂模式，就要建设多个工厂，显然代价过高，因此为了描述这种现实情况，就引入了抽象工厂模式。

工厂方法模式只生产一类产品，而抽象工厂模式可生产相关联的多类产品，因此**抽象工厂模式可看成工厂方法模式的升级版**。

抽象工厂模式的具体内容见表 10-3-5。

表 10-3-5 抽象工厂模式的具体内容

目的	该模式提供了一个接口用于创建一组相关或相互依赖的对象；该模式由子类选择决定具体的实例化类。抽象工厂方法模式中工厂类（核心）将具体创建产品的工作交给子类去做，仅负责给出具体工厂类必须实现的接口
优点	（1）当管理一个产品族的多个对象时，不需要引入多个新类管理，客户端也只需要面对一个产品族对象。 （2）增加一类新产品族很容易
缺点	产品族中增加一个新的产品比较困难，抽象产品和具体产品都需要进行修改
应用场景	（1）当软件系统需要独立进行产品的创建和展示。 （2）当软件系统需要配置多产品系列中的一个产品时。 （3）联合使用一系列相关产品对象时。 （4）建立一个产品类库，只显示接口，不显示实现

续表

结构图	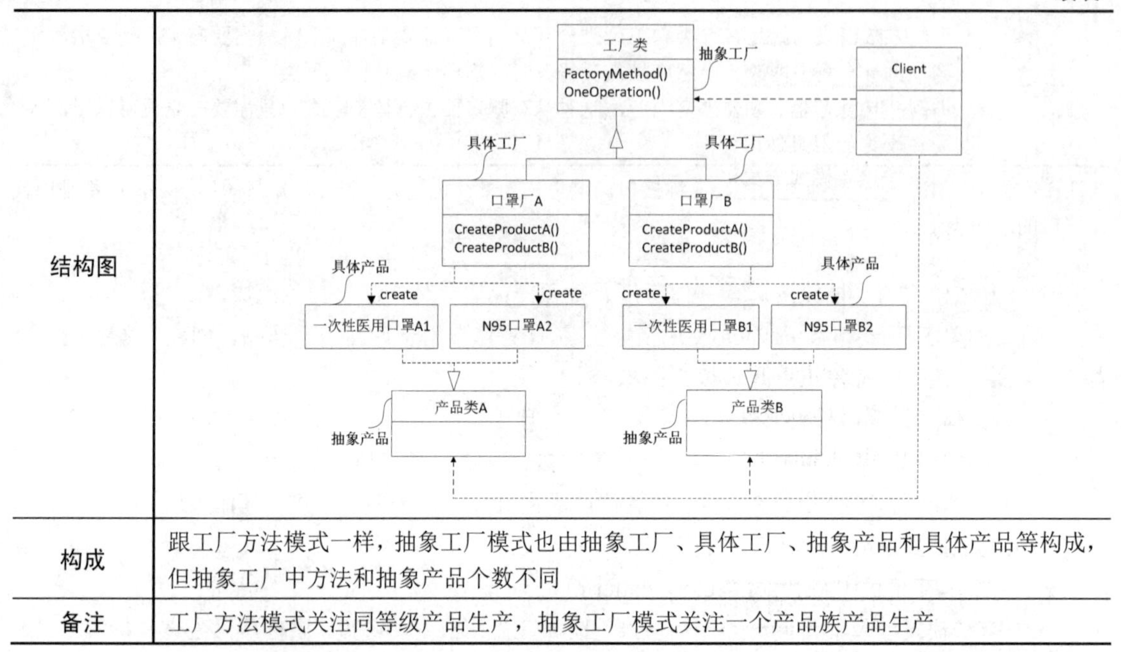
构成	跟工厂方法模式一样，抽象工厂模式也由抽象工厂、具体工厂、抽象产品和具体产品等构成，但抽象工厂中方法和抽象产品个数不同
备注	工厂方法模式关注同等级产品生产，抽象工厂模式关注一个产品族产品生产

3．建造者模式（Builder Pattern）

建造者模式，又称为生成器模式，其具体内容见表 10-3-6。

表 10-3-6 建造者模式的具体内容

目的	分离一个复杂对象的构造与表示。该模式将一个复杂对象分解为多个简单对象，然后逐步构建出复杂对象。该模式中，产品组成结构不变；但每个部分可以灵活选择
应用场景	（1）需要生成的对象内部结构复杂，具体构造方法可能有复杂变化。 （2）构造过程允许构造对象有不同表示
结构图	指挥者 Client Director Construct() 产品 抽象建造者 Product1 PartA() PartB() Builder BuildPartA() BuildPartB() 具体建造者 Concrete Builder1 BuildPartA() BuildPartB()

续表

构成	指挥者、产品、抽象建造者、具体建造者
备注	计算机由显示器、机箱、CPU、内存、硬盘等部件组装而成，部件组成结构、部件组装步骤差别不大，但具体部件可以灵活选择。 使用建造者模式方式可以把计算机结构组成和电脑部件生产过程完全分开

建造者模式由指挥者、产品、抽象建造者、具体建造者组成。

（1）指挥者（Director）：调用建造者完成产品创建，但不涉及具体产品信息。

（2）产品（Product）：复杂对象，包含多个组成部件；由具体创建者创造各部件。

（3）抽象建造者（Builder）：一个接口包含创建各子部件的抽象方法和一个返回复杂产品方法。

（4）具体建造者（Concrete Builder）：复杂产品的各部件具体实现方法。

4. 单例模式（Singleton Pattern）

单例模式的具体内容见表 10-3-7。

表 10-3-7　单例模式的具体内容

目的	一个类只有一个自身创建的实例，提供该实例给所有其他对象
应用场景	（1）类只能有一个实例，且多个程序只需调用同一实例时。 （2）无须修改客户端程序，即可使用一个由子类进行扩展的实例时
结构图	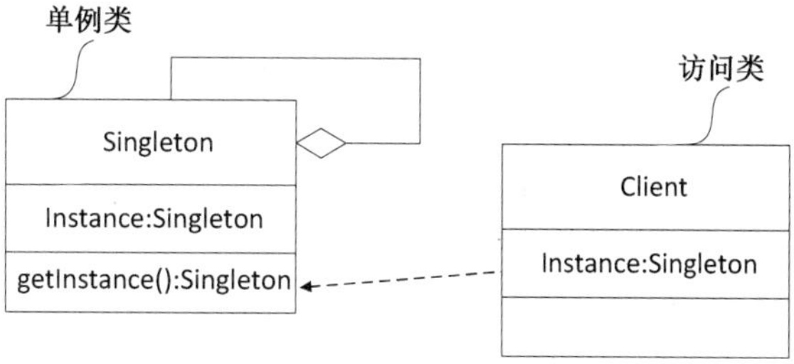 单例类 Singleton Instance:Singleton getInstance():Singleton 访问类 Client Instance:Singleton
构成	单例类、访问类
备注	系统只能打开一个回收站，避免内存资源浪费、不一致等错误。 网站的计数器、打印机的后台处理服务、数据库的连接池、应用程序的日志对象、应用程序中的对话框、系统中的缓存等适合单例模式

单例模式由单例类、访问类组成。

（1）单例类：只有一个自身创建的实例。

（2）访问类：使用单例的类。

5. 原型模式（Prototype Pattern）

原型模式的具体内容见表 10-3-8。

表 10-3-8　原型模式的具体内容

目的	指定一个已创建的实例作为原型，通过复制该原型来创建新对象。 系统中存在大量相同、相似的对象，利用构造函数来创建对象，比较耗费资源。用原型模式生成对象就很高效，就像美猴王拔下猴毛一吹，就能变出很多猴王一样
应用场景	（1）系统应该和产品的创建、表示、构成分离。 （2）避免创建一个与产品层次平行的工厂类
结构图	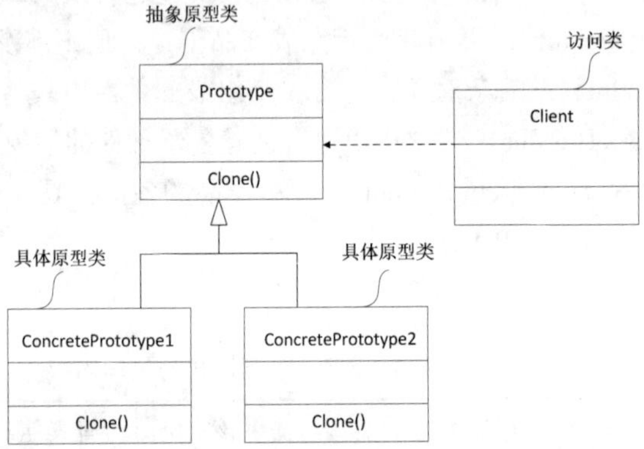 抽象原型类 Prototype Clone() 访问类 Client 具体原型类 ConcretePrototype1 Clone() 具体原型类 ConcretePrototype2 Clone()
构成	访问类、抽象原型、具体原型
备注	Windows 传统安装方式比较慢，但是 Ghost 镜像复制方式安装，是无需知道细节的安装，会快很多

原型模式由访问类、抽象原型、具体原型组成。

（1）访问类：提出创建对象请求。

（2）抽象原型：给出所有具体原型类所需接口。

（3）具体原型：被复制的对象，实现抽象原型所要求的接口。

10.3.3　结构型设计模式

结构型设计模式重点考虑如何组合类和对象成为更大的结构，该模式一般使用继承将一个或者多个类、对象进行组合、封装。

1. 适配器模式（Adapter Pattern）

适配器模式的具体内容见表 10-3-9。

表 10-3-9　适配器模式的具体内容

目的	兼容不同接口，使其能协同工作。 该模式分为类适配器模式、对象适配器模式。 （1）类适配器模式：该模式使用多重继承方式，进行接口间的匹配。该模式耦合度较高，要求开发者了解组件内部结构，实际应用较少。 （2）对象适配器模式：该模式对象的匹配依赖于对象组合

续表

<table>
<tr><td>应用场景</td><td>（1）复用已存在的类，但其接口不满足要求的情况。可以用于遗留代码复用、类库迁移等。
（2）创建复用类，可以与无关类、未知类协同工作</td></tr>
<tr><td>结构图</td><td>（1）类适配器模式：使用多重继承方式。
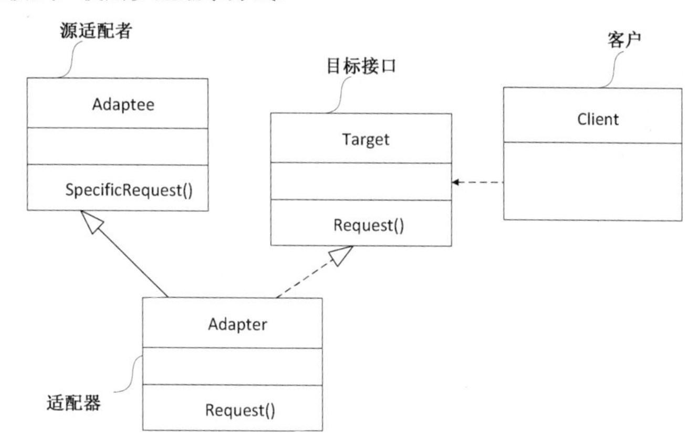

（2）对象适配器模式：使用关联方式。
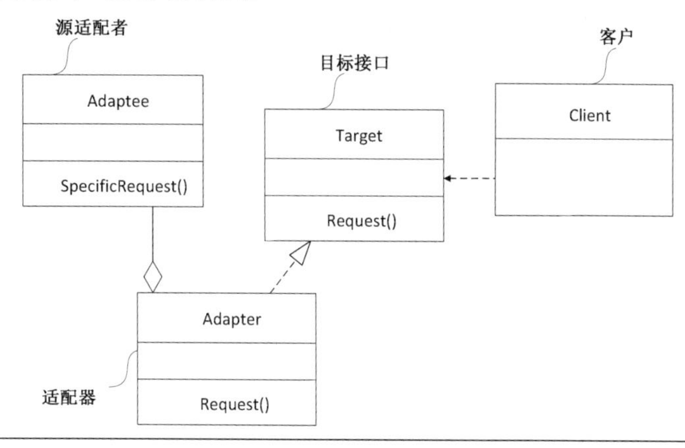
</td></tr>
<tr><td>构成</td><td>目标接口、源适配者、适配器</td></tr>
<tr><td>备注</td><td>生活中美国标准的交流电插头无法插入国标的插座中，需要一个转换头转换才行。这个转换头，就可以看成适配器</td></tr>
</table>

适配器模式由目标接口、源适配者、适配器组成。

（1）目标接口：用户最终期待的接口，可以是抽象类、接口。

（2）源适配者：组件库中已有的、可用于适配的接口。

（3）适配器：一个把适配者接口转换成目标接口的转换器，客户按目标接口的格式访问适配器。

2. 桥接模式（Bridge Pattern）

桥接模式的具体内容见表 10-3-10。

表 10-3-10　桥接模式的具体内容

目的	该模式用于分离抽象与实现，并且抽象与实现可以独立变化
应用场景	（1）希望抽象和实现之间没有固定的绑定关系，不同抽象接口和实现可以组合和扩充，程序运行时动态选择、切换具体实现。 （2）类层次结构，且有许多类要生成。比如，神话中的投胎系统分为两个层次，灵魂（抽象）和肉体（实现）。灵魂可以动态选择肉体，得到相应肉体的功能。金蝉子投胎转世为唐僧；天蓬投胎到猪，就成了猪八戒。 （3）对客户完全隐藏抽象的实现。比如，客户使用 IPAD，不需要关心 IPAD 的构成
结构图	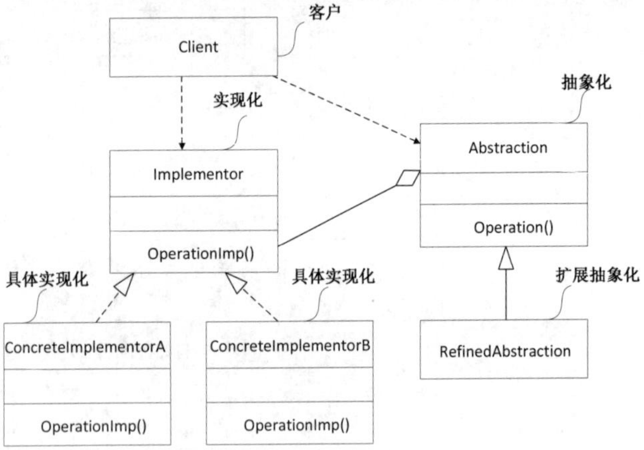 实际理解图 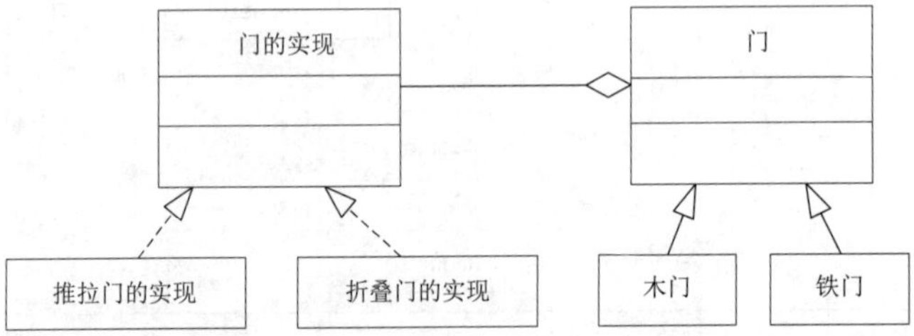
构成	抽象化、扩展抽象化、实现化、具体实现化
备注	系统某类有两个或者多个维度变化，比如文字有字体、颜色等维度，如果采用继承的方式，m 种字体和 n 种颜色则方案有 m×n 种，这种会造成子类众多且扩展困难的问题。 桥接模式采用组合关系代替继承关系，分离抽象和实现，可以很好地解决多维度扩展问题

桥接模式由抽象化、扩展抽象化、实现化、具体实现化等组成。

（1）抽象化（Abstraction）：抽象类接口，并包含一个对实现化对象的引用。

（2）扩展抽象化（RefinedAbstraction）：抽象化类的子类，扩展了抽象化的方法。

（3）实现化（Implementor）：定义实现化类的接口供调用，可以与抽象化接口完全不同。

（4）具体实现化（ConcreteImplementor）：给出实现化接口的具体实现。

3. 组合模式（Composite Pattern）

组合模式的具体内容见表 10-3-11。

表 10-3-11　组合模式的具体内容

目的	将对象组合成树型结构，用于表示部分一整体（树型）关系。
应用场景	（1）表示对象的部分一整体结构。 （2）用户统一使用该接口所有对象，忽略组合对象与单个对象不同
结构图	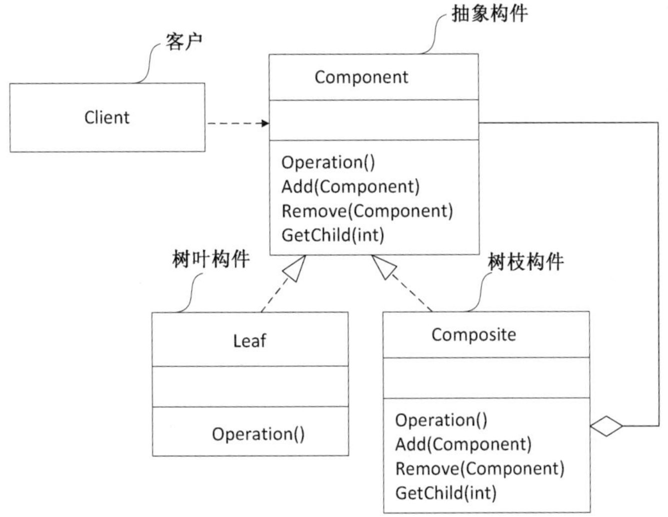 客户 Client；抽象构件 Component：Operation() Add(Component) Remove(Component) GetChild(int)；树叶构件 Leaf：Operation()；树枝构件 Composite：Operation() Add(Component) Remove(Component) GetChild(int)
构成	抽象构件、树叶构件、树枝构件
备注	文件、子文件夹与文件夹的关系可以看成部分一整体关系

组合模式由抽象构件、树叶构件、树枝构件等组成。

（1）抽象构件（Component）：声明树叶构件和树枝构件公共接口的默认行为。

（2）树叶构件（Leaf）：叶节点对象，没有子节点，实现了抽象构件中声明的公共接口。

（3）树枝构件（Composite）：分支节点对象，有子节点，实现了抽象构件中声明的接口，主要作用是操作和存储子部件，包含添加、移除等方法。

4. 装饰模式（Decorator Pattern）

装饰模式的具体内容见表 10-3-12。

表 10-3-12　装饰模式的具体内容

目的	由于继承方式是静态的，使用传统的继承方式扩展一个类的功能，会因为扩展功能增加，增加不少子类。如果使用组合关系创建装饰对象，可以不改变真实对象的类结构，又动态增加了额外的功能
应用场景	动态增加、撤销对象功能

续表

结构图	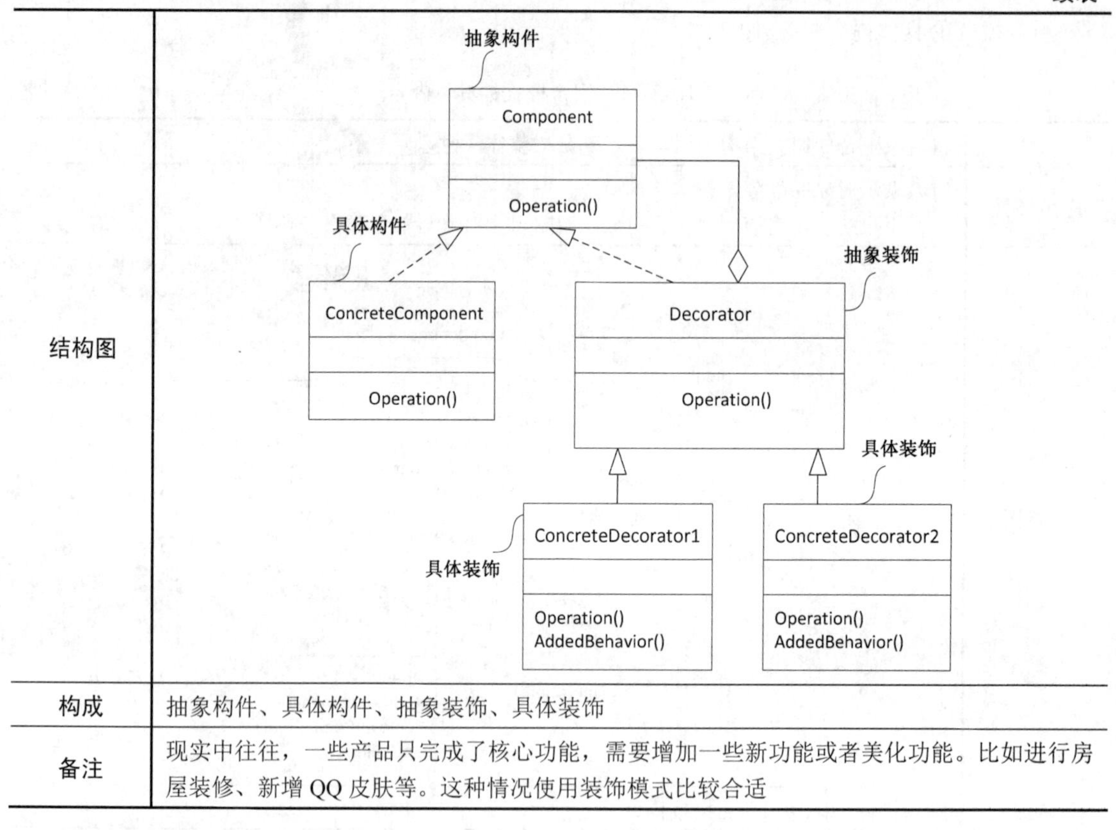
构成	抽象构件、具体构件、抽象装饰、具体装饰
备注	现实中往往，一些产品只完成了核心功能，需要增加一些新功能或者美化功能。比如进行房屋装修、新增 QQ 皮肤等。这种情况使用装饰模式比较合适

装饰模式由抽象构件、具体构件、抽象装饰、具体装饰等组成。

（1）抽象构件（Component）：定义一个抽象接口，为对象动态添加职责。

（2）具体构件（ConcreteComponent）：定义一个对象，并为装饰对象添加一些功能。

（3）抽象装饰（Decorator）：继承抽象构件，定义了继承抽象构件一致的接口，包含具体构件的实例。

（4）具体装饰（ConcreteDecorator）：实现抽象装饰的相关方法，并给具体构件对象添加附加的功能。

5. 外观模式（Facade Pattern）

外观模式的具体内容见表 10-3-13。

表 10-3-13　外观模式的具体内容

目的	为了让子系统更加好用，为子系统中的一组接口提供一个一致的界面、一个高层接口
应用场景	（1）为复杂模块、子系统提供外界访问模块。 （2）提高子系统独立性，子系统的变化不会影响调用它的客户类。 （3）减少低水平开发者引发的风险

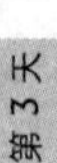

续表

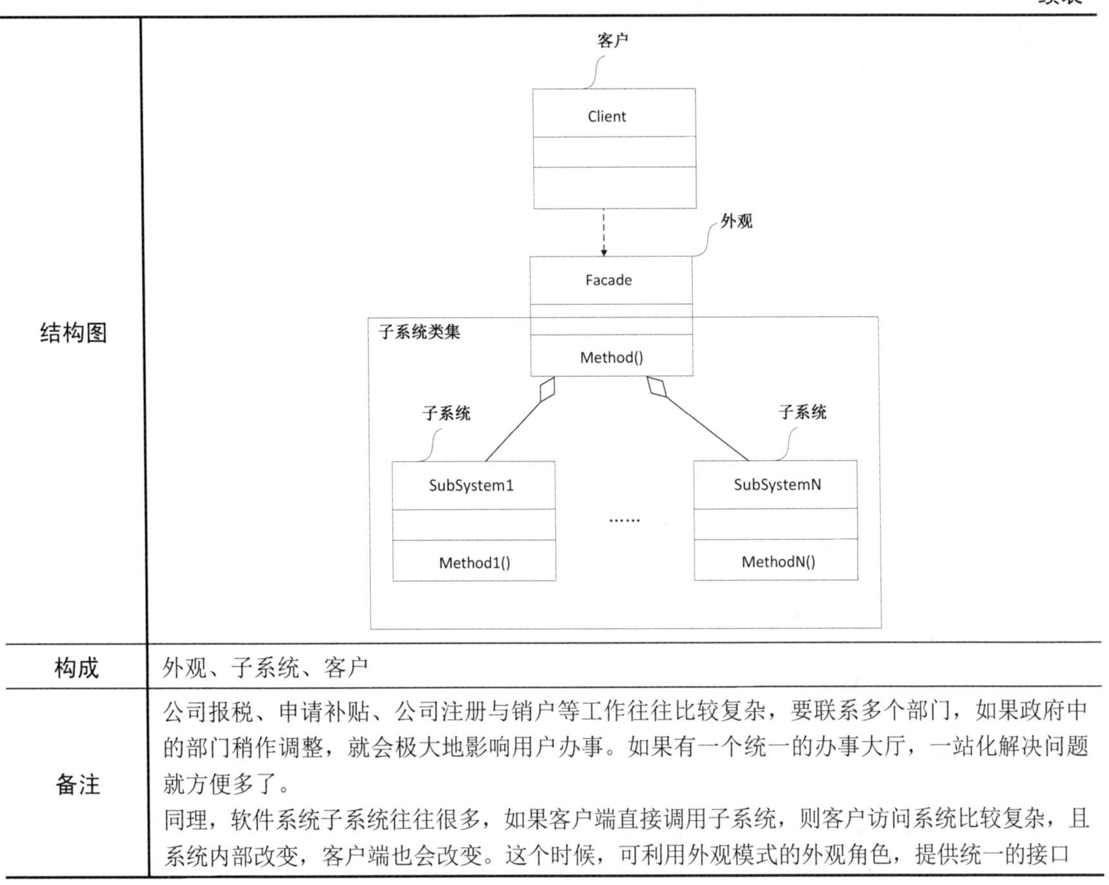

结构图	（见上图）
构成	外观、子系统、客户
备注	公司报税、申请补贴、公司注册与销户等工作往往比较复杂，要联系多个部门，如果政府中的部门稍作调整，就会极大地影响用户办事。如果有一个统一的办事大厅，一站化解决问题就方便多了。 同理，软件系统子系统往往很多，如果客户端直接调用子系统，则客户访问系统比较复杂，且系统内部改变，客户端也会改变。这个时候，可利用外观模式的外观角色，提供统一的接口

外观模式由外观、子系统、客户等角色组成。

（1）外观（Facade）：多个子系统对外的一个共同接口，知道各子系统的功能。客户通过该角色，发送请求委派到相应的子系统。

（2）子系统（SubSystem）：实现子系统功能，处理外观角色指派的任务。

（3）客户（Client）：通过一个外观角色访问各子系统功能。

6. 享元模式（Flyweight Pattern）

享元模式的具体内容见表10-3-14。

享元模式由抽象享元、具体享元、非享元、享元工厂等组成。

（1）抽象享元（Flyweight）：所有具体享元类的基类，规定了具体享元必须实现的接口。

（2）具体享元（ConcreteFlyweight）：实现抽象享元所规定的接口，该对象必须可共享。

（3）非享元（UnsharedConcreteFlyweight）：不可以共享的外部状态，往往作为具体享元方法的参数。

（4）享元工厂（FlyweightFactory）：创建和管理享元。

表 10-3-14　享元模式的具体内容

目的	利用共享技术，复用大量的细粒度对象
应用场景	解决程序使用了大量对象，创建对象的开销很大的问题
结构图	享元工厂 FlyweightFactory GetFlyweight() 抽象享元 Flyweight Operation() 具体享元 ConcreteFlyweight Operation() IntrinsicState 非享元 UnsharedConcreteFlyweight Operation() AllState Client
构成	抽象享元、具体享元、非享元、享元工厂
备注	编码中，往往要创建大量相同、相似的对象，比如图像中的坐标点或者颜色、围棋和五子棋的黑白棋子等。创建那么多对象会大量耗费资源，如果把相同部分提取出来，使用享元模式，就能节省大量的系统资源

7. 代理模式（Proxy Pattern）

代理模式的具体内容见表 10-3-15。

表 10-3-15　代理模式的具体内容

目的	让其他对象可以用代理的方式控制访问本对象
应用场景	12306 代售火车票、代理访问单位内部数据库、快捷方式都可以看成典型的代理模式
结构图	抽象主题 Subject Request() … Client 真实主题 RealSubject Request() … 代理 Proxy realSubject：RealSubject Request() …
构成	抽象主题、真实主题、代理
备注	代理模式和外观模式的区别：代理对象代表一个单一对象，且该模式中客户端不能直接访问目标对象；外观对象代表一个子系统，该模式中客户端可以访问子系统中的每个对象

代理模式由抽象主题、真实主题、代理等角色组成。

（1）抽象主题（Subject）：通过接口声明了真实主题和代理对象实现的业务方法。

（2）真实主题（RealSubject）：抽象主题的具体实现，被代理最终引用。

（3）代理（Proxy）：包含可以访问实体的引用，具有访问、控制、扩展真实主题的功能。

10.3.4 行为型设计模式

行为型设计模式描述对象的职责及如何分配职责，处理对象间的交互。

1. 模板模式（Template Pattern）

模板模式的具体内容见表 10-3-16。

表 10-3-16 模板模式的具体内容

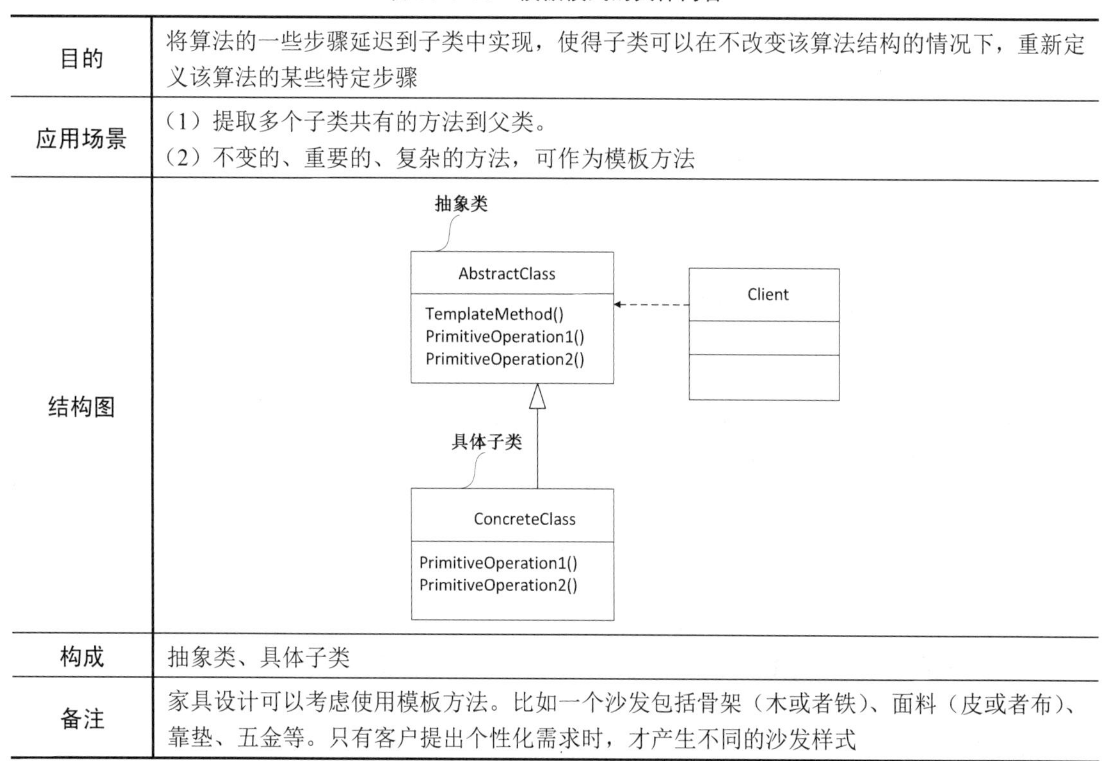

目的	将算法的一些步骤延迟到子类中实现，使得子类可以在不改变该算法结构的情况下，重新定义该算法的某些特定步骤
应用场景	（1）提取多个子类共有的方法到父类。 （2）不变的、重要的、复杂的方法，可作为模板方法
结构图	
构成	抽象类、具体子类
备注	家具设计可以考虑使用模板方法。比如一个沙发包括骨架（木或者铁）、面料（皮或者布）、靠垫、五金等。只有客户提出个性化需求时，才产生不同的沙发样式

模板模式由抽象类、具体子类等组成。

（1）抽象类（AbstractClass）：包含一个由一个模板方法和若干个基本方法构成的算法框架。

1）模板方法：算法框架，按一定顺序调用所包含的基本方法。

2）基本方法：算法中的某一步骤，可在子类实现的抽象操作。

（2）具体子类（ConcreteClass）：实现父类所定义的一个或多个抽象方法。

2. 解释器模式（Interpreter Pattern）

解释器模式的具体内容见表 10-3-17。

表 10-3-17　解释器模式的具体内容

目的	依据某一语言及其文法表示，来定义一个解释器（表达式），通过该解释器使用该表示来解释语言中的句子
应用场景	用编译语言的方式来分析应用中的实例
结构图	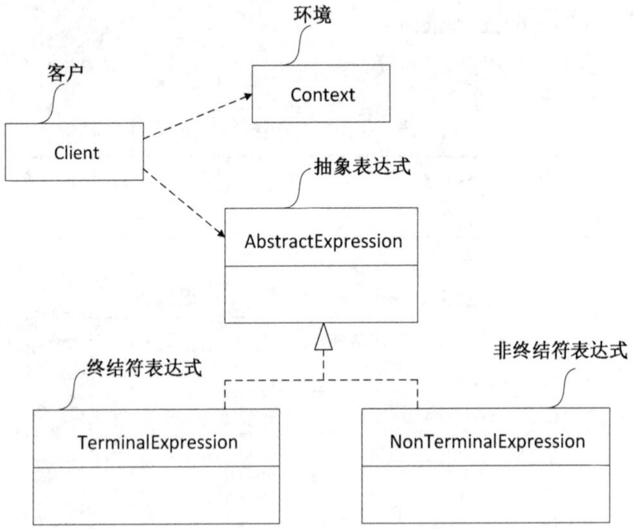 环境 Context；客户 Client；抽象表达式 AbstractExpression；终结符表达式 TerminalExpression；非终结符表达式 NonTerminalExpression
构成	抽象表达式、终结符表达式、非终结符表达式、环境、客户端
备注	该模式考试中考查较少

解释器模式由抽象表达式、终结符表达式、非终结符表达式、环境、客户端等组成。

（1）抽象表达式（AbstractExpression）：定义解释器的接口、解释方法。

（2）终结符表达式（TerminalExpression）：属于抽象表达式的子类，用来实现文法中与终结符相关的解释操作，句子的每个终结符需要对应一个该类的实例。

（3）非终结符表达式（NonTerminalExpression）：抽象表达式的子类，用来实现文法中与非终结符相关的解释操作。

（4）环境（Context）：包含解释器之外的一些全局信息。

（5）客户端（Client）：依据文法语言定义，将指定的句子，转换成抽象语法树。

攻克要塞软考团队友情提醒：终结符的定义：

假定某语法规则为：x -> xa；x -> ax。则 a 为终结符，因为没有规则将 a 变为其他符号。

3. 责任链模式（Chain of Responsibility Pattern）

责任链模式的具体内容见表 10-3-18。

表 10-3-18　责任链模式的具体内容

目的	多个对象有可能处理某一请求时，为避免冲突，将这些对象连成一条链，并沿着该链传递该请求，直到有一个对象处理它为止
应用场景	（1）多个对象均可处理单个请求，并且在运行时自动确定处理该请求的具体对象。 （2）动态确定处理单个请求的对象集合。 （3）客户无须指定特定接收者，可向多个对象发送请求
结构图	（1）责任链模式结构图 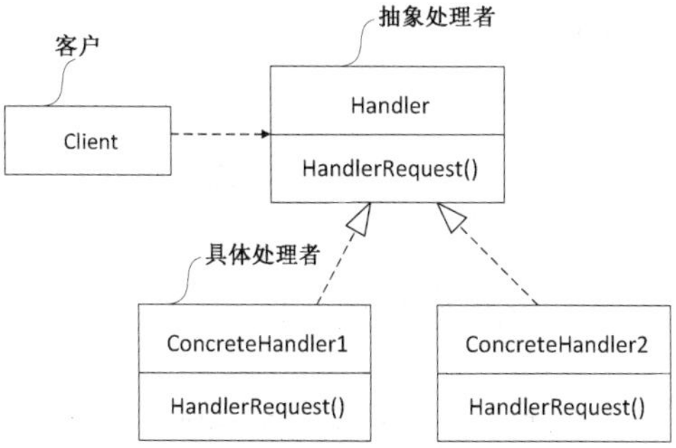 抽象处理者 客户 Handler Client HandlerRequest() 具体处理者 ConcreteHandler1 ConcreteHandler2 HandlerRequest() HandlerRequest() （2）客户使用时的责任链图 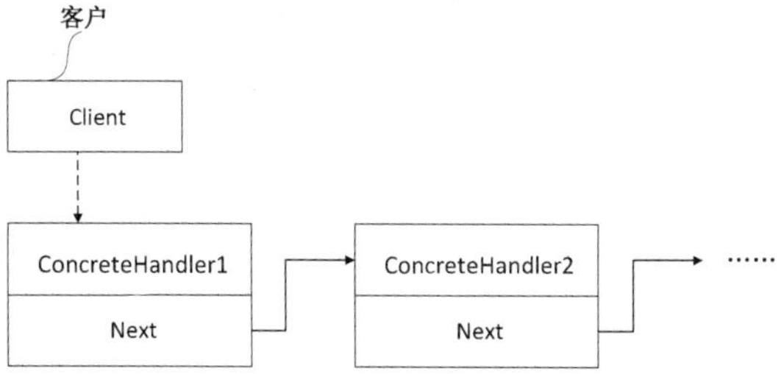 客户 Client ConcreteHandler1 ConcreteHandler2 …… Next Next
构成	抽象处理者、具体处理者、客户
备注	某天下午，一个神经病患者来到建设银行窗口给张纸条要提款。纸条上赫然写着“兹派 XX 同志于贵银行处提取人民币”，然后是 1 后面 N 多个零元。落款是***办公厅***。银行保安见状，对该女子说：“你这张条子想要提款，必须先到对面派出所盖个章，再来取钱就没问题啦。” 大概十多分钟，那个患者兴高采烈地回来了，举着条子说：“人家说啦，办公程序简化了，不用派出所批条直接就可以取钱。” 警察队伍里真有高人，一句“程序简化”就给打发回来了。 保安见状对女患者说：“我们这里是建行，只有建房子才能到这里取钱。你取钱买吃的，那肯定是粮食了，要去农行；买穿的，取钱要到工商银行！” …… 女士又回来了带来了各行的回答：“农行的人说了，这里是农行，只有农民才能取钱，我是城市人口；工行的人说了，我们这里是公行，只能公的来取，母的不行！” 责任链模式就是上述“推卸”责任模式，你的事情，在我这能处理就处理，处理不了就推给其他对象

责任链模式由抽象处理者、具体处理者、客户等角色组成。

（1）抽象处理者（Handler）：定义一个处理请求的接口，该接口包含抽象处理方法和一个后继的链接。

（2）具体处理者（ConcreteHandler）：该角色实现了抽象处理者的处理方法，判断能否处理本次的请求，能处理则处理，不能，就把该请求传递给后继者。

（3）客户（Client）：创建处理链，并向处理链头部的具体处理者提交请求。客户并不关心具体的请求处理和传递。

4．命令模式（Command Pattern）

命令模式的具体内容见表 10-3-19。

表 10-3-19　命令模式的具体内容

目的	将一个请求封装为一个对象，这样，发出请求和执行请求就成为了独立的操作；可以进行请求的排队、撤销操作，记录请求日志
应用场景	（1）在不同时刻指定、排列请求。 （2）抽象需要做的事件，以用作对象的参数时。 （3）支持撤销、重做等命令操作时。 （4）可修改日志，并为系统崩溃的数据更新做准备时
结构图	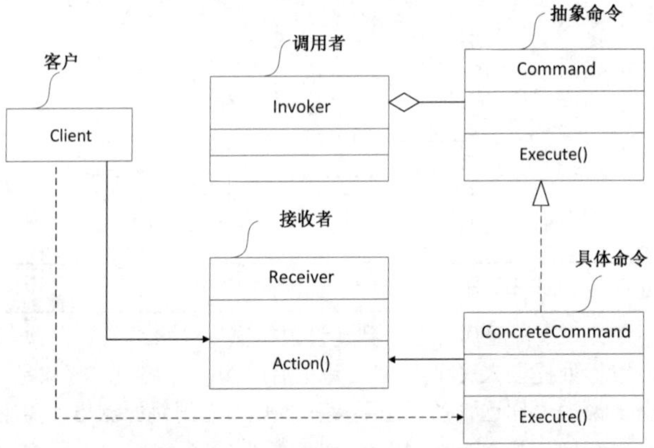 客户 Client；调用者 Invoker；抽象命令 Command Execute()；接收者 Receiver Action()；具体命令 ConcreteCommand Execute()
构成	抽象命令、具体命令、接收者、调用者
备注	餐厅用餐，客人向厨师发送订餐请求，但由于不知道厨师姓名，点餐就会变得非常困难。使用命令模式，就把订餐请求封装为订单对象，就可以通过服务员传递到厨师手中。 命令模式下，客人不需要知道厨师姓名就能点单，使得发出请求和执行请求成为了独立的操作

命令模式由抽象命令、具体命令、接收者、调用者等角色组成。

（1）抽象命令（Command）：声明执行命令的接口，拥有执行命令的抽象方法 Execute。

（2）具体命令（ConcreteCommand）：抽象命令类的具体实现。它拥有接收者对象，调用接收者的操作实现方法 Execute。

（3）接收者（Receiver）：知道如何执行请求相关的操作。

（4）调用者（Invoker）：请求的发送者，通过各种访问命令对象来执行相关请求，但不直接访问接收者。

5．迭代器模式（Iterator Pattern）

迭代器模式的具体内容见表 10-3-20。

表 10-3-20　迭代器模式的具体内容

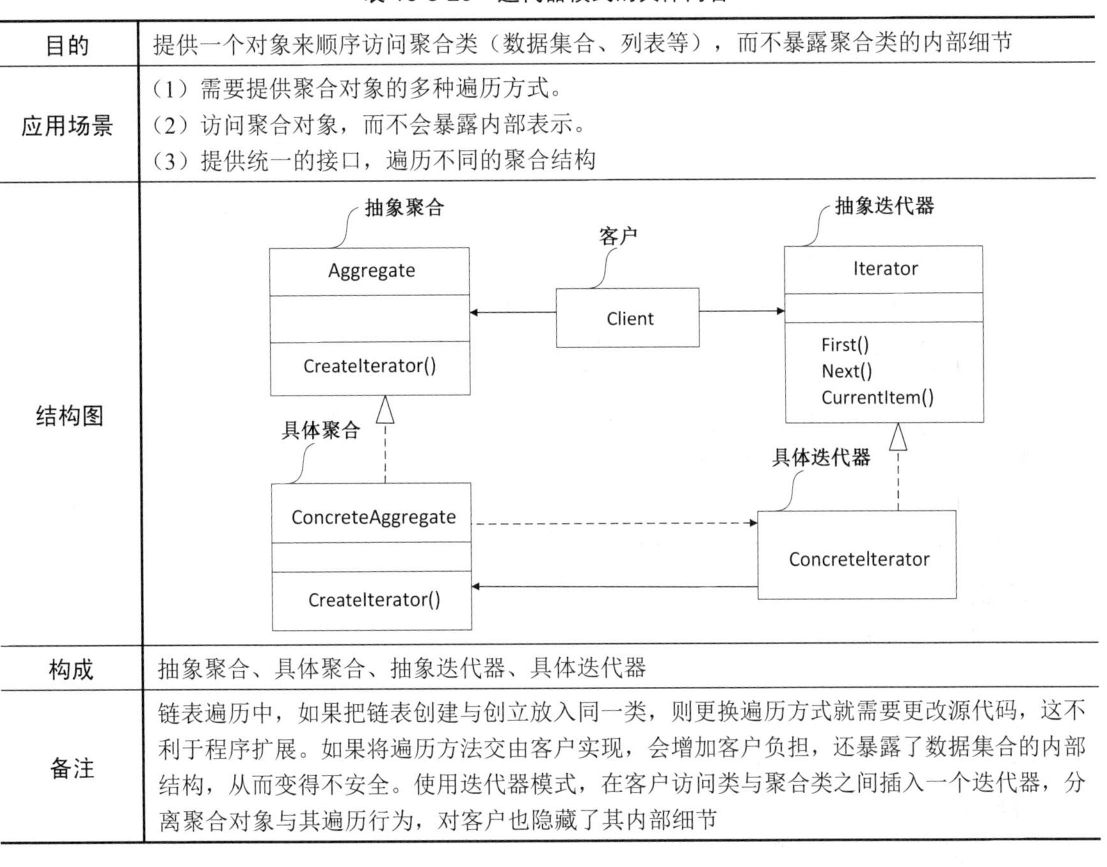

目的	提供一个对象来顺序访问聚合类（数据集合、列表等），而不暴露聚合类的内部细节
应用场景	（1）需要提供聚合对象的多种遍历方式。 （2）访问聚合对象，而不会暴露内部表示。 （3）提供统一的接口，遍历不同的聚合结构
结构图	
构成	抽象聚合、具体聚合、抽象迭代器、具体迭代器
备注	链表遍历中，如果把链表创建与创立放入同一类，则更换遍历方式就需要更改源代码，这不利于程序扩展。如果将遍历方法交由客户实现，会增加客户负担，还暴露了数据集合的内部结构，从而变得不安全。使用迭代器模式，在客户访问类与聚合类之间插入一个迭代器，分离聚合对象与其遍历行为，对客户也隐藏了其内部细节

迭代器模式由抽象聚合、具体聚合、抽象迭代器、具体迭代器等组成。

（1）抽象聚合（Aggregate）：定义存储、添加、删除聚合对象以及创建迭代器对象的接口。

（2）具体聚合（ConcreteAggregate）：抽象聚合类的实现，返回一个具体聚合类实例。

（3）抽象迭代器（Iterator）：定义访问、遍历聚合类元素的接口。

（4）具体迭代器（ConcreteIterator）：抽象迭代器接口的实现，完成对聚合对象的遍历，并记录遍历当前位置。

6．中介者模式（Mediator Pattern）

中介者模式的具体内容见表 10-3-21。

表 10-3-21　中介者模式的具体内容

目的	利用一个中介对象，封装对象间的交互。引入中介者后，各对象间不需要显示引用，从而使对象之间成为松耦合关系
应用场景	(1）一组对象通信方式复杂，相互的依赖关系混乱。 (2）一个对象需要引用、通信很多其他对象，导致复用该对象困难
结构图	抽象中介者 Mediator；抽象同事类 Colleague；具体中介者 ConcreteMediator；具体同事类 ConcreteColleague1；具体同事类 ConcreteColleague2
构成	抽象中介者、具体中介者、抽象同事类、具体同事类
备注	人与人的交互关系属于“网状结构”。该结构中，每个人必须记录他的所有朋友的手机号码；如果某人手机号码变化了，就要通知到他的每一个朋友。这种关系非常复杂，如果把“网状结构”关系改为“星型结构”关系，只需要添加一个每个朋友都能访问的“通讯录”即可。这里朋友们都能访问的通讯录，就可以看成“中介者”。 现实中，广交会、房屋中介、QQ 聊天信息转发服务器等都可以看成一种中介者模式。

中介者模式由抽象中介者、具体中介者、抽象同事类、具体同事类等组成。

（1）抽象中介者（Mediator）：中介者接口，提供了各同事类注册、同事类之间通信的抽象方法。

（2）具体中介者（ConcreteMediator）：抽象中介者接口实现，协调同事之间的交互关系。

（3）抽象同事类（Colleague）：定义同事类的接口，提供同事交互的抽象方法，实现所有影响同事类的公共功能。

（4）具体同事类（ConcreteColleague）：抽象同事类的实现，由中介者对象代理同事对象间交互。

7. 备忘录模式（Memento Pattern）

备忘录模式的具体内容见表 10-3-22。

表 10-3-22　备忘录模式的具体内容

目的	备忘录模式又称快照模式。在不破坏封装性的前提下，捕获对象内部状态，并保存，以便以后可以恢复到该状态
应用场景	备份、恢复对象某个时刻的状态

续表

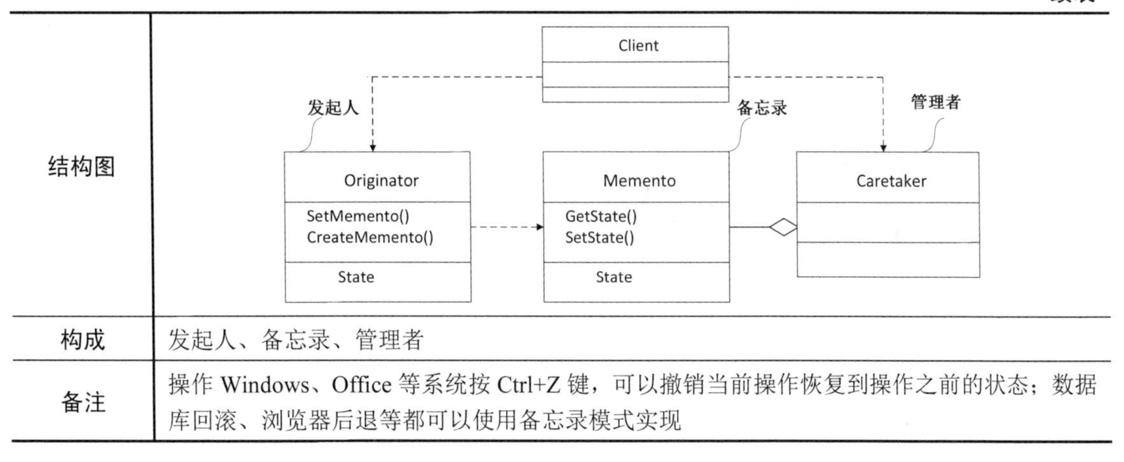

结构图	（见上图）
构成	发起人、备忘录、管理者
备注	操作 Windows、Office 等系统按 Ctrl+Z 键，可以撤销当前操作恢复到操作之前的状态；数据库回滚、浏览器后退等都可以使用备忘录模式实现

备忘录模式由发起人、备忘录、管理者等组成。

（1）发起人（Originator）：记录当前时刻的内部状态信息；使用备忘录进行状态恢复。

（2）备忘录（Memento）：存储发起人的内部状态，在需要的时候，将内部状态提供给发起人。

（3）管理者（Caretaker）：保存与获取备忘录，但其不能访问和修改备忘录的内容。

8. 观察者模式（Observer Pattern）

观察者模式的具体内容见表 10-3-23。

表 10-3-23 观察者模式的具体内容

目的	该模式针对的是对象间的一对多的依赖关系，当被依赖对象状态发生改变时，就会通知并更新所有依赖它的对象
应用场景	对象改变的同时需要通知其他的对象。比如微信公众号与订阅公众号的用户，这类关系适合观察者模式
结构图	抽象主题：Subject（Observers()；Add()、Remove()、Notify()） 抽象观察者：Observer（Response()、Update()） 具体主题：ConcreteSubject（NotifyObserver()） 具体观察者1：ConcreteObserver1（Update()；Observerstate）
构成	抽象主题、具体主题、抽象观察者、具体观察者
备注	该模式又称为发布一订阅模式，这个定义能更好地帮助理解

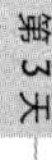

观察者模式由抽象主题、具体主题、抽象观察者、具体观察者等组成。

（1）抽象主题（Subject）：将全体观察者对象的引用存入至某一个列表中，提供某一接口用于添加或删除观察者对象。

（2）具体主题（ConcreteSubject）：实现抽象主题中的通知方法，当具体主题的内部状态发生改变时，通知所有注册的观察者对象。

（3）抽象观察者（Observer）：定义某一类接口，让全体具体观察者，获取更新通知。

（4）具体观察者（ConcreteObserver）：抽象观察者的实现，以便在得到目标的更改通知时更新自身的状态。

9. 状态模式（State Pattern）

根据不同情况做出不同行为的对象，称为**有状态对象**；影响对象行为的一个或者多个变化的属性，称为**状态**。状态模式的具体内容见表 10-3-24。

表 10-3-24　状态模式的具体内容

目的	状态模式中，把“判断逻辑”放入状态对象中，当状态对象的内部状态发生变化时，可以根据条件相应地改变其行为。而外界看来，更像是对象发生了改变
应用场景	（1）必须在对象运行时改变对象的行为。 （2）传统编程需要考虑所有可能发生的情况，使用条件选择语句 if-else 判断并选择执行。当新增状态，需要新增 if-else 语句，程序扩展烦琐。针对条件表达式过于复杂时，可以采用状态模式，分离“判断逻辑”变为一系列的状态类，这样，逻辑判断变得更加简单
结构图	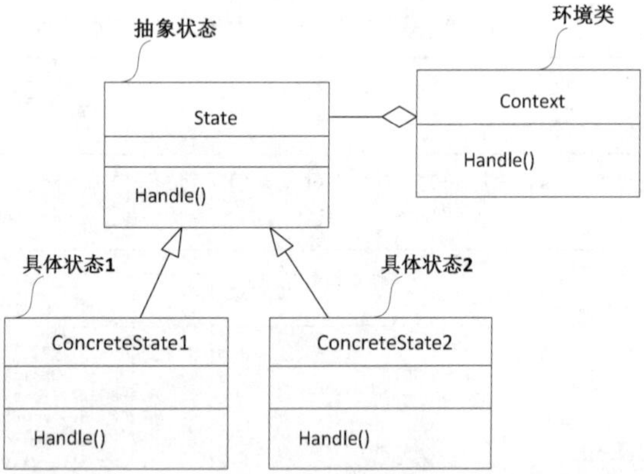 抽象状态 环境类 State Handle() Context Handle() 具体状态1 具体状态2 ConcreteState1 Handle() ConcreteState2 Handle()
构成	环境、抽象状态、具体状态
备注	状态模式应用场景：不同的情绪下，人的不同表现；操作系统多线程条件下，线程的状态转换

状态模式由环境、抽象状态、具体状态等角色组成。

（1）环境（Context）：含有状态的对象，可以处理请求，而请求产生的具体响应与状态相关。比如：人的状态中，人可以看作环境。

（2）抽象状态（State）：状态接口，定义了每一个状态的行为集合。该行为供“环境”对象使用。

（3）具体状态（ConcreteState）：每个子类实现抽象状态相关的行为。比如：人的状态中，具体的状态类，则可以是休息、上班、打盹等。

10．策略模式（Strategy Pattern）

策略模式的具体内容见表 10-3-25。

表 10-3-25　策略模式的具体内容

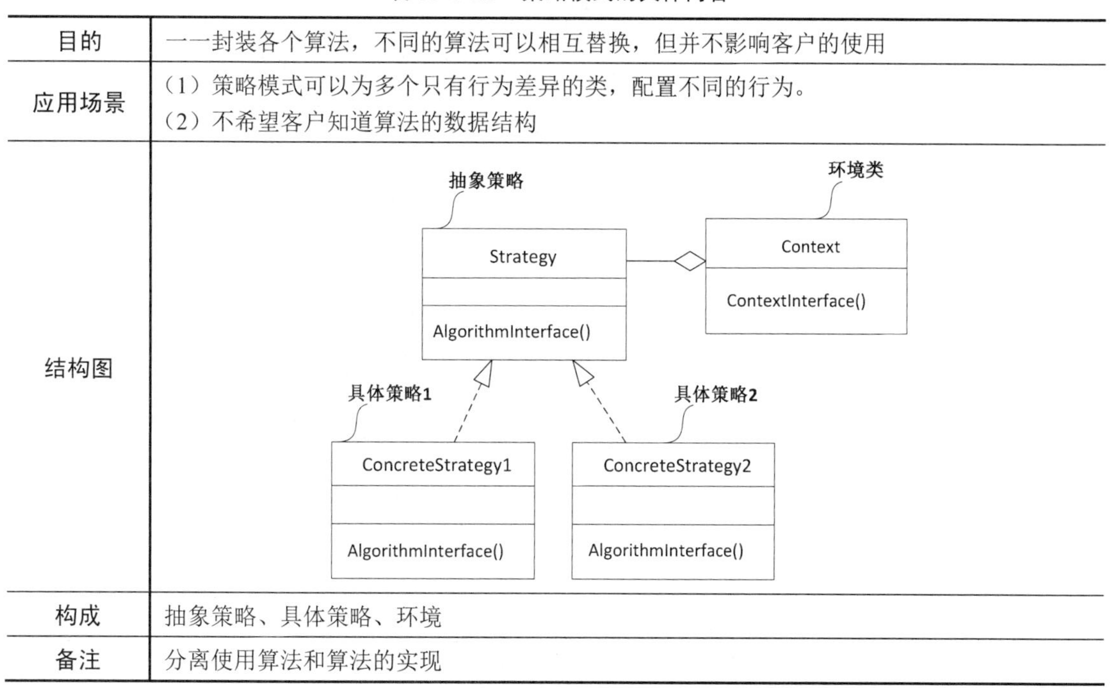

目的	一一封装各个算法，不同的算法可以相互替换，但并不影响客户的使用
应用场景	（1）策略模式可以为多个只有行为差异的类，配置不同的行为。 （2）不希望客户知道算法的数据结构
结构图	
构成	抽象策略、具体策略、环境
备注	分离使用算法和算法的实现

策略模式由抽象策略、具体策略、环境等组成。

（1）抽象策略（Strategy）：定义一个支持所有算法的公共接口，环境角色使用抽象策略调用具体算法。

（2）具体策略（ConcreteStrategy）：抽象策略接口的实现，具体算法的实现。

（3）环境（Context）：持有一个抽象策略类的引用，给客户调用；定义一个接口，可让抽象策略类访问它的数据。

11．访问者模式（Visitor Pattern）

访问者模式的具体内容见表 10-3-26。

表 10-3-26　访问者模式的具体内容

目的	分离数据结构与数据操作，在不改变元素数据结构的情况下，进行添加元素操作
应用场景	（1）类的结构改变较少，但经常要增加新的基于该结构的操作。 （2）需要对某一对象结构对象进行

续表

结构图	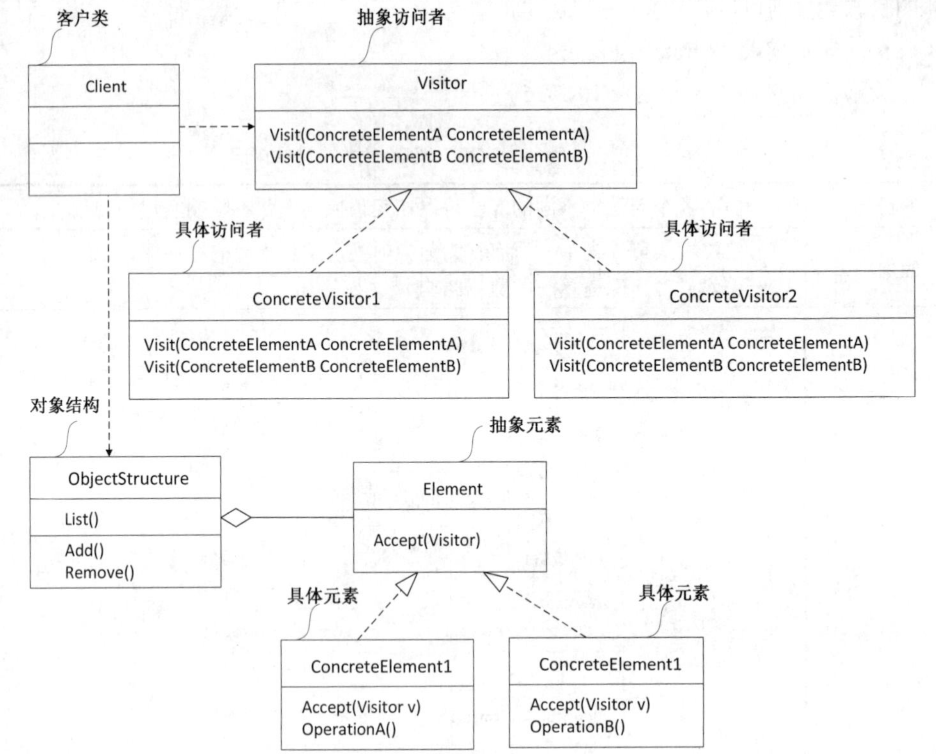 客户类 Client；抽象访问者 Visitor：Visit(ConcreteElementA ConcreteElementA) Visit(ConcreteElementB ConcreteElementB)；具体访问者 ConcreteVisitor1：Visit(ConcreteElementA ConcreteElementA) Visit(ConcreteElementB ConcreteElementB)；具体访问者 ConcreteVisitor2：Visit(ConcreteElementA ConcreteElementA) Visit(ConcreteElementB ConcreteElementB)；对象结构 ObjectStructure：List() Add() Remove()；抽象元素 Element：Accept(Visitor)；具体元素 ConcreteElement1：Accept(Visitor v) OperationA()；具体元素 ConcreteElement1：Accept(Visitor v) OperationB()
构成	抽象访问者、具体访问者、抽象元素、具体元素、对象结构
备注	小说中的人物角色，不同读者评价不同；超市商品，顾客关注价格、性能，而超市老板关注利润、数量。上述被处理的元素结构相对稳定，如果使用“访问者模式”，则可以分离数据处理和数据结构，可以增加处理方法而不用修改原有数据结构、程序代码

访问者模式由抽象访问者、具体访问者、抽象元素、具体元素、对象结构等角色组成。

（1）抽象访问者（Visitor）：定义访问具体元素的接口，为每个具体元素类声明一个 Visit 操作，该操作的参数类型标识了被访问的具体元素。

（2）具体访问者（ConcreteVisitor）：实现抽象访问者中声明的各个 Visit 操作。

（3）抽象元素（Element）：声明一个包含接受操作 Accept()的接口，Accept()参数为被接受访问者。

（4）具体元素（ConcreteElement）：实现一个访问者为参数的 Accept 操作。

（5）对象结构（ObjectStructure）：包含抽象元素的容器，提供让访问者对象遍历容器中所有元素的方法（List、Set、Map 等）。

第4天 扩展实践

第11章 信息安全

信息安全章节的内容包含信息安全基础、信息安全基本要素、防火墙与入侵检测、常见网络安全威胁、恶意代码、网络安全协议、加密算法与信息摘要、网络安全法律知识等。本章节知识点很多，但在软件设计师考试中，考查的分值为2～3分，属于一般考点。

本章考点知识结构图如图11-0-1所示。

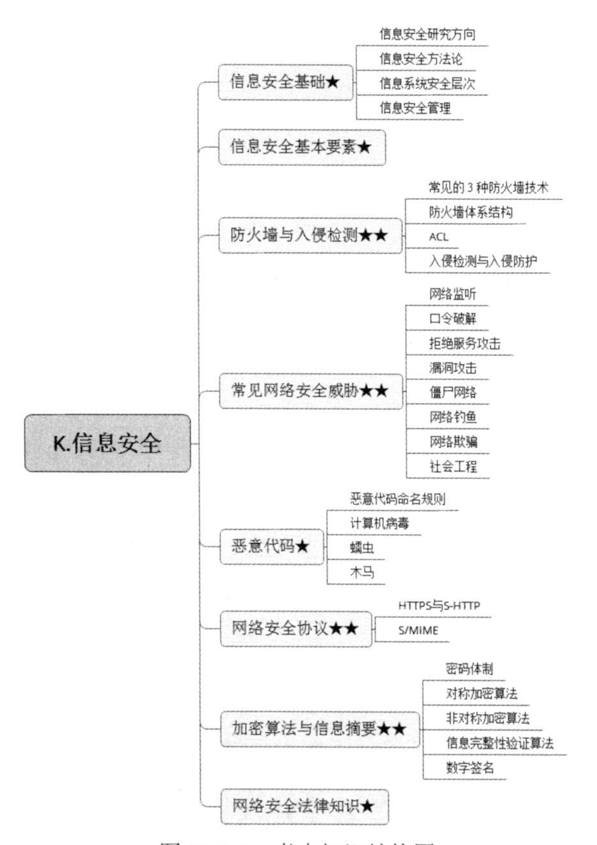

图11-0-1　考点知识结构图

11.1 信息安全基础

本节知识属于最基础的安全知识，软设考试中更多可能考查相关概念。

信息安全是保护信息系统的硬件、软件、数据，使之不因为偶然或恶意的侵犯而遭受破坏、更改和泄露；保证信息系统中信息的机密性、完整性、可用性、不可否认性、可控性、真实性和有效性等。

安全需求可分为物理安全、网络安全、系统安全和应用安全。

11.1.1 信息安全研究方向

目前信息安全的研究包含密码学、网络安全、信息系统安全、信息内容安全、信息对抗等方向。

网络空间是所有信息系统的集合，网络空间安全的核心是信息安全。网络空间安全学科是研究信息的获取、存储、传输、处理等领域中信息安全保障问题的一门学科。

11.1.2 信息安全方法论

网络安全方法论是研究解决安全问题的方法，具体内容有**理论分析、逆向分析、实验验证、技术实现**。

11.1.3 信息系统安全层次

信息系统安全可以划分为 4 个层次，具体见表 11-1-1。

表 11-1-1 信息系统安全层次

层次	属性	说明
设备安全	设备稳定性	设备一定时间内不出故障的概率
	设备可靠性	设备一定时间内正常运行的概率
	设备可用性	设备随时可以正常使用的概率
数据安全	数据秘密性	数据不被未授权方使用的属性
	数据完整性	数据保持真实与完整，不被篡改的属性
	数据可用性	数据随时可以正常使用的概率
内容安全	政治健康	略
	合法合规	
	符合道德规范	
行为安全	行为秘密性	行为的过程和结果是秘密的，不影响数据的秘密性
	行为完整性	行为的过程和结果可预期，不影响数据的完整性
	行为的可控性	可及时发现、纠正、控制偏离预期的行为

11.1.4 信息安全管理

信息安全管理是维护信息安全的体制，是对信息安全保障进行指导、规范的一系列活动和过程。**信息安全管理体系**是组织在整体或特定范围内建立的信息安全方针和目标，以及所采用的方法和手段所构成的体系。该体系包含**密码管理、网络管理、设备管理、人员管理**。

（1）密码技术是保护信息安全的最有效手段，也是保护信息安全的最关键技术。目前我国密码管理相关的机构是国家密码管理局，全称国家商用密码管理办公室。

（2）网络管理是对网络进行有效而安全的监控、检查。网络管理的任务就是检测和控制。OSI定义的网络管理功能有性能管理、配置管理、故障管理、安全管理、计费管理。

（3）设备安全管理包含设备的选型、安装、调试、安装与维护、登记与使用、存储管理等。

（4）人员管理应该全面提升管理人员的业务素质、职业道德、思想素质。网络安全管理人员首先应该通过安全意识、法律意识、管理技能等多方面的审查；之后要对所有相关人员进行适合的安全教育培训。

安全教育对象不仅仅包含网络管理员，还应该包含用户、管理者、工程实施人员、研发人员、运维人员等。

11.2 信息安全基本要素

本节考点比较集中，主要考查安全的基本要素、及其特性。安全的基本要素主要包括以下 5 个方面：

（1）机密性：保证信息不泄露给未经授权的进程或实体，只供授权者使用。

（2）完整性：信息只能被得到允许的人修改，并且能够被判别该信息是否已被篡改过。同时一个系统也应该按其原来规定的功能运行，不被非授权者操纵。

（3）可用性：只有授权者才可以在需要时访问该数据，而非授权者应被拒绝访问数据。

（4）可控性：可控制数据流向和行为。

（5）可审查性：出现问题有据可循。

另外，有人将五要素进行了扩展，增加了可鉴别性、不可抵赖性、可靠性。

可鉴别性：网络应对用户、进程、系统和信息等实体进行身份鉴别。

不可抵赖性：数据的发送方与接收方都无法对数据传输的事实进行抵赖。

可靠性：系统在规定的时间、环境下，持续完成规定功能的能力，就是系统无故障运行的概率。

11.3 防火墙与入侵检测

信息安全章节中，考试中考查最多知识点是防火墙。入侵检测考查较少。

11.3.1 常见的 3 种防火墙技术

防火墙（Firewall）是网络关联的重要设备，用于控制网络之间的通信。外部网络用户的访问必须先经过安全策略过滤，而内部网络用户对外部网络的访问则无须过滤。现在的防火墙还具有隔离网络、提供代理服务、流量控制等功能。

防火墙工作层次越高，实现越复杂，对非法数据判断越准确，工作效率越低；反之，工作层次越低，实现越简单，工作效率越高，安全性越差。

常见的 3 种防火墙技术：包过滤防火墙、代理服务器式防火墙、基于状态检测的防火墙。

（1）包过滤防火墙。包过滤防火墙主要针对 OSI 模型中的网络层和传输层的信息进行分析。通常，包过滤防火墙用来控制 IP、UDP、TCP、ICMP 和其他协议。包过滤防火墙对通过防火墙的数据包进行检查，只有满足条件的数据包才能通过，对数据包的**检查内容**一般包括**源地址、目的地址和协议**。包过滤防火墙通过规则（如 ACL）来确定数据包是否能通过。配置了 ACL 的防火墙可以看成包过滤防火墙。

（2）代理服务器式防火墙。代理服务器式防火墙对**第四层到第七层的数据**进行检查，与包过滤防火墙相比，需要更高的开销。用户经过建立会话状态并通过认证及授权后，才能访问到受保护的网络。压力较大的情况下，代理服务器式防火墙工作很慢。ISA 可以看成是代理服务器式防火墙。

（3）基于状态检测的防火墙。基于状态检测的防火墙检测每一个 TCP、UDP 之类的会话连接。基于状态的会话包含特定会话的源地址、目的地址、端口号、TCP 序列号信息以及与此会话相关的其他标志信息。基于状态检测的防火墙工作基于数据包、连接会话和一个基于状态的会话流表。基于状态检测的防火墙的性能比包过滤防火墙和代理服务器式防火墙要高。思科 PIX 和 ASA 属于基于状态检测的防火墙。

11.3.2 防火墙体系结构

防火墙按安全级别不同，可划分为内网、外网和 DMZ 区，具体结构如图 11-3-1 所示。

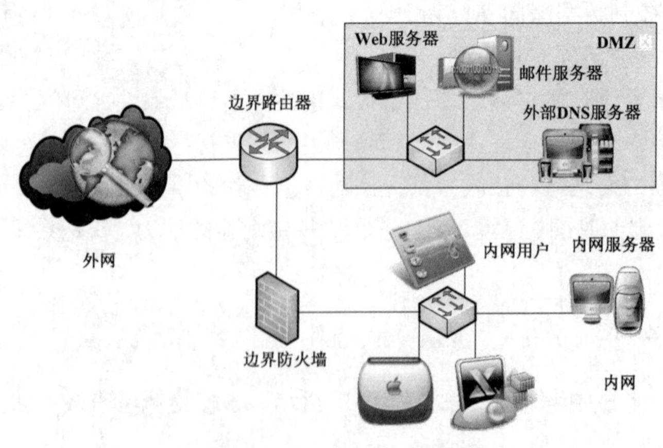

图 11-3-1　防火墙区域结构

第 4 天

（1）内网。内网是防火墙的重点保护区域，包含单位网络内部的所有网络设备和主机。该区域是可信的，内网发出的连接较少进行过滤和审计。

（2）外网。外网是防火墙重点防范的对象，针对单位外部访问用户、服务器和终端。外网发起的通信必须按照防火墙设定的规则进行过滤和审计，不符合条件的则不允许访问。

（3）DMZ 区（Demilitarized Zone）。**DMZ 又称为周边网络**，DMZ 是一个逻辑区，从内网中划分出来，包含向外网提供服务的服务器集合。DMZ 中的服务器有 Web 服务器、邮件服务器、FTP 服务器、外部 DNS 服务器等。DMZ 区保护级别较低，可以按要求放开某些服务和应用。

防火墙体系结构中的常见术语有堡垒主机、双重宿主主机。

（1）堡垒主机：堡垒主机处于内网的边缘，并且暴露于外网用户的主机系统。堡垒主机可能直接面对外部用户攻击。

（2）双重宿主主机：至少拥有两个网络接口，分别接内网和外网，能进行多个网络互联。

经典的防火墙体系结构见表 11-3-1 与图 11-3-2。

表 11-3-1　经典的防火墙体系结构

体系结构类型	特点
双重宿主主机	以一台双重宿主主机作为防火墙系统的主体，分离内外网
被屏蔽主机	一台独立的路由器和内网堡垒主机构成防火墙系统，通过包过滤方式实现内外网隔离和内网保护
被屏蔽子网	由 DMZ 网络、外部路由器、内部路由器以及堡垒主机构成防火墙系统。外部路由器保护 DMZ 和内网、内部路由器隔离 DMZ 和内网

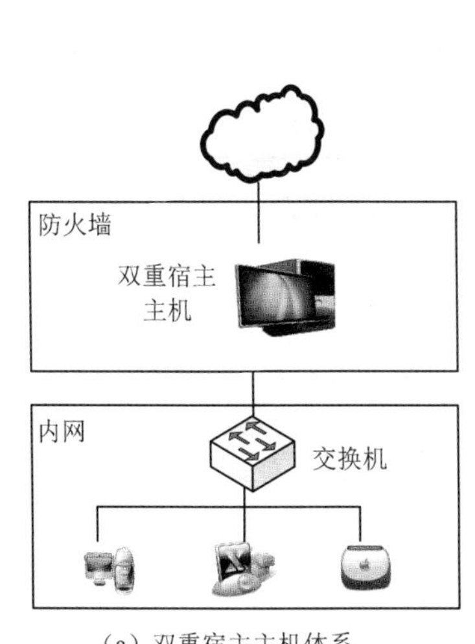

（a）双重宿主主机体系

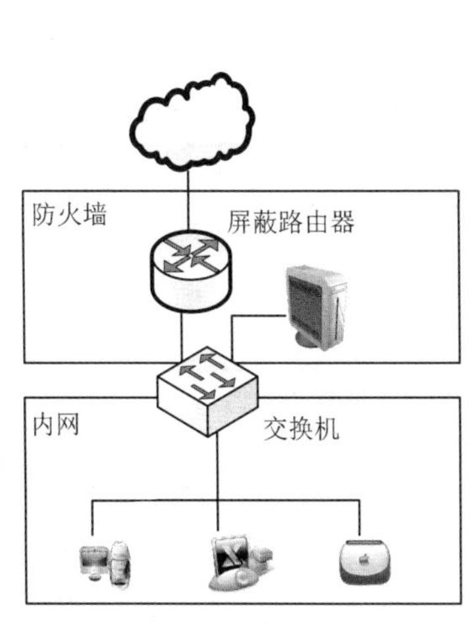

（b）被屏蔽主机体系结构

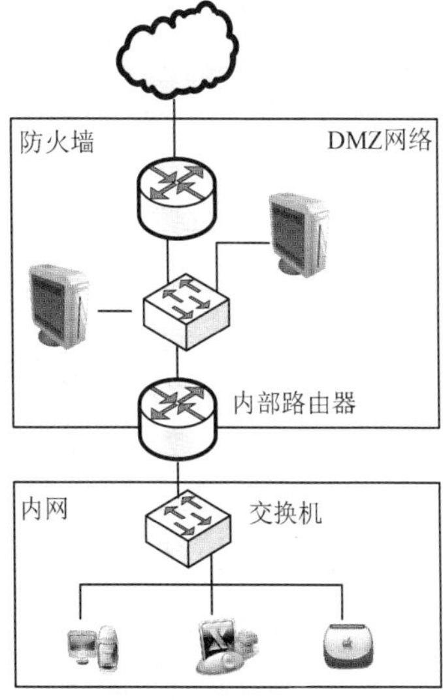

（c）被屏蔽子网体系结构

图 11-3-2　经典的防火墙体系结构

11.3.3 ACL

访问控制列表（Access Control Lists，ACL）是目前使用最多的访问控制实现技术。访问控制列表是路由器接口的指令列表，用来控制端口进出的数据包。

11.3.4 入侵检测与入侵防护

1. 入侵检测

入侵检测（Intrusion Detection System，IDS）是从系统运行过程中产生的或系统所处理的各种数据中查找出威胁系统安全的因素，并可对威胁做出相应的处理，一般认为 **IDS 是被动防护**。入侵检测的软件或硬件称为入侵检测系统。入侵检测被认为是防火墙之后的第二道安全闸门，它在不影响网络性能的情况下对网络进行监测，从而提供对内部攻击、外部攻击和误操作的实时保护。

入侵检测设备可以部署在 DMZ 中，这样可以查看受保护区域主机被攻击的状态，可以检测防火墙系统的策略配置是否合理和 DMZ 中被黑客攻击的重点。部署在路由器和边界防火墙之间可以审计来自 Internet 上对受保护网络的攻击类型。

2. 入侵防护

入侵防护（Intrusion Prevention System，IPS）是一种可识别潜在的威胁并迅速地做出应对的网络安全防范办法。一般认为 IPS 是主动防护。

11.4 常见网络安全威胁

该节知识重点考查拒绝服务攻击、攻击分类等。

网络安全威胁与攻击是以网络为手段窃取网络上其他计算机的资源或特权，对其安全性或可用性进行破坏的行为。安全攻击依据攻击特征可以分为 4 类，具体见表 11-4-1。

表 11-4-1 安全攻击类型

类型	定义	攻击的安全要素
中断	攻击计算机或网络系统，使得其资源变得不可用或不能用	可用性
窃取	访问未授权的资源	机密性
篡改	截获并修改资源内容	完整性
伪造	伪造信息	真实性

攻击还可分为两类：

（1）主动攻击：涉及修改或创建数据，它包括重放、假冒、篡改与拒绝服务。

（2）被动攻击：只是窥探、窃取、分析数据，但不影响网络、服务器的正常工作。

11.4.1 网络监听

网络监听是一种监视网络状态、数据流程以及网络上信息传输的技术。黑客则可以通过侦听，发现有兴趣的信息，比如用户名、密码等。

11.4.2 口令破解

口令也叫密码，口令破解是指在不知道密钥的情况下，恢复出密文中隐藏的明文信息的过程。

11.4.3 拒绝服务攻击

（1）拒绝服务（Denial of Service，DoS）：利用大量合法的请求占用大量网络资源，以达到瘫痪网络的目的。例如，驻留在多个网络设备上的程序在短时间内同时产生大量的请求消息，冲击某 Web 服务器，导致该服务器不堪重负，无法正常响应其他合法用户的请求，这类形式的攻击就称为 DoS 攻击。

（2）分布式拒绝服务攻击（Distributed Denial of Service，DDoS）：很多 DoS 攻击源一起攻击某台服务器就形成了 DDoS 攻击。

防范 DDoS 和 DoS 的措施有：根据 IP 地址对特征数据包进行过滤，寻找数据流中的特征字符串，统计通信的数据量，IP 逆向追踪，监测不正常的高流量，使用更高级别的身份认证。由于 DDoS 和 DoS 攻击并不植入病毒，因此安装防病毒软件无效。

（3）低速率拒绝服务攻击（Low-rate DoS，LDoS）：LDoS 最大的特点是不需要维持高频率攻击，耗尽被攻击者所有可用资源，而是利用网络协议或应用服务机制（如 TCP 的拥塞控制机制）中的安全漏洞，在一个特定的、短暂时间内、突发地发送大量攻击性数据，从而降低被攻击方的服务能力。防范 LDoS 攻击的方法有：基于协议的防范、基于攻击流特征检测的防范。

11.4.4 漏洞攻击

漏洞是在硬件、软件、策略上的缺陷，攻击者利用缺陷在未授权的情况下访问或破坏系统。Exploit 的英文意思就是利用，它在黑客眼里就是漏洞利用。

11.4.5 僵尸网络

僵尸网络（Botnet）是指采用一种或多种手段（主动攻击漏洞、邮件病毒、即时通信软件、恶意网站脚本、特洛伊木马）使大量主机感染 bot 程序（僵尸程序），从而在控制者和被感染主机之间所形成的一个可以一对多控制的网络。

11.4.6 网络钓鱼

网络钓鱼（Phishing）是通过大量发送声称来自于银行或其他知名机构的欺骗性垃圾邮件，意图引诱收信人给出敏感信息（如用户名、口令、信用卡详细信息等）的一种攻击方式。它是“社会工程攻击”的一种形式。

11.4.7 网络欺骗

网络欺骗就是使访问者相信信息系统存在有价值的、可利用的安全弱点，并具有一些可攻击窃取的资源，并将访问者引向这些错误的、实际无用的资源。常见的网络欺骗有 ARP 欺骗、DNS 欺骗、IP 欺骗、Web 欺骗、E-mail 欺骗。

11.4.8 社会工程

社会工程学是利用社会科学（心理学、语言学、欺诈学）并结合常识，将其有效地利用（如人性的弱点），最终获取机密信息的学科。

信息安全定义的社会工程是使用非计算机手段（如欺骗、欺诈、威胁、恐吓甚至实施物理上的盗窃）得到敏感信息的方法集合。

11.5 恶意代码

该节的重点知识为蠕虫病毒、木马特点等。

11.5.1 恶意代码命名规则

恶意代码的一般命名格式为：恶意代码前缀.恶意代码名称.恶意代码后缀。

恶意代码前缀是根据恶意代码特征起的名字，具有相同前缀的恶意代码通常具有相同或相似的特征。常见的前缀名见表 11-5-1。

表 11-5-1 常见的前缀名

前缀	含义	解释	例子
Worm	蠕虫病毒	通过网络或漏洞进行自主传播，向外发送带毒邮件或通过即时通信工具（QQ、MSN）发送带毒文件	Worm.Sasser（震荡波）、熊猫烧香、红色代码、爱虫病毒
Trojan	木马	木马通常伪装成有用的程序诱骗用户主动激活，或利用系统漏洞侵入用户计算机。计算机感染特洛伊木马后的典型现象是有未知程序试图建立网络连接	Trojan.Win32.PGPCoder.a（文件加密机）、Trojan.QQPSW
Backdoor	后门	通过网络或者系统漏洞入侵计算机并隐藏起来，方便黑客远程控制	Backdoor.Huigezi.ik（灰鸽子变种 IK）、Backdoor.IRCBot

续表

前缀	含义	解释	例子
Win32、PE、Win95、W32、W95	文件型病毒或系统病毒	感染可执行文件(如.exe、.com)、.dll文件的病毒。 若与其他前缀连用，则表示病毒的运行平台	Win32.CIH，Backdoor.Win32.PcClient.al，表示运行在 32 位 Windows 平台上的后门
Macro	宏病毒	宏语言编写，感染办公软件（如Word、Excel），并且能通过宏自我复制的程序	Macro.Melissa、Macro.Word、Macro.Word.Apr30
Script、VBS、JS	脚本病毒	使用脚本语言编写，通过网页传播、感染、破坏或调用特殊指令下载并运行病毒、木马文件	Script.RedLof（红色结束符）、Vbs.valentin （情人节）
Harm	恶意程序	直接对被攻击主机进行破坏	Harm.Delfile（删除文件）、Harm.formatC.f（格式化 C 盘）
Joke	恶作剧程序	不会对计算机和文件产生破坏，但可能会给用户带来恐慌和麻烦，如做控制鼠标	Joke.CrayMourse（疯狂鼠标）
Dropper	病毒种植程序病毒	这类病毒运行时会释放出一个或几个新的病毒到系统目录下，从而产生破坏	Dropper.BingHe2.2C（冰河播种者）

11.5.2 计算机病毒

计算机病毒是一段附着在其他程序上的、可以自我繁殖的、有一定破坏能力的程序代码。复制后的程序仍然具有感染和破坏的功能。

计算机病毒具有传染性、破坏性、隐蔽性、潜伏性、不可预见性、可触发性、非授权性等特点。计算机病毒的生命周期一般包括潜伏、传播、触发、发作 4 个阶段。

11.5.3 蠕虫

蠕虫是一段可以借助程序自行传播的程序或代码。典型的蠕虫病毒有震网（Stuxnet）病毒，该病毒利用系统漏洞破坏工业基础设施，攻击工业控制系统。

11.5.4 木马

木马不会自我繁殖，也并不刻意地去感染其他文件，它通过伪装自己来吸引用户下载执行，向施种木马者提供打开被种主机的门户，使施种者可以任意毁坏、窃取被种者的文件，甚至远程操控被种主机。

11.6 网络安全协议

本节的HTTPS、MIME知识在历次考试中均考查过。

11.6.1 HTTPS与S-HTTP

超文本传输协议（Hypertext Transfer Protocol over Secure Socket Layer，HTTPS），是以安全为目标的HTTP通道，简单讲是HTTP的安全版。**它使用SSL来对信息内容进行加密**，使用**TCP的443端口**发送和接收报文。其使用语法与HTTP类似，使用“HTTPS:// + URL”形式。

安全超文本传输协议（Secure Hypertext Transfer Protocol，S-HTTP）是一种面向安全信息通信的协议，是EIT公司结合HTTP设计的一种消息安全通信协议。S-HTTP可提供通信保密、身份识别、可信赖的信息传输服务及数字签名等。

11.6.2 S/MIME

S/MIME（Secure/Multipurpose Internet Mail Extension）使用了RSA、SHA-1、MD5等算法，是互联网E-mail格式标准MIME的安全版本。

S/MIME用来支持邮件的加密。基于MIME标准，S/MIME提供认证、完整性保护、鉴定及数据加密等服务。

11.7 加密算法与信息摘要

本节知识有一定难度，不过考查频次较低，主要考查对称加密、非对称加密、数字签名等。

11.7.1 密码体制

密码技术的基本思想是伪装信息。伪装就是对数据施加一种可逆的数学变换，伪装前的数据称为**明文**，伪装后的数据称为**密文**，伪装的过程称为**加密**（Encryption），去掉伪装恢复明文的过程称为**解密**（Decryption）。加密过程要在**加密密钥和加密算法**的控制下进行；解密过程要在**解密密钥和解密算法**的控制下进行。

通常，一个密码系统（简称密码体制）由以下5个部分组成，密码体制模型如图11-7-1所示。

（1）明文空间M：全体明文的集合。

（2）密文空间C：全体密文的集合。

（3）加密算法E：一组明文M到密文C的加密变换。

（4）解密算法D：一组密文C到明文M的加密变换。

（5）密钥空间K：包含加密密钥K_e和解密密钥K_d的全体密钥集合。

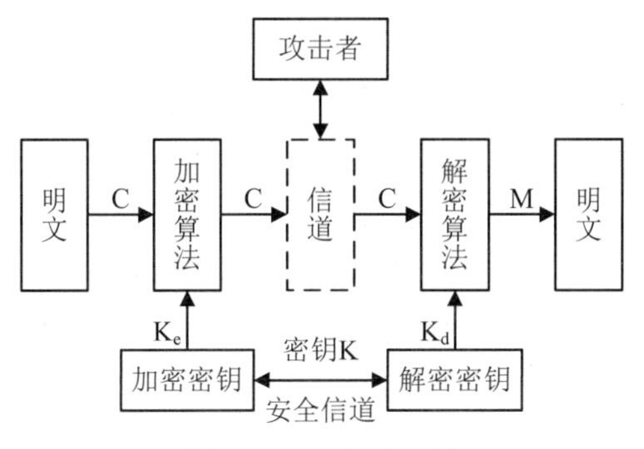

图 11-7-1 密码体制

- 加密过程：$C=E(M,K_e)$。
  使用加密算法 E 和密钥 K_e，将明文 M 加密为密文 C。
- 解密过程：$M=D(C,K_d)=D(E(M,K_e),K_d)$。
  使用解密算法 D 和密钥 K_d，将密文 C 还原为明文 M。

11.7.2 对称加密算法

加密密钥和解密密钥相同的算法，称为对称加密算法。对称加密算法相对非对称加密算法来说，加密的效率高，适合大量数据加密。常见的对称加密算法有 DES、3DES、RC5、IDEA、RC4，具体特性见表 11-7-1。

表 11-7-1 常见的对称加密算法

加密算法名称	特点
DES	明文分为 64 位一组，密钥 64 位（实际位是 56 位的密钥和 8 位奇偶校验）。注意：考试中填实际密钥位，即 56 位
3DES	3DES 是 DES 的扩展，是执行了 3 次的 DES。其中，第一、第三次加密使用同一密钥的方式下，密钥长度扩展到 128 位（112 位有效）；3 次加密使用不同密钥，密钥长度扩展到 192 位（168 位有效）
RC5	RC5 由 RSA 中的 Ronald L. Rivest 发明，是参数可变的分组密码算法，3 个可变的参数是：分组大小、密钥长度和加密轮数
IDEA	明文、密文均为 64 位，密钥长度 128 位
RC4	常用流密码，密钥长度可变，用于 SSL 协议。曾经用于 IEEE 802.11 WEP 协议中。也是 Ronald L. Rivest 发明的

11.7.3 非对称加密算法

加密密钥和解密密钥不相同的算法，称为非对称加密算法，这种方式又称为公钥密码体制，解决了对称密钥算法的密钥分配与发送的问题。在非对称加密算法中，私钥用于解密和签名，公钥用于加密和认证。

RSA（Rivest Shamir Adleman）是典型的非对称加密算法，该算法基于大素数分解。RSA 适合进行数字签名和密钥交换运算。

RSA 密钥生成过程见表 11-7-2。

表 11-7-2　RSA 密钥生成过程

①选出两个大质数 p 和 q，使得 $p \neq q$；
②计算 $p \times q = n$；
③计算 $(p-1) \times (q-1)$；
④选择 e，使得 $1 < e < (p-1) \times (q-1)$，并且和 $(p-1) \times (q-1)$ 互为质数；
⑤计算解密密钥，使得 $ed = 1 \bmod (p-1) \times (q-1)$；
⑥公钥=e；
⑦私钥=d；
⑧公开 n 参数，n 又称为模；
⑨消除原始质数 p 和 q

注意： 质数就是真正因子，只有 1 和本身两个因数，属于正整数。

RSA 加密、解密过程如图 11-7-2 所示。

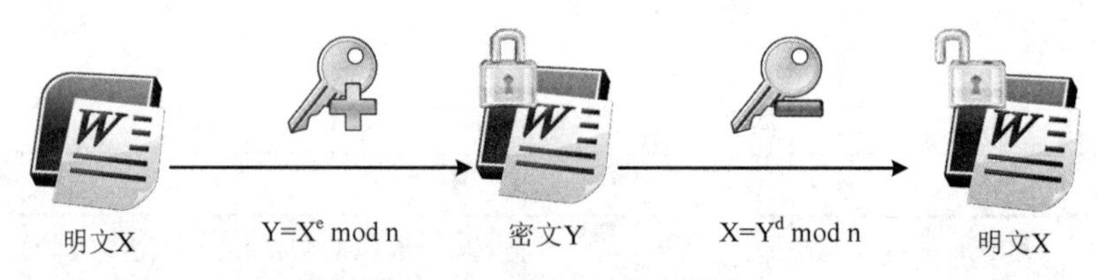

图 11-7-2　RSA 加密和解密

11.7.4　信息完整性验证算法

报文摘要算法（Message Digest Algorithms）使用特定算法对明文进行摘要，生成固定长度的密文。这类算法重点在于"摘要"，即对原始数据依据某种规则提取；摘要和原文具有联系性，即被"摘要"数据与原始数据一一对应，只要原始数据稍有改动，"摘要"的结果就不同。因此，这种方式可以验证原始数据是否被修改。

消息摘要算法采用"单向函数"，即只能从输入数据得到输出数据，无法从输出数据得到输入数据。常见报文摘要算法有安全散列标准 SHA-1、MD5 系列标准。

（1）SHA-1。安全 Hash 算法（SHA-1）也是基于 MD5 的，使用一个标准把信息分为 512 比特的分组，并且创建一个 160 比特的摘要。

（2）MD5。消息摘要算法 5（MD5），把信息分为 512 比特的分组，并且创建一个 128 比特的摘要。

11.7.5　数字签名

数字签名（Digital Signature）的作用就是确保 A 发送给 B 的信息就是 A 本人发送的，并且没有篡改。数字签名和验证的过程如图 11-7-3 所示。

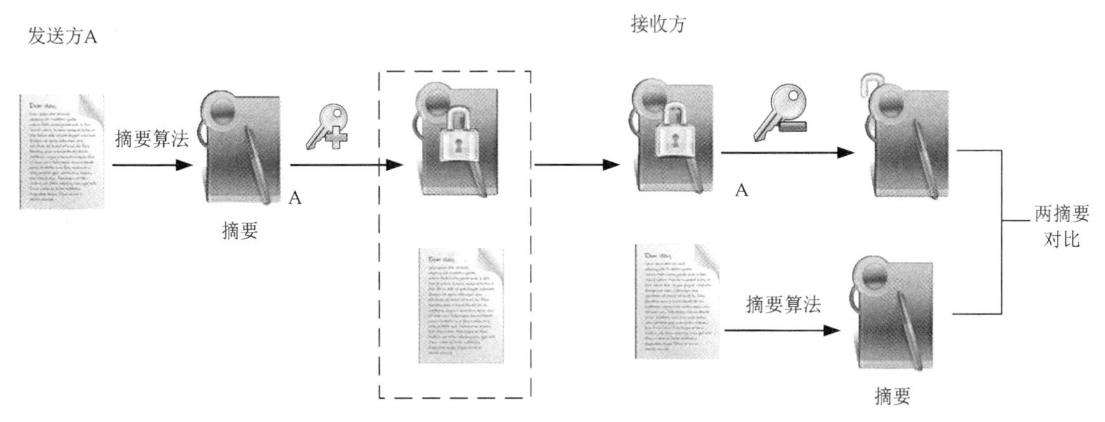

图 11-7-3　数字签名和验证的过程

数字签名体制包括**施加签名**和**验证签名**两个方面。基本的数字签名过程如下：

（1）A 使用“摘要”算法（如 SHA-1、MD5 等）对发送信息进行摘要。

（2）使用 A 的私钥对消息摘要进行加密运算，将加密摘要和原文一并发给 B。

验证签名的基本过程如下：

（1）B 接收到加密摘要和原文后，使用和 A 同样的“摘要”算法对原文再次摘要，生成新摘要。

（2）使用 A 公钥对加密摘要解密，还原成原摘要。

（3）两个摘要对比，一致则说明由 A 发出且没有经过任何篡改。

由此可见，数字签名功能有信息身份认证、信息完整性检查、信息发送不可否认性，但不提供原文信息加密，不能保证对方能收到消息，也不对接收方身份进行验证。数字签名最常用的实现方法建立在公钥密码体制和安全单向散列函数的基础之上。

11.8　网络安全法律知识

软设考查过的《中华人民共和国网络安全法》的知识点比较少，属于零星考点。

2016 年 11 月 7 日，第十二届全国人民代表大会常务委员会第二十四次会议通过了《中华人民共和国网络安全法》。

《中华人民共和国网络安全法》草案共 7 章 79 条，涉及网络设备、网络运行、网络数据、网络信息等方面的安全。其中，**禁止为不实名用户提供服务、出售公民信息可处最高 10 倍违法所得的罚款、重大事件可限制网络、阻止违法信息传播**是本法的 4 大亮点。

第12章　信息化基础

软设中的信息化基础部分考点涉及信息与信息化、电子政务、企业信息化、电子商务、新一代信息技术。每次考试考查的分值在1分左右，属于零星考点。

本章考点知识结构图如图12-0-1所示。

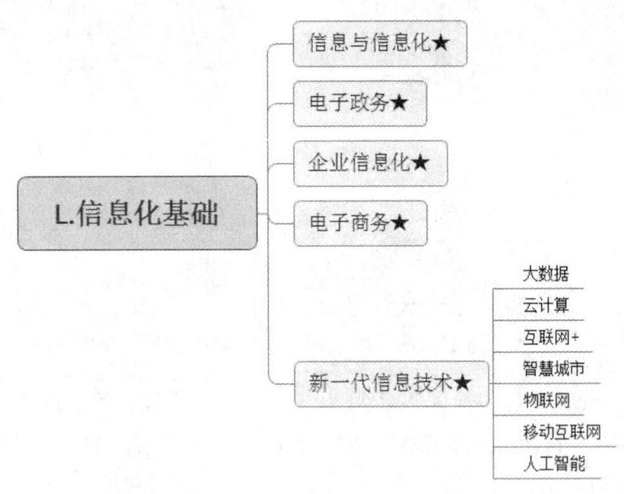

图12-0-1　考点知识结构图

12.1　信息与信息化

1. 信息的定义

关于信息，**诺伯特·维纳**（Norbert Wiener）给出的定义是："信息就是信息，既不是物质，也不是能量。"**克劳德·香农**（Claude Elwood Shannon）给出的定义是："信息就是不确定性的减少。"

信息和数据不同，数据是信息的物理形式，可以用0、1的数字组合表达；信息是数据的内容，可以用声、图、文、像来表达。简单地说**信息是抽象的，数据是具体的**。

信息的传输模型如图12-1-1所示。

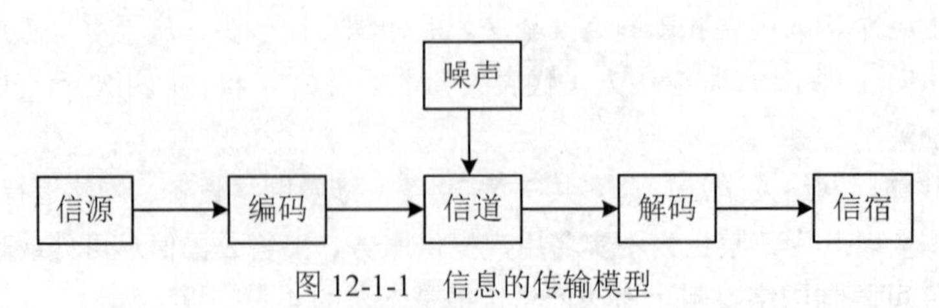

图12-1-1　信息的传输模型

（1）信源：信息的来源。

（2）编码：把信息变换成讯息的过程，这是按一定的符号、信号规则进行的。

（3）信道：信息传递的通道，是将信号进行传输、存储和处理的媒介。

（4）噪声：信息传递中的干扰，将对信息的发送与接收产生影响，使两者的信息意义发生改变。

（5）解码：信息编码的相反过程，把讯息还原为信息的过程。

（6）信宿：信息的接收者。

2. 信息化的定义

关于信息化，业内还没有严格的统一的定义，但常见的有以下 3 种：

（1）信息化就是**计算机**、**通信**和**网络技术**的现代化。

（2）信息化就是从物质生产占主导地位的社会向**信息产业**占主导地位的社会转变的发展过程。

（3）信息化就是从工业社会向**信息社会**演进的过程。

12.2 电子政务

电子政务实质上是对现有的政府形态的一种改造，即利用信息技术和其他相关技术来构造更适合信息时代的政府的组织结构和运行方式。

电子政务有以下几种表现形态：

（1）政府对政府，即 **G2G**，2 表示 to 的意思，G 即 Government。政府与政府之间的互动包括中央和地方政府组成部门之间的互动；政府的各个部门之间的互动；政府与公务员和其他政府工作人员之间的互动等。

（2）政府对企业，即 **G2B**，B 即 Business。政府面向企业的活动主要包括政府向企（事）业单位发布的各种方针。

（3）政府对居民，即 **G2C**，C 即 Citizen。政府对居民的活动实际上是政府面向居民所提供的服务。

（4）企业对政府，即 **B2G**。企业面向政府的活动包括企业应向政府缴纳的各种税款、按政府要求应该填报的各种统计信息和报表、参加政府各项工程的竞投标、向政府供应各种商品和服务，以及就政府如何创造良好的投资和经营环境、如何帮助企业发展等提出企业的意见和希望、反映企业在经营活动中遇到的困难、提出可供政府采纳的建议、向政府申请可能提供的援助等。

（5）居民对政府，即 **C2G**。居民对政府的活动除了包括个人应向政府缴纳的各种税款和费用，按政府要求应该填报的各种信息和表格，以及缴纳各种罚款外，更重要的是开辟居民参政、议政的渠道，使政府的各项工作得以不断改进和完善。

（6）政府到政府雇员，即 **G2E**，E 即 Employee。政府机构利用 Intranet 建立起有效的行政办公和员工管理体系，以提高政府工作效率和公务员管理水平。

12.3 企业信息化

企业信息化一定要建立在**企业战略规划**的基础之上，以企业战略规划为基础建立的**企业管理模式**是建立企业战略数据模型的依据。企业信息化就是**技术**和**业务**的融合。这个“融合”并不是简单地利用信息系统对手工的作业流程进行自动化，而是需要从**企业战略层面、业务运作层面、管理运作层面**这3个层面来实现。

企业信息化是指企业以**业务流程**的优化和重构为基础，在一定的深度和广度上利用**计算机技术、网络技术**和**数据库技术**，控制和集成化管理企业生产经营活动中的各种信息，实现企业内外部信息的共享和有效利用，以提高企业的经济效益和市场竞争力，这将涉及对**企业管理理念**的创新、**管理流程**的优化、管理团队的重组和管理手段的革新。

12.4 电子商务

电子商务是指买卖双方利用现代开放的**因特网**，按照一定的标准所进行的各类商业活动。主要包括**网上购物、企业之间的网上交易**和**在线电子支付**等新型的商业运营模式。

电子商务的表现形式主要有如下3种：①企业对消费者，即**B2C**，C即Customer；②企业对企业，即**B2B**；③消费者对消费者，即**C2C**。

12.5 新一代信息技术

新一代信息技术产业是随着人们日趋重视信息在经济领域的应用以及信息技术的突破，在以往微电子产业、通信产业、计算机网络技术和软件产业的基础上发展而来的，一方面具有传统信息产业应有的特征，另一方面又具有时代赋予的新的特点。

《国务院关于加快培育和发展战略性新兴产业的决定》中列出了七大国家战略性新兴产业体系，其中包括“新一代信息技术产业”。关于发展“新一代信息技术产业”的主要内容是，“加快建设宽带、泛在、融合、安全的信息网络基础设施，推动新一代移动通信、下一代互联网核心设备和智能终端的研发及产业化，加快推进三网融合，促进物联网、云计算的研发和示范应用。着力发展集成电路、新型显示、高端软件、高端服务器等核心基础产业。提升软件服务、网络增值服务等信息服务能力，加快重要基础设施智能化改造。大力发展数字虚拟等技术，促进文化创意产业发展”。

大数据、云计算、互联网+、智慧城市等属于新一代信息技术。

12.5.1 大数据

大数据（Big Data）指无法在一定时间范围内用常规软件工具进行捕捉、管理和处理的数据集合，是需要新处理模式才能具有更强的决策力、洞察发现力和流程优化能力的海量、高增长率和多样化的信息资产。

1. 大数据的特点

大数据的 5V 特点（IBM 提出）：Volume（大量）、Velocity（高速）、Variety（多样）、Value（低价值密度）、Veracity（真实性）。

2. 大数据的关键技术

大数据的关键技术有：

- 大数据存储管理技术：谷歌文件系统 GFS、Apache 开发的分布式文件系统 Hadoop、非关系型数据库 NoSQL（谷歌的 BigTable、Apache Hadoop 项目的 HBase）。
- 大数据并行计算技术与平台：谷歌的 MapReduce、Apache Hadoop Map/Reduce 大数据计算软件平台。
- 大数据分析技术：对海量的结构化、半结构化数据进行高效的深度分析；对非结构化数据进行分析，将海量语音、图像、视频数据转为机器可识别的、有明确语义的信息。主要技术有人工神经网络、机器学习、人工智能系统。

12.5.2 云计算

云计算通过建立网络服务器集群，将大量通过网络连接的软件和硬件资源进行统一管理和调度，构成一个计算资源池，从而使用户能够根据所需从中获得诸如在线软件服务、硬件租借、数据存储、计算分析等各种不同类型的服务，并按资源使用量进行付费。

云计算支持用户在任意位置、使用各种终端获取应用服务，所请求的资源来自云中不固定的提供者，应用运行的位置对用户透明。云计算的这种特性就是**虚拟化**。**云计算的基础是面向服务的架构和虚拟化的系统部署**。云计算的虚拟化特点有：

（1）旨在提高系统利用率，并通过动态调度实现弹性计算。

（2）可以将一台服务器虚拟成多台（分割式虚拟化），旨在提高资源利用率。

（3）构件、对象、数据和应用的虚拟化可以解决很多信息孤岛的整合问题。

云计算服务提供的资源层次可以分为 IaaS、PaaS、SaaS：

（1）基础设施即服务（Infrastructure as a Service，IaaS）：通过 Internet 从完善的计算机基础设施获得服务。

（2）平台即服务（Platform as a Service，PaaS）：把服务器平台作为一种服务提供的商业模式。

（3）软件即服务（Software as a Service，SaaS）：通过 Internet 提供软件的模式，厂商将应用软件统一部署在自己的服务器上，客户可以根据自己的实际需求，通过互联网向厂商定购所需的应用软件服务，按定购的服务多少和时间长短向厂商支付费用，并通过互联网获得厂商提供的服务。

云计算服务按部署模式可以分为公有云、私有云、混合云、行业云。

12.5.3 互联网+

通俗地说，“互联网+”就是“互联网+各个传统行业”，但这并不是简单的两者相加，而是利用信息通信技术以及互联网平台，让互联网与传统行业进行深度融合，创造新的发展生态。

“互联网+”有 6 大特征：①跨界融合；②创新驱动；③重塑结构；④尊重人性；⑤开放生态；⑥连接一切。

12.5.4 智慧城市

智慧城市就是运用信息和通信技术手段感测、分析、整合城市运行核心系统的各项关键信息，从而对包括民生、环保、公共安全、实现城市服务、工商业活动在内的各种需求做出智能响应。智慧城市是以互联网、物联网、电信网、广电网、无线宽带网等网络组合为基础，以智慧技术高度集成、智慧产业高端发展、智慧服务高效便民为主要特征的城市发展新模式。

智慧城市建设参考模型包含具有依赖关系的 5 层以及 3 个支撑体系。

（1）具有依赖关系的 5 层有：物联感知层、通信网络层、计算与存储层、数据及服务支撑层、智慧应用层。

- 物联感知层：利用监控、传感器、GPS、信息采集等设备，对城市的基础设施、环境、交通、公共安全等信息进行识别、采集、监测。
- 通信网络层：基于电信网、广播电视网、城市专用网、无线网络（例如 WiFi）、移动 4G 为主要接入网，组成通信基础网络。
- 计算与存储层：包括软件资源、存储资源、计算资源。
- 数据及服务支撑层：借助面向服务的体系架构（SOA）、云计算、大数据等技术，通过数据与服务的融合，支持智慧应用层中的各类应用，提供各应用所需的服务、资源。
- 智慧应用层：各种行业、领域的应用，例如智慧交通、智慧园区、智慧社区等。

（2）3 个支撑体系有：安全保障体系、建设和运营管理体系、标准规范体系。

12.5.5 物联网

物联网（Internet of Things），顾名思义就是“物物相联的互联网”。以互联网为基础，将数字化、智能化的物体接入其中，实现自组织互联，是互联网的延伸与扩展；通过嵌入到物体上的各种数字化标识、感应设备，如 RFID 标签、传感器、响应器等，使物体具有可识别、可感知、交互和响应的能力，并通过与 Internet 的集成实现物物相联，构成一个协同的网络信息系统。

物联网的发展离不开物流行业支持，而物流成为物联网最现实的应用之一。物流信息技术是指运用于物流各个环节中的信息技术。根据物流的功能及特点，物流信息技术包括条码技术、RFID 技术、EDI 技术、GPS 技术和 GIS 技术。

12.5.6 移动互联网

移动互联网就是将移动通信和互联网二者结合起来，成为一体。是指互联网的技术、平台、商业模式和应用与移动通信技术结合并实践的活动的总称。

移动互联网技术有：

（1）SOA（面向服务的体系结构）：SOA 一个组件模型，是一种粗粒度、低耦合服务架构，服务之间通过简单、精确定义结构进行通信，不涉及底层编程接口和通信模型。

（2）Web 2.0：Web 2.0 是相对于 Web 1.0 的新的时代。指的是一个利用 Web 平台，由用户主导而生成的内容互联网产品模式，为了区别传统的由网站雇员主导生成的内容而定义为第二代互联网，Web 2.0 是一个新的时代。

在 Web 2.0 模式下，可以不受时间和地域的限制分享、发布各种观点；在 Web 2.0 模式下，聚集的是对某个或者某些问题感兴趣的群体；平台对于用户来说是开放的，而且用户因为兴趣而保持比较高的忠诚度，他们会积极地参与其中。

（3）HTML 5：互联网核心语言、超文本标记语言（HTML）的第五次重大修改。HTML5 的设计目的是在移动设备上支持多媒体。

（4）Android：一种基于 Linux 的自由及开放源代码的操作系统，主要使用于移动设备，如智能手机和平板电脑，由 Google 公司和开放手机联盟领导及开发。

（5）iOS：由苹果公司开发的移动操作系统。

12.5.7　人工智能

人工智能（Artificial Intelligence，AI）是研究、开发用于模拟、延伸和扩展人的智能的理论、方法、技术及应用系统的一门新的技术科学。人工智能是一门研究计算机模拟人的思维过程和智能行为（如学习、推理、思考、规划等）的学科。AI 不仅是基于大数据的系统，更是具有学习能力的系统。

典型的人工智能应用有人脸识别、语音识别、机器翻译、智能决策等。

第 13 章　知识产权相关法规

软设中的知识产权部分考点涉及《中华人民共和国著作权法》《中华人民共和国专利法》《中华人民共和国商标法》等法律的重要条款。其中，重点考查《中华人民共和国著作权法》《中华人民共和国商标法》两部法律法规。每次考试考查的分值为 0～2 分，属于零星考点。

根据我国《民法通则》的规定，知识产权是指公民、法人、非法人单位对自己的创造性智力成果和其他科技成果依法享有的民事权。知识产权由人身权利和财产权利两部分构成，也称之为精神权利和经济权利。

知识产权的权利主体是知识产权的权利所有人，包括著作权人、专利权人、商标权人等。知识产权产权利主体既可以是自然人，也可以是法人和非法人组织，甚至可以是国家。

知识产权可分为两大类：第一类是创造性成果权利，包括专利权、集成电路权、版权（著作权）、软件著作权等；第二类是识别性标记权，包括商标权、商号权（厂商名称权）、其他与制止不正当竞争有关的识别性标记权利（如产地名称等）。

我国知识产权相关法律、法规有：

（1）知识产权法律，如《中华人民共和国著作权法》《中华人民共和国专利法》《中华人民共和国商标法》。

（2）知识产权行政法规。其主要有著作权法实施条例、计算机软件保护条例、专利法实施细则、商标法实施条例、知识产权海关保护条例、植物新品种保护条例、集成电路布图设计保护条例等。

本章考点知识结构图如图13-0-1所示。

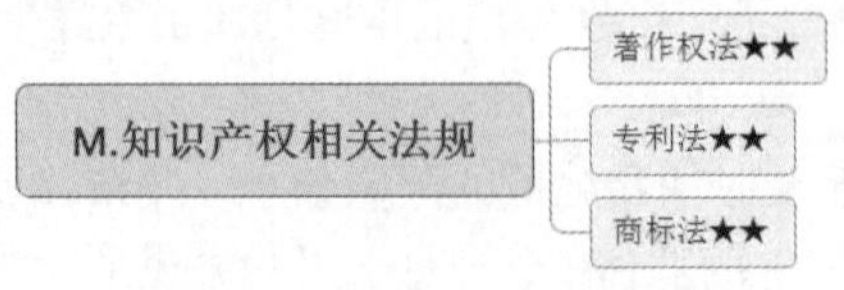

图13-0-1　考点知识结构图

13.1　著作权法

《中华人民共和国著作权法》考查对法律条文的理解，所以复习过程中，只需要理解条文而不需要背诵条文。《中华人民共和国著作权法》中曾被考查过的条款有：

第三条　本法所称的作品，包括以下列形式创作的文学、艺术和自然科学、社会科学、工程技术等作品：

（一）文字作品；

（二）口述作品；

（三）音乐、戏剧、曲艺、舞蹈、杂技艺术作品；

（四）美术、建筑作品；

（五）摄影作品；

（六）电影作品和以类似摄制电影的方法创作的作品；

（七）工程设计图、产品设计图、地图、示意图等图形作品和模型作品；

（八）计算机软件；

（九）法律、行政法规规定的其他作品。

第十条　著作权包括下列人身权和财产权：

（一）发表权，即决定作品是否公之于众的权利；

（二）署名权，即表明作者身份，在作品上署名的权利；

（三）修改权，即修改或者授权他人修改作品的权利；

（四）保护作品完整权，即保护作品不受歪曲、篡改的权利；

（五）复制权，即以印刷、复印、拓印、录音、录像、翻录、翻拍等方式将作品制作一份或者多份的权利；

（六）发行权，即以出售或者赠与方式向公众提供作品的原件或者复制件的权利；

（七）出租权，即有偿许可他人临时使用电影作品和以类似摄制电影的方法创作的作品、计算机软件的权利，计算机软件不是出租的主要标的的除外；

（八）展览权，即公开陈列美术作品、摄影作品的原件或者复制件的权利；

（九）表演权，即公开表演作品，以及用各种手段公开播送作品的表演的权利；

（十）放映权，即通过放映机、幻灯机等技术设备公开再现美术、摄影、电影和以类似摄制电影的方法创作的作品等的权利；

（十一）广播权，即以无线方式公开广播或者传播作品，以有线传播或者转播的方式向公众传播广播的作品，以及通过扩音器或者其他传送符号、声音、图像的类似工具向公众传播广播的作品的权利；

（十二）信息网络传播权，即以有线或者无线方式向公众提供作品，使公众可以在其个人选定的时间和地点获得作品的权利；

（十三）摄制权，即以摄制电影或者以类似摄制电影的方法将作品固定在载体上的权利；

（十四）改编权，即改变作品，创作出具有独创性的新作品的权利；

（十五）翻译权，即将作品从一种语言文字转换成另一种语言文字的权利；

（十六）汇编权，即将作品或者作品的片段通过选择或者编排，汇集成新作品的权利；

（十七）应当由著作权人享有的其他权利。

第十三条　两人以上合作创作的作品，著作权由合作作者共同享有。没有参加创作的人，不能成为合作作者。

合作作品可以分割使用的，作者对各自创作的部分可以单独享有著作权，但行使著作权时不得侵犯合作作品整体的著作权。

第十六条　公民为完成法人或者其他组织工作任务所创作的作品是职务作品，除本条第二款的规定以外，著作权由作者享有，但法人或者其他组织有权在其业务范围内优先使用。作品完成两年内，未经单位同意，作者不得许可第三人以与单位使用的相同方式使用该作品。

有下列情形之一的职务作品，作者享有署名权，著作权的其他权利由法人或者其他组织享有，法人或者其他组织可以给予作者奖励：

（一）主要是利用法人或者其他组织的物质技术条件创作，并由法人或者其他组织承担责任的工程设计图、产品设计图、地图、计算机软件等职务作品；

（二）法律、行政法规规定或者合同约定著作权由法人或者其他组织享有的职务作品。

第十七条　受委托创作的作品，著作权的归属由委托人和受托人通过合同约定。**合同未作明确约定或者没有订立合同的，著作权属于受托人。**

第二十条　作者的署名权、修改权、保护作品完整权的**保护期不受限制**。

第二十一条　公民的作品，其发表权、本法第十条第一款第（五）项至第（十七）项规定的权利的**保护期为作者终生及其死亡后五十年**，截止于作者死亡后第五十年的12月31日；如果是**合作作品，截止于最后死亡的作者死亡后第五十年的12月31日**。

法人或者其他组织的作品、著作权（署名权除外）由法人或者其他组织享有的职务作品，其发表权、本法第十条第一款第（五）项至第（十七）项规定的权利的保护期为五十年，截止于作品首次发表后第五十年的12月31日，但作品自创作完成后五十年内未发表的，本法不再保护。

第二十二条　在下列情况下使用作品，可以不经著作权人许可，不向其支付报酬，但应当指明作者姓名、作品名称，并且不得侵犯著作权人依照本法享有的其他权利：

（一）为个人学习、研究或者欣赏，使用他人已经发表的作品；

（二）为介绍、评论某一作品或者说明某一问题，在作品中适当引用他人已经发表的作品；

（三）为报道时事新闻，在报纸、期刊、广播电台、电视台等媒体中不可避免地再现或者引用已经发表的作品；

（四）报纸、期刊、广播电台、电视台等媒体刊登或者播放其他报纸、期刊、广播电台、电视台等媒体已经发表的关于政治、经济、宗教问题的时事性文章，但作者声明不许刊登、播放的除外；

（五）报纸、期刊、广播电台、电视台等媒体刊登或者播放在公众集会上发表的讲话，但作者声明不许刊登、播放的除外；

（六）为学校课堂教学或者科学研究，翻译或者少量复制已经发表的作品，供教学或者科研人员使用，但不得出版发行；

（七）国家机关为执行公务在合理范围内使用已经发表的作品；

（八）图书馆、档案馆、纪念馆、博物馆、美术馆等为陈列或者保存版本的需要，复制本馆收藏的作品；

（九）免费表演已经发表的作品，该表演未向公众收取费用，也未向表演者支付报酬；

（十）对设置或者陈列在室外公共场所的艺术作品进行临摹、绘画、摄影、录像；

（十一）将中国公民、法人或者其他组织已经发表的以汉语言文字创作的作品翻译成少数民族语言文字作品在国内出版发行；

（十二）将已经发表的作品改成盲文出版。

前款规定适用于对出版者、表演者、录音录像制作者、广播电台、电视台的权利的限制。

第二十三条　为实施九年制义务教育和国家教育规划而编写出版教科书，除作者事先声明不许使用的外，可以不经著作权人许可，在教科书中汇编已经发表的作品片段或者短小的文字作品、音乐作品或者单幅的美术作品、摄影作品，但应当按照规定支付报酬，指明作者姓名、作品名称，并且不得侵犯著作权人依照本法享有的其他权利。

前款规定适用于对出版者、表演者、录音录像制作者、广播电台、电视台的权利的限制。

第二十四条　使用他人作品应当同著作权人订立许可使用合同，本法规定可以不经许可的除外。

许可使用合同包括下列主要内容：

（一）许可使用的权利种类；

（二）许可使用的权利是专有使用权或者非专有使用权；

（三）许可使用的地域范围、期间；

（四）付酬标准和办法；

（五）违约责任；

（六）双方认为需要约定的其他内容。

第二十五条　转让本法第十条第一款第（五）项至第（十七）项规定的权利，应当订立书面合同。

权利转让合同包括下列主要内容：

（一）作品的名称；

（二）转让的权利种类、地域范围；

（三）转让价金；

（四）交付转让价金的日期和方式；

（五）违约责任；

（六）双方认为需要约定的其他内容。

13.2 专利法

《中华人民共和国专利法》中曾被考查过的条款有：

第二条 本法所称的发明创造是指发明、实用新型和外观设计。

发明，是指对产品、方法或者其改进所提出的新的技术方案。

实用新型，是指对产品的形状、构造或者其结合所提出的适于实用的新的技术方案。

外观设计，是指对产品的形状、图案或者其结合以及色彩与形状、图案的结合所作出的富有美感并适于工业应用的新设计。

第三条 **国务院**专利行政部门负责管理全国的专利工作；统一受理和审查专利申请，依法授予专利权。

省、自治区、直辖市人民政府管理专利工作的部门负责本行政区域内的专利管理工作。

第六条 执行本单位的任务或者主要是利用本单位的物质技术条件所完成的发明创造为职务发明创造。职务发明创造申请专利的权利属于该单位；申请被批准后，该单位为专利权人。

非职务发明创造，申请专利的权利属于发明人或者设计人；申请被批准后，该发明人或者设计人为专利权人。

利用本单位的物质技术条件所完成的发明创造，单位与发明人或者设计人订有合同，对申请专利的权利和专利权的归属作出约定的，从其约定。

第七条 对发明人或者设计人的非职务发明创造专利申请，任何单位或者个人不得压制。

第八条 两个以上单位或者个人合作完成的发明创造、一个单位或者个人接受其他单位或者个人委托所完成的发明创造，除另有协议的以外，申请专利的权利属于完成或者共同完成的单位或者个人；申请被批准后，申请的单位或者个人为专利权人。

第九条 **同样的发明创造只能授予一项专利权**。但是，同一申请人同日对同样的发明创造既申请实用新型专利又申请发明专利，先获得的实用新型专利权尚未终止，且申请人声明放弃该实用新型专利权的，可以授予发明专利权。

两个以上的申请人分别就同样的发明创造申请专利的，**专利权授予最先申请的人**。

第十一条 发明和实用新型专利权被授予后，除本法另有规定的以外，任何单位或者个人未经专利权人许可，都不得实施其专利，即**不得为生产经营目的制造、使用、许诺销售、销售、进口其专利产品**，或者使用其专利方法以及使用、许诺销售、销售、进口依照该专利方法直接获得的产品。

外观设计专利权被授予后，任何单位或者个人未经专利权人许可，都不得实施其专利，即**不得为生产经营目的制造、许诺销售、销售、进口其外观设计专利产品**。

第二十二条 授予专利权的发明和实用新型，应当具备新颖性、创造性和实用性。

新颖性，是指该发明或者实用新型不属于现有技术；也没有任何单位或者个人就同样的发明或者实用新型在申请日以前向国务院专利行政部门提出过申请，并记载在申请日以后公布的专利申请文件或者公告的专利文件中。

创造性，是指与现有技术相比，该发明具有突出的实质性特点和显著的进步，该实用新型具有实质性特点和进步。

实用性，是指该发明或者实用新型能够制造或者使用，并且能够产生积极效果。

本法所称现有技术，是指申请日以前在国内外为公众所知的技术。

第二十三条 授予专利权的外观设计，应当不属于现有设计；也没有任何单位或者个人就同样的外观设计在申请日以前向国务院专利行政部门提出过申请，并记载在申请日以后公告的专利文件中。

授予专利权的外观设计与现有设计或者现有设计特征的组合相比，应当具有明显区别。

授予专利权的外观设计不得与他人在申请日以前已经取得的合法权利相冲突。

本法所称现有设计，是指申请日以前在国内外为公众所知的设计。

第二十四条 申请专利的发明创造在申请日以前六个月内，有下列情形之一的，不丧失新颖性：

（一）在中国政府主办或者承认的国际展览会上首次展出的；

（二）在规定的学术会议或者技术会议上首次发表的；

（三）他人未经申请人同意而泄露其内容的。

第二十五条 对下列各项，不授予专利权：

（一）科学发现；

（二）智力活动的规则和方法；

（三）疾病的诊断和治疗方法；

（四）动物和植物品种；

（五）用原子核变换方法获得的物质；

（六）对平面印刷品的图案、色彩或者二者的结合作出的主要起标识作用的设计。

对前款第（四）项所列产品的生产方法，可以依照本法规定授予专利权。

第二十八条 国务院专利行政部门收到专利申请文件之日为申请日。如果申请文件是邮寄的，以寄出的邮戳日为申请日。

第二十九条 申请人自发明或者实用新型**在外国第一次提出专利申请之日起十二个月内**，或者**自外观设计在外国第一次提出专利申请之日起六个月内**，又在中国就相同主题提出专利申请的，依照该外国同中国签订的协议或者共同参加的国际条约，或者依照相互承认优先权的原则，可以享有优先权。

申请人自发明或者实用新型**在中国第一次提出专利申请之日起十二个月内**，又向国务院专利行政部门就相同主题提出专利申请的，可以享有优先权。

第三十五条 发明专利申请自申请日起三年内，国务院专利行政部门可以根据申请人随时提出的请求，对其申请进行实质审查；申请人无正当理由逾期不请求实质审查的，该申请即被视为撤回。

第四十二条 发明专利权的期限为二十年，实用新型专利权和外观设计专利权的期限为十年，均自申请日起计算。

第四十三条 专利权人应当自被授予专利权的当年开始**缴纳年费**。

第四十八条 有下列情形之一的，国务院专利行政部门根据具备实施条件的单位或者个人的申请，可以给予实施发明专利或者实用新型专利的强制许可：

（一）专利权人自专利权被授予之日起满三年，且自提出专利申请之日起满四年，无正当理由未实施或者未充分实施其专利的；

（二）专利权人行使专利权的行为被依法认定为垄断行为，为消除或者减少该行为对竞争产生的不利影响的。

第四十九条 在国家出现紧急状态或者非常情况时，或者为了公共利益的目的，国务院专利行政部门可以给予实施发明专利或者实用新型专利的强制许可。

第五十条 为了公共健康目的，对取得专利权的药品，国务院专利行政部门可以给予制造并将其出口到符合中华人民共和国参加的有关国际条约规定的国家或者地区的强制许可。

第六十九条 有下列情形之一的，不视为侵犯专利权：

（一）专利产品或者依照专利方法直接获得的产品，由专利权人或者经其许可的单位、个人售出后，使用、许诺销售、销售、进口该产品的；

（二）在专利申请日前已经制造相同产品、使用相同方法或者已经作好制造、使用的必要准备，并且仅在原有范围内继续制造、使用的；

（三）临时通过中国领陆、领水、领空的外国运输工具，依照其所属国同中国签订的协议或者共同参加的国际条约，或者依照互惠原则，为运输工具自身需要而在其装置和设备中使用有关专利的；

（四）专为科学研究和实验而使用有关专利的；

（五）为提供行政审批所需要的信息，制造、使用、进口专利药品或者专利医疗器械的，以及专门为其制造、进口专利药品或者专利医疗器械的。

13.3 商标法

《中华人民共和国商标法》中曾被考查过的条款有：

第三条 经商标局核准注册的商标为**注册商标**，包括商品商标、服务商标和集体商标、证明商标；商标注册人享有商标专用权，受法律保护。

本法所称**集体商标**，是指以团体、协会或者其他组织名义注册，供该组织成员在商事活动中使用，以表明使用者在该组织中的成员资格的标志。

本法所称**证明商标**，是指由对某种商品或者服务具有监督能力的组织所控制，而由该组织以外的单位或者个人使用于其商品或者服务，用以证明该商品或者服务的原产地、原料、制造方法、质量或者其他特定品质的标志。

第五条 两个以上的自然人、法人或者其他组织可以共同向商标局申请注册同一商标，共同享有和行使该商标专用权。

第二十八条 对申请注册的商标，商标局应当自收到商标注册申请文件之日起九个月内审查完毕，符合本法有关规定的，予以初步审定公告。

第三十九条 **注册商标的有效期为十年**，自核准注册之日起计算。

第四十条 注册商标有效期满，需要继续使用的，商标注册人应当在期满**前十二个月**内按照规定办理续展手续；在此期间未能办理的，可以给予**六个月的宽展期**。每次续展注册的有效期为十年，自该商标上一届有效期满次日起计算。期满未办理续展手续的，注销其注册商标。

商标局应当对续展注册的商标予以公告。

第五十八条 将他人注册商标、未注册的驰名商标作为企业名称中的字号使用，误导公众，构成不正当竞争行为的，依照《中华人民共和国反不正当竞争法》处理。

《中华人民共和国商标法实施条例》是根据《中华人民共和国商标法》制定。考查过的条款有：

第十九条 两个或者两个以上的申请人，在同一种商品或者类似商品上，分别以相同或者近似的商标在同一天申请注册的，各申请人应当自收到商标局通知之日起 30 日内提交其申请注册前在先使用该商标的证据。同日使用或者均未使用的，各申请人可以自收到商标局通知之日起 30 日内自行协商，并将书面协议报送商标局；不愿协商或者协商不成的，商标局通知各申请人以抽签的方式确定一个申请人，驳回其他人的注册申请。商标局已经通知但申请人未参加抽签的，视为放弃申请，商标局应当书面通知未参加抽签的申请人。

13.4 计算机软件保护条例

《计算机软件保护条例》和《中华人民共和国著作权法》是我国保护计算机软件著作权的基本法律文件。计算机软件著作权的**保护对象是指软件著作权权利人**。

《计算机软件保护条例》（2013 修订）的重要条款有：

第二条 本条例所称计算机软件（以下简称软件），是指**计算机程序及其有关文档**。

第三条 本条例下列用语的含义：（一）计算机程序，是指为了得到某种结果而可以由计算机等具有信息处理能力的装置执行的代码化指令序列，或者可以被自动转换成代码化指令序列的符号化指令序列或者符号化语句序列。同一计算机程序的源程序和目标程序为同一作品。（二）文档，是指用来描述程序的内容、组成、设计、功能规格、开发情况、测试结果及使用方法的文字资料和图表等，如程序设计说明书、流程图、用户手册等。（三）软件开发者，是指实际组织开发、直接进行开发，并对开发完成的软件承担责任的法人或者其他组织；或者依靠自己具有的条件独立完成软件开发，并对软件承担责任的自然人。（四）软件著作权人，是指依照本条例的规定，对软件享有著作权的自然人、法人或者其他组织。

第四条 受本条例保护的软件必须由开发者独立开发，并已固定在某种有形物体上。

第八条 软件著作权人享有下列各项权利：（一）发表权，即决定软件是否公之于众的权利；（二）署名权，即表明开发者身份，在软件上署名的权利；（三）修改权，即对软件进行增补、删节，或者改变指令、语句顺序的权利；（四）复制权，即将软件制作一份或者多份的权利；（五）发行权，即以出售或者赠与方式向公众提供软件的原件或者复制件的权利；（六）出租权，即有偿许可他人临时使用软件的权利，但是软件不是出租的主要标的的除外；（七）信息网络传播权，即以有线或者无线方式向公众提供软件，使公众可以在其个人选定的时间和地点获得软件的权利；（八）翻译权，即将原软件从一种自然语言文字转换成另一种自然语言文字的权利；（九）应当由软件著作权人享有的其他权利。软件著作权人可以许可他人行使其软件著作权，并有权获得报酬。软件著作权人可以全部或者部分转让其软件著作权，并有权获得报酬。

第十一条 接受他人委托开发的软件，其著作权的归属由委托人与受托人签订书面合同约定；

无书面合同或者合同未作明确约定的，其著作权由受托人享有。

第十三条　自然人在法人或者其他组织中任职期间所开发的软件有下列情形之一的，**该软件著作权由该法人或者其他组织享有，该法人或者其他组织可以对开发软件的自然人进行奖励：**（一）针对本职工作中明确指定的开发目标所开发的软件；（二）开发的软件是从事本职工作活动所预见的结果或者自然的结果；（三）主要使用了法人或者其他组织的资金、专用设备、未公开的专门信息等物质技术条件所开发并由法人或者其他组织承担责任的软件。

第十四条　软件著作权自软件开发完成之日起产生。自然人的软件著作权，保护期为自然人终生及其死亡后 50 年，截止于自然人死亡后第 50 年的 12 月 31 日；软件是合作开发的，截止于最后死亡的自然人死亡后第 50 年的 12 月 31 日。法人或者其他组织的软件著作权，保护期为 50 年，截止于软件首次发表后第 50 年的 12 月 31 日，但软件自开发完成之日起 50 年内未发表的，本条例不再保护。

第 14 章　标准化

标准化部分涉及的知识点有标准化概述、标准化分类、标准的代号和名称、ISO 9000、ISO 15504 等。软设考试近几年几乎没有考查过这部分的知识，属于零星考点。

本章考点知识结构图如图 14-0-1 所示。

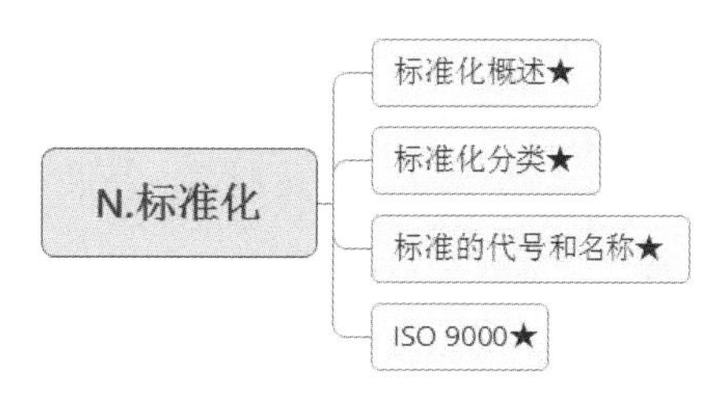

图 14-0-1　考点知识结构图

14.1　标准化概述

“标准”是对重复性事物和概念所做的统一规定，它以科学、技术和实践经验的综合为基础，经过有关方面协商一致，由主管机构批准，以特定的形式发布，作为共同遵守的准则和依据。

标准化是指在经济、技术、科学和管理等社会实践中，对重复性的事物和概念，通过制订、发布和实施标准达到统一，以获得最佳秩序和社会效益。

按照国务院授权，在国家质量监督检验检疫总局管理下，国家标准化管理委员会统一管理全国标准化工作。全国信息技术标准化技术委员会在国家标管委领导下，负责信息技术领域国家标准的规划和制订工作。

14.2 标准化分类

按使用范围分类，标准可分为以下几种。

（1）国际标准：ISO（国际标准化组织）、IEC（国际电工委员会）。

（2）国家标准：GB（中华人民共和国国家标准）、ANSI（美国国家标准）、BS（英国国家标准）、JIS（日本工业标准）。

（3）区域标准：PASC（太平洋地区标准会议）、CEN（欧洲标准委员会）、ASAC（亚洲标准咨询委员会）、ARSO（非洲地区标准化组织）。

（4）行业标准：GJB（中华人民共和国国家军用标准）、IEEE（美国电气和电子工程师学会标准）、DOD-STD（美国国防部标准）。

按标准的性质可以分为管理标准、技术标准、工作标准。

按照《中华人民共和国标准法》的规定，我国标准分为国家标准、地方标准、行业标准、企业标准。

根据法律约束性可以分为强制性标准、推荐性标准。

14.3 标准的代号和名称

（1）我国国家标准代号：强制性标准代号为 GB、推荐性标准代号为 GB/T、指导性标准代号为 GB/Z、实物标准代号 GSB。

（2）行业标准代号：由汉语拼音大写字母组成（如电力行业为 DL）。

（3）地方标准代号：由 DB 加上省级行政区划代码的前两位。

（4）企业标准代号：由 Q 加上企业代号组成。

14.4 ISO 9000

ISO 9000 系列为项目管理工作提供了一个基础平台，是质量管理系统化、文件化、规范化的基础。

ISO 9000 系列可帮助各种类型和规模的组织实施并运行有效的质量管理体系，能够帮助组织增进顾客满意度，包括 ISO 9000、ISO 9001、ISO 9004、ISO 19011 等标准。ISO 9000 具体标准见表 14-4-1。

表 14-4-1 ISO 9000 系列标准

名称	概念
ISO 9000	表述质量管理体系基础知识并规定质量管理体系**术语**
ISO 9001	规定质量管理体系**要求**
ISO 9004	提供考虑质量管理体系的有效性和效率两方面**指南**
ISO 19011	提供**审核**质量和环境管理体系指南

第15章 经典案例分析

按照软考命题的模式，软件设计师下午案例题一般有6道大题（但只需要做5道题），每题15分，满分75分。题型主要以问答题和程序题的形式出现。

本章根据典型的数据流图、E-R图、UML、C程序、Java程序等方向的考题进行专题讲解。

15.1 数据流程图案例分析

数据流程图是每年的软件设计师下午题的第一题，从近些年的试题来看，形成了一个出题**“四步”**模式：

第1步：填入实体名称。

第2步：再填入存储名称或处理名称。

第3步：补充缺失的数据流及其起点和终点。

第4步：再根据具体问题进行回答。

前3步是相对固定的，最后一步则变化较大。那么，至少针对前3步，我们有了特定的解题思路和方法。

首先，需要认真读题，读题的时候用铅笔标出系统的使用者和涉及的用户，一般而言，这些“名词”（记住一定是名词）往往就是可能的解题候选答案。

第2步的“存储名称”或“处理名称”，需要仔细看图，找到输入和输出的箭头，重点放在箭头上的文字，如果是“存储名称”，则根据箭头提示的文字，将其“集合化”，比如是考试信息，那么可以给“存储名称”命名“考试信息表”或“考试信息”。如果是“处理名称”，需要根据该处理的输入和输出适当起名。

第3步的“补充缺失的数据流及其起点和终点”，首先需要认真核对上下文数据流图（顶层的数据流程图），然后对比0层数据流图（下一层的数据流程图），确认在层层展开时，上一层的信息是否在下一层得以保留（或分化）。如果下一层的数据流和上一层对应不上，那么就说明有缺失。此处可采用画范围线的方法，按照上一层的范围，在本层画出对应范围圈。若范围、数据流等对应没有问题（数据流守恒），那么需要把重点放在本层的存储和实体上。一般而言，存储应该是既有“输入”，又有“输出”的。此外，严格对照题目中信息，进行对比，看是否存在对题目中信息的“遗漏”，若存在遗漏，则说明存在缺失数据流，对照题目信息补上，即可完成解答。

第4步的问题一般出题模式各不相同，需要具体情况具体分析。但是，解题时依旧需要认真读题、仔细看图，抓住关键词句下手。

【例1】阅读下列说明和图，回答问题1至问题4。

【说明】某大学为进一步推进无纸化考试，欲开发一考试系统。系统管理员能够创建包括专业方向、课程编号、任课教师等相关考试基础信息，教师和学生进行考试相关的工作。系统与考试有关的主要功能如下。

（1）考试设置。教师制订试题（题目和答案），制订考试说明、考试时间和提醒时间等考试信息，录入参加考试的学生信息，并分别进行存储。

（2）显示并接收解答。根据教师设定的考试信息，在考试有效时间内向学生显示考试说明和题目，根据设定的考试提醒时间进行提醒，并接收学生的解答。

（3）处理解答。根据答案对接收到的解答数据进行处理，然后将解答结果进行存储。

（4）生成成绩报告。根据解答结果生成学生个人成绩报告，供学生查看。

（5）生成成绩单。对解答结果进行核算后生成课程成绩单供教师查看。

（6）发送通知。根据成绩报告数据，创建通知数据并将通知发送给学生；根据成绩单数据，创建通知数据并将通知发送给教师。

现采用结构化方法对考试系统进行分析与设计，获得如图 15-1-1 所示的上下文数据流图和图 15-1-2 所示的 0 层数据流图。

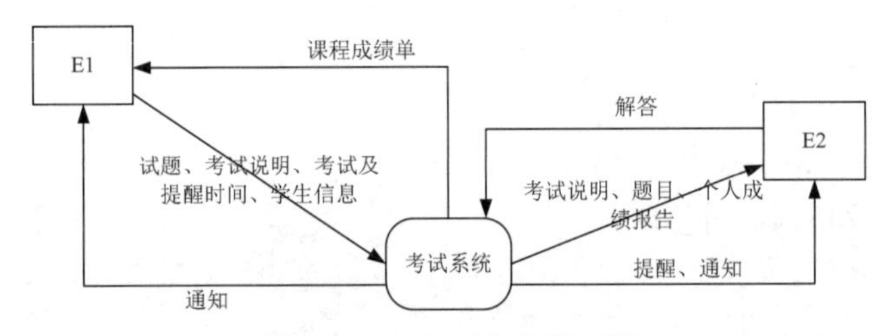

图 15-1-1　上下文数据流图

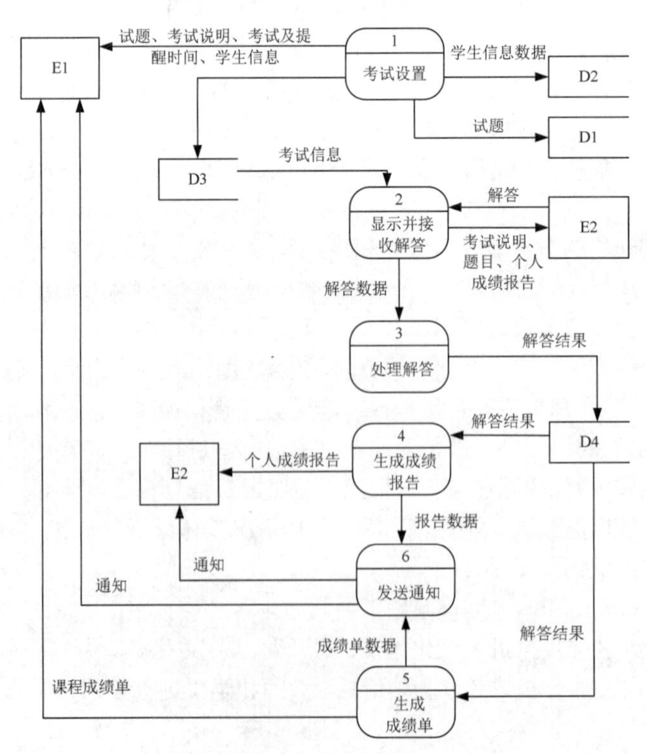

图 15-1-2　0 层数据流图

【问题 1】

使用说明中的术语，给出图 15-1-1 中的实体 E1～E2 的名称。

【解题思路】读题目，题目中给出了系统管理员、教师、学生 3 个“实体”名词，再看一下数据流，试题肯定是教师出题后发给考试系统，而学生则解答试题、看到个人的成绩报告。所以 E1 应该是教师，而 E2 则是学生。

【参考答案】

E1：教师　　E2：学生

【问题 2】

使用说明中的术语，给出图 15-1-2 中的数据存储 D1～D4 的名称。

【解题思路】根据箭头提示的文字，D1 的箭头是试题（包括答案和题目），D2 是学生信息数据（类化为学生信息），D3 是考试信息，D4 是解答结果。那么很容易得到答案。

【参考答案】

D1：试题（表）或题目和答案（表）　　D2：学生信息（表）

D3：考试信息（表）　　D4：解答结果（表）

【问题 3】

根据说明和图中术语，补充图 15-1-2 中缺失的数据流及其起点和终点。

【解题思路】首先对照审查“上下文数据流图”和“0 层数据流图”，发现并没有数据流守恒问题。核查“存储”，发现 D1 只有输入没有输出。很显然 2 处需要试题（题目）才能让学生进行解答，3 处需要试题的答案才能进行处理得出学生成绩，同时不要忘了在数据流上标明文字。故有起点为 D1，终点 2 的数据流为考试题目；起点为 D1，终点 2 的数据流为考试答案。

【参考答案】

数据流	起点	终点
题目	D1 或试题（表）或题目和答案（表）	2 或显示并接收解答
答案	D1 或试题（表）或题目和答案（表）	3 或处理解答

【问题 4】

图 15-1-2 所示的数据流图中，功能“6 发送通知”包含创建通知并发送给学生或老师。请分解图 15-1-2 中加工“6”，将分解出的加工和数据流填入答题纸的对应栏内（注：数据流的起点和终点须使用加工的名称描述）。

【解题思路】题目中给出了“包含创建通知并发送给学生或老师”，动词为“创建”“发送”，对象是“学生”“老师”，针对学生，自然是生成成绩单，而针对老师显然则是成绩报告。所以创建通知要针对学生和老师分开。

【参考答案】

分解为：创建通知；发送通知

数据流	起点	终点
报告数据	生成成绩报告	创建通知
成绩单数据	生成成绩单	创建通知
通知数据	创建通知	发送通知

【例 2】 阅读下列说明和图，回答问题 1 至问题 4。

【说明】 某医疗器械公司作为复杂医疗产品的集成商，必须保持高质量部件的及时供应。为了实现这一目标，该公司欲开发一采购系统。系统的主要功能如下：

（1）检查库存水平。采购部门每天检查部件库存量，当特定部件的库存量降至其订货点时，返回低存量部件及库存量。

（2）下达采购订单。采购部门针对低存量部件及库存量提交采购请求，向其供应商（通过供应商文件访问供应商数据）下达采购订单，并存储于采购订单文件中。

（3）交运部件。当供应商提交提单并交运部件时，运输和接收（S/R）部门通过执行以下 3 步过程接收货物：

1）验证装运部件。通过访问采购订单并将其与提单进行比较来验证装运的部件，并将提单信息发给 S/R 职员。如果收货部件项目出现在采购订单和提单上，则已验证的提单和收货部件项目将被送去检验。否则，将 S/R 职员提交的装运错误信息生成装运错误通知发送给供应商。

2）检验部件质量。通过访问质量标准来检查装运部件的质量，并将已验证的提单发给检验员。如果部件满足所有质量标准，则将其添加到接受的部件列表用于更新部件库存。如果部件未通过检查，则将检验员创建的缺陷装运信息生成缺陷装运通知发送给供应商。

3）更新部件库存。库管员根据收到的接受的部件列表添加本次采购数量，与原有库存量累加来更新库存部件中的库存量。标记订单采购完成。

现采用结构化方法对该采购系统进行分析与设计，获得如图 15-1-3 所示的上下文数据流图和图 15-1-4 所示的 0 层数据流图。

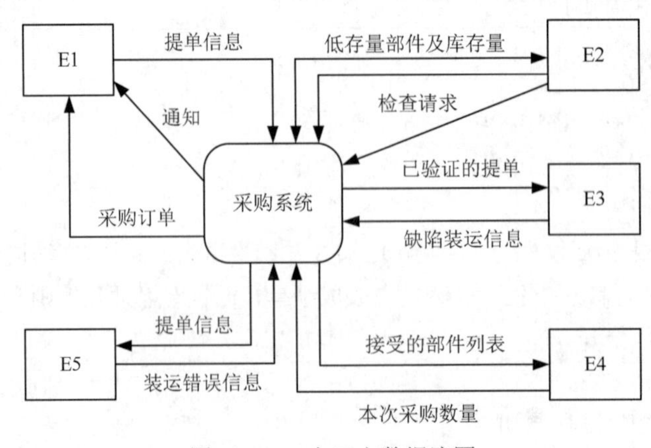

图 15-1-3　上下文数据流图

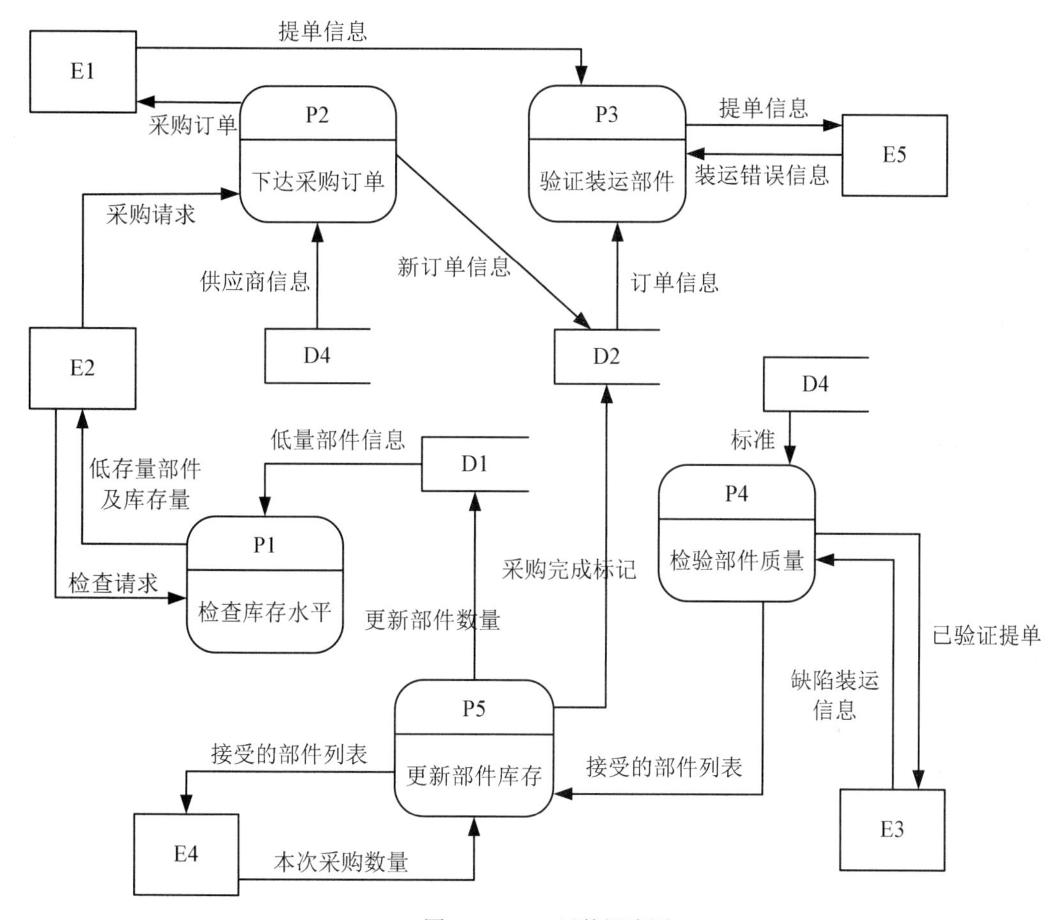

图 15-1-4 0 层数据流图

【问题 1】

使用说明中的术语，给出图 15-1-3 中的实体 E1～E5。

【解题思路】读题目，题目中给出了采购部门、供应商、运输和接收（S/R）部门、S/R 职员、检验员、库管员等实体名词，采购订单是发送给供应商的，显然 E1 是供应商。只有采购部门才会向系统提出采购请求，因此 E2 是采购部门。再查文中的文字“并将已验证的提单发给检验员”，可见 E3 是检验员。再读文中文字，“库管员根据收到的接受的部件列表”，E4 是库管员。“将检验员创建的缺陷装运信息生成缺陷装运通知发送”说明 E5 是 S/R 职员。

【参考答案】

E1：供应商 E2：采购部门 E3：检验员 E4：库管员 E5：S/R 职员

【问题 2】

使用说明中的术语，给出图 15-1-4 中的数据存储 D1～D4 的名称。

【解题思路】根据箭头提示的文字，D1 的箭头是部件信息，加之处理均含有“库存”二字，因此 D1 是库存表。D2 是订单数据，可以写采购订单表（订单表），D3 输出是标准信息，D 结合文字描述，起名质量标准（信息）表比较合适，D4 输出流供应商信息，那么很容易得到答案供应商表或供应商信息表。

【参考答案】

D1：库存表　D2：采购订单表　D3：质量标准表　D4：供应商表

【问题 3】

根据说明和图中术语，补充图 15-1-4 中缺失的数据流及其起点和终点。

【解题思路】缺失的数据流需要根据数据流程图上下层分解守恒以及从文字说明中进行比对。本题显然需要从题目的文字中进行摘取，题目中已经说了“采购部门每天检查部件库存量”，只看到返回数据流而没有看到输入数据流，因此说明有缺失。同理，产品送检、装运错误通知、缺陷装运通知在题目中也都给出了相应的文字（需要提炼文字），但在图中没有画出来。

【参考答案】

检查库存信息：P1（检查库存水平）→D1（部件库存表）

产品送检：　P3（验证装运部件）→P4（检验部件质量）

装运错误通知：P3（验证装运部件）→E1（供应商）

缺陷装运通知：P4（检验部件质量）→E1（供应商）

【问题 4】

用 200 字以内文字，说明建模图 15-1-3 和图 15-1-4 时如何保持数据流图平衡。

【解题思路】自顶向下，逐步分解、数据流守恒（黑盒出口处）。

【参考答案】

父图中某个加工的输入/输出数据流必须与其子图的输入/输出数据流在数量上和内容上保持一致。父图的一个输入（或输出）数据流对应子图中几个输入（或输出）数据流，而子图中组成的这些数据流的数据项全体正好是父图中的这一个数据流。

15.2 E-R 图案例分析

解答 E-R 图的题目，重点放在实体联系和范式上。首先，读题要仔细，实体只可能是名词，大多是实体名词而非抽象名词，比如公司、部门、角色（经理、员工）等，重点划线。实体和实体间的数量关系根据文中提示进行判断。比如“每个部门只有一名主管”，那说明部门和主管间的关系是 1:1。“每个部门有多名员工，每名员工只能隶属于一个部门。”那说明部门和员工的关系是 1:M 的一对多关系。

其次是范式，很多资料的定义非常抽象，难以理解。这里再次给出范式的判断：

（1）属性不可分割是第一范式（1NF）。

（2）存在传递依赖是第二范式（2NF）。

（3）不存在非主属性传递依赖是第三范式（3NF）。

【例 1】阅读下列说明，回答问题 1 至问题 4。

【说明】某集团公司拥有多个分公司，为了方便集团公司对分公司各项业务活动进行有效管理，集团公司决定构建一个信息系统以满足公司的业务管理需求。

【需求分析】

（1）分公司关系需要记录的信息包括分公司编号、名称、经理、联系地址和电话。分公司编号唯一标识分公司信息中的每一个元组。每个分公司只有一名经理，负责该分公司的管理工作。每个分公司设立仅为本分公司服务的多个业务部门，如研发部、财务部、采购部、销售部等。

（2）部门关系需要记录的信息包括部门号、部门名称、主管号、电话和分公司编号。部门号唯一标识部门信息中的每一个元组。每个部门只有一名主管，负责部门的管理工作。每个部门有多名员工，每名员工只能隶属于一个部门。

（3）员工关系需要记录的信息包括员工号、姓名、隶属部门、岗位、电话和基本工资。其中，员工号唯一标识员工信息中的每一个元组。岗位包括：经理、主管、研发员、业务员等。

【概念模型设计】

根据需求阶段收集的信息，设计的实体联系图和关系模式（不完整）如图 15-2-1 所示。

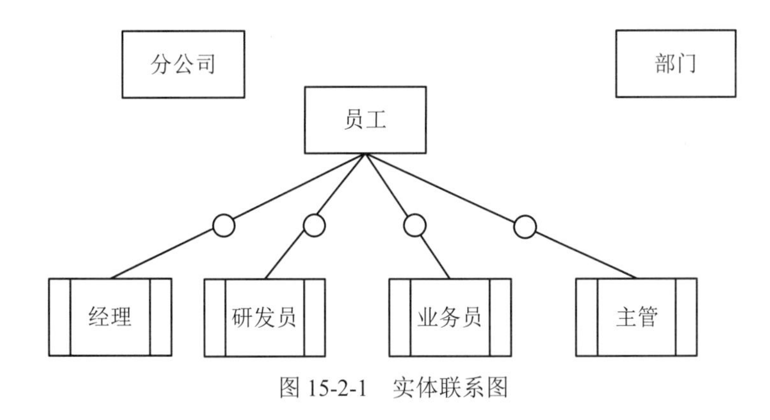

图 15-2-1 实体联系图

【关系模式设计】

分公司（分公司编号，名称，(a)，联系地址，电话）

部门（部门号，部门名称，(b)，电话）

员工（员工号，姓名，(c)，电话，基本工资）

【问题 1】

根据问题描述，补充 4 个联系，完善图 15-2-1 的实体联系图。联系名可用联系 1、联系 2、联系 3 和联系 4 代替，联系的类型为 1:1、1:n 和 m:n（或 1:1、1:*和*:*）。

【解题思路】详细读题和看图，“每个分公司设立仅为本分公司服务的多个业务部门”，说明分公司和部门存在的联系是一对多；“每个分公司只有一名经理”说明分公司和经理存在的联系是一对一；“每个部门有多名员工，每名员工只能隶属于一个部门”说明部门和员工存在的联系是一对多；“每个部门只有一名主管”说明部门和主管存在的联系是一对多。

【参考答案】

最终实体联系图如图 15-2-2 所示。

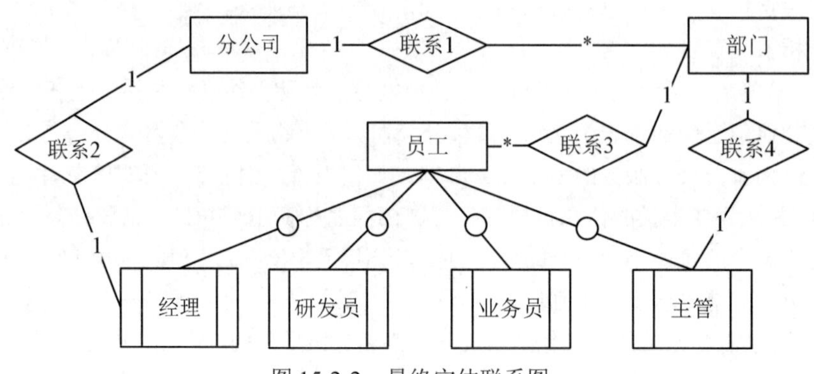

图 15-2-2　最终实体联系图

【问题 2】

根据题意，将关系模式中的空（a）～（c）补充完整。

【解题思路】对照实体联系图，分公司表的每一条记录都是一个独立的分公司，显然记录中的属性也当具有唯一性，即和分公司应该是一对一关系的属性，故而选“经理”比较合适，每个分公司需要有一个负责人，这也符合常识。同理，部门记录需要有主管号属性，通过员工表找到主管。此外，部门是隶属于分公司的，因此必须有分公司编号。员工则必须有隶属部门和岗位。

【参考答案】

（a）经理

（b）主管号，分公司编号

（c）隶属部门，岗位

【问题 3】

给出“部门”和“员工”关系模式的主键和外键。

【解题思路】外键的定义：如果公共关键字在一个关系中是主关键字，那么这个公共关键字被称为另一个关系的外键。很显然，部门的主键是部门号，部门记录的分公司编号是分公司的主键，主管号（实际是员工号）是员工表记录的主键。所以部门中，分公司编号、主管号是外键。同理，员工信息中，员工的主键是员工号，外键是隶属部门（也就是部门号）。

【参考答案】

部门　主键：部门号

　　　外键：分公司编号，主管号

员工　主键：员工号

　　　外键：隶属部门

【问题 4】

假设集团公司要求系统能记录部门历任主管的任职时间和任职年限，那么是否需要在数据库设计时增设一个实体？为什么？

【解题思路】任职时间和任职年限是担任主管的员工和部门间的关系，不是实体，因此不需要增设实体。

【参考答案】

不需要增加实体。

因为它可以直接归属到联系当中，他的联系可以直接写成关系模式，所以不需要增加实体。

【例2】阅读下列说明，回答问题1至问题3。

【说明】创业孵化基地管理若干孵化公司和创业公司，为规范管理创业项目投资业务，需要开发一个信息系统。请根据下述需求描述完成该系统的数据库设计。

【需求描述】

（1）记录孵化公司和创业公司的信息。孵化公司信息包括公司代码、公司名称、法人代表名称、注册地址和一个电话。创业公司信息包括公司代码、公司名称和一个电话。

孵化公司和创业公司的公司代码编码不同。

（2）统一管理孵化公司和创业公司的员工。员工信息包括工号、身份证号、姓名、性别、所属公司代码和一个手机号，工号唯一标识每位员工。

（3）记录投资方信息，投资方信息包括投资方编号、投资方名称和一个电话。

（4）投资方和创业公司之间依靠孵化公司牵线建立创业项目合作关系，具体实施是由孵化公司的一位员工负责协调投资方和创业公司的一个创业项目。一个创业项目只属于一个创业公司，但可以接受若干投资方的投资。创业项目信息包括项目编号、创业公司代码、投资方编号和孵化公司员工工号。

【概念模型设计】

根据需求阶段收集的信息，设计的实体联系图（不完整）如图15-2-3所示。

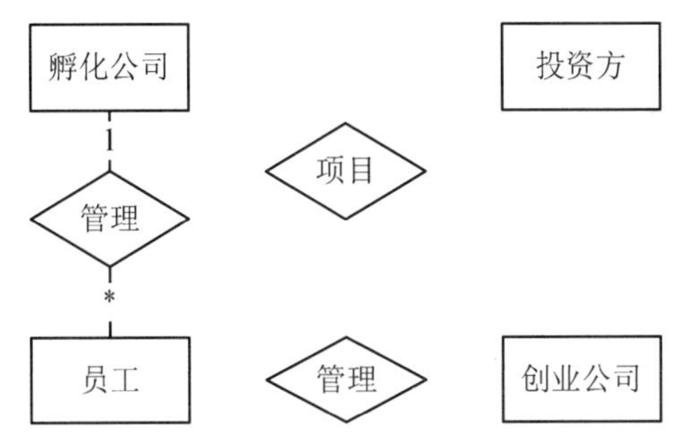

图15-2-3　实体联系图

【逻辑结构设计】

根据概念模型设计阶段完成的实体联系图，得出如下关系模式（不完整）：

孵化公司（公司代码，公司名称，法人代表名称，注册地址，电话）

创业公司（公司代码，公司名称，电话）

员工（工号，身份证号，姓名，性别，(a)，手机号）

投资方（投资方编号、投资方名称，电话）

项目（项目编号，创业公司代码，(b)，孵化公司员工工号）

【问题 1】

根据问题描述，补充图 15-2-3 的实体联系图。

【解题思路】解题思路就是咬文嚼字。“投资方和创业公司之间依靠孵化公司牵线建立创业项目合作关系，具体实施是由孵化公司的一位员工负责协调投资方和创业公司的一个创业项目”，那么连接项目的应该是员工、项目和投资方。“统一管理孵化公司和创业公司的员工”说明员工和创业公司也有管理关系。

【参考答案】

最终实体联系图如图 15-2-4 所示。

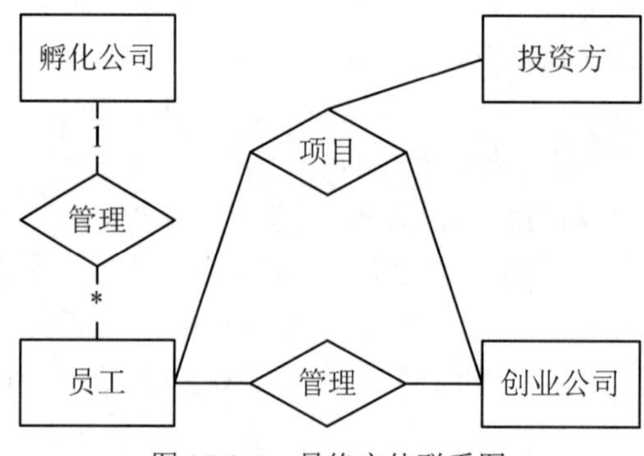

图 15-2-4　最终实体联系图

【问题 2】

补充逻辑结构设计结果中的（a）、（b）两处空白及完整性约束关系。

【解题思路】观看实体联系表，员工同时受到创业公司和孵化公司管理，即员工信息里应该有创业公司标识信息（创业公司代码）和孵化公司标识信息（孵化公司代码）。项目信息里应该有投资方标识信息（投资方编号）。

【参考答案】

（a）孵化公司代码，创业公司代码

（b）投资方编号

【问题 3】

若创业项目的信息还需要包括投资额和投资时间，那么：

（1）是否需要增加新的实体来存储投资额和投资时间？

（2）如果增加新的实体，请给出新实体的关系模式，并对图 15-2-3 进行补充，如果不需要增加新的实体，请将“投资额”和“投资时间”两个属性补充并连线到图 15-2-3 合适的对象上，并对变化的关系模式进行修改。

【解题思路】投资额和投资时间不是实体，只是联系上的属性而已，因此不需要增设实体。

【参考答案】

（1）不需要创建新实体。

（2）项目（项目编号，创业公司代码，投资方编号，孵化公司员工工号，投资额，投资时间）。具体补充的图形如图 15-2-5 所示。

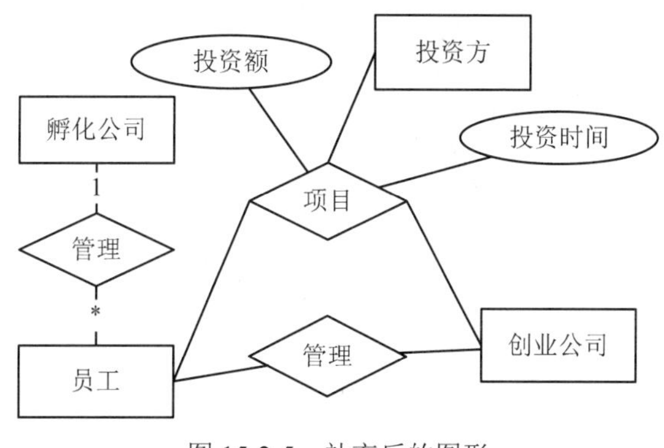

图 15-2-5　补充后的图形

15.3　UML 案例分析

UML 是一个比较庞大的建模技术体系，在分析 UML 案例之前，首先考生应该对 UML、设计模式有深入的学习。

至于具体的案例，并没有固定的解题模式。但是“咬文嚼字、仔细观察”仍然可以作为解题的出发点。对题目中的“名词”“动词”重点划线是非常有必要的。多数场合下，答案其实就在文中。

比如考生最怕的设计模式，以 2018 年下半年题目为例，表格中给了 SNSObserver，很显然这就是观察者模式，因为设计模式里的类、对象的命名都是有严格规定的，一般要求见名知意。既然知道了是观察者模式，结合深入学习的内容，后续的问题就不难解答。所以说，在对付 UML 及设计模式相关案例时，一定要仔细认真读题，见招拆招，答案在题中。相对而言，UML 及设计模式题目的难度一般不难，关键还是对实际问题的理解和剖析。做到平时对 UML 及设计模式有一定的深入了解，考时认真分析文中词句，就能很容易得到答案。

【例 1】阅读下列说明，回答问题 1 至问题 3。

【说明】某种出售罐装饮料的自动售货机（Vending Machine）的工作过程描述如下：

（1）顾客选择所需购买的饮料及数量。

（2）顾客从投币口向自动售货机中投入硬币（该自动售货机只接收硬币）。硬币器收集投入的硬币并计算其对应的价值。如果所投入的硬币足够购买所需数量的这种饮料且饮料数量足够，则推出饮料，计算找零，顾客取走饮料和找回的硬币；如果投入的硬币不够或者所选购的饮料数量不足，则提示用户继续投入硬币或重新选择饮料及数量。

（3）一次购买结束之后，将硬币器中的硬币移走（清空硬币器），等待下一次交易。自动售货机还设有一个退币按钮，用于退还顾客所投入的硬币。已经成功购买饮料的钱是不会被退回的。

现采用面向对象方法分析和设计该自动售货机的软件系统，得到如图 15-3-1 所示的用例图，其中，用例“购买饮料”的用例规约描述如下。

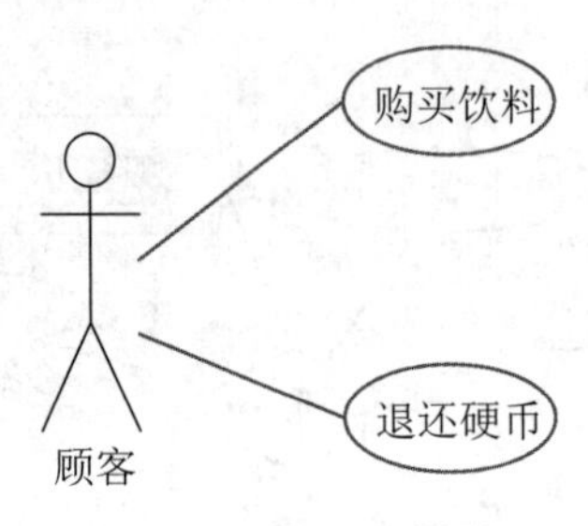

图 15-3-1　试题用例图

参与者：顾客。

主要事件流：

（1）顾客选择需要购买的饮料和数量，投入硬币。

（2）自动售货机检查顾客是否投入足够的硬币。

（3）自动售货机检查饮料储存仓中所选购的饮料是否足够。

（4）自动售货机推出饮料。

（5）自动售货机返回找零。

备选事件流：

（2a）若投入的硬币不足，则给出提示并退回到（1）。

（3a）若所选购的饮料数量不足，则给出提示并退回到（1）。

根据用例“购买饮料”得到自动售货机的 4 个状态：“空闲”状态、“准备服务”状态、“可购买”状态以及“饮料出售”状态，对应的状态图如图 15-3-2 所示。

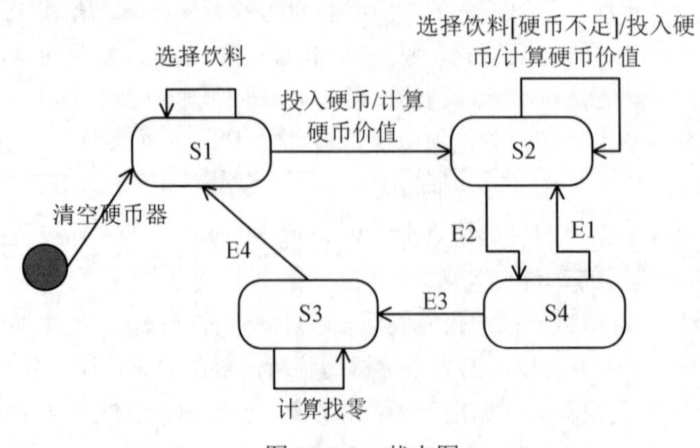

图 15-3-2　状态图

所设计的类图如图 15-3-3 所示。

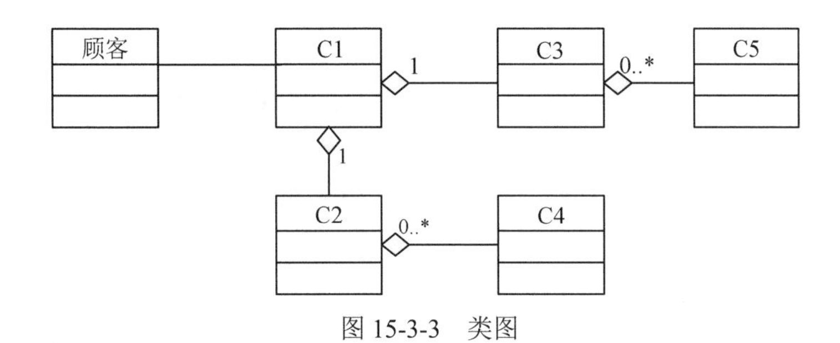

图 15-3-3 类图

【问题 1】

根据说明中的描述，使用说明中的术语，给出图 15-3-2 中的 S1～S4 所对应的状态名。

【解题思路】文中已经给出了 4 个状态的名称，那么接下来就是根据前置条件选对应的状态了。很显然，可以采用排除法。计算找零时，说明饮料正在被出售，故 S3 是饮料出售。清空硬币器是最初的操作，自动售货机应该是空闲，只有空闲了才可以准备服务。投入硬币时系统开启准备服务，然后系统会判断金额是否足额，故 S4 是可购买。

【参考答案】

S1：空闲　S2：准备服务　S3：饮料出售　S4：可购买

【问题 2】

根据说明中的描述，使用说明中的术语，给出图 15-3-2 中的 E1～E4 所对应的事件名。

【解题思路】咬文嚼字，对照状态图，S3 是计算找零，那么接下来的动作 E4 应该就是返回找零；系统判断足额后会推出饮料，故 E3 是推出饮料。E2 在 S4 饮料出售之前，显然只有投入足够的硬币才可能出现 S4 的状态，故 E2 是硬币数量足够。至于 E1 在最前面，显然只有饮料数量足够才不会出现这种情况，E1 应该是饮料数量不足。

【参考答案】

E1：饮料数量不足　E2：硬币数量足够　E3：推出饮料　E4：返回找零

【问题 3】

根据说明中的描述，使用说明中的术语，给出图 15-3-3 中 C1～C5 所对应的类名。

【解题思路】人直接和自动售货机发生交互行为，故 C1 是自动售货机。再看 C1 和 C2、C3 是聚合关系，即 C1 由 C2、C3 组成。很显然题目中给出了硬币器和饮料储存仓，分别存放硬币和饮料。故 C4 是硬币，C5 是饮料。

【参考答案】

C1：自动售货机　C2：硬币器　C3：饮料储存仓　C4：硬币　C5：饮料

【例 2】阅读下列说明，回答问题 1 至问题 3。

【说明】社交网络平台（SNS）的主要功能之一是建立在线群组，群组中的成员之间可以互相分享或挖掘兴趣和活动。每个群组包含标题、管理员以及成员列表等信息。

社交网络平台的用户可以自行选择加入某个群组。每个群组拥有一个主页，群组内的所有成员都可以查看主页上的内容。如果在群组的主页上发布或更新了信息，群组中的成员会自动接收到发布或更新后的信息。

用户可以加入一个群组也可以退出这个群组。用户退出群组后，不会再接收到该群组发布或更新的任何信息。

现采用面向对象方法对上述需求进行分析与设计，得到见表 15-3-1 所示的类列表和如图 15-3-4 所示的类图。

表 15-3-1　类列表

类名	描述
SNSSubject	群组主页的内容
SNSGroup	社交网络平台的群组（在主页上发布信息）
SNSObserver	群组主页内容的关注者
SNSUser	社交网络平台用户/群组成员
SNSAdmin	群组的管理员

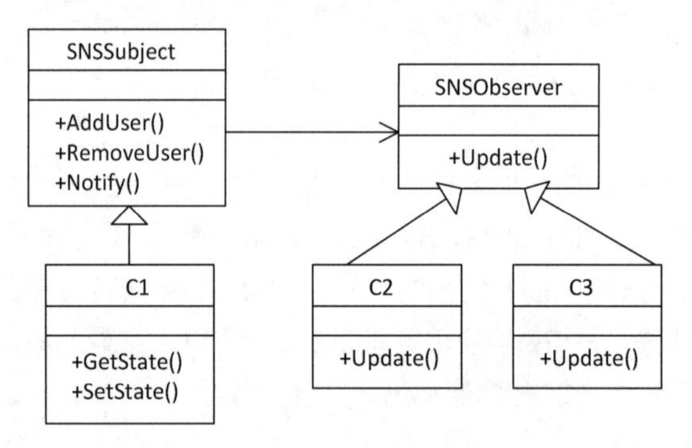

图 15-3-4　类图

【问题 1】

根据说明中的描述，给出图 15-3-4 中 Cl ～C3 所对应的类名。

【解题思路】很显然，SNSGroup 对应的是群组的主页，故而 C1 是 SNSGroup。剩下的 SNSUser 和 SNSAdmin 自然是 SNSObserver 的继承者。

【参考答案】

C1=SNSGroup　　C2=SNSUser　　C3=SNSAdmin　　（C2 和 C3 可以互换位置）

【问题 2】

图 15-3-4 中采用了哪一种设计模式?说明该模式的意图及其适用场合。

【解题思路】看到 Observer 的英文单词就应该想到观察者模式，看到 Factory 或 Product，就应该想到工厂模式……。本题已经给出了 SNSObserver，那么大概率就是观察者模式。看到

SNSSubject 里面有通知函数，并且观察者里面也有 Update 的更新函数，再一次验证了我们的猜测。

【参考答案】

采用了观察者模式。

该模式的意图是当被观察者发生改变的时候会给观察者发送消息通知，让它们随之发生改变。

该模式一般适用于一个被观察者改变时观察者也随之改变的场合。

【问题 3】

现在对上述社交网络平台提出了新的需求：一个群体可以作为另外一个群体中的成员，例如群体 A 加入群体 B。那么，群体 A 中的所有成员就自动成为群体 B 中的成员。

若要实现这个新需求，需要对图 15-3-4 进行哪些修改？（以文字方式描述）

【解题思路】这是继承关系的文字表述，那么只需在 SNSSubject 增加一个被观察者对象。同时在 SNSObserver 中增加观察这个新对象的方法即可。

【参考答案】

可以在 SNSSubject 下面增加一个被观察者对象，然后它可以在观察者对象这里增加一个加入另外群体的一个方法，以实现接收被观察者发送的通知。

15.4 C 程序题案例分析

从历年的考试情况来看，涉及 C 语言的题目多为算法相关的题。这些算法往往是数据结构的算法，只不过换了一种表现形式来出题。碰到这样的题时，

（1）回忆数据结构中的相关知识和算法，看是否类似。

（2）如果回忆不起来，或是一时想不起来，没关系。认真仔细阅读题目的要求，然后大致浏览一下整个程序的构造。继续咬文嚼字，找出题目文字所对应的程序语句，一句句地向下进行分析。

（3）根据文中的要求进行答题。

总言而之，C 程序题基于算法，有一定规律可循，但不存在万能或固定的模式。需要做的就是认真读题，分析，比对题目中的条件，转化为程序语句。相对而言，程序题的难度不是很大，一般在判断条件上或返回值上出题较多，这需要认真阅读题目，找到对应的条件或返回结果。

【例 1】阅读下列说明和 C 代码，回答问题 1 至问题 3。

【说明】假币问题：有 n 枚硬币，其中有一枚是假币，已知假币的质量较轻。现只有一个天平，要求用尽量少的比较次数找出这枚假币。

【分析问题】将 n 枚硬币分成相等的两部分：

（1）当 n 为偶数时，将前后两部分，即 1…n/2 和 n/2+1…0，放在天平的两端，较轻的一端里有假币，继续在较轻的这部分硬币中用同样的方法找出假币。

（2）当 n 为奇数时，将前后两部分，即 1…(n-1)/2 和(n+1)/2+1…0，放在天平的两端，较轻的一端里有假币，继续在较轻的这部分硬币中用同样的方法找出假币；若两端重量相等，则中间的硬币，即第(n+1)/2 枚硬币是假币。

【C 代码】

下面是算法的 C 语言实现，其中：

```
coins[]：硬币数组
first,last：当前考虑的硬币数组中的第一个和最后一个下标

#include <stdio.h>

int getCounterfeitCoin(int coins[], int first,int last)
{
    int firstSum = 0，lastSum = 0;
    int i;
    if(first==last-1){ /*只剩两枚硬币*/
        if(coins[first] < coins[last])
        return first;
    return last;
    }
if((last - first + 1) % 2 ==0){ /*偶数枚硬币*/
    for(i = first;i <___(1)___;i++){
        firstSum+= coins[i];
    }
    for(i=first + (last-first) / 2 + 1;i < last +1;i++){
        lastSum += coins[i];
    }
    if___(2)___{
        return getCounterfeitCoin(coins,first,first+(last-first)/2;)
    }else{
        return getCounterfeitCoin(coins,first+(last-first)/2+1,last;)
        }
    }
    else{ /*奇数枚硬币*/
    for(i=first;i<first+(last-first)/2;i++){
        firstSum+=coins[i];
    }
    for(i=first+(last-first)/2+1;i<last+1;i++){
        lastSum+=coins[i];
    }
    if(firstSum<lastSum){
        return getCounterfeitCoin(coins,first,first+(last-first)/2-1);
    }else if(firstSum>lastSum){
            return getCounterfeitCoin(coins,first+(last-first)/2-1,last);
        }else{
            return ___(3)___
        }
    }
}
```

【问题 1】

根据题干说明，填充 C 代码中的空（1）～（3）。

【解题思路】

（1）空的作用是选定遍历的数据元素，从 first 到中间的元素，故填入 first+(last-first)/2 或(first+last)/2。

（2）空则是选择前一段还是后一段的条件，由题意知道，一定是判断两段的质量，故而为：firstSum<lastSum。

（3）空说明 firstSum= lastSum，那么只有多出来的这个中间货币是假币，故填入中间货币位置 first+(last-first)/2 或(first+last)/2。

【参考答案】

（1）first+(last-first)/2 或(first+last)/2

（2）firstSum<lastSum

（3）first+(last-first)/2 或(first+last)/2

【问题 2】

根据题干说明和 C 代码，算法采用了___（4）___设计策略。

函数 getCounterfeitCoin 的时间复杂度为___（5）___（用 O 表示）。

【解题思路】分治算法的基本思想是将一个规模为 N 的问题分解为 K 个规模较小的子问题，这些子问题之间相互独立，与原问题性质相同。然后通过求出子问题的解，得到原问题的解，是一种分目标完成程序算法。其中二分法是分治法的特例。很显然，本题是分治的思路。分治算法的复杂度是 O(lgn)。

【参考答案】（4）分治法 （5）O(lgn)

【问题 3】

若输入的硬币数为 30，则最少的比较次数为___（6）___，最多的比较次数为___（7）___。

【解题思路】第 1 次肯定是 15 枚对 15 枚。第 2 次在轻的 15 枚里分别取 7 枚、7 枚、1 枚出来。如果 7 枚和 7 枚相等，说明单列的 1 枚正好是假币，所以最少的比较次数应该是 2 次。如果不是，则轻的 7 枚再分为 3 枚、3 枚、1 枚（第 3 次），如果不能识别继续将轻的 3 枚分为 1 枚、1 枚、1 枚（第 4 次），第 4 次无论何种结果，都能判断出假币，所以最多的比较次数为 4 次。

【参考答案】（6）2 （7）4

【例 2】阅读下列说明和 C 代码，回答问题 1 和问题 2。

【说明】某公司购买长钢条，将其切割后进行出售。切割钢条的成本可以忽略不计，钢条的长度为整英寸。已知价格表 P，其中 Pi（i=1，2，…，m）表示长度为 i 英寸的钢条的价格。现要求解使销售收益最大的切割方案。

求解此切割方案的算法基本思想如下：

假设长钢条的长度为 n 英寸，最佳切割方案的最左边切割段长度为 i 英寸，则继续求解剩余长度为 n-i 英寸钢条的最佳切割方案。考虑所有可能的 i，得到的最大收益 rn 对应的切割方案即为最佳切割方案。rn 的递归定义如下：

rn=max1≤i≤n(pi+rn-i)

对此递归式，给出自顶向下和自底向上两种实现方式。

【C 代码】

```
/*常量和变量说明
    n：长钢条的长度
    P[]：价格数组
*/
#define LEN 100

int Top_Down_ Cut_Rod(int P[],int n){/*自顶向下*/
    int r=0;
    int i;
    if(n==0){
        return 0;
    }
    for(i=1;____(1)____;i++){
        int tmp=p[i]+Top_Down_ Cut_Rod(p,n-i);
        r=(r>=tmp)?r:tmp;
    }
    return r;
}

int Bottom_Up_Cut_Rod(int p[],int n){ /*自底向上*/
    int r[LEN]={0};
    int temp=0;
    int i,j;
    for(j=1;j<=n;j++){
        temp=0;
        for(i=1;____(2)____;i++){
        temp=____(3)____;
        }
      ____(4)____;
    }
    return r[n];
}
```

【问题 1】

根据说明，填充 C 代码中的空（1）～（4）。

【解题思路】钢条切割问题，是一道经典的动态规划题，在很多算法导论类书中都有出现。遇到这类题目首先想到的解法就是，将长度为 n 的钢条的切割方案全部罗列，然后取出其中一个收益最大的方案返回。然而随着 n 不断增大，方案数目趋于指数级的增大，故不采用列举法。

本题中的方法采用的是用空间换取时间的一种方法，是动态规划的方法，它通过先求解子问题，最终解决问题。

仔细读题干，本题的意思是从左边切割下长度为 i 的一段，对右边剩下的长度为 n-i 的一段进行继续切割，对左边一段则不再进行切割。

从算法角度理解收益的表述是：

将长度为 n 的钢条分解为左边割下一段，以及剩余部分继续分解的结果，并将其收益加和，成为整个切割方案的收益（不做任何切割的方案则可以表示为：第 1 段长度为 n，收益为 P_n，剩余部分长度为 0，对应收益为 R=0），整个方案公式表述如下：

$$R_n = \max(P_i + R_{n-i}) \text{ 其中 } 1 \leqslant i \leqslant n$$

也就是说，原问题的最优解只包含右端剩余部分的解。

编写算法的两种方法如下。

（1）自顶向下法：此方法仍然按照自然的递归形式编写算法，但过程会保存每个子问题的解（保存在数组中）。当算法需要一个子问题的解时，必须首先检查是否已经保存过此解，如果是，则直接返回保存的值，从而节省了计算时间。

（2）自底向上法：从最小、最初的解开始，按照次序不断求解保存，并调用前面保存的结果，滚雪球式地完成求解。

需要填入的程序代码：

（1）比较简单，就是从 1 到 n 推算一遍，故而应该填入 i<=n。

（2）为循环中的循环，内循环使用外循环的当前值作为循环上限，填入 i<=j。

（3）对结果判断，比较当前的最优解 temp 和当前 i 对应的 p[i]+r[j-i]哪个更大，如果 temp 小，则更新当前最优解对应的值。

这里可以使用 C 语言的“?、:”三目运算，其中，“？”用于判断条件真假，“：”用于判断结果决定取值。例如(a<b)?a:b"的含义是，如果 a<b 为真，则表达式取值为 a，否则取值为 b。

（4）把当前解存入最优数组返回。

【参考答案】

（1）i<=n

（2）i<=j

（3）temp>=p[i]+r[j-i]?temp:p[i]+r[j-i]

（4）r[j]=temp

【问题 2】

根据说明和 C 代码，算法采用的设计策略为___(5)___。

求解 R_n 时，自顶向下方法的时间复杂度为___(6)___；自底向上方法的时间复杂度为___(7)___。

【解题思路】本题是动态规划，自顶向下的方法中可以看到其采取的是递归方式，故而时间复杂度是 2^n 级别（1+2+4⋯+（n-1））。而自底向上的方法是内、外嵌套循环（双 n 线性），因此时间复杂度是 n^2 级别。

【参考答案】

（5）动态规划

（6）$O(2^n)$

（7）$O(n^2)$

15.5 Java 程序题案例分析

Java 程序题历来是软件设计师下午考试中比较容易解答的题。尽管 Java 程序题时常与 UML、设计模式一块联合出题，但是并不需要应试人员有高深的面向对象知识。所考的也是最基本的概念。因此在考试前，需要扎实地掌握 Java 面向对象的相关基础概念，当然，如果能深度掌握 Java 面向对象、UML 以及设计模式更佳。

在进行 Java 程序题的解题时，依旧秉承“认真读题、观察差异”的原则，结合 Java 基本的面向对象知识，对照上下文，尽可能地从题目中找出答案。

【例 1】 阅读下列说明和 Java 代码，补充代码中的（1）～（5）处。

【说明】 某图像预览程序要求能够查看 BMP、JPEG 和 GIF 三种格式的文件，且能够在 Windows 和 Linux 两种操作系统上运行。程序需具有较好的扩展性以支持新的文件格式和操作系统。为满足上述需求并减少所需生成的子类数目，现采用桥接模式进行设计，得到如图 15-5-1 所示的类图。

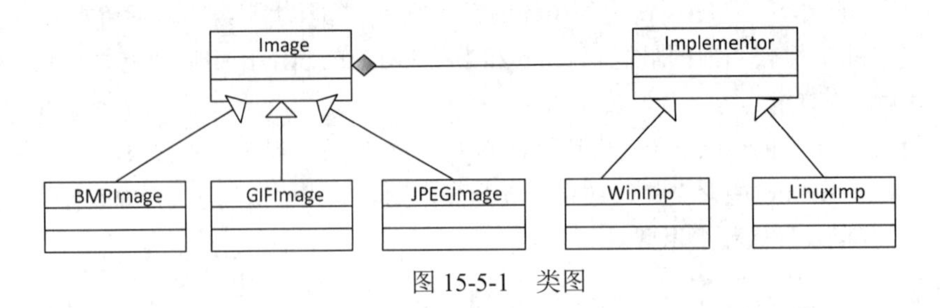

图 15-5-1　类图

【Java 代码】

```
Import java.util.*;
class Matrix{ //各种格式的文件最终都被转化为像素矩阵
      //此处代码省略
};
abstract class Implementor{
      Public____(1)____;//显示像素矩阵 m
};
class WinImp extends Implementor{
      public void doPaint（Matrix m）{//调用 Windows 系统的绘制方法绘制像素矩阵
    }
};
class LinuxImp extends Implementor{
      public void doPaint（Matrix m）{//调用 Linux 系统的绘制方法绘制像素矩阵
    }
};
abstract class Image{
      public void setImp(Implementor imp){ this.imp= imp; }
      public abstract void parseFile(String fileName);
```

```
        protected Implementor imp;
    };
    class BMPImage extends Image{
        //此处代码省略
    };
    class GIFImage extends Image{
        public void parseFile（String fileName）{
            //此处解析 BMP 文件并获得一个像素矩阵对象 m
            ___（2）___;//显示像素矩阵 m
        }
    };
    Class Main{
        Public static viod main(String[]args){
            //在 Linux 操作系统上查看 demo.gif 图像文件
            Image image=___（3）___;
            Implementor imageImp=___（4）___;
            ___（5）___;
            Image.parseFile("demo.gif");
        }
    }
```

【解题思路】我们可以看到 WinImp 和 LinuxImp 继承了抽象类 Implementor，经观察 WinImp 和 LinuxImp 里均对 doPaint 进行了定义和实现，并且标明是系统调用的绘制方法绘制像素矩阵方法。在 Implementor 里也应该定义抽象 doPaint 方法。故（1）中应该填入抽象方法 abstract void doPaint(Matrix m);

显示像素矩阵必然调用 doPaint，参数是 m。我们找到图片对象，在 abstract class Image 中找到了定义的图片对象 imp，显然（2）应该填入 imp.doPaint(m);

在 Linux 系统下生成 Implementor 类的对象 imageImp，需要调用针对 Linux 系统的类对象构造语句，我们此处调用的是 new LinuxImp()方法来生成 imageImp 对象。

在进行 Image.parseFile 之前，需要设置图元对象，故调用 setImp 方法，即 image.setImp (imageImp);

我们可以看到，在解答 Java 案例题时并不需要很深入地了解设计模式，但是对抽象类、抽象方法、继承等必须有深入的理解，在 Java 中抽象类表示的是一种继承关系，一个类只能继承一个抽象类，而一个类却可以实现多个接口。

【参考答案】

（1）abstract void doPaint(Matrix m)

（2）imp.doPaint(m)

（3）new GIFImage()

（4）new LinuxImp()

（5）image.setImp(imageImp)

【例 2】阅读下列说明和 Java 代码，补充代码中（1）～（5）处。

【说明】某软件公司欲开发一款汽车竞速类游戏，需要模拟长轮胎和短轮胎急刹车时在路面上留下的不同痕迹，并考虑后续能模拟更多种轮胎急刹车时的痕迹。现采用策略（Strategy）设计模式来实现该需求，所设计的类图如图 15-5-2 所示。

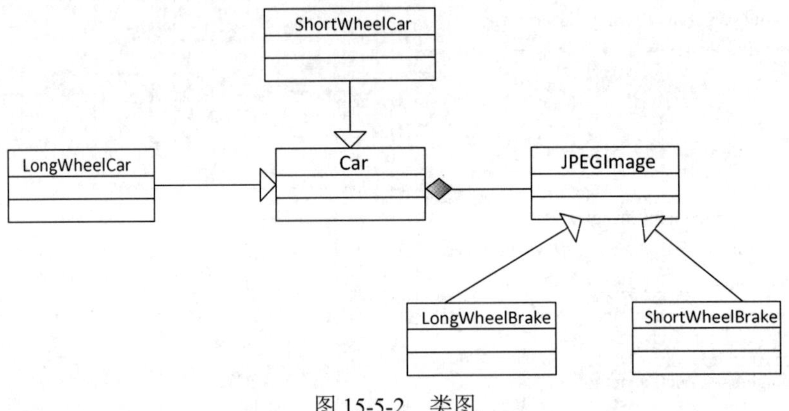

图 15-5-2　类图

【Java 代码】

```
import java.util.*;
interface BrakeBehavior{
    public___(1)___;
    /*其余代码省略*/
}

class LongWheelBrake implements BrakeBehavior{
    public void stop(){System.out.println("模拟长轮胎刹车痕迹！");}
    /*其余代码省略*/
}

class ShortWheelBrake implements BrakeBehavior{
    public void stop(){System.out.println("模拟短轮胎刹车痕迹！");}
    /*其余代码省略*/
}

abstract class Car{
    protected___(2)___ wheel;
    public void brake(){
        ___(3)___;
    }
    /*其余代码省略*/
}

class ShortWheelCar extends Car{
    public ShortWheelCar(BrakeBehavior brake)
    {
```

```
        ___(4)___;
    }
    /*其余代码省略*/
}

class StrategyTest{
    public static void main(String[] args){
        BrakeBehavior brake = new ShortWheelBrake();
        ShortWheelCar car1 = new ShortWheelCar();
        car1.___(5)___;
    }
}
```

【解题思路】类 LongWheelBrake 和类 ShortWheelBrake 实现接口 BrakeBehavior，在 LongWheelBrake 和 ShortWheelBrake 中，stop()方法得以实现。由此可以判定，接口 BrakeBehavior 应该有 stop()方法的定义。故（1）中应该填入 void stop()。

我们看到 Car 类与 BrakeBehavior 类是组合关系，即整体和部分关系。因此，Car 的定义中，应该包含 BrakeBehavior，结合 wheel 标识，（2）中应该填入 BrakeBehavior。

brake()方法调用 wheel 对象的方法，从继承关系上看 wheel 对象的方法只有 stop 一个，故而（3）应该填入 wheel.stop()。

（4）是构造方法的实现片段，显然是将参数 behavior 赋值给 wheel，故（4）中应该填入 wheel=behavior。

至于（5）生成了 Car 的子类 ShortWheelCar 的实例，自然是调用 ShortWheelCar 的方法，我们看到 Car 有个 brake()方法，那么填入 brake()即可。

可见，Java 的题目，即使学员不懂设计模式，但只要掌握 Java 里的基本思想、概念，结合题目，上下文仔细对照，还是比较容易得出答案的。

【参考答案】

（1）void stop()

（2）BrakeBehavior

（3）wheel.stop()

（4）wheel=behavior

（5）brake()

第5天

模拟测试

软件设计师上午试卷

（考试时间　9:00～11:30　共 150 分钟）

请按下述要求正确填写答题卡

1. 在答题卡的指定位置上正确写入你的姓名和准考证号，并用正规 2B 铅笔在你写入的准考证号下填涂准考证号。
2. 本试卷的试题中共有 75 个空格，需要全部解答，每个空格 1 分，满分 75 分。
3. 每个空格对应一个序号，有 A、B、C、D 四个选项，请选择一个最恰当的选项作为解答，在答题卡相应序号下填涂该选项。
4. 解答前务必阅读例题和答题卡上的例题填涂样式及填涂注意事项。解答时用正规 2B 铅笔正确填涂选项，如需修改，请用橡皮擦干净，否则会导致不能正确评分。

例题

● 2019 年下半年全国计算机技术与软件专业技术资格考试日期是＿＿（88）＿＿月＿＿（89）＿＿日。

（88）A. 9　　B. 10　　C. 11　　D. 12

（89）A. 9　　B. 10　　C. 11　　D. 12

因为考试日期是“11 月 9 日”，故（88）选 C，（89）选 A，应在答题卡序号 88 下对 C 填涂，在序号 89 下对 A 填涂。

- 机器字长为n位的二进制数补码表示的数值范围是___(1)___。

  (1) A. $-2^{n-1}\sim2^{n-1}$　　B. $-(2^{n-1}-1)\sim2^{n-1}-1$
  C. $-(1-2^{-(n-1)})\sim1-2^{-(n-1)}$　　D. $-1\sim1-2^{-(n-1)}$

- 浮点数能够表示的数的精度是由其___(2)___的位数决定的。

  (2) A. 尾数　　B. 阶码　　C. 数符　　D. 阶符

- 己知数据信息为32位，最少应附加___(3)___位校验位，才能实现海明码纠错。

  (3) A. 3　　B. 4　　C. 5　　D. 6

- ___(4)___传送控制信号、时序信号和状态信息等。每一根线功能确定，传输信息方向固定，所以该总线每一根线单向传输信息，整体是双向传递信息。

  (4) A. 数据总线　　B. 地址总线　　C. 控制总线　　D. 内容总线

- 控制器控制CPU工作、确保程序正确执行、处理异常事件。组成控制器的部件中，___(5)___是所有CPU的共用的一个特殊寄存器，指向下一条指令的地址。

  (5) A. 程序计数器　　B. 指令寄存器　　C. 地址寄存器　　D. 指令译码器

- Flynn分类法基于信息流特征将计算机分成4类，其中___(6)___是单个的指令流作用于多于一个的数据流上。

  (6) A. SISD　　B. MISD　　C. SIMD　　D. MIMD

- RISC采用了3种流水线结构，其中，___(7)___通过增加流水线级数、细化流水、提高主频等方式，使得在相同时间内可执行更多的机器指令。实质就是“时间换空间”。

  (7) A. 超流水线技术　　B. 超标量技术
  C. 指令级并行　　D. 超长指令字

- 通常执行一条指令的过程分为取指令、分析和执行指令3步。若取指令时间为5Δt，分析时间为4Δt。执行时间为3Δt，按顺序方式从头到尾执行完100条指令所需的时间为___(8)___Δt；若按照执行第i条，分析第i+1条，读取第i+2条重叠的流水线方式执行指令，则从头到尾执行完100条指令所需时间为___(9)___Δt。

  (8) A. 1200　　B. 3000　　C. 2000　　D. 5400
  (9) A. 1200　　B. 1505　　C. 500　　D. 505

- 总线宽度为64bit，时钟频率为100MHz，若总线上每5个时钟周期传送一个64bit的字，则该总线的带宽为___(10)___Mb/s。

  (10) A. 40　　B. 80　　C. 160　　D. 200

- 某四级指令流水线分别完成取指、取数、运算、保存结果4步操作。若完成上述操作的时间依次为11ns、10ns、12ns、30ns，则该流水线的操作周期应至少为___(11)___ns。

  (11) A. 11　　B. 10　　C. 12　　D. 30

- 寻址方式（编址方式）指令按照何种方式寻找或访问到所需的操作数或信息。直接给出操作码地址的寻址方式称为___(12)___。

  (12) A. 间接寻址　　B. 立即寻址　　C. 变址寻址　　D. 直接寻址

- CPU 访问存储器时，被访问数据一般聚集在一个较小的连续储存区域中。若被引用过的存储器位置很可能会被再次引用，该特性被称为＿（13）＿。

（13）A．时间局部性　　B．指令局部性
　　C．空间局部性　　D．数据局限性

- 地址编号从 80000H 到 BFFFFH 且按字节编址的内存容量为＿（14）＿KB，若用 16K×4bit 的存储芯片构成该内存，共需＿（15）＿片。

（14）A．128　　B．256　　C．512　　D．1024

（15）A．8　　B．16　　C．32　　D．64

- 以下关于高速缓冲存储器（Cache）的描述，不正确的是＿（16）＿。

（16）A．Cache 的内容来自主存部分内容
　　B．Cache 使得主存的存储容量增加了
　　C．Cache 的容量增加，Cache 命中率并不一定线性增加
　　D．Cache 的位置是在主存与 CPU 之间

- 主存与 Cache 的地址映射方式中，＿（17）＿方式下主存的块只能存放在 Cache 的相同块中。主存与 Cache 的地址映射方式中，冲突次数排序为＿（18）＿。

（17）A．全相联　　B．直接映射
　　C．组相联　　D．串并联

（18）A．全相联映像<组相联映像<直接映像
　　B．全相联映像>组相联映像>直接映像
　　C．全相联映像=组相联映像=直接映像
　　D．不确定

- RAID 技术中，磁盘容量利用率最高的是＿（19）＿。

（19）A．RAID0　　B．RAID1　　C．RAID3　　D．RAID5

- 开放系统的数据存储有多种方式，属于网络化存储的是＿（20）＿。

（20）A．内置式存储和 DAS　　B．DAS 和 NAS
　　C．DAS 和 SAN　　D．NAS 和 SAN

- 某计算机系统由下图所示的部件构成，假定每个部件的千小时可靠度都为 R，则该系统的千小时可靠度为＿（21）＿。

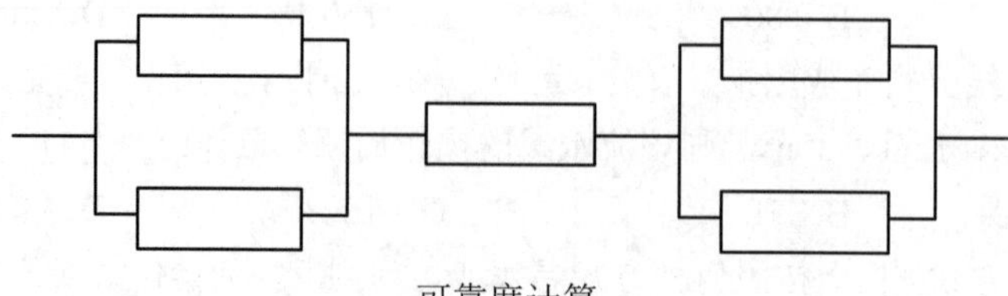

可靠度计算

（21）A．R+2R/4　　B．$R+R^2/4$　　C．$R(1-(1-R)^2)$　　D．$R(1-(1-R)^2)^2$

- 中断向量可提供___(22)___。

  (22) A. I/O 设备的端口地址　　B. 所传送数据的起始地址
  C. 中断服务程序的入口地址　　D. 主程序的断点地址

- 计算机运行过程中，遇到突发事件，要求 CPU 进行中断处理，即暂时停止正在运行的程序，转去为突发事件服务，服务完毕，再自动返回原程序继续执行，其处理过程中保存现场的目的是___(23)___。

  (23) A. 防止丢失数据　　B. 防止对其他部件造成影响
  C. 返回去继续执行原程序　　D. 为中断处理程序提供数据

- DMA 工作方式下，在___(24)___之间建立了直接的数据通路。

  (24) A. CPU 与外设　　B. CPU 与主存
  C. 主存与外设　　D. 外设与外设

- 关键路径是指 AOE（Activity On Edge）网中___(25)___。

  (25) A. 从源点到结束终点的最短路径
  B. 从源点到结束终点的最长路径
  C. 最短的回路
  D. 最长的回路

- 以下序列中不符合堆定义的是___(26)___。

  (26) A. (102，87，100，79，82，62，84，42，22，12，68)
  B. (102，100，87，84，82，79，68，62，42，22，12)
  C. (12，22，42，62，68，79，82，84，87，100，102)
  D. (102，87，42，79，82，62，68，100，84，12，22)

- 一个具有 767 个节点的完全二叉树，其叶子节点个数为___(27)___。

  (27) A. 386　　B. 385　　C. 384　　D. 383

- 若 G 是一个具有 36 条边的非连通无向图（不含自回路和多重边），则图 G 至少有___(28)___个顶点。

  (28) A. 11　　B. 10　　C. 9　　D. 8

- 循环链表的主要优点是___(29)___。

  (29) A. 不再需要头指针了
  B. 已知某个节点的位置后，能很容易找到它的直接前驱节点
  C. 在进行删除操作后，能保证链表不断开
  D. 从表中任一节点出发都能遍历整个链表

- 若二叉树的先序遍历序列为 ABDECF，中序遍历序列为 DBEAFC，则其后序遍历序列为___(30)___。

  (30) A. DEBAFC　　B. DEFBCA
  C. DEBCFA　　D. DEBFCA

- 已知有一维数组 A[0，…，m*n−1]，若要对应为 m 行、n 列的矩阵，则下面的对应关系___(31)___可将元素 A[k]（0≤k＜m*n）表示成矩阵的第 i 行、第 j 列的元素（0≤i＜m，0≤j＜n）。

（31）A．i=k/n，j=k%m　　B．i=k/m，j=k%m
　　C．i=k/n，j=k%n　　D．i=k/m，j=k%n

- 采用动态规划策略求解问题的显著特征是满足最优性原理，其含义是___(32)___。

（32）A．当前所出的决策不会影响后面的决策
　　B．原问题的最优解包含其子问题的最优解
　　C．问题可以找到最优解，但利用贪心法不能找到最优解
　　D．每次决策必须是当前看来最优决策才可以找到最优解

- 在分支－界限算法设计策略中，通常采用___(33)___搜索问题的解空间。

（33）A．深度优先　　B．广度优先　　C．自底向上　　D．拓扑排序

- 利用逐点插入法建立序列（50，72，43，85，75，20，35，45，65，30）对应的二叉排序树以后，查找元素 30 要进行___(34)___次元素间的比较。

（34）A．4　　B．5　　C．6　　D．7

- 在操作系统中，进程是一个具有一定独立功能的程序在某个数据集合上的一次___(35)___。进程是一个___(36)___的概念，而程序是一个___(37)___的概念。

（35）A．并发活动　　B．运行活动　　C．单独操作　　D．关联操作
（36）A．组合态　　B．关联态　　C．静态　　D．动态
（37）A．组合态　　B．关联态　　C．静态　　D．动态

- 在某超市里有一个收银员，且同时最多允许有 n 个顾客购物，我们可以将顾客和收银员看成是两类不同的进程，且工作流程如下图所示。为了利用 PV 操作正确地协调这两类进程之间的工作，设置了 3 个信号量 S1、S2 和 Sn，且初值分别为 0、0 和 n。这样，图中的 a 处应填写___(38)___，图中的 b1、b2 处应分别填写___(39)___，图中的 c1、c2 处应分别填写___(40)___。

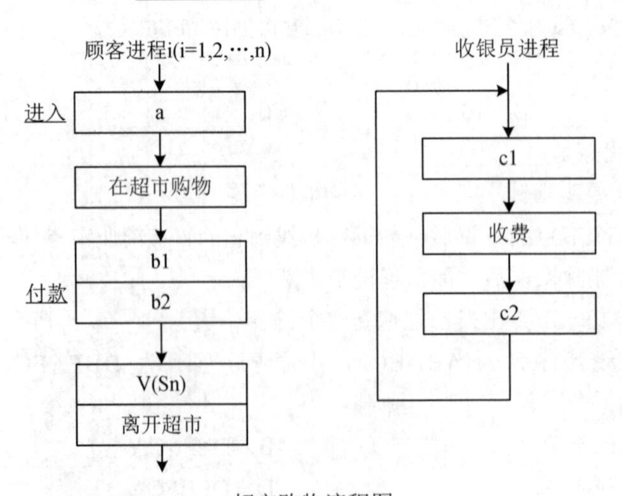

超市购物流程图

（38）A．P(S1)　　B．P(S2)
　　　C．P(Sn)　　D．P(Sn)、P(S1)

（39）A．P(Sn)、V(S2)　　B．P(Sn)、V(S1)
　　　C．P(S2)、V(S1)　　D．V(S1)、P(S2)

（40）A．P(S1)、V(S2)　　B．P(Sn)、V(S1)
　　　C．P(S2)、V(S1)　　D．V(S1)、P(S2)

- 关系数据库设计理论主要包括3个方面的内容，其中起核心作用的是＿（41）＿。

（41）A．范式　　B．数据模式
　　　C．数据依赖　　D．范式和数据依赖

- 给定关系模式R(U,F)，U={A, B,C,D,E}，F={B→A,D→A,A→E,AC→B}，其属性AD的闭包为＿（42）＿，其候选码为＿（43）＿。

（42）A．ADE　　B．ABD　　C．ABCD　　D．ACD

（43）A．ABD　　B．ADE　　C．ACD　　D．CD

- 给定关系模式W(T,S,R,C)，F={(T,S)->R,(T,R)->C}，则W最高为＿（44）＿。

（44）A．1NF　　B．2NF　　C．3NF　　D．4NF

- 某数据库中有供应商关系S和零件关系P，其中，供应商关系模式S（Sno，Sname，Szip，City）中的属性分别表示：供应商代码、供应商名、邮编、供应商所在城市；零件关系模式P（Pno，Pname，Color，Weight，City）中的属性分别表示：零件号、零件名、颜色、重量、产地。要求一个供应商可以供应多种零件，而一种零件可由多个供应商供应。请将下面的SQL语句空缺部分补充完整。

```
CREATE TABLE SP（Sno CHAR(5),
                Pno CHAR(6),
                Status CHAR(8),
                Qty NUMERIC(9),
    (45)    (Sno, Pno),
    (46)    (Sno),
    (47)    (Pno));
```

（45）A．FOREIGN KEY
　　　B．PRIMARY KEY
　　　C．FOREIGN KEY(Sno)REFERENCES S
　　　D．FOREIGN KEY(Pno)PEFERENCES P

（46）A．FOREIGN KEY
　　　B．PRIMARY KEY
　　　C．FOREIGN KEY(Sno)REFERENCES S
　　　D．FOREIGN KEY(Pno)PEFERENCES P

（47）A．FOREIGN KEY
B．PRIMARY KEY
C．FOREIGN KEY(Sno)REFERENCES S
D．FOREIGN KEY(Pno)PEFERENCES P

- 在异步通信中，每个字符包含 1 位起始位、7 位数据位、1 位奇偶校验位和 1 位终止位，每秒钟传送 100 个字符，则有效数据速率为___（48）___。

（48）A．500b/s　　B．600b/s　　C．700b/s　　D．800b/s

- UDP 协议在 IP 层之上提供了___（49）___能力。

（49）A．连接管理　　B．差错校验和重传
C．流量控制　　D．端口寻址

- 下面___（50）___字段的信息出现在 TCP 头部，而不出现在 UDP 头部。

（50）A．目标端口号　　B．顺序号
C．源端口号　　D．校检和

- TCP 协议使用___（51）___次握手机制建立连接。

（51）A．一　　B．二　　C．三　　D．四

- DNS 服务器的默认端口号是___（52）___端口。域名系统是把主机域名解析为 IP 地址的系统，___（53）___不属于域名系统构成。

（52）A．50　　B．51　　C．52　　D．53
（53）A．DNS 名字空间　　B．域名服务器
C．DNS 客户机　　D．浏览器

- SMTP 协议用于___（54）___电子邮件。

（54）A．接收　　B．发送　　C．丢弃　　D．阻挡

- 下列网络攻击行为中，属于 DoS 攻击的是___（55）___。

（55）A．特洛伊木马攻击　　B．SYN Flooding 攻击
C．端口欺骗攻击　　D．IP 欺骗攻击

- 下列算法中，不属于公开密钥加密算法的是___（56）___。

（56）A．ECC　　B．DSA　　C．RSA　　D．DES

- 显示深度、图像深度是图像显示的重要指标。当___（57）___时，颜色能较真实地反映图像文件的颜色效果。显示的颜色完全取决于图像的颜色。

（57）A．显示深度=图像深度　　B．显示深度＞图像深度
C．显示深度≥256　　D．显示深度＜图像深度

- 以下媒体中，___（58）___是传输媒体。

（58）A．音箱　　B．声音编码　　C．电缆　　D．声音

- 视觉上的颜色可用亮度、色调和饱和度 3 个特征来描述。其中色调是指颜色的___（59）___。

（59）A．外观　　B．纯度　　C．感觉　　D．种类

- 使用300DPI的扫描分辨率扫描一幅3×4英寸的彩色照片，得到原始的24位真彩色图像的数据量是___（60）___Byte。

（60）A．3240000　B．90000　C．1620000　D．810000

- 软件开发工具不包括___（61）___工具。

（61）A．逆向工程　B．需求分析　C．设计　D．编码

- 以下关于结构化开发方法的叙述中，不正确的是___（62）___。

（62）A．结构化设计是将数据流图映射成软件的体系结构
B．一般情况下，数据流类型包括变换流型和事务流型
C．总的指导思想是自顶向下，逐层分解
D．与面向对象开发方法相比，更适合大规模、特别复杂的项目

- 软件开发模型用于指导软件的开发。螺旋模型综合了___（63）___的优点，并增加了___（64）___。

（63）A．瀑布模型和演化模型　B．瀑布模型和喷泉模型
C．演化模型和喷泉模型　D．原型模型和喷泉模型

（64）A．质量评价　B．进度控制　C．版本控制　D．风险分析

- 极限编程是一个轻量级、灵巧、严谨的软件开发方法。具有4大价值观、5个原则、12个最佳实践。以下选项中，___（65）___不属于极限编程的5个原则。

（65）A．简单假设　B．快速反馈　C．版本控制　D．鼓励更改

- RUP模型是一种过程方法，属于___（66）___的一种。

（66）A．瀑布模型　B．V模型　C．螺旋模型　D．迭代模型

- CMMI的连续式表示法与阶段式表示法分别表示___（67）___。

（67）A．项目的成熟度和组织的过程能力　B．组织的过程能力和组织的成熟度
C．项目的成熟度和项目的过程能力　D．项目的过程能力和组织的成熟度

- 下图是一个软件项目的活动图，其中顶点表示项目里程碑，边表示包含的活动，边上的权重表示活动的持续时间，则里程碑___（68）___在关键路径上。

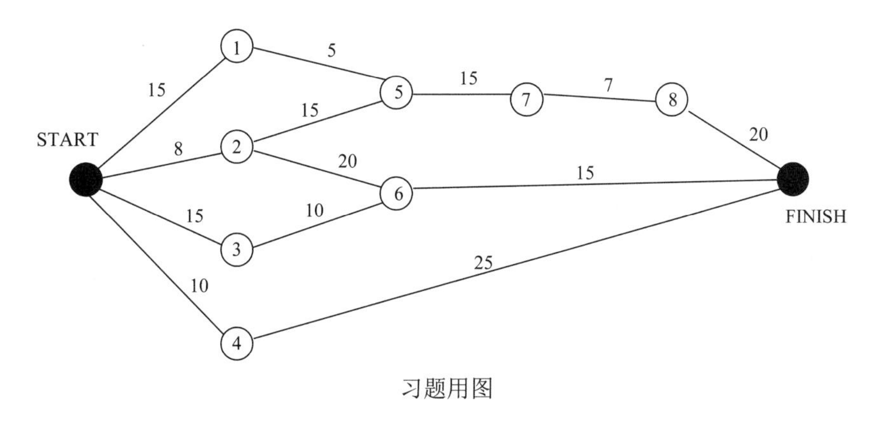

习题用图

（68）A．1　B．2　C．3　D．4

- UML 中有 4 种关系：依赖、关联、泛化和实现。___(69)___是规定接口和实现接口的类或组件之间的关系。

  (69) A．依赖　　B．关联　　C．泛化　　D．实现

- 程序使用了大量对象，开销很大，适合采用___(70)___模式进行对象共享。该模式复用内存中已存在的对象，降低系统创建对象实例的代价。

  (70) A．组合　　B．享元　　C．迭代器　　D．备忘

- MIMD systems can be classified into ___(71)___oriented systems，high-availability systems and response-oriented systems.The goal of___(71)___oriented multiprocessing is to obtain high ___(71)___ ___(72)___minimal computing cost.The techniques employed by multiprocessor operating systems to achieve this goal take advantage of an inherent processing versus input/output balance in the workload to produce ___(73)___ and___(74)___ loading of system ___(75)___.

  (71) A．though　　B．through　　C．throughout　　D．throughput

  (72) A．at　　B．of　　C．on　　D．to

  (73) A．balance　　B．balanced　　C．balances　　D．balancing

  (74) A．uniform　　B．unique　　C．unit　　D．united

  (75) A．resource　　B．resources　　C．source　　D．sources

软件设计师下午试卷

（考试时间　14:00～16:30　共 150 分钟）

请按下述要求正确填写答题纸

1. 本试卷共五道必答题，满分 75 分。
2. 在答题纸的指定位置填写你所在的省、自治区、直辖市、计划单列市的名称。
3. 在答题纸的指定位置填写准考证号、出生年月日和姓名。
4. 答题纸上除填写上述内容外只能写解答。
5. 解答时字迹务必清楚，字迹不清时，将不评分。

例题

2019 年上半年全国计算机技术与软件专业技术资格考试日期是＿（1）＿月＿（2）＿日。

因为正确的解答是“5 月 25 日”，故在答题纸的对应栏内写上“5”和“25”（参看下表）。

例题	解答栏
（1）	5
（2）	25

试题一（15 分）

阅读下列说明和图，回答问题 1 至问题 4，将解答填入答题纸的对应栏内。

【说明】某学校开发图书管理系统，以记录图书馆藏图书及其借出和归还情况，提供给借阅者借阅图书功能，提供给图书馆管理员管理和定期更新图书表功能。主要功能的具体描述如下：

（1）处理借阅。借阅者要借阅图书时，系统必须对其身份（借阅者 ID）进行检查。通过与教务处维护的学生数据库、人事处维护的职工数据库中的数据进行比对，以验证借阅者 ID 是否合法。若合法，则检查借阅者在逾期未还图书表中是否有逾期未还图书，以及罚金表中的罚金是否超过限额。如果没有逾期未还图书并且罚金未超过限额，则允许借阅图书，更新图书表，并将借阅的图书存入借出图书表，借阅者归还所借图书时，先由图书馆管理员检查图书是否缺失或损坏，若是，则对借阅者处以相应罚金并存入罚金表；然后，检查所还图书是否逾期，若是，执行“处理逾期”操作；最后，更新图书表，删除借出图书表中的相应记录。

（2）维护图书。图书馆管理员查询图书信息；在新进图书时录入图书信息，存入图书表；在图书丢失或损坏严重时，从图书表中删除该图书记录。

（3）处理逾期。系统在每周一统计逾期未还图书，逾期未还的图书按规则计算罚金，并记入罚金表，并给有逾期未还图书的借阅者发送提醒消息。借阅者在借阅和归还图书时，若罚金超过限额，管理员收取罚金，并更新罚金表中的罚金额度。

现采用结构化方法对该图书管理系统进行分析与设计，获得如图 1 所示的顶层数据流图和图 2 所示的 0 层数据流图。

【问题 1】（4 分）

使用说明中的术语，给出图 1 中的实体 E1～E4 的名称。

【问题 2】（4 分）

使用说明中的术语，给出图 2 中的数据存储 D1～D4 的名称。

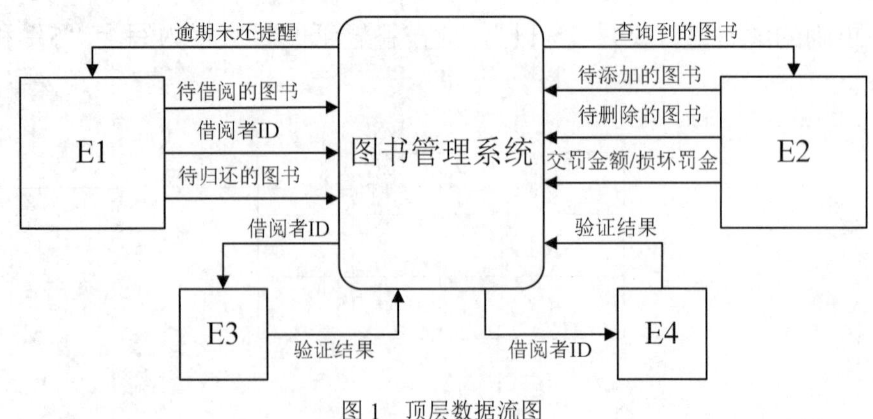

图 1　顶层数据流图

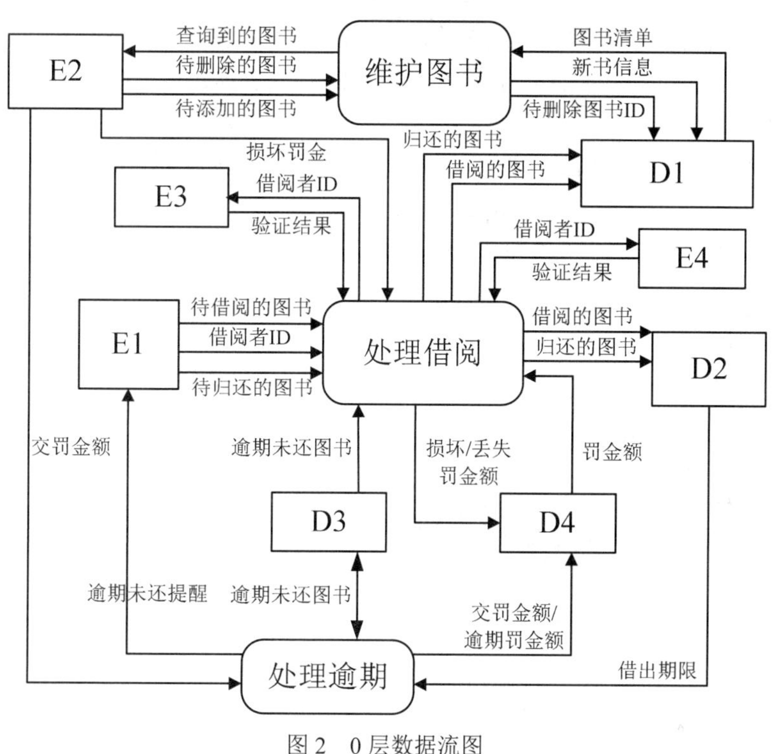

图2 0层数据流图

【问题3】（5分）

在DFD建模时，需要对有些复杂加工（处理）进行进一步精化，绘制下层数据流图。针对图2中的加工“处理借阅”，在1层数据流图中应分解为哪些加工？（使用说明中的术语）

【问题4】（2分）

说明［问题3］中绘制1层数据流图时要注意的问题。

试题二（15分）

阅读下列说明，回答问题1至问题3，将解答填入答题纸的对应栏内。

【说明】某集团公司在全国不同城市拥有多个大型超市，为了有效管理各个超市的业务工作，需要构建一个超市信息管理系统。

【需求分析结果】

（1）超市信息包括：超市名称、地址、经理和电话，其中超市名称唯一确定超市关系的每一个元组。每个超市只有一名经理。

（2）超市设有计划部、财务部、销售部等多个部门，每个部门只有一名部门经理，有多名员工，每个员工只属于一个部门。部门信息包括：超市名称、部门名称、部门经理和联系电话。超市名称、部门名称唯一确定部门关系的每一个元组。

（3）员工信息包括：员工号、姓名、超市名称、部门名称、职位、联系方式和工资。其中，职位信息包括：经理、部门经理、业务员等。员工号唯一确定员工关系的每一个元组。

（4）商品信息包括：商品号、商品名称、型号、单价和数量。商品号唯一确定商品关系的每一个元组。一名业务员可以负责超市内多种商品的配给，一种商品可以由多名业务员配给。

【概念模型设计】

根据需求分析阶段收集的信息，设计的实体联系图和关系模式（不完整）如下。

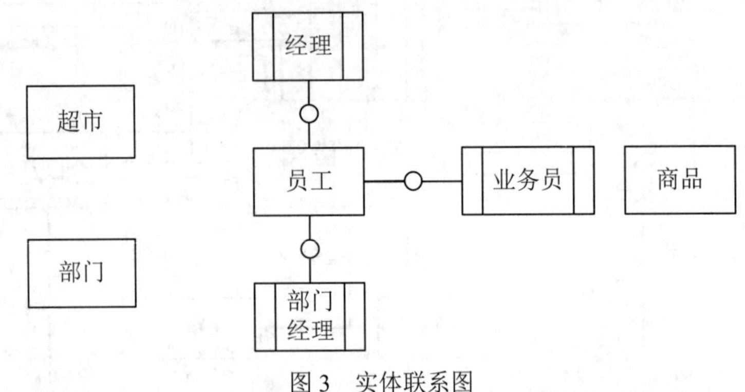

图 3　实体联系图

【关系模式设计】

超市（超市名称，经理，地址，电话）

部门（____(a)____，部门经理，联系电话）

员工（____(b)____，姓名，联系方式，职位，工资）

商品（商品号，商品名称，型号，单价，数量）

配给（____(c)____，配给时间，配给数量，业务员）

【问题 1】（4 分）

根据问题描述，补充 4 个联系，完善图 3 的实体联系图。联系名可用联系 1、联系 2、联系 3 和联系 4 代替，联系的类型分为 1:1、1:n 和 m:n （或 1:1、1:* 和*:* ）。

【问题 2】（7 分）

（1）根据实体联系图，将关系模式中的空（a）～（c）补充完整。

（2）给出部门和配给关系模式的主键和外键。

【问题 3】（4 分）

（1）超市关系的地址可以进一步分为邮编、省、市、街道，那么该属性是属于简单属性还是复合属性？请用 100 字以内文字说明。

（2）假设超市需要增设一个经理的职位，那么超市与经理之间的联系类型应修改为____(d)____，超市关系应修改为____(e)____。

试题三（15 分）

阅读下列说明，回答问题 1 至问题 3，将解答填入答题纸的对应栏内。

【说明】某网上药店允许顾客凭借医生开具的处方，通过网络在该药店购买处方上的药品。该网上药店的基本功能描述如下：

（1）注册。顾客在买药之前，必须先在网上药店注册。注册过程中需填写顾客资料以及付款方式（信用卡或者支付宝账户）。此外顾客必须与药店签订一份授权协议书，授权药店可以向其医生确认处方的真伪。

（2）登录。已经注册的顾客可以登录到网上药房购买药品。如果是没有注册的顾客，系统将拒绝其登录。

（3）录入及提交处方。登录成功后，顾客按照“处方录入界面”显示的信息，填写开具处方的医生的信息以及处方上的药品信息。填写完成后，提交该处方。

（4）验证处方。对于已经提交的处方（系统将其状态设置为“处方已提交”），验证过程为：

1）核实医生信息。如果医生信息不正确，该处方的状态被设置为“医生信息无效”，并取消这个处方的购买请求；如果医生信息是正确的，系统给该医生发送处方确认请求，并将处方状态修改为“审核中”。

2）如果医生回复处方无效，系统取消处方，并将处方状态设置为“无效处方”。如果医生没有在 7 天内给出确认答复，系统也会取消处方，并将处方状态设置为“无法审核”。

3）如果医生在 7 天内给出了确认答复，该处方的状态被修改为“准许付款”。系统取消所有未通过验证的处方，并自动发送一封电子邮件给顾客，通知顾客处方被取消以及取消的原因。

（5）对于通过验证的处方，系统自动计算药品的价格并邮寄药品给已经付款的顾客。该网上药店采用面向对象方法开发，使用 UML 进行建模。系统的类图如图 4 所示。

【问题 1】（8 分）

根据说明中的描述，给出图 4 中缺少的 C1～C5 所对应的类名以及（1）～（6）处所对应的多重度。

【问题 2】（4 分）

图 5 给出了“处方”的部分状态图。根据说明中的描述，给出图 5 中缺少的 S1～S4 所对应的状态名以及（7）～（10）处所对应的迁移（transition）名。

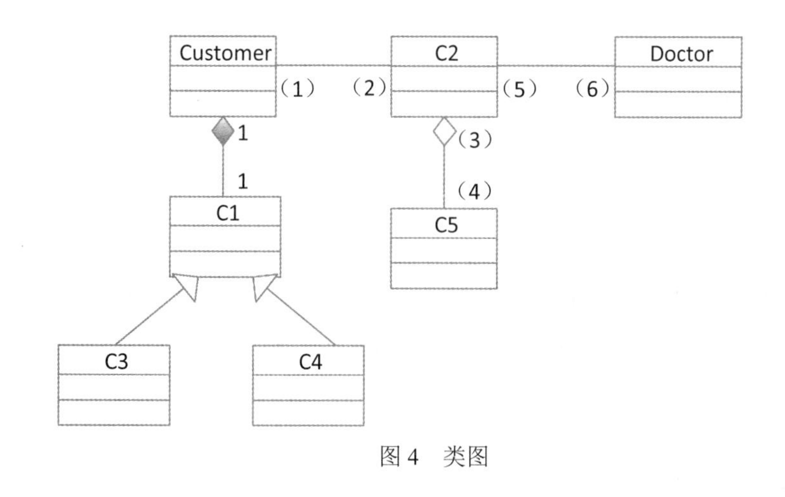

图 4　类图

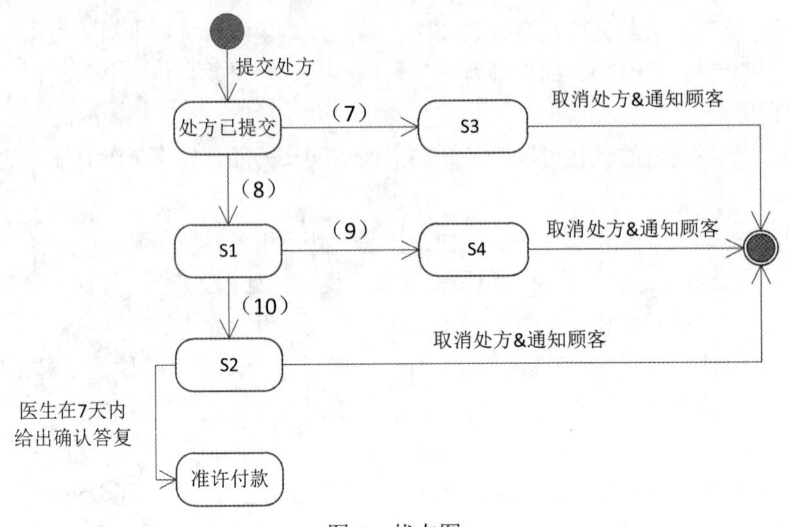

图 5 状态图

【问题 3】（3 分）

图 4 中的符号"◆"和"◇"在 UML 中分别表示类和对象之间的哪两种关系？两者之间的区别是什么？

试题四（15 分）

阅读下列说明和 C 代码，回答问题 1 至问题 3，将解答写在答题纸的对应栏内。

【说明】设有 m 台完全相同的机器运行 n 个独立的任务，运行任务 i 所需要的时间为 t_i，要求确定一个调度方案，使得完成所有任务所需要的时间最短。

假设任务已经按照其运行时间从大到小的顺序，算法基于最长运行时间作业优先的策略；按顺序先把每个任务分配到一台机器上，然后将剩余的任务依次放入空闲的机器。

【C 代码】

下面是算法的 C 语言实现。

（1）常量和变量说明。

m：机器数。

n：任务数。

t[]：输入数组，长度为 n，其中每个元素表示任务的运行时间，下标从 0 开始。

s[][]：二维数组，长度为 m*n，下标从 0 开始，其中元素 s[i][j]表示机器 i 运行的任务 j 的编号。

d[]：数组，长度为 m,其中元素 d[i]表示机器 i 的运行时间，下标从 0 开始。

count[]：数组，长度为 m,下标从 0 开始，其中元素 count[i]表示机器 i 的运行任务数。

i：循环变量。

j：循环变量。

k：临时变量。

max：完成所有任务的时间。

min：临时变量。

（2）函数 schedule。

```
void schedule(){
    int i,j,k,max=0
    for(i=0;i<m;i++){
        d[i]=0;
        for(j=0;j<n;j++){
            s[i][j]=0;
        }
    }
    for(i=0;i<m;i++){ // 分配前 m 个任务
        s[i][0]=j;
        ____(1)____;
        count[i]=1;
    }
    for(____(2)____;i<n;i++){ // 分配后 n-m 个任务
        int min=d[0];
        k=0;
        for(j=1;j<m;j++){ // 确定空闲机器
            if(min>d[j]){
                min=d[j];
                k=j; // 机器 K 空闲
            }
        }
        ____(3)____;
        count[k]=count[k]+1;
        d[k]=d[k]+t[i];
    }
    for(i=0;i<m;i++)} // 确定完成所有任务需要的时间
        if(____(4)____){
            max=d[i];
        }
    }
}
```

【问题 1】（8 分）

根据说明和 C 代码，填充 C 代码中的空（1）～（4）。

【问题 2】（2 分）

根据说明和 C 代码，该问题采用了____（5）____算法设计策略，时间复杂度为____（6）____（用 O 符号表示）。

【问题 3】（5 分）

考虑实例 m=3（编号 0～2），n=7（编号 0～6），各任务的运行时间为{16,14,6,5,4,3,2}。

则在机器 0、1 和 2 上运行的任务分别为____（7）____、____（8）____和____（9）____（给出任务编号）。从任务开始运行到完成所需要的时间为____（10）____。

试题五（15 分）

阅读下列说明和 Java 代码，将应填入（1）～（6）处的字句写在答题纸的对应栏内。

【说明】某咖啡店在卖咖啡时，可以根据顾客的要求在其中加入各种配料，咖啡店会根据所加入的配料来计算费用。咖啡店所供应的咖啡及配料的种类和价格见下表。

咖啡	价格/杯	配料	价格/份
蒸馏咖啡（Espresso）	25	摩卡（Mocha）	10
深度烘焙咖啡（DarkRoast）	20	奶泡（Whip）	8

现采用装饰器（Decorator）模式来实现计算费用的功能，得到如图 6 所示的类图。

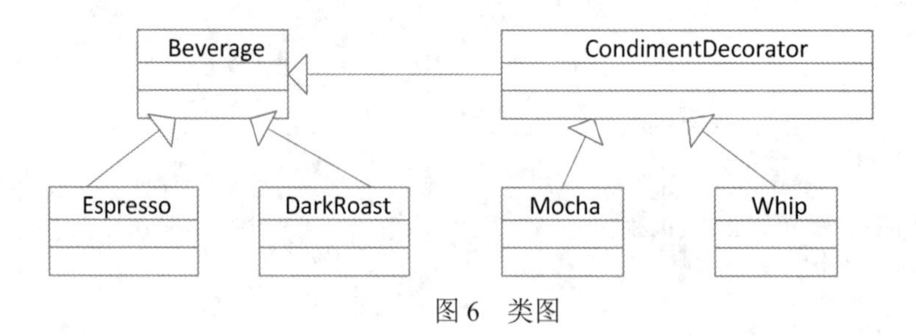

图 6　类图

【Java 代码】

```
import java.util.*;
___(1)___ class Beverage { //饮料
    String description = "Unknown Beverage";
    public ___(2)___ (){      return description;}
    public ___(3)___;
}
abstract class CondimentDecorator extends Beverage { //配料
    ___(4)___;
}
class Espresso extends Beverage { //蒸馏咖啡
    private final int ESPRESSO_PRICE = 25;
    public Espresso() { description="Espresso"; }
    public int cost() { return ESPRESSO_PRICE; }
}
class DarkRoast extends Beverage { //深度烘焙咖啡
    private finalint DARKROAST_PRICE = 20;
    public DarkRoast(){ description = "DarkRoast"; }
    public int cost(){ return DARKROAST_PRICE; }
}
class Mocha extends CondimentDecorator { //摩卡
    private final int MOCHA_PRICE = 10;
    public Mocha(Beverage beverage) {
        this.beverage = beverage;
    }
```

```
        public String getDescription() {
            return beverage.getDescription()+ ", Mocha";
        }
        public int cost() {
            return MOCHA_PRICE + beverage.cost();
        }
    }
    class Whip extends CondimentDecorator { //奶泡
        private finalint WHIP_PRICE = 8;
        public Whip(Beverage beverage) { this.beverage = beverage; }
        public String getDescription() {
            return beverage.getDescription()+",Whip";
        }
        public int cost() { return WHIP_PRICE + beverage.cost(); }
    }
    public class Coffee {
        public static void main(String args[]) {
            Beverage beverage = new DarkRoast();
            beverage=new Mocha(  (5)  );
            beverage=new Whip (  (6)  ) ;
            System.out.println(beverage.getDescription()+"￥" +beverage.cost());
        }
    }
```

编译运行上述程序，其输出结果为：

DarkRoast,Mocha,Whip ￥38

软件设计师上午试卷解析与参考答案

试题（1）解析

n 位机器字长，各种码制表示的带符号数范围，具体见下表。

n 位机器字长，各种码制表示的带一位符号位的数值范围

码制	定点整数	定点小数
原码	$-(2^{n-1}-1) \sim 2^{n-1}-1$	$-(1-2^{-(n-1)}-1) \sim 1-2^{-(n-1)}$
反码	$-(2^{n-1}-1) \sim 2^{n-1}-1$	$-(1-2^{-(n-1)}) \sim 1-2^{-(n-1)}$
补码	$-2^{n-1} \sim 2^{n-1}-1$	$-1 \sim 1-2^{-(n-1)}$
移码	$-2^{n-1} \sim 2^{n-1}-1$	$-1 \sim 1-2^{-(n-1)}$

【参考答案】（1）D

试题（2）解析

浮点数编码组成：阶码（为带符号定点整数，常用移码表示），尾数（定点纯小数，常用补码或原码表示）。浮点数的精度由尾数的位数决定，表示范围的大小则主要由阶码的位数决定。

【参考答案】（2）A

试题（3）解析

在海明码中，校验位为 k，信息位为 m，则它们之间的关系应满足 $m+k+1 \leqslant 2^k$。

本题信息位 m=32，则 $33+k \leqslant 2^k$，计算可以得知 K 最小值为 6。

【参考答案】（3）D

试题（4）解析

控制总线传送控制信号、时序信号和状态信息等。每一根线功能确定，传输信息方向固定，所以控制总线每一根线单向传输信息，整体是双向传递信息。

【参考答案】（4）C

试题（5）解析

控制器由程序计数器（PC）、指令寄存器（IR）、地址寄存器（AR）、数据寄存器（DR）、指令译码器等硬件组成。

程序计数器（Program Counter，PC），所有 CPU 共用的一个特殊寄存器，指向下一条指令的地址。CPU 根据 PC 的内容去主存处取得指令，由于程序中的指令是按顺序执行的，所以 PC 必须有自动增加的功能。

【参考答案】（5）A

试题（6）解析

单指令流单数据流（SISD）：从存储在内存中的程序那里获得指令，并作用于单一的数据流。

单指令流多数据流（SIMD）：单个的指令流作用于多于一个的数据流上。

多指令流单数据流（MISD）：用多个指令作用于单个数据流，实际情况少见。

多指令流多数据流（MIMD）：类似于多个 SISD 系统。

【参考答案】（6）C

试题（7）解析

RISC 采用了 3 种流水线结构：

（1）超流水线技术：该技术通过增加流水线级数、细化流水、提高主频等方式，使得在相同时间内可执行更多的机器指令。实质就是“时间换空间”。

（2）超标量（Superscalar）技术：采用该技术的 CPU 中有一条以上的流水线。实质就是“空间换取时间”。

（3）超长指令字（Very Long Instruction Word，VLIW）：一种超长指令组合，VLIW 连接了多条指令，增加运算速度。常用的提高并行计算性能的技术有：超长指令字（VLIW）属于指令级并行、多内核属于芯片级并行、超线程（Hyper-Threading）属于线程级并行。

【参考答案】（7）A

试题（8）（9）解析

按顺序方式需要执行完一条指令之后再执行下一条指令，执行 1 条指令所需的时间为 $5\Delta t+4\Delta t+3\Delta t=12\Delta t$，执行 100 条指令所需的时间为 $12\Delta t\times100=1200\Delta t$。

若采用流水线方式，执行完 100 条指令所需要的时间为 $5\Delta\times100+2\Delta t+3\Delta t=505\Delta t$。

【参考答案】（8）A（9）D

试题（10）解析

总线带宽=总线宽度×总线频率=(64/8)×(100/5)=160Mb/s。

【参考答案】（10）C

试题（11）解析

流水线的周期为指令执行时间最长的一段。

【参考答案】（11）D

试题（12）解析

在机器指令的地址字段中，直接给出操作码地址的寻址方式称为直接寻址。

【参考答案】（12）D

试题（13）解析

局部性原理是指计算机在执行某个程序时，倾向于使用最近使用的数据。局部性原理有两种表现形式：

（1）时间局部性：被引用过的存储器位置很可能会被再次引用。

（2）空间局部性：被引用过的存储器位置附近的数据很可能将被引用。

【参考答案】（13）A

试题（14）（15）解析

内存容量=BFFFFH–80000H+1=40000H 转换为十进制值为 262144，除以 1024 化为 K，得到 256K。

因为，内存按字节编制，所以内存容量有 256K×8bit。因为存储芯片的容量又是 16K×4bit，所以需要(256×8)/(16×4)=32 片才能实现。

【参考答案】（14）B（15）C

试题（16）解析

Cache 存储器用来存放主存的部分拷贝，是按照程序的局部性原理选取出来的最常使用或不久将来仍将使用的内容。

【参考答案】（16）A

试题（17）（18）解析

（1）直接映像。在直接映像方式中，主存的块只能存放在 Cache 的相同块中。这种方式，地址变换简单，但是灵活性和空间利用率较差。例如，当主存不同区的第 1 块不能同时调入 Cache 的第 1 块时，即使 Cache 的其他块空闲也不能被利用。

（2）全相联映像。在全相联映像方式中，主存任何一块数据可以调入 Cache 的任一块中。这种方式灵活，但地址转换比较复杂。

（3）组相联映像。结合了直接映像和全相联映像两种方式。在全相联映像方式中，Cache 和主存均进行了分组；组号采用直接映像方式，而块使用全相联映像方式。

根据映像特点可以知道，冲突次数排序为：全相联映像<组相联映像<直接映像。

【参考答案】（17）B（18）A

试题（19）解析

由于 RAID0 没有校验功能，所以利用率最高。

【参考答案】（19）A

试题（20）解析

开放系统的数据存储有多种方式，属于网络化存储的是网络接入存储（Network Attached Storage，NAS）和存储区域网络（Storage Area Network，SAN）。

【参考答案】（20）D

试题（21）解析

依据题意系统可分为 3 部分，第 1 部分是并联系统，中间的部分为单一系统，第 3 部分也是并联系统。

其中第 1 部分和第 3 部分的并联系统的可靠率均为 1-(1-R)(1-R)。

第 1、2、3 部分综合来看是个串联系统，可靠率为=[1-(1-R)(1-R)]*R*[1-(1-R)(1-R)]。

【参考答案】（21）D

试题（22）解析

中断向量即中断源的识别标志，可用来存放中断服务程序的入口地址或跳转到中断服务程序的入口地址。

【参考答案】（22）C

试题（23）解析

程序中断是指计算机执行中，出现异常情况和特殊请求，CPU 暂时中止现行程序执行（保护现场），而转去处理更紧迫的事件；处理完毕后，CPU 返回原来的程序继续执行（恢复现场）。

【参考答案】（23）C

试题（24）解析

DMA 在主存与外设之间建立了直接的数据通路。DMA 方式是指在传输数据时，CPU 只参与初始化工作，DMA 完成数据传输的具体操作而不需要 CPU 参与，数据传输完毕后再把信息反馈给 CPU，这样就极大地减轻了 CPU 的负担。

【参考答案】（24）C

试题（25）解析

用边表示活动的网络，简称 AOE 网络。根据定义，关键路径是从源点到结束终点的最长路径。

【参考答案】（25）B

试题（26）解析

符合堆条件的 n 个数字的序列$\{k_1,k_2,\cdots,k_n\}$，需要满足以下两个条件之一：

（1）$k_i \leqslant k_{2i}$ 且 $k_i \leqslant k_{2i+1}$，$1 \leqslant i \leqslant \lfloor n/2 \rfloor$。

（2）$k_i \geqslant k_{2i}$ 且 $k_i \geqslant k_{2i+1}$，$1 \leqslant i \leqslant \lfloor n/2 \rfloor$。

当 i=3 时，D 选项则不满足条件。

【参考答案】（26）D

试题（27）解析

假设度数（叶子节点数）为 0 的节点分别为 n0、n1、n2，n 为完全二叉树总节点数。则依据完全二叉树节点关系可得：

$$n = n0+n1+n2 \qquad (1)$$

$$n= n1+2*n2+1 \qquad (2)$$

结合（1）（2）式，消元 n2 可得：

$$n = 2n0+n1-1 \qquad (3)$$

k 层的完全二叉树中，k-1 层是满二叉树；只有倒数第二层，才可能有度为 1 的节点，并且度为 1 的节点只有 1 个或者 0 个。

又由于本题中，n=767=2n0+n1-1。所以，n1=0，所以 767=2n0+0-1，得到 n0=384。

【参考答案】（27）C

试题（28）解析

n 个顶点的无向图至多有 n(n–1)/2 条边。当 n 至少为 9 时，才能保证有 36 条边。且由题目可知，G 是非连通无向图，所以还需要增加一个孤立点，因此图 G 至少有 10 个点。

【参考答案】（28）B

试题（29）解析

链表的最后一个节点的 next 域指向头节点，就产生了循环链表。由特性可知，循环链表的主要优点是从表中任一节点出发都能遍历整个链表。

【参考答案】（29）D

试题（30）解析

根据先序和中序来构造二叉树的流程如下：

（1）先序遍历序列的第一个节点是 A，由于先序遍历顺序是“根、左、右”，则推导出 A 是根节点。

（2）中序遍历序列中 A 前面的节点是 DBE，后面的节点是 FC。则推导出 DBE 是 A 的左子树，FC 是 A 的右子树。

（3）细化 DBE 树。先序遍历序列中 B 排在最前，说明 B 是左子树的根；中序遍历序列中 D 在 B 前，所以 D 是 B 的左子树；E 在 B 后，所以 E 是 B 的右子树。

（4）同理，细化 CF 树。

最后，构造出二叉树，如下图所示。

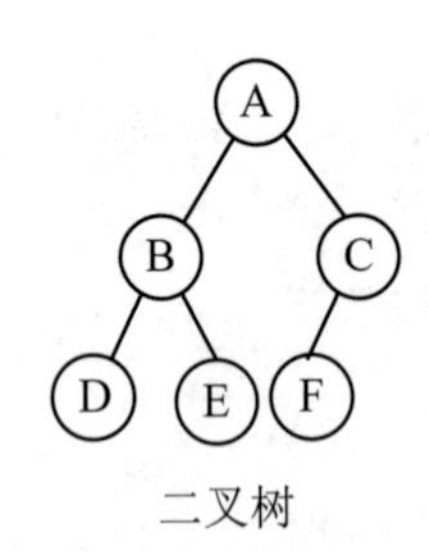

二叉树

后序遍历该二叉树，得到结果 DEBFCA。

【参考答案】（30）D

试题（31）解析

一维数组 A[m*n]转化为二维数组 B[m][n]的方法是：

（1）数组 A 的 1～n 个元素放入数组 B 的第 1 行。

（2）数组 A 的 n+1～2n 个元素放入数组 B 的第 2 行。

……

以此类推，直到最后 A 的元素全部放入数组 B。

显然：A[k]处于数组 B 的 k/n 行、k%n 列。

【参考答案】(31) C

试题（32）解析

动态规划属于运筹学的分支，理论基础是最优性原理。最优性原理特点是：任何一个完整的最优策略的子策略总是最优的。

动态规划算法的有效性依赖于两个重要性质：

（1）最优子结构：一个问题的最优解包含了其子问题的最优解时，则该问题就具有最优子结构性质。

（2）重叠子问题：解问题时，并不总是产生新的子问题，同一子问题可能会反复出现多次。换句话说，就是不同的决策序列，到达某个相同的阶段时，可能会产生重复的状态。

【参考答案】(32) B

试题（33）解析

分支界限算法常用于解决组合优化问题。该算法的设计策略中，通常采用广度优先搜索问题的解空间。

【参考答案】(33) B

试题（34）解析

首先，建立序列（50，72，43，85，75，20，35，45，65，30）对应的二叉排序树，具体如下图所示。

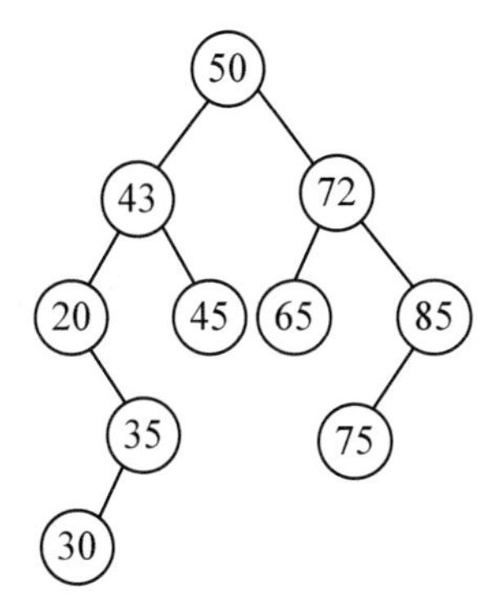

二叉排序树

接着，进行比较。

1）30 和 50 比较：进入节点 50 的左子树。

2）30 和 43 比较：进入节点 43 的左子树。

3）30 和 20 比较：进入节点 20 的右子树。

4）30 和 35 比较：进入节点 35 的右子树。

5）30 和 30 比较：找到值为 30 的节点，查找结束。

比较过程经过了 5 次。

【参考答案】（34）B

试题（35）～（37）解析

程序是一个在时间上按严格次序、顺序执行的操作序列，属于指令集合。程序是静态的概念。

进程是一个程序关于某个数据集的一次运行，是系统资源分配和调度的基本单位。进程是动态的概念。

【参考答案】（35）B （36）D （37）C

试题（38）～（40）解析

本题中，程序包含收银员进程和顾客进程。购物流程图的过程含义如下：

（1）超市最多允许有 n 个顾客购物，属于顾客进程间的公有资源，所以设置公用信号量 Sn，初值为 n，保证该临界区访问的互斥性。

（2）顾客购物后要去收银员处付款，则说明顾客进程与收银员进程之间需要协调工作，是同步关系。超市只有一个收银员收费，则只允许一个顾客付款。则设置 S1 和 S2 分别属于收银员和顾客付款进程的私用信号量。由于开始时，没有顾客付款，也没有收银员收费，因此，信号量 S1、S2 初值均为 0。

（3）顾客进入超市：执行 P(Sn)，表示允许的购物顾客人数减 1。

（4）顾客买完东西，执行 V(S1)，通知收银员进程有顾客付款；收银员进程执行 P(S1)操作，如果 S1≥0 则可以收费；如果 S1<0，该进程进入阻塞队列。

（5）收费完，收银员进程执行 V(S2)，以通知顾客收费完毕，此时顾客执行 P(S2)离开收银台。

（6）顾客离开超市：执行 V(Sn)，释放临界资源，表示允许的购物顾客人数加 1。

【参考答案】（38）C （39）D （40）A

试题（41）解析

关系数据库设计理论主要包括数据依赖、范式和关系模式规范化 3 个方面，其中，起核心作用的是数据依赖。

【参考答案】（41）C

试题（42）（43）解析

属性 AD 的闭包的推导过程：

设 X(0)=AD：

1）逐一扫描集合 F，找到左边是 A、D 或者 AD 的各种依赖。符合要求的有 D→A，A→E。则 X(1)= X(0) ∪EA=ADE。

2）由于 X(0) ≠X(1)，表示有新增，所以重新逐一扫描集合 F，找到左边是 ADE 的依赖。符合要求的仍然只有 D→A，A→E。则 X(2)= X(1) ∪EA=ADE。

此时，X(2)= X(1)，没有变化。扫描完成，得到属性 AD 的闭包为 ADE。

候选码的定义是，唯一标识元组，而且**不含有多余属性**的属性集。

结合规则集 F，可以得到：D→A；D→A→E；CD→AC→B；CD→AC→B→A；

可以知道，CD 是候选码。

【参考答案】（42）A （43）D

试题（44）解析

由 (T,S)->R 和(T,R)->C 可以推导出(T,S)->C，可知(T,S)可作主码。

1）每一个非主属性都完全函数依赖于码，因此 W 属于 2NF。

2）由于(T,S)->R、(T,R)->C、(T,S)->C 中出现了非主属性 C 传递函数依赖码(T,S)。因此关系模式 W 不属于 3NF。

【参考答案】（44）B

试题（45）～（47）解析

SP 是为满足题意“要求一个供应商可以供应多种零件，而一种零件可由多个供应商供应”而构建的关系模式。该关系主码为(Sno，Pno)，表示（供应商代码，零件号）。所以（45）空选 B，语句含义为“设置(Sno，Pno)为 SP 关系的主码”。

（46）选 C，语句含义为“设置 Sno 为 SP 关系对应 S 关系的外码”。

（47）选 D，语句含义为“设置 Pno 为 SP 关系对应 P 关系的外码”。

【参考答案】（45）B （46）C （47）D

试题（48）解析

题目给出每秒钟传送 100 个字符，因此每秒传输的位有 100×(1+7+1+1)=1000 位，而其中有 100×7 个数据位，因此数据速率为 700b/s。

【参考答案】（48）C

试题（49）解析

UDP 协议在 IP 层之上提供了端口寻址能力。由于用户数据报协议（User Datagram Protocol，UDP）是一种不可靠的、无连接的数据报服务，所以 UDP 不具备连接管理、差错校验和重传、流量控制等功能。

【参考答案】（49）D

试题（50）解析

传输控制协议（Transmission Control Protocol，TCP）是一种可靠的、面向连接的字节流服务。源主机在传送数据前，需要先和目标主机建立连接。然后，在此连接上，被编号的数据段按序收发。同时，要求对每个数据段进行确认，保证了可靠性。

UDP 是一种无连接的协议，不需要使用顺序号。

【参考答案】（50）B

试题（51）解析

TCP 协议是一种可靠的、面向连接的协议，通信双方使用三次握手机制来建立连接。

【参考答案】（51）C

试题（52）（53）解析

域名系统（Domain Name System，DNS）是把主机域名解析为 IP 地址的系统，解决了 IP 地址难记的问题。该系统是由解析器和域名服务器组成的。DNS 主要基于 UDP 协议，较少情况下使用 TCP 协议，端口号均为 53。域名系统由 3 部分构成：DNS 名字空间、域名服务器、DNS 客户机。

【参考答案】（52）D （53）D

试题（54）解析

1）简单邮件传输协议（Simple Mail Transfer Protocol，SMTP）。SMTP 主要负责底层的邮件系统如何将邮件从一台机器发送至另外一台机器。该协议工作在 TCP 协议的 25 号端口。

2）邮局协议（Post Office Protocol，POP）。目前的版本为 POP3，POP3 是把邮件从邮件服务器中传输到本地计算机的协议。该协议工作在 TCP 协议的 110 号端口。

【参考答案】（54）B

试题（55）解析

拒绝服务（Denial of Service，DoS）：利用大量合法的请求占用大量网络资源，以达到瘫痪网络的目的。例如，驻留在多个网络设备上的程序在短时间内同时产生大量的请求消息冲击某 Web 服务器，导致该服务器不堪重负，无法正常响应其他合法用户的请求，这类形式的攻击就称为 DoS 攻击。又例如，TCP SYN Flooding 建立大量处于半连接状态的 TCP 连接就是一种使用 SYN 分组的 DoS 攻击。

【参考答案】（55）B

试题（56）解析

加密密钥和解密密钥相同的算法，称为对称加密算法，对称加密算法相对非对称加密算法加密的效率高，适合大量数据加密。常见的对称加密算法有 DES、3DES、RC5、IDEA。

加密密钥和解密密钥不相同的算法，称为非对称加密算法，这种方式又称为公钥密码体制，解决了对称密钥算法的密钥分配与发送的问题。在非对称加密算法中，私钥用于解密和签名，公钥用于加密和认证。典型的公钥密码体制有 RSA、DSA、ECC。

【参考答案】（56）D

试题（57）解析

1）显示深度大于图像深度：在这种情况下屏幕上的颜色能较真实地反映图像文件的颜色效果。显示的颜色完全取决于图像的颜色。

2）显示深度等于图像深度：这种情况下如果用真彩色显示模式来显示真彩色图像，或者显示调色板与图像调色板一致时，屏幕上的颜色能较真实地反映图像文件的颜色效果；反之，显示调色板与图像调色板不一致时，显示色彩会出现失真。

3）显示深度小于图像深度：此时显示的颜色会出现失真。

【参考答案】（57）B

试题（58）解析

媒体分为感觉媒体、表示媒体、表现媒体、存储媒体和传输媒体。具体分类见下表。

媒体分类

名称	特点	实例
感觉媒体（Perception Medium）	直接作用于人的感觉器官，使人产生直接感觉的媒体	引起视觉反应的文本、图形和图像、引起听觉反应的声音等
表示媒体（Representation Medium）	为加工、处理和传输感觉媒体而人工创造的一类媒体	文本编码、图像编码和声音编码等
表现媒体（Presentation Medium）	进行信息输入和输出的媒体	输入媒体如：键盘、鼠标、话筒、扫描仪、摄像头等；输出媒体如：显示器、音箱、打印机等
存储媒体（Storage Medium）	存储表示媒体的物理介质	硬盘、U 盘、光盘、手册及播放设备等
传输媒体（Transmission Medium）	传输表示媒体的物理介质	电缆、光缆、无线等

【参考答案】（58）C

试题（59）解析

色调是指颜色的外观，是视觉器官对颜色的感觉。色调用红、橙、黄、绿、青等来描述。

【参考答案】（59）A

试题（60）解析

DPI 表示“像素/英寸”，即指每英寸所包含的像素数。

图像数据量=图像水平分辨率×图像垂直分辨率×颜色深度(位数)/8

=(3×300)×(4×300)×24/8=3240000

【参考答案】（60）A

试题（61）解析

软件开发工具主要包含需求分析、设计、编码、测试等工具。

【参考答案】（61）A

试题（62）解析

结构化开发方法是一种面向数据流的开发方法，它以数据流为中心构建软件的分析模型和设计模型。其基本思想是用系统的思想和系统工程的方法，按照用户至上的原则结构化、模块化，自顶向下对系统进行分析与设计。但不适合特别大规模的软件开发。

结构化设计是将结构化分析的结构（数据流图）映射成软件的体系结构（模块结构）。根据信息流的特点，可将数据流图分为变换型数据流图和事务型数据流图。

【参考答案】（62）D

试题（63）（64）解析

螺旋模型综合了瀑布模型和原型模型中的演化模型的优点，还增加了风险分析，特别适用于庞大而复杂的、高风险的管理信息系统的开发。

【参考答案】（63）A　（64）D

试题（65）解析

极限编程的 5 个原则是简单假设、快速反馈、逐步修改、鼓励更改、优质工作。

【参考答案】（65）C

试题（66）解析

软件统一过程（Rational Unified Process，RUP）也是具有迭代特点的模型。迭代模型的软件生命周期分解为 4 个时间顺序阶段：**初始阶段**、**细化阶段**、**构建阶段**和**交付阶段**。在每个阶段结尾进行一次评估，评估通过则项目可进入下一个阶段。

【参考答案】（66）D

试题（67）解析

CMMI 采用统一的 24 个过程域，采用 CMM 的阶段表示法和 EIA/IS731 连续式表示法，前者侧重描述组织能力成熟度，后者侧重描述过程能力成熟度。

【参考答案】（67）B

试题（68）解析

从开始顶点到结束顶点的最长路径为关键路径（临界路径），关键路径上的活动为关键活动。

在本题中找出的最长路径是 START→2→5→7→8→FINISH，其长度为 8+15+15+7+20=65，而其他任何路径的长度都比这条路径小，因此可以知道里程碑 2 在关键路径上。

【参考答案】（68）B

试题（69）解析

实现是类之间的语义关系，其中的一个类指定了由另一个类保证执行的契约。是规定接口和实现接口的类或组件之间的关系。

【参考答案】（69）D

试题（70）解析

享元模式利用共享技术，复用大量的细粒度对象。其特点是：复用内存中已存在的对象，降低系统创建对象实例的代价。

【参考答案】（70）B

试题（71）～（75）解析

MIMD 系统可以细分成三类，分别是面向吞吐量，高可用和面向响应系统。面向吞吐量多处理系统的目标是用最小计算代价获取高吞吐量。多处理器操作系统为实现这一目标而采用了特定技术，即利用工作负载上固有的输入/输出平衡处理过程，加载平衡、均匀的系统资源。

【参考答案】（71）D　（72）A　（73）B　（74）A　（75）B

软件设计师下午试卷解析与参考答案

试题一

【解题思路】

【问题1】抓住题目文字描述中的重点名词，我们能找到“借阅者”“图书管理员”“学生数据库”“职工数据库”“图书管理系统”。很显然，只有“借阅者”才会还书，故E1是“借阅者”。E2能够处理添加和删除图书，显然是“图书管理员”。E3、E4为学生数据库/职工数据库（E3和E4不分顺序，但必须不同）。

【问题2】观察D1的进出数据流全部为与图书信息相关，故D1为“图书表”。D2只跟出借归还图书相关，故D2为“借出图书表”。D3的数据流进出均为“逾期未还图书”，D3为“逾期未还图书表”。D4只和“罚款”信息数据流相关，D4为“罚金表（罚款表）”。

【问题3】我们将“处理借阅”的外部数据流进行分类，主要涉及借阅者检验、逾期未归还图书、罚金信息、图书借阅信息和归还信息。故而“处理借阅”在加工分解时，应按数据流分类处理比较清晰、有条理。故而可以分解为“检查借阅者身份”“检查逾期未还图书”“检查罚金是否超过限额”“借阅图书”和“归还图书”5个处理。

【问题4】自顶向下，逐步分解的核心是守恒（平衡）原则和黑盒原则。对于DFD就是数据流一致。

【参考答案】

【问题1】E1：借阅者　E2：图书管理员　E3、E4：学生数据库/职工数据库（E3和E4不分顺序, 但必须不同）

【问题2】D1：图书表　D2：借出图书表　D3：逾期未还图书表　D4：罚金表（罚款表）

【问题3】检查借阅者身份、检查逾期未还图书、检查罚金是否超过限额、借阅图书和归还图书。

【问题4】保持父图与子图平衡。父图中某加工的输入/输出数据流必须与它的子图的输入/输出数据流在数量和名字上相同。如果父图的一个输入（或输出）数据流对应于子图中几个输入（或输出）数据流，而子图中组成这些数据流的数据项全体正好是父图中的这一个数据流，那么它们仍然算是平衡的。

试题二

【解题思路】

【问题1】仔细分析题目，可以得到以下信息：

（1）每个超市只有一名经理，那么超市对经理的关系是1:1。

（2）超市设有计划部、财务部、销售部等多个部门，超市对部门关系显然就是 1:N（或者 1:*）。

（3）每个部门只有一名部门经理，部门对部门经理的关系是 1:1；有多名员工，部门对员工关系是 1:N；同时也就说明了一个部门管理多个部门员工，即 1:N 关系。

（4）一名业务员可以负责超市内多种商品的配给，一种商品可以由多名业务员配给。业务员对商品关系就是 M:N。

【问题 2】部门是属于特定超市的部门，因此部门关系模式中，应该有特定超市的标识（超市名称），同时部门应该有自己的标识，即部门名称。故（a）为超市名称、部门名称。这样可以保证部门的唯一性。

标识员工还需要知道超市名称，部门名称以及员工编号（考虑到存在重名的可能性）等信息，故（b）为超市名称、部门名称、员工编号。

配给只需要再增加商品号即可（存在同名不同厂家、规格的产品，必须靠商品号来唯一标识），不同的商品就能生成不同的配给信息。故（c）为商品号。

从上述分析中可以看出，"如何唯一标识一条记录"是解决补充关系模式的解题思路。

【问题 3】必须是复合属性，因为简单属性是原子的、不可再分的，而复合属性可以进一步细分为简单属性，例如，超市关系的地址可以进一步分为邮编、省、市、街道。

超市需要增设一个经理的职位，说明 1 个超市对应多个经理，其关系就是 1 对多的关系，（d）处填入 1:*（或 1:N），那么，超市关系改为（超市名称，地址，电话）。

【参考答案】

【问题 1】答案如下图所示。

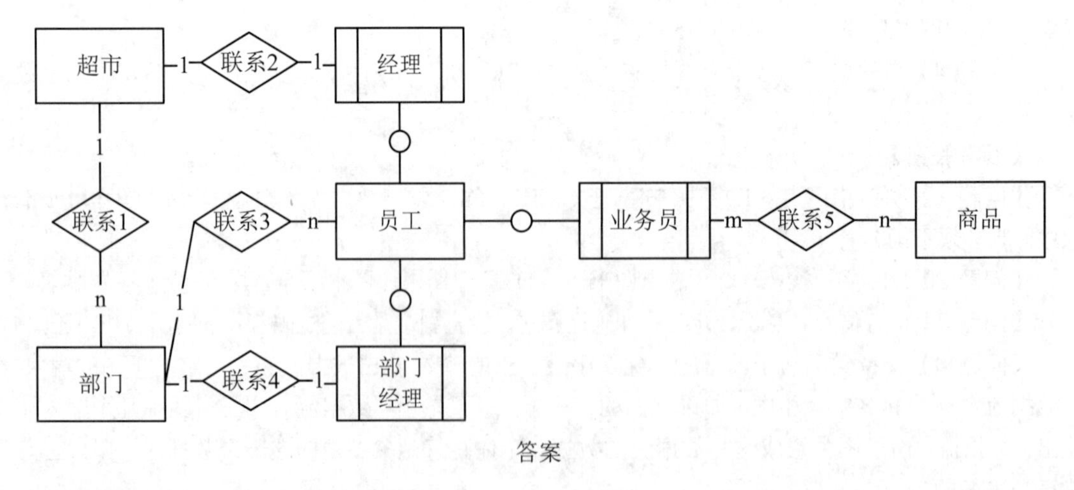

答案

【问题 2】

（1）（a）超市名称、部门名称　（b）超市名称、部门名称、员工编号　（c）商品号

（2）部门关系模式的主键：（超市名称、部门名称），外键：超市名称、部门经理。

配给关系模式的主键：（业务员、商品号、配给时间），外键：业务员、商品号。

【问题3】

（1）属于复合属性；简单属性是原子的、不可再分的，而复合属性可以进一步细分为简单属性。

（2）（d）1:*(1:N)　（e）超市（超市名称，地址，电话）。

试题三

【解题思路】

【问题1】通篇咬文嚼字。顾客（Customer）和医生（Doctor）间通过处方发生联系。故 C2 应为处方。

文中写道“处方上的药品信息”，C2（整体）和 C5（部分）是聚集关系，显然 C5 是处方上的药品。

跟顾客相关的为顾客资料和付款方式，我们看到付款方式分为“信用卡或者支付宝账户”，顾客资料并未重点提及。且 C1 和 C3、C4 是一般类与特殊类的关系。显然，C1 应该是付款方式，C3、C4 分别为信用卡和支付宝账户。

多重度表示一个类的实例和多少个另一个类的实例存在关联关系。

题目中，1 个顾客有 0 到多个处方单（因为顾客平时也可以自己注册，并非要开单后注册）；既然是处方单，而且需要购药，那么至少有一种药会被列上，故 1 个处方单对应 1 到多个药品；医生对处方有核准权限，可视为允许医生废单，医生和处方单的关系就变为 1 对 0 到多个处方单的关系（0 时视为废单）。

【问题2】顺着“验证处方”的过程进行梳理，就可以发现，验证处方过程有 5 种状态：“医生信息无效”“审核中”“无效处方”“无法审核”“准许付款”。所以 S1～S4 的信息就应该从这 5 种状态中选择。

而（7）～（10）则从“验证处方”的过程①②③的所有出现的条件语句“医生信息不正确”“医生信息正确”“医生回复处方无效”“医生没有在 7 天内给出确认答复”“医生在 7 天内给出了确认答复”中选取。

“验证处方”的过程①就是核实医生信息，所以（7）应该是“医生信息不正确”，（8）就是“医生信息正确”、S3 为“医生信息无效”、S1 为“审核中”。

“验证处方”的过程②第一步是判断医生回复处方是否无效，所以（9）显然是审核失败的途径，应该填入的是“医生回复处方无效”，对应的 S4 就是无效处方。如果医生没有在 7 天内给出确认答复，系统也会取消处方，并将处方状态设置为“无法审核”。显然对应（10）和 S2。

【问题3】组合（Composition）关系表示整体和部分的关系比较强，“整体”离开“部分”将无法独立存在的关系。例如：车轮与车的关系，车离开车轮就无法开动了。

聚合（Aggregation）表示整体和部分的关系比较弱。例如：狼与狼群的关系。狼群可以脱离个体的狼。

【参考答案】

【问题1】C1：付款方式　C2：处方　C3：信用卡　C4：支付宝账户（注意：C3 和 C4 可以互换）　C5：处方上药品（或药品）

（1）1　　　　（2）0..*　　　　（3）1

（4）1..*　　　（5）0..*　　　　（6）1

【问题 2】S1：审核中　S2：无法审核　S3：医生信息无效　S4：无效处方

（7）医生信息不正确

（8）医生信息正确

（9）医生回复处方无效

（10）医生没有在 7 天内给出确认答复

【问题 3】符号“◆”和“◇”在 UML 中分别表示类和对象之间的组合、聚合关系。

组合（Composition）关系表示整体和部分的关系比较强，“整体”离开“部分”将无法独立存在。而聚合没有这样的要求。

试题四

【解题思路】

【问题 1】每一次面临选择时，选择最优（短）的一项，所对应的算法就是贪心算法。贪心算法在对问题求解时，总是做出在当前看来是最好的选择。也就是说，不从整体最优上加以考虑，算法得到的是在某种意义上的局部最优解。

阅读代码，结合题目要求，“按顺序先把每个任务分配到一台机器上”，则可以知道，分配的第一步就是，m 台机器分配前 m 个任务。占用机器 i 的时间正好是 t[i]，故空（1）填入 d[i] = t[i]。

由于已经分配了前 m 个任务了（0～m-1，这里数组下标从 0 开始），接下来分配后 n-m 个任务显然是从 m 开始算起，空（2）是循环因子 i 的取值范围定义，故填入 i=m。

空（3）含义是在机器 k 的执行队列增加第 i 号任务，故而应填入的代码是：s[k][count[k]] =i;

空（4）分配完所有任务之后，判断耗时最多的机器，其判断式结合下文的赋值代码，应填入的代码是 max<d[i]。

【问题 2】程序代码中，分配前 m 个任务，一层 for 循环，终止于 i<m，此处复杂度为 m。后面判断哪个机器任务耗时最小并分配任务，采用了两层 for 循环，外层循环终结于 i<m，内层循环为 i<n，因此此处时间复杂度为 mn。最后确定所有任务需要的时间，采用了一层 for 循环，终止于 i<m，这里复杂度为 m，所以总的复杂度也就是 2m+mn，故时间复杂度为 O(mn)。

【问题 3】根据算法，首先将任务 0、1 和 2 分配到机器 0、1 和 2 上运行，运行时间分别为 16、14 和 6。

此时，开始判断哪台机器最先运行完任务，直到任务全部分配完毕：

第 1 轮判断：机器 2 运行任务 2，最先完成。所以分配任务 3，机器 2 的运行时间变为 6+5=11。

第 2 轮判断：由于机器 2 运行时间最短，所以分配任务 4，机器 2 的运行时间变为 11+4=15。

第 3 轮判断：此时机器 1 运行时间最短，所以分配任务 5，机器 1 的运行时间变为 14+3=17。

第 4 轮判断：此时机器 2 运行时间最短，所以分配任务 6，机器 2 的运行时间变为 15+2=17。

任务分配完毕。

得到机器器 0、1 和 2 的任务分配，及任务开始运行到完成所需要的时间为 17。

具体任务分配过程如下图所示。

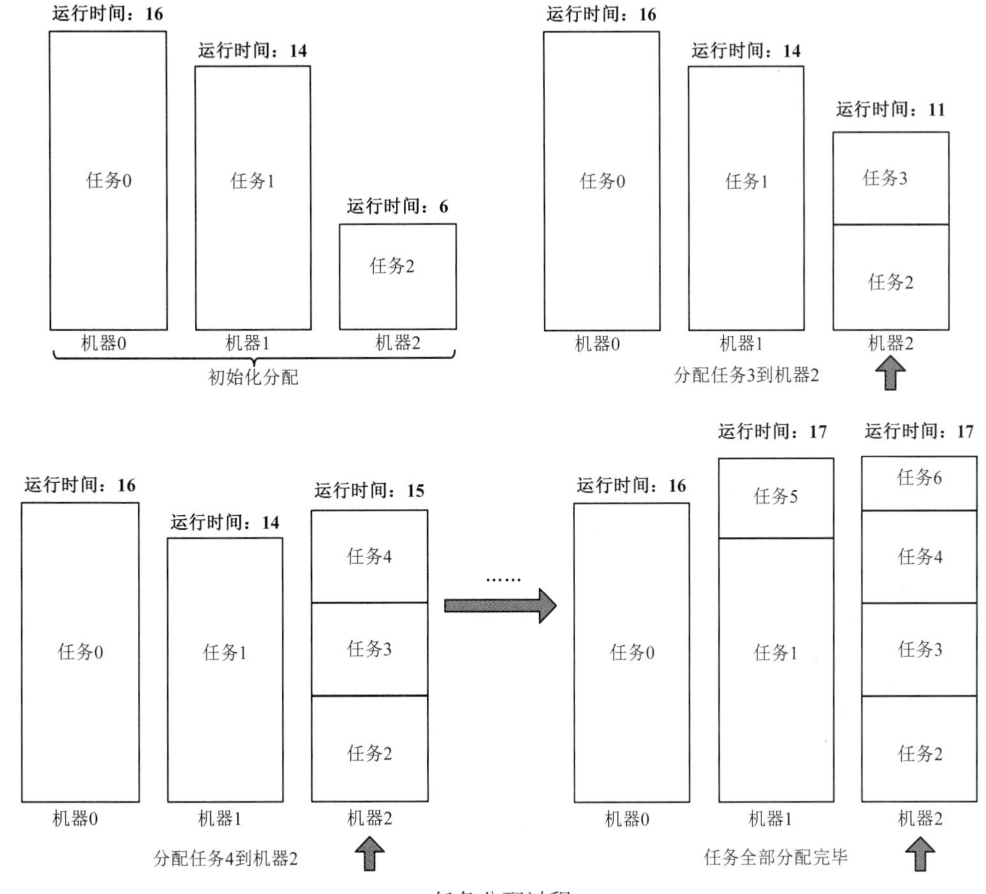

任务分配过程

【参考答案】

【问题 1】

（1）d[i] = t[i]　（2）i=m　（3）s[k][count[k]] =i　（4）max<d[i]

【问题 2】

（5）贪心算法　（6）O(mn)

【问题 3】

（7）0　（8） 1、5　（9）2、3、4、6

（10） 17

试题五

【解题思路】

装饰器（Decorator）模式动态为对象增加或减少额外的一些职责，这个方面比继承更有扩展性和灵活性。

Java 的题目一般不难，只要掌握最基本的面向对象概念，对照上下文程序就能大体上得出正确答案。

看到 abstract class CondimentDecorator extends Beverage，很显然地会把 Beverage 作为母类，既然子类都是 abstract 类了，Beverage 也就是 abstract 类。所以空（1）填 abstract。

空（2）返回的是 String 类型结果，而且在 Mocha 类、Whip 类中均能看到语句“return beverage.getDescription()”。很显然，getDescription 是 Beverage 定义的方法。空（2）需要填入 String getDescription。同理，还看到 DarkRoast 类、Mocha 类、Whip 类还有 Espresso 均有 int cost()的定义，故空（3）应该填入 abstract int cost()。

空（4）自然是应该定义 Beverage 的实例，观察 class Mocha 和 class Whip，均在内部调用了 Beverage beverage 实例，无法无中生有。故而空（4）处填入 Beverage beverage。

空（5）、（6）同理，它们的构建方法均有(Beverage beverage)，而且在空（5）、（6）上面的程序已经生成了 Beverage 的实例 beverage，所以此两处应该填入 beverage。

总之，做软件设计师的 Java 题目，只需要对照给出的 UML 类图等，找到类之间的关联关系，上下文进行代码对照，求同存异，前后搭接，就能够快速、干净利索地解决问题。

【参考答案】

（1）abstract

（2）String getDescription

（3）abstract int cost()

（4）Beverage beverage

（5）beverage

（6）beverage

附录
软件设计师考试常用术语汇总表

计算机科学基础

美国国家标准信息交换码（American Standard Code for Information Interchange，ASCII）
循环冗余校验码（Cyclical Redundancy Check，CRC）
生成多项式（Generator Polynomial）
霍夫曼树（Huffman Tree）

计算机硬件基础知识

程序计数器（Program Counter，PC）
操作码（Operation Code）
操作数（Operand）
程序状态字寄存器（Program Status Word，PSW）
总线（Bus）
复杂指令集计算机（Complex Instruction Set Computer，CISC）
精简指令集计算机（Reduced Instruction Set Computer，RISC）
超标量（Superscalar）
超长指令字（Very Long Instruction Word，VLIW）
中央处理单元（Central Processing Unit，CPU）
微处理器（Microprocessor）
一级缓存（L1 Cache）
二级缓存（L2 Cache）
流水线（Pipeline）
位（bit）
随机存取存储器（Random Access Memory，RAM）
只读存储器（Read-Only Memory，ROM）
可编程 ROM（Programmable Read-Only Memory，PROM）
可擦除 PROM（Erasable Programmable Read-Only Memory，EPROM）

电可擦除 EPROM（Electrically Erasable Programmable Read-Only Memory，E^2PROM）
顺序存取存储器（Sequential Access Memory，SAM）
直接存取存储器（Direct Access Memory，DAM）
相联存储器（Content Addressable Memory，CAM）
高速缓冲存储器（Cache）
独立磁盘冗余阵列（Redundant Array of Independent Disk，RAID）
条带（Strip）
无容错设计的条带磁盘阵列（Striped Disk Array without Fault Tolerance）
磁道（Head）
柱面（Cylinder）
扇区（Sector）
每分钟盘片转动次数（Revolutions per Minute，RPM）
自监测、分析及报告技术（Self-Monitoring Analysis and Reporting Technology，SMART）
固态硬盘（Solid State Drives，SSD）
直连式存储（Direct-Attached Storage，DAS）
网络附属存储（Network Attached Storage，NAS）
存储区域网络及其协议（Storage Area Network and SAN Protocols，SAN）
面向对象的存储（Object-Based Storage Devices，OSD）
平均无故障时间（Mean Time to Failure，MTTF）
平均修复时间（Mean Time to Repair，MTTR）
平均失效间隔（Mean Time Between Failure，MTBF）
直接内存存取（Direct Memory Access，DMA）
数据总线（Data Bus，DB）
地址总线（Address Bus，AB）
控制总线（Control Bus，CB）

数据结构与算法知识

数据（Data）
数据元素（Data Element）
数据元素类（Data Element Class）
结构（Structure）
算法（Algorithm）
数据结构（Data Structure）
数据类型（Data Type）
数据运算（Data Operation）

抽象数据类型（Abstract Data Type，ADT）
黑盒（Black Box）
线性表（Linear List）
二叉排序树（Binary Sort Tree）
二叉查找树（Binary Search Tree）
度（Degree）
权（Weight）
深度优先搜索（Depth First Search）
广度优先搜索（Breadth First Search）
顶点表示活动的网（Activity on Vertex Network，AOV 网）
以边表示活动的网（Activity on Edge Network，AOE 网）
哈希表（Hash Table）
关键码值（Key Value）
哈希（Hash）
折半查找（Binary Search）

操作系统知识

操作系统（Operating System，OS）
线程（Thread）
多线程（Multithreading）
置换（Swapping）
文件（File）
作业控制语言（Job Control Language，JCL）

程序设计语言和语言处理程序知识

传值（Call by Value）
传引用（Call by Reference）
确定的有限自动机（Deterministic Finite Automata，DFA）
不确定的有限自动机（Nondeterministic Finite Automata，NFA）

数据库知识

数据库（Database，DB）
数据库系统（Database System，DBS）
实体-联系图（Entity-Relationship Diagram，E-R 图）
原子性（Atomicity）
一致性（Consistency）
隔离性（Isolation）

持久性（Durability）
数据仓库（Data Warehouse，DW）
清洗/转换/加载（Extract/Transformation/Load，ETL）
联机分析处理（Online Analytical Processing，OLAP）

计算机网络

网络拓扑（Network Topology）
系统网络体系结构（System Network Architecture，SNA）
国际标准化组织（International Standard Organized，ISO）
开放系统互连参考模型（Open System Interconnection/ Reference Model，OSI/RM）
物理层（Physical Layer）
数据链路层（Data Link Layer）
网络层（Network Layer）
传输层（Transport Layer）
会话层（Session Layer）
表示层（Presentation Layer）
应用层（Application Layer）
协议数据单元（Protocol Data Unit，PDU）
码分多址（Code-Division Multiple Access，CDMA）
交换机（Switch）
路由器（Router）
防火墙（Firewall）
虚拟专用网络（Virtual Private Network，VPN）
点对点协议（the Point-to-Point Protocol，PPP）
数据链路链接（the Data-Link Connection）
点对点链路（Point-to-Point Link）
密码验证协议（Password Authentication Protocol，PAP）
挑战握手验证协议（Challenge Handshake Authentication Protocol，CHAP）
逻辑链路控制（Logical Link Control，LLC）
媒体接入控制层（Media Access Control，MAC）
载波监听多路访问/冲突检测（Carrier Sense Multiple Access/Collision Detect，CSMA/CD）
网络互连协议（Internet Protocol，IP）
可变长子网掩码（Variable Length Subnet Masking，VLSM）
无类别域间路由（Classless Inter-Domain Routing，CIDR）
Internet 控制报文协议（Internet Control Message Protocol，ICMP）

地址解析协议（Address Resolution Protocol，ARP）
反向地址解析（Reverse Address Resolution Protocol，RARP）
IPv6（Internet Protocol Version 6）
传输控制协议（Transmission Control Protocol，TCP）
源端口（Source Port）
目的端口（Destination Port）
用户数据报协议（User Datagram Protocol，UDP）
域名系统（Domain Name System，DNS）
动态主机配置协议（Dynamic Host Configuration Protocol，DHCP）
万维网（World Wide Web，WWW）
统一资源标识符（Uniform Resource Locator，URL）
超文本传送协议（Hypertext Transport Protocol，HTTP）
超文本标记语言（Hypertext Markup Language，HTML）
可扩展标记语言（eXtensible Markup Language，XML）
万维网协会（World Wide Web Consortium，W3C）
Internet 工作小组（Internet Engineering Task Force，IETF）
网页浏览器（Web Browser）
电子邮件（Electronic Mail，E-mail）
简单邮件传输协议（Simple Mail Transfer Protocol，SMTP）
邮局协议（Post Office Protocol，POP）
Internet 邮件访问协议（Internet Message Access Protocol，IMAP）
文件传输协议（File Transfer Protocol，FTP）
简单网络管理协议（Simple Network Management Protocol，SNMP）
TCP/IP 终端仿真协议（TCP/IP Terminal Emulation Protocol）
网络虚拟终端（Net Virtual Terminal，NVT）
安全外壳协议（Secure Shell，SSH）
IETF 的网络工作小组（Network Working Group）
交换机（Switch）
路由器（Router）

多媒体基础

国际电话与电报咨询委员会（Consultative Committee on International Telephone and Telegraph，CCITT）
媒体（Media）
脉冲编码调制（Pulse Code Modulation，PCM）
差分脉冲编码调制（Differential Pulse Code Modulation，DPCM）

自适应差分脉冲编码调制（Adaptive Differential Pulse Code Modulation，ADPCM）
离散余弦变换（Discrete Cosine Transform，DCT）
伪彩色（Pseudo Color）
色彩查找表（Color Lookup Table，CLUT）
MIDI（Musical Instrument Digital Interface，乐器数字接口）

软件工程与系统开发基础

软件开发环境（Software Development Environment，SDE）
面向对象方法（Object Oriented Method）
统一软件开发过程（Rational Unified Process，RUP）
极限编程（Extreme Programming，XP）
争球（Scrum）
软件过程改进（Software Process Improvement，SPI）
能力成熟度模型集成（Capability Maturity Model Integration，CMMI）
变更控制委员会（Configuration Control Board，CCB）
代码行（Line of Code，LOC）
数据流图（Data Flow Diagram，DFD）
结构化设计（Structure Design，SD）
软件架构（Software Architecture）

面向对象基础

面向对象分析（Object Oriented Analysis，OOA）
面向对象设计（Object Oriented Design，OOD）
面向对象程序设计（Object Oriented Programming，OOP）
统一建模语言（Unified Modeling Language，UML）
关系（Relationships）
图（Diagrams）
组件（Component）
工厂方法模式（Factory Method Pattern）
抽象工厂模式（Abstract Factory Pattern）
单例模式（Singleton Pattern）
建造者模式（Builder Pattern）
原型模式（Prototype Pattern）
适配器模式（Adapter Pattern）
桥接模式（Bridge Pattern）
组合模式（Composite Pattern）
装饰模式（Decorator Pattern）

外观模式（Facade Pattern）
享元模式（Flyweight Pattern）
代理模式（Proxy Pattern）
模板模式（Template Pattern）
解释器模式（Interpreter Pattern）
责任链模式（Chain of Responsibility Pattern）
命令模式（Command Pattern）
迭代器模式（Iterator Pattern）
中介者模式（Mediator Pattern）
备忘录模式（Memento Pattern）
观察者模式（Observer Pattern）
状态模式（State Pattern）
策略模式（Strategy Pattern）
访问者模式（Visitor Pattern）

信息安全

DMZ 区（Demilitarized Zone）
访问控制列表（Access Control Lists，ACL）
入侵检测（Intrusion Detection System，IDS）
入侵防护（Intrusion Prevention System，IPS）
拒绝服务（Denial of Service，DoS）
分布式拒绝服务攻击（Distributed Denial of Service，DDoS）
超文本传输协议（Hypertext Transfer Protocol over Secure Socket Layer，HTTPS）
加密（Encryption）
解密（Decryption）
报文摘要算法（Message Digest Algorithms）
数字签名（Digital Signature）

信息化基础

大数据（Big Data）
基础设施即服务（Infrastructure as a Service，IaaS）
平台即服务（Platform as a Service，PaaS）
软件即服务（Software as a Service，SaaS）
物联网（Internet of Things）
人工智能（Artificial Intelligence，AI）

参考文献

[1] 张尧学，宋虹，张高．计算机操作系统教程[M]．4 版．北京：清华大学出版社，2013．

[2] 全国计算机专业技术资格考试办公室．历次软件设计师考试试题．

[3] 严蔚敏，吴伟民．数据结构（C 语言版）[M]．北京：清华大学出版社，2007．

[4] 褚华，霍秋艳．软件设计师教程[M]．5 版．北京：清华大学出版社，2018．

[5] 白中英，戴志涛．计算机组成原理[M]．6 版．北京：科学出版社，2019．

[6] 王珊，萨师煊．数据库系统概论[M]．5 版．北京：高等教育出版社，2014．

[7] 谢希仁．计算机网络[M]．7 版．北京：电子工业出版社，2017．

[8] Erich Gamma，Richard Helm，Ralph Johnson et al. 设计模式：可复用面向对象软件的基础[M]. 李英军，马晓星，蔡敏，等译．北京：机械工业出版社，2004．

[9] 王生原，董渊，张素琴，等．编译原理[M]．3 版．北京：清华大学出版社，2015．